网络空间安全系列丛书

密码学

——密码算法与协议（第3版）

郑　东　李祥学　黄　征　郁　昱　编著

電子工業出版社

Publishing House of Electronics Industry

北京 • BEIJING

内 容 简 介

本书共 10 章，主要介绍密码学的基本原理与设计方法，包括对称密码算法与非对称密码算法、数字签名算法及哈希函数的设计原理、密钥管理体制的设计方法，以及主流密码库的使用说明等。本次修订的内容体现在第 2 章至第 10 章，特别新增了中国流密码、国产分组密码、认证加密、基于属性的加密、国产公钥加密、国产哈希算法、基于属性的数字签名、国产数字签名、后量子签名、国产密钥交换协议、聚合签名、旁路攻击和掩码防护技术，以及全同态运算密码库和双线性对运算密码库等内容。本书涵盖了传统密码体制、基于属性的密码体制、后量子密码、抗泄露对称密码、主要的国产密码算法和主流密码库，体现了经典与前沿热点融合、理论与应用结合的特色。

本书可作为高等院校计算机、信息安全和网络空间安全等专业本科生的教材，也可作为电子信息与通信和信息管理等专业研究生的选读教材，还可供信息安全、计算机及通信等领域的工程技术人员和管理人员参考。

图书在版编目（CIP）数据

密码学：密码算法与协议 / 郑东等编著. —3 版. —北京：电子工业出版社，2022.6
ISBN 978-7-121-43417-4

Ⅰ. ①密…　Ⅱ. ①郑…　Ⅲ. ①密码学－高等学校－教材　Ⅳ. ①TN918.1

中国版本图书馆 CIP 数据核字（2022）第 077264 号

责任编辑：戴晨辰　　文字编辑：张　京　李　然
印　　刷：三河市君旺印务有限公司
装　　订：三河市君旺印务有限公司
出版发行：电子工业出版社
　　　　　北京市海淀区万寿路 173 信箱　　邮编：100036
开　　本：787×1 092　1/16　印张：19　字数：486 千字
版　　次：2009 年 6 月第 1 版
　　　　　2022 年 6 月第 3 版
印　　次：2022 年11月第 2 次印刷
定　　价：69.00 元

凡所购买电子工业出版社图书有缺损问题，请向购买书店调换。若书店售缺，请与本社发行部联系，联系及邮购电话：（010）88254888，88258888。

质量投诉请发邮件至 zlts@phei.com.cn，盗版侵权举报请发邮件至 dbqq@phei.com.cn。

本书咨询联系方式：dcc@phei.com.cn。

FOREWORD

丛书序

进入 21 世纪以来，信息技术的快速发展和深度应用使得虚拟世界与物理世界加速融合，网络资源与数据资源进一步集中，人与设备通过各种无线或有线手段接入整个网络，各种网络应用、设备与人逐渐融为一体，网络空间的概念逐渐形成。人们认为，网络空间是继海、陆、空、天之后的第五维空间，也可以理解为物理世界之外的虚拟世界，是人类生存的“第二类空间”。信息网络不仅渗透到人们日常生活的方方面面，同时也控制了国家的交通、能源、金融等各类基础设施，还是军事指挥的重要基础平台，承载了巨大的社会价值和国家利益。因此，无论是技术实力雄厚的黑客组织，还是技术发达的国家机构，都在试图通过对信息网络的渗透、控制和破坏，获取相应的价值。网络空间安全问题已经成为关乎百姓生命财产安全、关系战争输赢和国家安全的重大战略问题。

要解决网络空间安全问题，必须掌握其科学发展规律。但科学发展规律的掌握非一朝一夕之功，治水、训火、利用核能都曾经历了漫长的岁月。无数事实证明，人类是有能力发现规律和认识真理的。国内外学者已出版了大量网络空间安全方面的著作，当然，相关著作还在像雨后春笋一样不断涌现。我相信有了这些基础和积累，一定能够推出更高质量、更高水平的网络空间安全著作，以进一步推动网络空间安全创新发展和进步，促进网络空间安全高水平创新人才培养，展现网络空间安全最新创新研究成果。

“网络空间安全系列丛书”出版的目标是推出体系化的、独具特色的网络空间安全系列著作。丛书主要包括五大类：基础类、密码类、系统类、网络类、应用类。在其部署上可动态调整，坚持“宁缺毋滥，成熟一本，出版一本”的原则，希望每本书都能提升读者的认识水平，也希望每本书都能成为经典范本。

非常感谢电子工业出版社为我们搭建了这样一个高端平台，能够使英雄有用武之地，也特别感谢编委会和作者们的大力支持和鼎力相助。

限于作者的水平，本丛书难免存在不足之处，敬请读者批评指正。

冯登国
中国科学院　院士
2022 年 5 月于北京

PREFACE

前言

随着人工智能、大数据、云计算和区块链等新兴前沿技术的迅猛发展，网络和数据安全及其隐私保护问题也愈加成为人们关注的焦点。为了增强我国行业信息系统的安全可控，近年来，国家有关机关和监管机构从国家安全和长远战略的角度，大力推进相关法律法规的颁布与实施。2016 年 11 月，中华人民共和国第十二届全国人民代表大会常务委员会第二十四次会议通过《中华人民共和国网络安全法》，并于 2017 年 6 月 1 日起施行。2019 年 10 月，中华人民共和国第十三届全国人民代表大会常务委员会第十四次会议通过《中华人民共和国密码法》，并于 2020 年 1 月 1 日起实施。2021 年 6 月，中华人民共和国第十三届全国人民代表大会常务委员会第二十九次会议通过《中华人民共和国数据安全法》，并于 2021 年 9 月 1 日起施行。

在此背景下，亟待加快网络空间安全领域人才的培养，提高公民的信息安全保护意识，因此出版网络空间安全领域教材的意义不言而喻。本书第 2 版出版已达 7 年之久，期间密码学各个研究分支的设计理论、分析方法和工作模式均有很大发展，新的研究方法和研究方向不断涌现。本次修订定位于面向国家战略需求而推出的网络空间安全领域（密码类）精品教材。在第 3 版中，作者依据这几年的研究实践对第 2 版的内容和组织结构都做了较大的调整和更新，主要特色是经典与前沿热点融合、理论与应用结合。

全书共 10 章，涵盖密码算法、密码协议和密码应用。第 1 章主要介绍密码学在信息安全中的作用及其相关概念。第 2 章介绍流密码的基础知识和典型流密码算法，包括中国流密码算法，使读者了解现实中使用的流密码算法及其研究现状。第 3 章介绍分组密码算法的设计，并对其进行分析，特别是分组密码的工作模式、轻量级分组密码及 SM4 算法，使读者了解各种分析方法的基本思想，并能够从中吸取经验和教训。第 4 章介绍公钥密码，包括经典的大整数因子分解密码、离散对数密码、椭圆曲线密码、基于身份的加密、基于属性的加密及近年的研究热点，如后量子公钥加密、SM2 公钥加密及 SM9 公钥加密等新型密码算法。第 5 章介绍认证和哈希函数，重点介绍 SHA 系列算法和 SM3 算法等，同时介绍对哈希函数攻击的现状。第 6 章和第 8 章介绍数字签名，包括经典的 RSA 签名、离散对数签名等，以及近年的研究热点，如聚合签名、后量子签名、SM2 数字签名和 SM9 数字签名等。第 7 章介绍密钥管理，包括基本概念、密钥建立模型、公钥传输机制、密钥传输机制、密钥导出机制及密钥协商机制等，特别介绍了 SM2 密钥交换协议和 SM9 密钥交换协议。第 9 章介绍抗泄露对称密码，包括基本概念、定义和算法设计，特别介绍了旁路攻击和掩码防护技术，并对未来抗泄露密码算法的发展方向做出展望。第 10 章介绍 OpenSSL 与其他相关密码库的使用，特别介绍了全同态运算密码库。

本书作者多年来在西安邮电大学、华东师范大学和上海交通大学等高校从事密码学的研究和教学工作，为本科生和研究生主讲“密码学基础”“密码理论与实践”“密码协议”等专业课程。本书在写作过程中参考了大量的密码学专著、论文和技术报告。本书正是基于作者的研究、教学经验并参阅相关文献编写而成的。

本书是计算机、信息安全和网络空间安全专业高年级本科生的教材，可作为电子信息与通信和信息管理等专业研究生的选读教材，也可供信息安全、计算机、通信及电子工程等领域的科技人员参考。教学中也可根据需要，对密码协议和密码应用部分的内容进行调整。

本书包含配套教学资源，读者可登录华信教育资源网（www.hxedu.com.cn）注册后免费下载。

本书第 1、4、6、10 章主要由郑东编写，第 2、8 章主要由李祥学编写，第 3、5、7 章由黄征编写，第 9 章由郁昱编写。其中，张应辉参与了第 4 章的编写工作，王剑涛和肖畅分别参与了第 2 章和第 10 章的编写工作，在此表示感谢。在本书的选题策划和撰写过程中得到了电子工业出版社编辑的鼓励、支持，在此对为本书的出版而付出辛勤工作的相关人员表示诚挚的感谢。本书的完成得到了国家自然科学基金（62072371、61971192、61772418、62072369）资助。

鉴于作者的水平有限，书中的错误和缺憾在所难免，对一些问题的理解和叙述或有肤浅之处，诚恳地希望读者及时指出发现的错误和问题。我们欢迎任何关于本书的批评和建设性意见，以便我们以后对本书修改时参考。

编著者
于西安

CONTENTS

目录

第1章　密码学引论

内容提要

信息安全技术是保障受攻击的通信网络能够按照预期目标进行通信的重要技术，是包含计算机、数学及信息论等多门学科的综合学科。密码学是信息安全中的关键技术。本章主要介绍信息安全技术的应用背景及密码学在信息安全中的作用，并简要介绍相关的基本概念。

本章重点

- 密码学在信息安全中的作用
- 信息的机密性、完整性与不可否认性
- 对称密码算法与非对称密码算法
- 完善保密体制
- 算法复杂度

1.1 密码学在信息安全中的作用

信息安全涉及的范围很广，无论在军事方面，还是日常生活方面，都会涉及信息安全的问题。就计算机通信而言，其处理的信息可以归纳成两类：一类是仅在计算机内部处理和存储的信息；另一类是在计算机之间相互传递的信息。对于仅在计算机内部处理和存储的信息，希望不被非法人员访问，即禁止非法用户读取计算机内的信息；对于后一类，发送者希望能够控制在公开信道上传输的信息具有完整性和不可伪造性等。

1.1.1 信息安全面临的威胁

信息安全面临多方面的威胁，如意外事故、自然灾害及人为恶意攻击等。人为恶意攻击是有目的的破坏，可以分为主动攻击和被动攻击。主动攻击是指以各种方式有选择地破坏信息（如修改、删除、伪造、添加、重传、乱序、冒充及传播病毒等）。被动攻击是指在不干扰信息系统正常工作的情况下，进行截获、窃取、破译和业务流量分析等。

人为恶意攻击主要有下列 8 种手段。

（1）窃听：攻击者通过监视网络数据获得敏感信息。

（2）重传：攻击者事先截获部分或全部信息，再将此信息发送给接收者。

（3）伪造：攻击者伪造一个信息，将伪造的信息以他人身份发送给接收者。

（4）篡改：攻击者对合法用户之间的通信信息进行修改、删除、插入，再发送给接收者。

（5）行为否认：通信实体否认已经发生的行为。

（6）拒绝服务攻击：攻击者通过某种方法使系统响应变慢甚至瘫痪，阻止合法用户获得服务。

（7）非授权访问：不按照设定的安全策略要求使用网络或计算机资源的行为都可以看作非授权访问。非授权访问主要有假冒、身份攻击、非法用户进入网络系统进行违法操作，以及合法用户以未授权方式进行操作等形式。

（8）传播病毒：通过网络传播计算机病毒，其破坏性非常大，而且难以防范。例如众所周知的 CIH 病毒、“爱虫”病毒，都具有极大的破坏性。

人为恶意攻击具有智能性、严重性、隐蔽性和多样性等特性。

（1）智能性：指恶意攻击者大都具有相当高的专业技术和熟练的操作技能，对攻击的环境经过了周密的预谋和精心策划。

（2）严重性：指涉及金融资产的网络信息系统受到恶意攻击，往往由于资金损失巨大而使金融机构和企业蒙受重大损失，甚至破产，同时也给社会稳定带来负面影响。

（3）隐蔽性：指人为恶意攻击的隐蔽性很强，不易引起怀疑，破案的技术难度大。在一般情况下，其犯罪的证据存在于软件的数据和信息资料之中，若无专业知识很难获取侦破证据。相反，犯罪行为人却可以很容易地毁灭证据。计算机犯罪现场也不像传统犯罪现场那样明显。

（4）多样性：指随着互联网的迅速发展，网络信息系统中的恶意攻击也随之发展变化。出于经济利益的巨大诱惑，近年来，各种恶意攻击主要集中于电子商务和电子金融领域。攻击手段日新月异，目的包括偷税漏税、利用自动结算系统洗钱，以及在网络上进行营利性的商业间谍活动等。

信息安全面临的威胁也可能来自人为的无意失误。例如，操作员安全配置不当、用户安全意识不强、用户口令选择不慎、用户将自己的账号随意转借他人或与别人共享等都会给网络安全带来威胁。事实上，人为恶意攻击虽然会造成重大后果，但更多的安全事件其实是由于人们缺乏安全意识或管理不善造成的。

1.1.2 信息安全需要的基本安全服务

要想使通信系统尽可能地正常工作，需要提供几个基本安全服务：保密性、完整性、不可否认性及可用性服务。

（1）保密性：保密性指信息不被非指定对象获得。信息的保密性需求来自消息使用的环境要求，如军队、民事机构等部门对访问人员的限制。特别是军队，通信或军事指挥部门的信息不能被敌方获得。为了达到对信息获取人员的限制，需要对信息的存储和传输提供保密性服务，使没有权限的人员不能获得这些保密信息。

密码技术是提供保密性的有效机制。密码技术通过变换，把数据内容变换成不易读懂的数据，同时又能够让授权的用户恢复出原来的数据。

（2）完整性：完整性指数据来源的完整性和数据内容的完整性。数据来源的完整性包含数据来源的准确性和可信性。数据内容的完整性指接收到的数据与正确来源生成的数据的一致性。

（3）不可否认性：不可否认性指数据的生成者或发送者不能对自己做过的事进行抵赖。当发送者对发送过的消息进行否认时，第三方能够对发送者的行为进行判断、裁决。

密码技术能够为上述服务提供基本保障，还能够提供其他更多的安全服务，如访问控制、身份认证等。

1.2 密码学导引

1.2.1 密码学历史

密码学是一门古老的学科，它通过把人们能够读懂的消息变换成不易读懂的消息来隐藏消息内容，使窃听者无法理解消息的内容，同时又能让合法用户把变换的结果还原成能够读懂的消息。

密码学的发展大致可以分为以下 4 个阶段。

（1）手工阶段：这个阶段是密码技术的初级阶段，可以追溯到几千年前，可以说自从有了人类战争，就有了密码技术。早期的密码技术是非常简单的，主要以简单的“替换”或“换位”实施密码变换，比较著名的密码是古罗马的 Caesar 密码、法国的 Vigenere 密码等。

（2）机械阶段：密码技术是不断发展的，随着破译技术的不断提升，对密码算法的安全性要求越来越高，相应的算法复杂度也越来越大，这使得人们有必要改进加密手段，使用机械的方法实现相对复杂的密码算法。从 20 世纪初到第二次世界大战后期，出现了一些专用的加密机器，如英国 A. Turing 设计的加密机 Colossus。

（3）现代密码阶段：随着电子通信与计算机技术的发展，密码学得到了系统的发展。1949 年，香农（C. Shannon）发表了《保密系统的通信理论》，给出了密码学的数学基础，证明了一次一密密码系统的完善保密性。

（4）密码学的新方向：20 世纪 70 年代末，美国政府为了满足政府及民间对信息安全的需求，确定了数据加密标准算法 DES，首次公开加密算法细节，这使得加密的安全性仅建立在密钥的保密性之上。在 1976 年，W. Diffie 和 M. Hellman 提出了“密码学新方向”，开辟了公钥密码技术理论，使密钥协商、数字签名等密码问题有了新的解决方法。

手工阶段和机械阶段使用的密码技术可以称为古典密码技术，主要采用简单的替换或置换技术。

1.2.2　密码学基本概念

（1）密码学：研究把来自信息源的可理解的原始消息变换成不可理解的消息，同时又可恢复到原消息的方法和原理的一门科学。

（2）明文和密文：利用密码技术变换前的消息称作明文，用密码技术变换后的消息称作密文。

（3）加密算法：用于把原始消息变换成密文的算法称作加密算法。

（4）解密算法：用于恢复明文消息的算法称作解密算法。

（5）密钥：用于加密或解密的秘密信息。

（6）明文空间：一个加密算法能够加密的所有可能明文的集合。

（7）密文空间：一个加密算法输出的所有可能密文的集合。

（8）密钥空间：能够用于一个算法加密或解密的所有可能密钥的集合。

（9）密码分析：对密码体制的攻击，一般可以分为以下 4 种，即① 唯密文攻击——攻击者只知道一个要攻击的密文（通常包含消息的上文和下文）；② 已知明文攻击——攻击者知道一些明文/密文对，若一个密码系统能够抵抗这种攻击，合法的接收者就不需要销毁已解密的明文；③ 选择明文攻击——攻击者可以选择一些明文并得到对应的密文（公钥密码体制必须能够抵抗这种攻击）；④ 选择密文攻击——攻击者可以选择一些密文并得到相应的明文。

1.2.3　密码体制的分类

密码体制可以分为对称密码体制和非对称密码体制。对称密码体制（见图 1.1）是指加密/解密共用同一个密钥或很容易从一个密钥推导出另一个密钥。非对称密码体制是指加密/解密使用不同的密钥，且难以由公开密钥推出私有密钥。

对称密码体制首先假设通信双方能够通过一个安全信道协商一个会话密钥（加密/解密密钥），双方通信时，发送者 A 利用加密密钥 k 及加密算法将原消息 m 加密成密文 c；合法接收者 B 收到密文 c 后，利用解密算法及密钥 k 对密文解密得到原始消息 m。对称密码体制在公开算法的前提下，其安全性依赖于密钥的安全性。

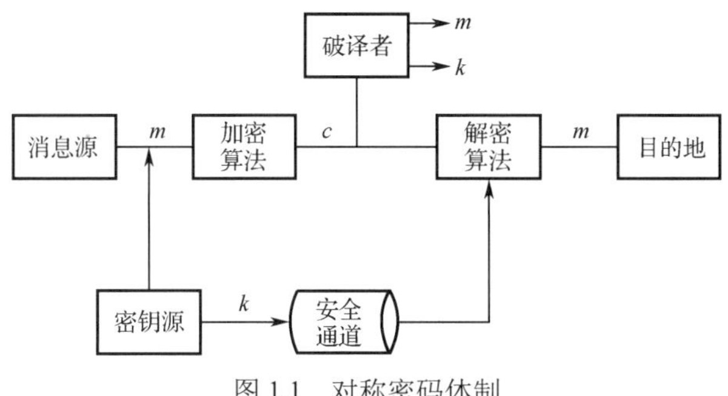

图 1.1　对称密码体制

非对称密码体制（见图 1.2）又称公钥加密体制，其主要思想如下所述。

（1）消息的接收者拥有一对公钥（PK_B）和私钥（SK_B），公钥用于加密数据，私钥用于解密数据。在使用公钥加密算法前，需要一个初始化过程安全地生成用户的公钥和私钥，并利用可靠的方法发布公钥。

（2）公钥是公开的数据，可以通过一些方法让其他任何用户得到，即公钥不对任何实体保密，但由公钥计算对应的私钥是一个难题（由私钥计算公钥是容易的）。

（3）利用公钥及密文，在不知私钥的情况下，计算对应的明文是困难的。

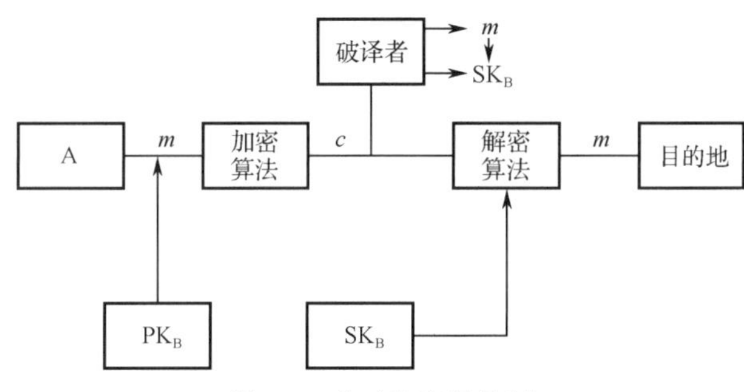

图 1.2　非对称密码体制

1.3　信息论基本概念

Shannon 于 1949 年发表了《保密系统的通信理论》，奠定了现代密码学基础。他在此文中用信息论的观点深刻阐述了信息系统的保密性问题，阐明了完善保密性、理论保密性和计算保密性等重要概念。

1．信息量和熵

定义 1.1：给定一个离散事件的集合 $X=\{x_i, i=1,\cdots,n\}$，记 $p(x_i)$是事件 x_i 出现的概率，$p(x_i)\geqslant 0$，$\sum_{i=1}^{n} p(x_i)=1$，称

$$I(x_i)=-\log_a p(x_i)$$

为事件 x_i 包含的信息量，通常令 a =2，此时相应的信息量单位是 bit。

称 $H(X)=-\sum_{i=1}^{n} p(x_i)\log_2 p(x_i)\geqslant 0$ 为随机事件集合 X 的熵。可以看出，熵表示了集合 X

中事件包含的平均信息量或 X 中事件的平均不确定性。可以证明，对于含有 n 个事件的集合 X，有

$$0 \leqslant H(X) \leqslant \log_a n$$

当集合 X 中的所有事件等概率出现时，X 的熵达到最大值。

2．条件熵

设有两个事件集合：$X=\{x_i, i=1,\cdots,n\}$，$Y=\{y_i, i=1,\cdots,n\}$，定义联合事件集合为 $XY=\{x_i y_j, i=1,\cdots,n, j=1,\cdots,m\}$。记联合事件 $x_i y_j$ 出现的概率为 $p(x_i,y_j)$，则

$$\sum_{i,j} p(x_i,y_j)=\sum_{i=1}^{n} p(x_i)\sum_{j=1}^{m} p(y_j \mid x_i)=1$$

由此可得集合 XY 的联合熵为

$$H(XY)=-\sum_{i,j} p(x_i,y_j)\log_2 p(x_i,y_j)$$

定义条件熵 $H(X \mid Y), H(Y \mid X)$ 分别为

$$H(X \mid Y)=-\sum_{i,j} p(x_i,y_j)\log_2 p(x_i \mid y_j)$$

$$H(Y \mid X)=-\sum_{i,j} p(x_i,y_j)\log_2 p(y_j \mid x_i)$$

综上可得

$$H(XY)=H(X)+H(Y \mid X)=H(Y)+H(X \mid Y)$$

容易证明

$$H(Y \mid X) \leqslant H(X)$$

$$H(Y \mid X) \leqslant H(Y)$$

3．互信息

设 X 和 Y 分别表示输入离散事件集合和输出离散事件集合，当输入 $x_i \in X$ 时，输出为 $y_j \in Y$，则 y_j 出现时给出 x_i 的信息量 $I(x_i;y_j)$ 可定义为

$$I(x_i;y_j)=\log_2 \frac{p(x_i \mid y_j)}{p(x_i)}$$

由 $p(x_i,y_j)=p(x_i)p(y_j \mid x_i)=p(y_j)p(x_i \mid y_j)$ 容易得到

$$I(x_i;y_j)=I(y_j;x_i)$$

即两个事件集合中一对事件相互提供相等的信息量。$I(x_i;y_j)$ 也称为 x_i 与 y_j 之间的互信息。

事件 y_j 出现时给出 X 中事件的平均信息量为

$$I(X;y_j)=\sum_{i} p(x_i \mid y_j)\log_2 \frac{p(x_i \mid y_j)}{p(x_i)}$$

上式经统计平均后 X 和 Y 的平均互信息为

$$I(X;Y)=\sum_{i}\sum_{j} p(x_i,y_j)\log_2 \frac{p(x_i \mid y_j)}{p(x_i)}$$

容易证明，平均互信息有以下性质：

（1）$I(X;Y) \geqslant 0$；

（2）$I(X;Y) = I(Y;X)$；

（3）$I(X;Y) = H(X) - H(X|Y) = H(Y) - H(Y|X) = H(X) + H(Y) - H(X,Y)$；

（4）当 X 与 Y 独立时，$I(X;Y) = 0$。

4．信道容量

对于一个通信系统，设 X 是其所有可能输入的集合，Y 是其所有可能输出的集合，定义其信道容量为

$$C = \max_{\{p(x_i)\}} I(X;Y)$$

5．完善保密性

在一个保密系统中，设 M 为明文空间，明文长度为 l，m 为 M 中的明文，K 为密钥空间，密钥长度为 r，k 为 K 中的密钥，C 为密文空间，密文长度为 v，c 为 C 中的密文。有下列关系式成立：

$$I(m;c) = H(m) - H(m|c)$$
$$I(k;c) = H(k) - H(k|c)$$

即密文与明文的互信息等于明文熵与明文对密文的条件熵之差，密文与密钥的互信息等于密钥熵与密钥对密文的条件熵之差。同时还有

$$H(m|(c,k)) = 0, \quad I(m;(c,k)) = H(m)$$

在一个保密系统中，若密文与明文之间的互信息 $I(m;c) = 0$，则称该保密系统为完善保密系统或无条件保密系统，此时在唯密文攻击下，系统是安全的（在已知明文或选择明文攻击下不一定安全）。

关于完善保密体制更多的内容见参考文献[1]。

1.4 计算复杂性

问题是指给定一些描述参数，要求给出满足一些条件的解答的一个提问；也可以理解为给定一些参数的输入，要求给出满足一些性质的输出。

算法是指求解某个问题的一系列具体步骤或求解某个问题的通用计算机程序。算法必须是正确的、长度有限的且对于任意输入都能终止的。

一个算法的复杂度可用两个变量度量：时间复杂性 $T(n)$和空间复杂性 $S(n)$，n 是输入的规模。时间复杂性 $T(n)$指的是以某特定的基本步骤为单元，完成计算过程所需要的总单元数。空间复杂性 $S(n)$是指以某特定的基本存储空间为单元，完成计算过程所需要的总存储单元数。

算法的复杂性通常用 $O(\cdot)$ 表示数量级，其含义为：对于任意的实值函数 f 和 g，$f(n) = O(g(n)), n \to \infty$ 表示存在一个值 a >0，当 n 充分大时，使$|f(n)| \leqslant a|g(n)|$。计算复杂性的数量级是指当 n 较大时，使得算法增长最快的函数，其所有常数和较低阶形式的函数忽略不计。例如一个算法的复杂性是 $5n^3 + 3n^2 + 34$，则其计算复杂性是 n^3 阶的，表示为

$O(n^3)$；若算法复杂性是$3n^2+34$，则其计算复杂性是n^2阶的，表示为$O(n^2)$。

计算复杂性理论中的另一个符号是“o”：若$\lim\limits_{n\to\infty} f(n)/g(n)=0$，则记作$f(n)=o(g(n))$，$n\to\infty$，其含义是：当$n\to\infty$时，与$g(n)$相比，$f(n)$可以忽略不计。

若一个算法的复杂性不依赖于n，则它是常数级的，用$O(1)$表示。$O(n)$表示算法的复杂性随n线性增长，该算法称为线性算法。若一个算法的复杂性是n的多项式函数$f(n)$，则称此算法为多项式时间算法或有效算法，其复杂度为$T(n)=O(n^t)$，t是一个常数。

复杂性是$O(c^{f(n)})$的算法称为指数型算法，其中c是常数，$f(n)$是多项式。

复杂性不能用多项式函数去界定的算法称为指数时间算法，其复杂性称为指数复杂性。常见的指数复杂性有$2^n, n!, n^n, 2^{n^2}, n^{\text{lb}(n)}, n^{n^n}$等。其中，$n^{\text{lb}(n)}, n^{n^n}$不是通常说的指数函数，如$n^{\text{lb}(n)}$比任何多项式增长速度都快，但比$2^{n\varepsilon}(\varepsilon>0)$增长速度慢，$n^{n^n}$比指数增长还要快。在复杂性理论中，这类函数统称为指数函数，而不做进一步细分。

问题的种类有很多，比较重要的有两种形式：一种是从一些可行解的组合中求出最优解的问题；另一种是判定问题或判别问题，它只有两种可能的解，即“yes”或“no”。

图灵机是一种配有无限读/写纸带的有限状态机，它是一种实际计算模型。图灵机可分为确定型图灵机（DTM）和非确定型图灵机（NTM）。确定型图灵机是指每执行一步计算，都有下一步确定的动作。非确定型图灵机是指每执行一步计算，其下一步动作都有几种可能的选择（即下一步动作不唯一确定）。关于图灵机更多的知识可以见参考文献[2]。

在图灵机计算模型下，复杂性理论根据对解决最难问题特例的算法、所需要的最低时间和空间进行分类。在确定型图灵机上，多项式时间内可解的问题属于 P 类，即这类问题有多项式时间 DTM 程序。在非确定型图灵机上，多项式时间内可解的问题属于 NP 类，即这类问题有多项式时间 NTM 程序。P 类包含在 NP 类中，即$\text{P}\subseteq\text{NP}$，但 P 是否等于 NP，是个未知的问题。

本 章 小 结

本章主要介绍了计算机安全面临的问题及安全服务的需求，并概述了密码技术的分类，同时介绍了与密码技术相关的基础知识、信息论的相关概念及计算复杂性理论。

参 考 文 献

[1] 杨义先, 林须端. 编码密码学[M]. 北京: 人民邮电出版社, 1992.

[2] 陈志平, 徐宗本. 计算机数学——计算复杂性理论与 NPC, NP 难问题的求解[M]. 北京: 科学出版社, 2001.

[3] 王新梅, 马文平, 武传坤. 纠错密码理论[M]. 北京: 人民邮电出版社, 2001.

问 题 讨 论

1．举出了解的两个使用对称加密算法的实例。

2．设一个系统传送 0,1,⋯,9，偶数在传送时以 0.1 的概率错成另外的偶数，其他数字能够正确接收，求收到一个数字平均得到的信息量。

3．对于任意概率事件集 X，Y，Z，证明下述三角不等式成立：

$$H(X|Y)+H(Y|Z)\geqslant H(X|Z)$$

第2章 流 密 码

内容提要

流密码以其易于实现、加/解密快速、无错误传播及应用协议简单等优点，广泛用于金融、军事、外交等重要领域的保密通信及各种移动通信系统中。

本章主要介绍流密码的基础知识和 3 种流密码体制：A5 算法、RC4 算法及 ZUC 算法。其中，A5 算法是全球移动通信系统中执行加密运算的流密码算法，主要用于从用户手机到基站的连接加密；RC4 算法是全球范围内使用最广的流密码之一；ZUC 算法是第一个成为国际标准的我国自主研制的密码算法。

本章重点

- 一次一密密码体制
- 线性反馈移位寄存器
- 基于线性反馈移位寄存器的伪随机序列生成器
- 伪随机序列的安全性
- *m* 序列
- A5 算法、RC4 算法
- ZUC 算法

2.1 概述

按照对明文消息加密方式的不同，对称密码体制一般可以分为两类：分组密码（Block Cipher）和流密码（Stream Cipher）。

（1）分组密码：对于某一消息 m，使用分组密码对其执行加密操作时，一般先对 m 进行填充，得到一个长度是固定分组长度 s 的整数倍的明文串 M；然后将 M 划分成一个个长度为 s 的分组；最后对每个分组使用同一密钥执行加密变换。

（2）流密码（也称序列密码）：使用流密码对某一消息 m 执行加密操作时，一般先将 m 分成连续的符号（一般为比特串），即 $m=m_1m_2m_3\cdots$；然后使用密钥流 $k=k_1k_2k_3\cdots$中的第 i 个元素 k_i 对明文消息的第 i 个元素 m_i 执行加密变换，其中 i=1,2,3,⋯；所有的加密输出连接在一起就构成了对 m 执行加密后的密文。

与分组密码相比，流密码受政治的影响很大，应用领域主要包括军事、外交等。虽然也有公开设计和研究成果发表，但作为密码学的一个分支，流密码的设计与分析成果大多还是保密的。目前可以公开见到的、较有影响的流密码方案包括 A5、SEAL、RC4 及 PIKE 等。

本章主要讨论流密码加密体制，关于分组密码的知识将在第 3 章给出。容易想到，使用流密码对消息 m 执行加密时，最简单的做法就是让密钥流中的第 i 个比特与明文串中的对应比特直接做 XOR 运算，如图 2.1 所示。

对应的解密运算如图 2.2 所示。

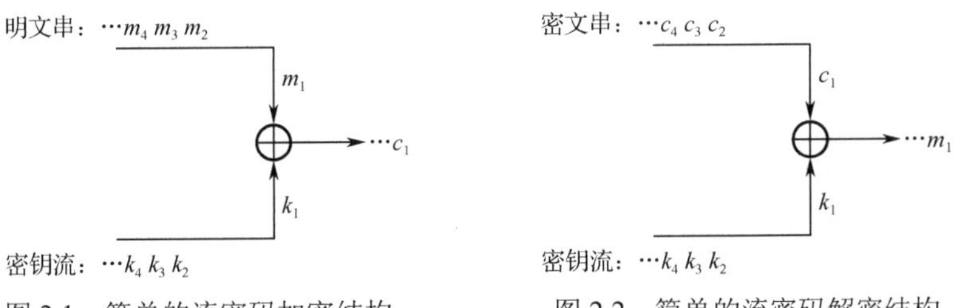

图 2.1　简单的流密码加密结构　　图 2.2　简单的流密码解密结构

因为实现 XOR 逻辑运算非常简单，所以这样的加/解密操作是快速有效的。如果这里的密钥流是完全随机的（Random）、与明文长度相同的比特串，对应的密码体制被称为一次一密密码体制（One-time Pad）。显然，此时明文串与密文串之间是相互独立的。不知道密钥的攻击者即便守候在公开信道进而得到密文串，也无法获得关于明文的任何信息。事实上，Shannon 曾证明了“一次一密密码体制是不可破解的（Unbreakable）”。

使用一次一密密码体制需要解决如何生成随机密钥流的问题：密钥流必须是随机出现的，并且合法用户可以很容易地再生该密钥流。一方面，一个与明文一样长的随机比特序列很难被记住；另一方面，如果密钥流是重复的比特序列，虽然容易被记住，但不安全。因此，这是一个两难的问题，即如何生成一个可以用作密钥流的“随机”比特序列，要求既易于使用，又不能太短以至于不安全。在通常使用的流密码中，加/解密所需要的这种序列是由一个确定（Deterministic）的密钥流生成器（Key Generator）产生的，该生成器的输入是一个容易被记住的密钥，称为密钥流生成器的初始密钥或种子（Seed）密钥。因此，严格来说，密钥流序列都是伪随机序列（Pseudorandom Sequence）。这样一个完整的流密码系统模型如图 2.3 所示。

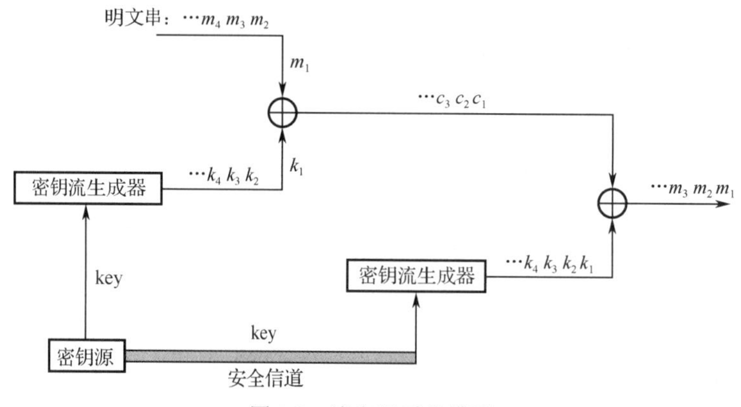

图 2.3 流密码系统模型

从上述模型可以看出，流密码体制的安全等级完全取决于密钥流的安全性。因此，何种伪随机序列是安全可靠的密钥流序列、如何构造这种序列就成为流密码研究的关键问题。实用的流密码以少量的、一定长度的种子密钥经过逻辑运算产生周期较长、可用于加/解密运算的伪随机序列。

2.2 流密码的结构

流密码可以进一步划分成同步流密码和自同步流密码两类。

2.2.1 同步流密码

在同步流密码中，密钥流的产生与明文消息流相互独立。同步流密码加密结构如图 2.4 所示。

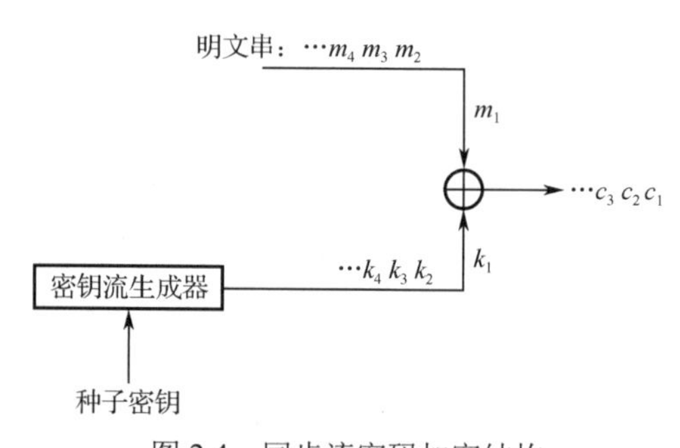

图 2.4 同步流密码加密结构

因为密钥流与明文串无关，所以同步流密码中的每个密文 c_i 都不依赖于之前的明文 $m_{i-1},\cdots,m_1$。故而，同步流密码的一个重要优点就是无错误传播，即在传输期间一个密文字符被改变只影响该字符的恢复，不会对后继的字符产生影响。

但是，在同步流密码中发送方和接收方必须是同步的，用同样的密钥且该密钥操作在同样的位置时才能保证正确解密。如果在传输过程中密文字符因插入或删除导致同步丢失，密文与密钥流将不能对齐，导致无法正确解密。若要正确还原明文，则密钥流必须再次同步。

与同步流密码相反，自同步流密码有错误传播现象，但可以自行实现同步。

2.2.2 自同步流密码

在自同步流密码中，密钥流的产生与之前已经产生的若干密文有关，其加密结构如图 2.5 所示，密钥流 k_i 的生成过程如图 2.6 所示。

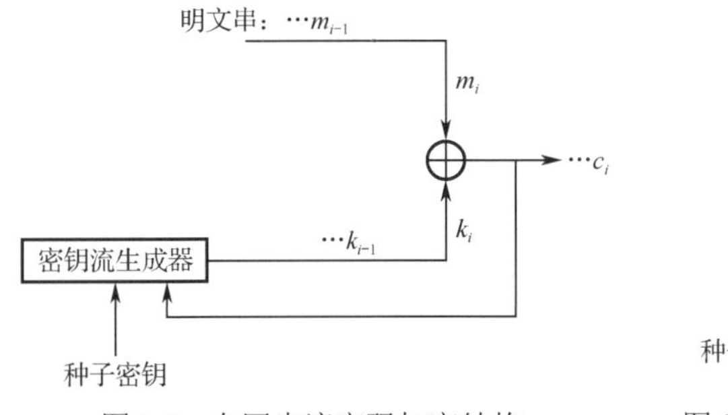

图 2.5 自同步流密码加密结构

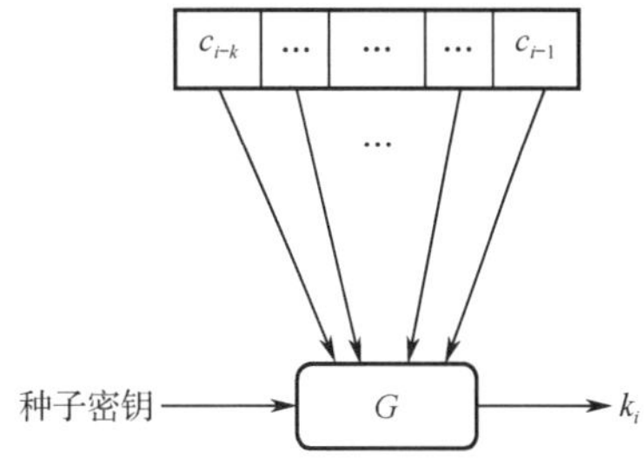

图 2.6 自同步流密码的密钥流生成过程

用函数表示为

$$\sigma_{i+1} = F(\sigma_i, c_{i-1}, \cdots, c_{i-k})$$
$$z_i = G(\sigma_i, k)$$
$$c_i = E(z_i, m_i)$$

式中，σ_i 是密钥流生成器的内部状态（初始状态记作 σ_0）；F 是状态转移函数；G 是生成密钥流的函数；E 是自同步流密码的加密变换，它是 z_i 与 m_i 的函数。

由此可见，如果自同步流密码中某一字符出现传输错误，则将影响其之后 k 个字符的解密运算，即自同步流密码有错误传播现象。等到该错误移出寄存器后寄存器才能恢复同步，因而一个错误最多影响 k 个字符。在 k 个密文字符之后，这种影响将消除，密钥流自行实现同步。密文流（从而明文流）参与了密钥流的生成，使得密钥流的理论分析复杂化。目前的流密码研究结果大部分都是关于同步流密码的，因为这些流密码的密钥流的生成独立于消息流，从而使对它们进行理论分析成为可能。

2.3 反馈移位寄存器与线性反馈移位寄存器

流密码的安全强度取决于密钥流生成器生成的密钥流的安全性（周期、游程分布、线性复杂度等，详见 2.4 节）。有多种产生同步密钥流生成器的方法，最普遍的是使用一种称为线性反馈移位寄存器（Linear Feedback Shift Register，LFSR）的设备。采用 LFSR 作为基本部件的主要原因是：LFSR 的结构非常适合硬件实现，LFSR 的结构便于使用代数方法进行理论分析，产生的序列的周期可以很长，产生的序列具有良好的统计特性。

2.3.1 反馈移位寄存器

图 2.7 所示为一个反馈移位寄存器的流程图，信号从左到右。a_i 表示存储单元，取值为 0 或 1，a_i 的个数 n 称为反馈移位寄存器的级。在某一时刻，这些级的内容构成反馈移位寄存器的一个状态，共有 2^n 个可能的状态，每一个状态对应于 F_2 上的一个 n 维向量，用（a_1,

$a_2,\cdots,a_n$）表示。函数 f 是一个 n 元布尔函数，称为反馈函数。

在主时钟确定的周期区间上，每一级存储器 a_i 都将其存储内容向下一级 a_{i-1} 传递，最右一级存储器的内容作为该时刻的输出，根据该时刻寄存器的状态计算 $f(a_1,a_2,\cdots,a_n)$作为最左一级寄存器在下一时刻的内容。显然，一个反馈移位寄存器的逻辑功能完全由该移位寄存器的反馈函数来标识。

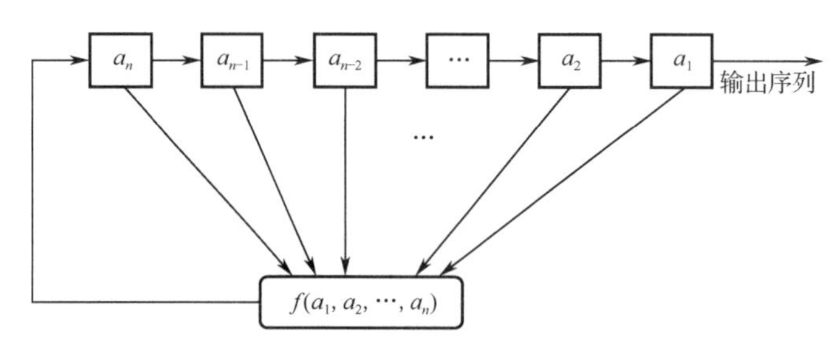

图 2.7 反馈移位寄存器的流程图

2.3.2 线性反馈移位寄存器

如果反馈函数形如 $f(a_1,a_2,\cdots,a_n)=c_na_1\oplus c_{n-1}a_2\oplus\cdots\oplus c_1a_n$，式中系数 $c_i=0, 1$，加法运算为模 2 加法，乘法运算为普通乘法，则称该反馈函数是 $a_1,a_2,\cdots,a_n$ 的线性函数，对应的反馈移位寄存器称为线性反馈移位寄存器，用 LFSR 表示。否则，称为非线性反馈移位寄存器（Non-Linear Feedback Shift Register，NLFSR）。LFSR 的示意图如图 2.8 所示。

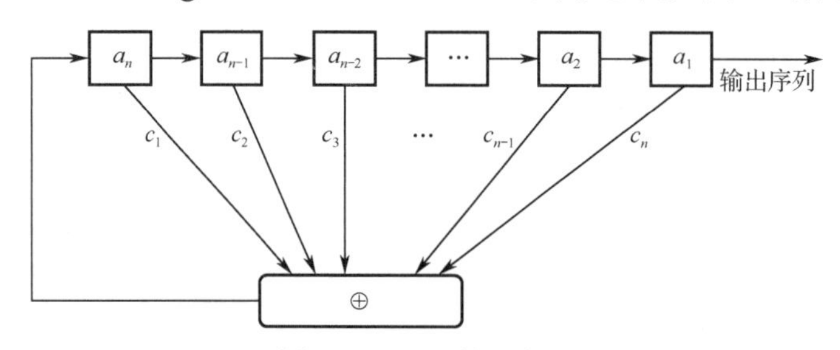

图 2.8 LFSR 的示意图

显然，根据 LFSR 中反馈函数的系数 $c_i(i=1,\cdots,n)$ 取值的不同，这样的反馈函数有 2^n 种。令 $a_i(t)$表示 t 时刻第 i 级寄存器的内容，则 t+1 时刻寄存器的内容为

$$a_i(t+1)=a_{i+1}(t),\quad i=1,2,\cdots,n-1$$

$$a_n(t+1)=c_na_1(t)\oplus c_{n-1}a_2(t)\oplus\cdots\oplus c_1a_n(t)$$

通常称多项式 $x^n+c_1x^{n-1}+\cdots+c_{n-1}x+c_n$ 为上述 LFSR 的联接多项式。其缘由为：考虑输出序列，记其为 $s=(a_1,a_2,\cdots,a_n,\cdots)$，则在 s 上引入一个左移操作符 L，满足

$$Ls=(a_2,a_3,\cdots,a_{n+1},\cdots)$$

$$L^2s=(a_3,a_4,\cdots,a_{n+2},\cdots)$$

$$\cdots$$

$$L^{n-1}s=(a_n,a_{n+1},\cdots,a_{2n-1},\cdots)$$

$$L^ns=(a_{n+1},a_{n+2},\cdots,a_{2n},\cdots)$$

并记 $L^0s=(a_1,a_2,\cdots,a_n,\cdots)$，则可以观察到，每个 L^is 的第 j 位都满足相同的函数关系，即反

馈函数。由此可以推出：

$$L^n s = c_1 L^{n-1} s \oplus c_2 L^{n-2} s \oplus \cdots \oplus c_{n-1} L^1 s \oplus c_n L^0 s$$

即

$$(L^n)s = (c_1 L^{n-1} \oplus c_2 L^{n-2} \oplus \cdots \oplus c_{n-1} L^1 \oplus c_n L^0)s$$

因为模 2 加法与模 2 减法是相同的运算，所以可以继续推出：

$$(L^n \oplus c_1 L^{n-1} \oplus c_2 L^{n-2} \oplus \cdots \oplus c_{n-1} L^1 \oplus c_n L^0)s = 0$$

又由于模 2 加法与有限域 F_2 上的运算相同，可记

$$f(x) = x^n + c_1 x^{n-1} + \cdots + c_{n-1} x + c_n$$

为 F_2 上的多项式，则

$$f(L) = L^n + c_1 L^{n-1} + c_2 L^{n-2} + \cdots + c_{n-1} L^1 + c_n L^0$$

且 $f(L)s = 0$。

这样定义的 LFSR 的联接多项式就与此 LFSR 的反馈函数有密切关系，并不是无意义的。如果知道 LFSR 的联接多项式，则可以立即求得该移位寄存器的反馈函数，反之亦然。

2.3.3 LFSR 示例

例 2.1 图 2.9 所示为一个四级线性反馈移位寄存器，状态转移关系为

$$a_i(t+1) = a_{i+1}(t), \quad i = 1,2,3$$

$$a_4(t+1) = a_1(t) \oplus a_4(t)$$

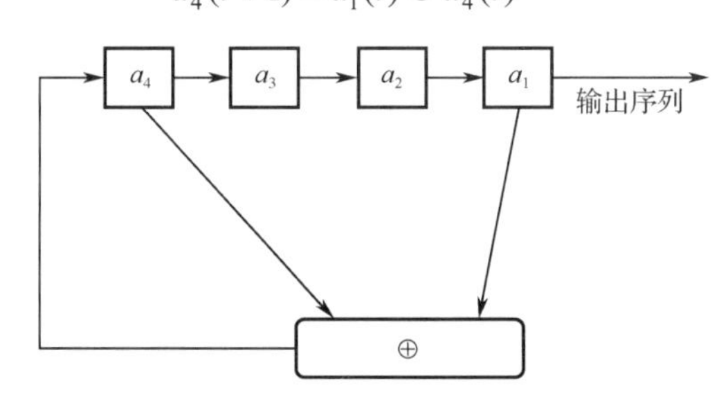

图 2.9 四级线性反馈移位寄存器示例

假设初始状态为$(a_1, a_2, a_3, a_4) = (0,1,1,0)$，则可根据反馈函数计算出该线性反馈移位寄存器在各时刻的所有状态，具体见表 2.1。

表 2.1 线性反馈移位寄存器在各时刻的所有状态

t	a_4	a_3	a_2	a_1	t	a_4	a_3	a_2	a_1
0	0	1	1	0	8	1	1	1	0
1	0	0	1	1	9	1	1	1	1
2	1	0	0	1	10	0	1	1	1
3	0	1	0	0	11	1	0	1	1
4	0	0	1	0	12	0	1	0	1
5	0	0	0	1	13	1	0	1	0
6	1	0	0	0	14	1	1	0	1
7	1	1	0	0	15	0	1	1	0

由计算过程可见，在 t=15 时刻，该寄存器的状态恢复至 t=0 时刻的状态，因此之后的状态将开始重复。这个移位寄存器输出的序列就是 011001000111101 011001000111101…，序列的周期为 15，也称该移位寄存器的周期为 15（即 2^4-1）。

为了直观地描述这一 LFSR 的状态转移情况，可以使用一些方框及连接这些方框的箭头组成图形，即状态转移图，如图 2.10 所示。

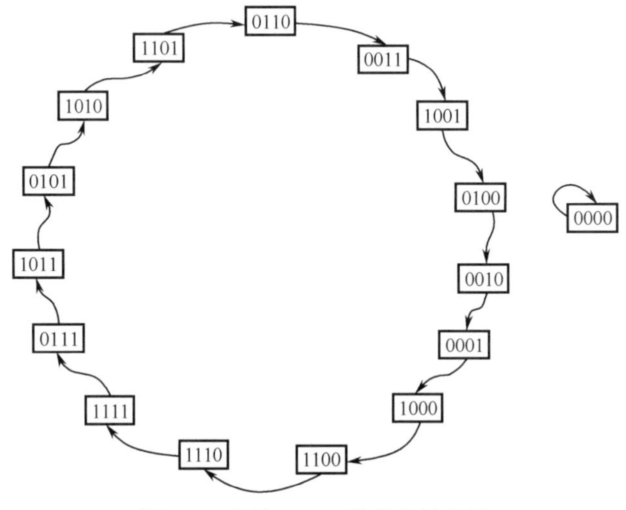

图 2.10　四级 LFSR 的状态转移图

例 2.2　图 2.11 所示为一个联接多项式为 x^3+x+1 的线性反馈移位寄存器。

根据联接多项式可知，该 LFSR 的反馈函数为 $f(a_1,a_2,a_3)=a_1\oplus a_3$。假设初始状态为($a_1$, a_2, a_3) = (1,1,1)，其状态转移图如图 2.12 所示。

在状态转移图中，从初始状态开始，沿着箭头所指示的路径依次取出最左边的分量便可得到该 LFSR 的输出序列：1110100 1110100…，周期为 7（即 2^3-1）。三级移位寄存器的所有可能状态数为 2^3=8（含状态(0,0,0)），而例 2.2 中从初始状态(1,1,1)开始可以得到所有非(0,0,0)的状态。

若以状态转移图中任意一个状态为初始状态，沿箭头所指示的路径依次取出最左边的分量，还可得到另外 6 个序列：1101001 1101001…；1010011 1010011…；0100111 0100111…；1001110 1001110…；0011101 0011101…；0111010 0111010…。全部 7 个序列取自同一个状态转移图，将这 7 个序列之一经过适当的移位可以得到其余任意一个序列，称这 7 个序列是移位等价的。

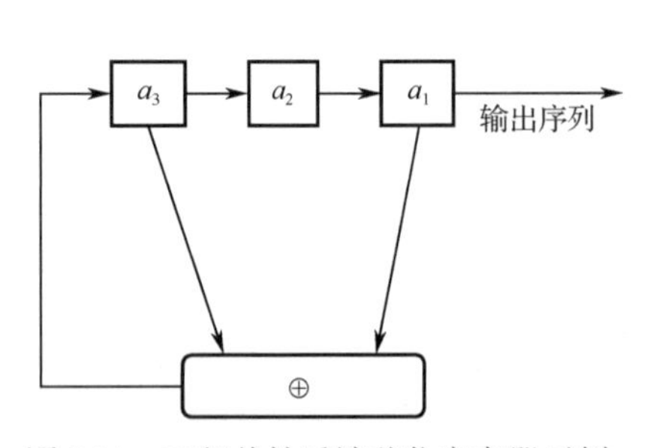

图 2.11　三级线性反馈移位寄存器示例

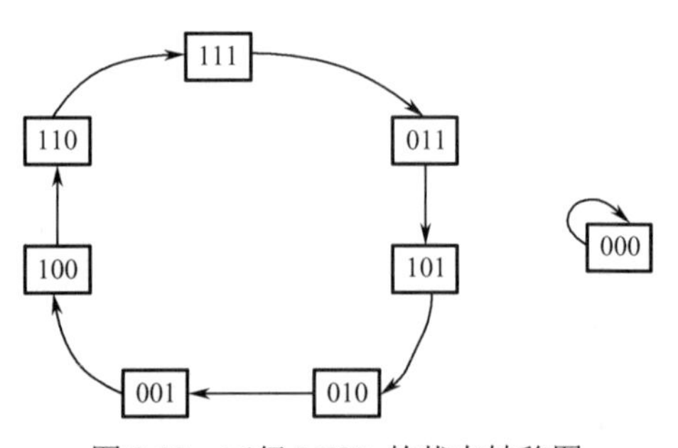

图 2.12　三级 LFSR 的状态转移图

例 2.3　图 2.13 所示为一个四级 LFSR，其联接多项式为 $x^4+x^3+x^2+x+1$。

（1）若取初始状态为(a_1,a_2,a_3,a_4) = (1,1,1,1)，则其状态转移图如图 2.14 所示。对应的输出序列为 11110 11110⋯，周期为 5。

（2）若取初始状态为(a_1,a_2,a_3,a_4) = (0,0,0,1)，则其状态转移图如图 2.15 所示。对应的输出序列为 10001 10001⋯，周期为 5。

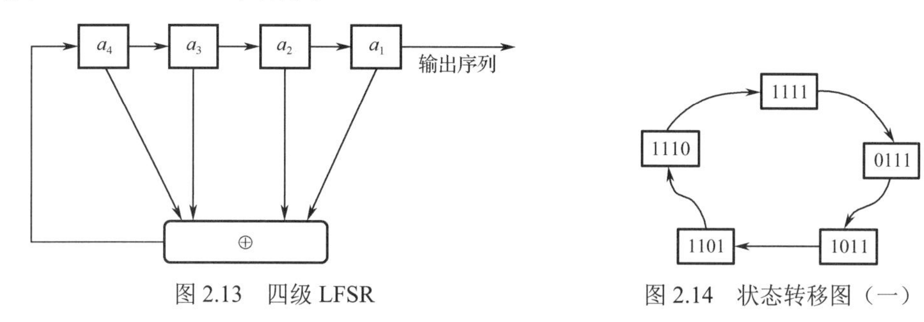

图 2.13　四级 LFSR　　　图 2.14　状态转移图（一）

（3）若取初始状态为(a_1, a_2, a_3, a_4) = (1,0,1,0)，则其状态转移图如图 2.16 所示。对应的输出序列为 01010 01010⋯，周期为 5。

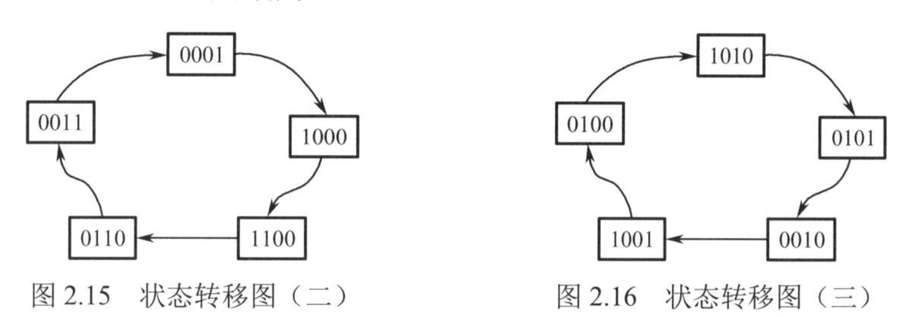

图 2.15　状态转移图（二）　　　图 2.16　状态转移图（三）

以上 15 个状态和状态（0,0,0,0,0）即四级移位寄存器所有可能的 16（即 2^4）个状态。

2.3.4　*m* 序列与最长移位寄存器

从 LFSR 的状态转移图可以看出，一个 n 级 LFSR 序列的周期最大只能为 2^n-1。有的 LFSR 序列的周期可能远小于这个值，但有的 LFSR 序列的周期可以达到这个值。如果以 F_2 上 n 次多项式 $x^n+c_{n-1}x^{n-1}+\cdots+c_1x+1$ 为联接多项式的 n 级 LFSR 所产生的非零序列的周期为 2^n-1，则称这个序列是 n 级最大周期线性移位寄存器序列，简称 m 序列。显然，如果一个 n 级 LFSR 产生了 m 序列，则该 LFSR 的状态转移图仅由两个圈构成，其中一个是由全零状态构成的长度为 1 的圈，另一个是由其余全部 2^n-1 个状态构成的长度为 2^n-1 的圈。换句话说，如果一个 n 级 LFSR 输出的非零序列是 m 序列，则其余 2^n-2 个非零序列也是 m 序列，它们一起构成了一个移位等价类。可以把产生周期为 2^n-1 的 m 序列的 n 级 LFSR 称为最长线性移位寄存器。

显而易见，一个序列是否是 m 序列与产生这一序列的 LFSR 的联接多项式有密切的关系。事实上，可以不加证明地给出以下结论：如果以 F_2 上 n 次多项式 $x^n+c_{n-1}x^{n-1}+\cdots+c_1x+1$ 为联接多项式的 n 级 LFSR 所产生的非零序列是 m 序列，则 $x^n+c_{n-1}x^{n-1}+\cdots+c_1x+1$ 必为 F_2 上的不可约多项式。这一结果表明：一个 LFSR 为最长移位寄存器的必要条件是其联接多项式为不可约多项式。

但是，联接多项式为不可约多项式的假设尚不足以保证该 LFSR 输出的非零序列是 m 序列。例如，对于 F_2 上 4 次不可约多项式 $x^4+x^3+x^2+x+1$，对应的 LFSR 的非零序列周期为 5，而非 2^4-1。成为 m 序列的充分必要条件是：以 F_2 上 n 次多项式 $x^n+c_1x^{n-1}+\cdots+c_{n-1}x+c_n$ 为联接多项式的 n 级 LFSR 所产生的非零序列是 m 序列 $\Leftrightarrow x^n+c_1x^{n-1}+\cdots+c_{n-1}x+c_n$ 为 F_2 上的 n 次本原多项式。

由这个结论可知，一个 n 级 LFSR 为最长移位寄存器的充分必要条件是：它的联接多项式为 F_2 上的 n 次本原多项式。例如，多项式 x^3+x+1 是 F_2 上的 3 次本原多项式，可以验证以此为联接多项式的 LFSR 的输出序列均为 m 序列。在实践中，经常使用 F_2 上的本原三项式，这是因为它只需要一个抽头，电路设计最简单。

由以上的讨论可知，本原多项式的概念在理论和实践上均起着重要作用。根据代数学的知识可知，当 2^n-1 为素数时，F_2 上的每一个 n 次不可约多项式均为 n 次本原多项式。形如 2^n-1 的素数称为 Mersenne 数，如 n=2,3,5,7,13 等。

LFSR 的输出序列就是流密码的密钥流。一个 LFSR 可以输出足够长的二进制位以匹配明文的二进制位。要解密密文，只需运行具有相同初始状态的 LFSR 即可。对于给定的整数 n，由于 m 序列是周期最长的，人们很容易想到将 m 序列作为密钥流实现流密码。但是，这种做法安全吗？

2.3.5 *m* 序列的破译

通过一个简单的示例来描述 m 序列直接在流密码中使用时可能遇到的问题。假设在某个流密码体制中，其密钥流生成器是一个五级 LFSR。假设攻击者得到密文串 10110 10111 和相应的明文串 01100 11111，并知道该流密码体制中的 LFSR 是五级的，则攻击者可计算出相应的密钥流为 11010 01000。

由于

$$\begin{aligned}
a_6 &= c_5a_1+c_4a_2+c_3a_3+c_2a_4+c_1a_5\\
a_7 &= c_5a_2+c_4a_3+c_3a_4+c_2a_5+c_1a_6\\
a_8 &= c_5a_3+c_4a_4+c_3a_5+c_2a_6+c_1a_7\\
a_9 &= c_5a_4+c_4a_5+c_3a_6+c_2a_7+c_1a_8\\
a_{10} &= c_5a_5+c_4a_6+c_3a_7+c_2a_8+c_1a_9
\end{aligned}$$

攻击者可根据密钥流建立以下方程组：

$$\begin{aligned}
0 &= c_5 1+c_4 1+c_3 0+c_2 1+c_1 0 \quad (1)\\
1 &= c_5 1+c_4 0+c_3 1+c_2 0+c_1 0 \quad (2)\\
0 &= c_5 0+c_4 1+c_3 0+c_2 0+c_1 1 \quad (3)\\
0 &= c_5 1+c_4 0+c_3 0+c_2 1+c_1 0 \quad (4)\\
0 &= c_5 0+c_4 0+c_3 1+c_2 0+c_1 0 \quad (5)
\end{aligned}$$

由式（5）知 c_3=0；继而由式（2）知 c_5=1；继而由式（4）知 c_2=1；继而由式（1）知 c_4=0；继而由式（3）知 c_1=0。这样，攻击者就知道了该 LFSR 的具体结构，如图 2.17 所示。

利用这一结构和已经掌握的部分密钥流，攻击者可以计算出之后所有的密钥序列，也就可以像合法用户那样正确执行解密操作。因此，相应的流密码毫无安全性可言。

上述分析可以推广到一般情况，对于一个 n 级的 LFSR，如果攻击者可以得到 $2n$ 个连续的明文-密文对，则可以获得该 LFSR 的具体代数结构。

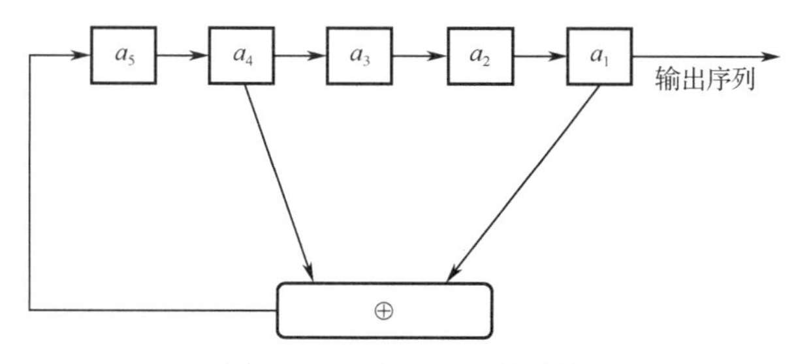

图 2.17　五级 LFSR 的结构

2.3.6　最新研究方向

正如 2.3.5 节所介绍的，级数较低的较为简单的 LFSR 结构目前一般仅在课本和论文中举例和讨论使用，在实际应用中的安全系数并不高。因此，针对此模型当前研究的主要思路是构建相对复杂的反馈函数，共有三个方向：其中一个方向是直观地考虑在一个或多个 LFSR 中添加非线性元素，将在 2.5 节详细介绍；在这里重点介绍后面两个方向，一个是考虑 LFSR 的级数 n 足够大，另一个是考虑使用非线性反馈移位寄存器（NLFSR）。

对于 n 比较大的情况，寻找不可约多项式或本原多项式，就如同数学家寻找大素数一样，目前只有一些星星点点的方法，相较于素数分布的著名未解决问题黎曼猜想，有限域 F_q 上的次数为 n 的不可约多项式的个数（$I_q(n)$）和本原多项式的个数（$P_q(n)$）已由下述公式给出：

$$I_q(n) = \frac{1}{n}\sum_{m|n}\mu(m)q^{n/m}$$

$$P_q(n) = \frac{\varphi(q^n - 1)}{n}$$

式中，$\mu(x)$ 为莫比乌斯函数（Mobius Function）；$\varphi(x)$ 为欧拉函数（Euler Phi Function）。

而“比较大”这一不严谨的说法也说明在这个方向上的研究仍有待深入，毕竟，关于 F_q 上的次数为 n 的不可约多项式的分布还没有一般理论，任何超过现代计算机计算能力的 n 都属于未知量，研究者可以通过一些巧妙的结构构建出次数较大的不可约多项式，但是同一次数的其他不可约多项式如何分布则较难分析。例如，近期有研究者提出一个方法：可以根据已知的 F_2 上的 5 次不可约多项式产生一个次数为 90 的不可约多项式 $x^{90}+x^{81}+x^{72}+x^{45}+x^{27}+x^{9}+1$，但是其他的 90 次不可约多项式仍不得而知。研究者还想到了化繁为简的方法，就是通过寻找固定某些项系数的不可约多项式或本原多项式来一点点揭开它们的神秘面纱。例如，对于 $n \geqslant 7$，存在前三项任意指定的 F_q 上的次数为 n 的不可约多项式。更深入的研究还包括如何寻找含有项数尽可能少的本原多项式或不可约多项式，这样的多项式在实际应用中因占用空间少、计算量小而大受欢迎，如 F_2 上的本原多项式 $x^{859433}+x^{288477}+1$。目前关于本方向的研究热点包括固定某些系数的不可约多项式个数、构建新的不可约多项式以及本原多项式的分布等。

使用 NLFSR 是复杂反馈函数的一个容易想到但不易实行的方向，因为 NLFSR 不像 LFSR 那样有一般的联接多项式形式。对一般 F_q 上的 n 级反馈函数，因其输入有 q^n 个，输出有 q 个，故其全部函数的数量为 q^{q^n} 个。要从这样规模的函数中找到能输出具有良好密码特性的序列也是一项很大的工程，但是其非线性的特性还是吸引了大量学者进行研究，因此也是近期研究的热点。在 NLFSR 提出之时，对于它的攻击也应运而生，一般的思路是通过线性函数来进行逼近，产生了代数免疫度等概念，也是对 NLFSR 攻击的研究热点。

2.4 伪随机序列的性质

2.4.1 随机序列

设计一个性能良好的流密码算法（本质上是伪随机序列生成器）是一项十分困难的任务，在 2.3.5 节中已经看到了这一点。为了获得一个安全的流密码体制，希望伪随机序列生成器输出的序列具有与随机序列极为相似的性质。因此，下面先阐述随机序列的几个性质。

假定抛掷一枚硬币，倘若出现正面，就记为 1；若出现反面，则记为–1。反复抛掷硬币就得到一个二元随机变量序列：

$$\xi_1,\xi_2,\cdots,\xi_n,\cdots$$

式中，ξ_n 代表第 n 次掷币的结果。因为每次试验的结果与以前各次试验没有任何联系，所以这种序列是独立试验的结果。

当试验次数 n 无限增大时（$n\to\infty$），容易发现，这种序列具有几个比较有趣的随机性质。

（1）在直到第 n 次以前的试验结果中，1 出现的次数与–1 出现的次数近乎相等。用概率论的语言来说就是 1 与–1 出现的概率是相等的，都是$\frac{1}{2}$。

（2）把连在一起的 1 的一段（其两端都是–1）称为 1 的游程，其中 1 的个数称为游程的长度。类似地，也有–1 的游程的概念。例如，在以下序列中：

$$-1,-1,-1,1,1,-1,-1$$

1 的游程只有一个，即$\{1,1\}$，游程长度为 2；–1 的游程有两个，即$\{-1,-1,-1\}$和$\{-1,-1\}$，游程长度分别为 3 和 2。

综合上述介绍，性质就是，在直到第 n 次试验以前的试验结果所形成的 1、–1 的总的一段中，长度为 1 的游程约占游程总数的$\frac{1}{2}$；长度为 2 的游程约占游程总数的$\frac{1}{2^2}$；……；并且在同样长度的所有游程中，1 的游程与–1 的游程大约各占一半。

其实，不难想象长度为 1 的游程出现的概率为$\frac{1}{2}$。如果已经出现了一个 1，那么此后出现 1 并紧跟着一个–1 从而构成长度为 2 的 1 的游程的概率，显然等于此后出现–1 从而构成长度为 1 的 1 的游程的概率的一半。如果已经出现的是一个–1，对构成长度为 2 的–1 的游程的概率分析类似。因此，长度为 2 的游程出现的概率为$\frac{1}{2^2}$。一般地，如果已经出现 i 个 1，那么下一次出现 1 并紧跟着一个–1 从而构成长度为 i+1 的 1 的游程的概率，应该等于下一次出现–1 而构成长度为 i 的 1 的游程的概率的一半。对于长度为 i+1 的–1 的游程也可类似分析。由于 1 和–1 出现的概率均为$\frac{1}{2}$，故在各种长度的游程中，1 的游程与–1 的游程大约各占一半。

（3）假设在各次试验中记录下来的结果为

$$a_1,a_2,\cdots,a_n,\cdots$$

则当$\tau \neq 0$时，$(a_i,a_{i+\tau})$取值为(1,1)，(1,–1)，(–1,1)，(–1,–1)中的每一个的概率都是相等的。因此，当n很大时便有

$$\frac{1}{n}\sum_{i=1}^{n}a_i a_{i+\tau} \approx 0$$

当$\tau = 0$时，有

$$\frac{1}{n}\sum_{i=1}^{n}a_i a_{i+\tau} = \frac{1}{n}\sum_{i=1}^{n}a_i^2 = 1$$

定义$C(\tau) = \frac{1}{n}\sum_{i=1}^{n}a_i a_{i+\tau}$，称之为随机序列$\xi_1,\xi_2,\cdots,\xi_n\cdots$的自相关（Auto Correlation）函数。性质（3）说的是自相关函数是一个二值函数$C(\tau)=\begin{cases}0, & \tau \neq 0 \\ 1, & \tau = 0\end{cases}$，其值在原点处最大，一旦离开原点，其值立即减小。

2.4.2 Golomb 随机性公设

因为真随机序列在实际应用中有很大困难，所以在流密码中需要使用伪随机序列。所谓伪随机序列，是指这样一种二元序列，它按照完全确定的规律形成，并且具有类似于 2.4.1 节描述的随机序列的 3 个性质。之所以把这种序列叫作伪随机序列，是因为产生这种序列是按照完全确定的方式进行的，而不像在随机序列中元素的出现是随机的。

仿照随机序列的性质，Golomb 提出了度量伪随机序列随机性的 3 条规则，称为 Golomb 随机性公设。为简单起见，假设所述伪随机序列为二元序列$a_1,a_2,\cdots,a_n,\cdots$ $(a_i \in \{0,1\})$，其周期为n。

（1）在每一个周期内，0 的个数与 1 的个数近似相等；

（2）在每一个周期内，长度为i的游程数占游程总数的$\frac{1}{2^i}$；

（3）定义自相关函数为$C(\tau)=\sum_{i=1}^{n}(-1)^{a_i+a_{i+\tau}}$，这是一个二值函数，即

$$C(\tau)=\begin{cases}n, & \tau \equiv 0 \bmod n \\ c, & 其他\end{cases}$$

其值c为常数。

例 2.4 在周期为 7 的序列 1110010…中，每一个周期内有：4 个“1”，3 个“0”；4 个游程，具体包括 2 个长度为 1 的游程、1 个长度为 2 的游程及 1 个长度为 3 的游程；$C(\tau)=\begin{cases}7, & \tau \equiv 0 \bmod n \\ -1, & 其他\end{cases}$。

m序列是满足 Golomb 随机性公设的典型代表。

2.4.3 *m* 序列的伪随机性

m 序列之所以在电子工程的许多领域获得了广泛应用，主要原因是它与随机序列极为类

似的性质，满足 Golomb 的 3 个随机性公设。下面直接给出相应的结论，若感兴趣可以自己尝试给出正确性证明。

（1）在 n 级 m 序列的一个周期段内，1 出现的次数恰为 2^{n-1}，0 出现的次数恰为 $2^{n-1}-1$。

（2）在 n 级 m 序列的一个周期段内，游程总数为 2^{n-1}；长度为 $k(1\leqslant k\leqslant n-2)$的 0 的游程（或 1 的游程）数为 2^{n-2-k}；长度为（$n-1$）的游程只有 1 个，为 0 的游程；长度为 n 的游程也只有 1 个，为 1 的游程。

（3）自相关函数是二值的，且为$C(\tau)=\begin{cases}2^n-1，& \tau\equiv 0 \bmod 2^n-1\\ -1，& \text{其他}\end{cases}$。

不过需要说明的是，对于密钥流序列而言，Golomb 公设只是判别二元周期序列的随机性标准的必要条件，并不是充分条件。这是因为：由其中很小一部分就可简单地确定出整个密钥序列。

2.4.4 线性复杂度

除了要求伪随机序列具有长周期、满足 Golomb 的 3 个随机性公设，还要求适用于流密码的伪随机序列满足高的线性复杂度（Linear Complexity），也称线性扩张（Linear Span）。

给定二元序列 $a_1,a_2,\cdots,a_n,\cdots(a_i\in\{0,1\})$，其线性复杂度定义为能够输出该序列的最短线性移位寄存器的级数。

例如，给定序列 011 011…，联接多项式为x^2+x+1的 LFSR 可以生成该序列，联接多项式为x^3+1的 LFSR 也可以生成该序列。但联接多项式为$x+1$的 LFSR 则无法做到这一点，因此，该序列的线性复杂度为 2。

序列线性复杂度的概念在密码学中的重要意义是通过以下结论体现的：如果序列的线性复杂度为 l（不小于 1），则只要知道序列中任意连续的 $2l$ 位，就可确定整个序列。由此可见，序列线性复杂度是流密码安全性的重要指标，作为密钥流序列，其线性复杂度很小是不安全的。

通常认为一个安全的密钥流应能满足这样 3 个基本条件：周期充分长、随机统计特性好（即基本满足 Golomb 随机性公设）、线性复杂度大。这里的周期长一般指不少于 10^{16}，而线性复杂度为序列长度的一半是比较合适的。随着现代技术的发展，2.3 节介绍的 LFSR 虽然能满足本节的随机性要求，但是毕竟只占伪随机序列的一小部分，如何生成与 m 序列不同的伪随机序列也是当今流密码研究的一个重要方向。由于 n 级反馈移位寄存器所能产生的最大周期为 2^n-1，这一限制也降低了在这一方向深入研究的可能性，研究者为此引入了一些其他相关学科的知识，用来产生一些周期非 2^n-1 的伪随机序列。典型的示例有基于整数环 Z/n 上的计算所产生的序列（其中对 n 有一定限制，如等于两个素数之积等，对于任意 n 还没有一般化的理论），再通过一定的方法将其转化为 F_2 上的序列，使得新序列满足伪随机性假设，转换成 F_2 上的序列的理由是现代通信的标准仍是作为计算机基础的二进制，并且转换过来的序列可依据本节所介绍的伪随机性性质继续深入研究其性质。当然，目前所拓展的伪随机序列的周期只是整个自然数中的一小部分，研究者肯定希望看到更多新的周期加入。一些不同于 LFSR 的伪随机序列构造将在 2.6 节中介绍。

2.5 基于 LFSR 的伪随机序列生成器

流密码的安全保密性主要依赖于密钥流，好的伪随机序列应满足 2.4.4 节所述的 3 个基本条件。对于如何实现这种序列，应该注意到两方面：一是 LFSR 的快速运算与代数结构上的优势；二是直接使用 LFSR 的 m 序列是不安全的。因此，希望能够在 LFSR 的基础上加入非线性化手段，产生适合于流密码应用的密钥序列。这也是目前实现密钥流生成器的主流方法，通常又可进一步将这种方法分为 3 类：滤波生成器、组合生成器和钟控生成器。

2.5.1 滤波生成器

滤波生成器（Filter Function Generator）是一种常见的密钥流生成器，由一个 n 级线性移位寄存器和一个 m（小于 n）元非线性滤波函数组成，滤波函数的输出为密钥流序列，工作模式如图 2.18 所示。

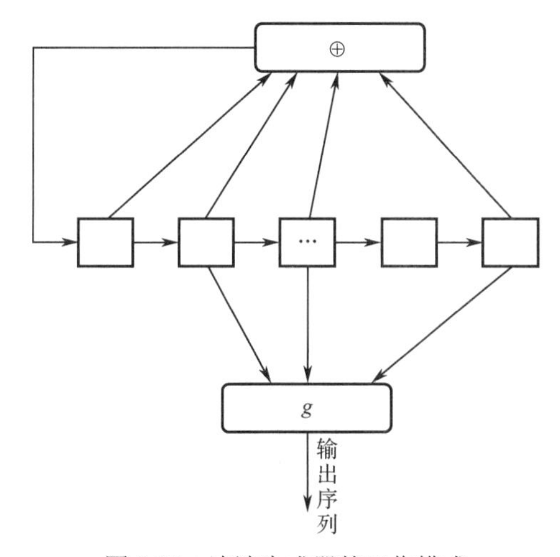

图 2.18 滤波生成器的工作模式

图 2.18 中，g 为一个 m 元布尔函数，其输入由 LFSR 中的一部分抽头构成，其输出构成整个生成器的输出。

2.5.2 组合生成器

在流密码设计与分析中，组合生成器（Combinatorial Generator）也有着广泛的应用，它由若干线性移位寄存器 $\mathrm{LFSR}_i(i=1,\cdots,n)$和一个非线性组合函数组成，组合函数的输出构成密钥流序列。组合生成器的工作模式如图 2.19 所示。

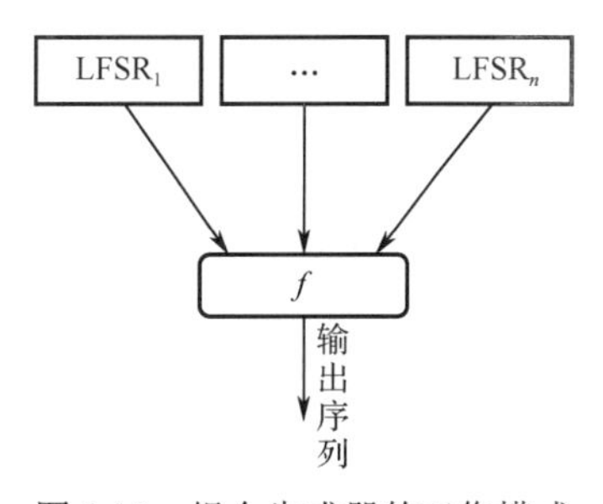

图 2.19 组合生成器的工作模式

其中，$\mathrm{LFSR}_i(i=1,\cdots,n)$为 n 个级数分别为 $r_1,r_2,\cdots,r_n$ 的线性移位寄存器，相应的移位寄存器序列为 $\{a_{i_j}\}(i=1,\cdots,n)$。函数 $f(x_1,x_2,\cdots,x_n)$ 是 n 元布尔函数。令 $k_j=f(a_{1_j},a_{2_j},\cdots,a_{n_j})$，

则 $\{k_j\}$ 为该组合生成器的输出。

使用组合生成器可以极大地增大序列的周期。事实上，如果 $r_1, r_2, \cdots, r_n$ 两两互素，函数 $f(x_1, x_2, \cdots, x_n)$ 与各变元均有关，则 $\{k_j\}$ 的周期为 $\prod_{i=1}^{n}(2^{r_i}-1)$。

2.5.3　钟控生成器

用钟控方法设计密钥流生成器的基本思想是：用一个或多个移位寄存器来控制另一个或多个移位寄存器的时钟，这样的序列生成器称为钟控生成器（Clock-controlled Generator），也称为停走生成器（Stop and Go Generator），最终的输出称为钟控序列，基本模型如图 2.20 所示。

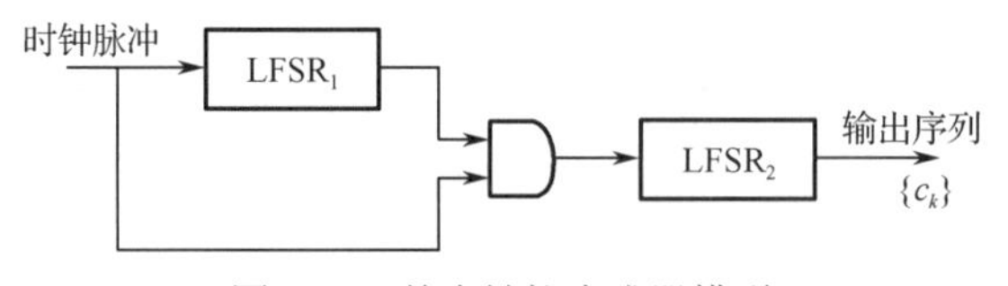

图 2.20　基本钟控生成器模型

假设 $LFSR_1$ 和 $LFSR_2$ 分别输出序列 $\{a_k\}$ 和 $\{b_k\}$。当 $LFSR_1$ 输出 1 时，移位时钟脉冲通过与门使 $LFSR_2$ 进行一次移位，从而生成下一位。当 $LFSR_1$ 输出 0 时，移位时钟脉冲无法通过与门影响 $LFSR_2$，因此 $LFSR_2$ 重复输出前一位。

例如，假设 $LFSR_1$ 输出周期序列 10101 10101…，$LFSR_2$ 输出周期为 3 的序列 $a_0a_1a_2, a_0a_1a_2\cdots$，则上述钟控生成器输出的钟控序列为 $a_0a_0a_1a_1a_2, a_0a_0a_1a_1a_2, \cdots$，周期为 5。

交错式停走生成器也是一种钟控生成器。这个生成器使用 3 个不同级数的移位寄存器，如图 2.21 所示。

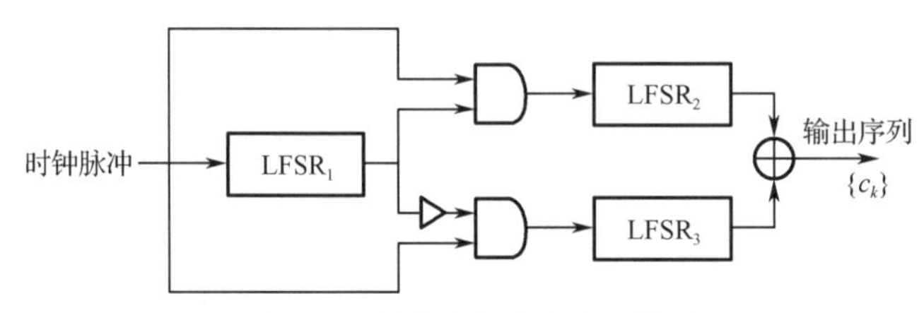

图 2.21　交错式停走生成器模型

当 $LFSR_1$ 的输出是 1 时，$LFSR_2$ 被时钟驱动；当 $LFSR_1$ 的输出是 0 时，$LFSR_3$ 被时钟驱动。最后，$LFSR_1$ 的输出与 $LFSR_2$ 的输出做异或运算即为这个交错式停走生成器的输出，输出的序列具有长周期和大的线性复杂度。

2.6　其他构造方法

除利用 LFSR 的良好结构设计伪随机序列生成器外，还可使用一些基于数论或有限域的知识构造的伪随机序列。上述这些所依赖的数学工具便于对其周期、随机统计特性及线性复杂度等进行理论分析。这里介绍两类比较常见的序列：勒让德序列（Legendre Sequence）和椭圆曲线序列（Elliptic Curve Sequence）。

2.6.1 勒让德序列

令 p 为一个奇素数，已知勒让德符号 $\left(\frac{i}{p}\right)$ 定义为

$$\left(\frac{i}{p}\right)=\begin{cases}1, & \text{如果存在整数 } x \text{ 使得 } x^2 \equiv i \bmod p \\ 0, & \text{其他}\end{cases}$$

那么勒让德序列 $\{a_i\}$ 定义为

$$a_i=\begin{cases}0, & \text{当且仅当}\left(\frac{i}{p}\right)=1 \\ 1, & \text{当且仅当}\left(\frac{i}{p}\right)=-1\end{cases}$$

上述序列也称二次剩余序列（Quadratic Residue Sequence）。

例 2.5 令 p=11，则有

$$\left(\frac{0}{p}\right)=1,\ \left(\frac{1}{p}\right)=1,\ \left(\frac{2}{p}\right)=-1,\ \left(\frac{3}{p}\right)=1,\ \left(\frac{4}{p}\right)=1,\ \left(\frac{5}{p}\right)=1,$$

$$\left(\frac{6}{p}\right)=-1,\ \left(\frac{7}{p}\right)=-1,\ \left(\frac{8}{p}\right)=-1,\ \left(\frac{9}{p}\right)=1,\ \left(\frac{10}{p}\right)=-1$$

从而有勒让德序列 00100011101 00100011101…，其周期为 11。在一个周期内，有 5 个 1，6 个 0；共有 6 个游程，包括 3 个 0 游程，3 个 1 游程，1 个长度为 1 的 0 游程，2 个长度为 1 的 1 游程，1 个长度为 2 的 0 游程，1 个长度为 3 的 0 游程，1 个长度为 3 的 1 游程。

2.6.2 椭圆曲线序列

传统的伪随机序列生成器的构造大多基于 LFSR 的结构，其中有许多确实能够提供良好的伪随机性，但近年来也有越来越多的伪随机序列生成器被分析是不安全的。椭圆曲线理论是代数、几何、数论等多个数学分支的交叉点，由于椭圆曲线上的代数运算在软件和硬件上可快速实现，因此结合椭圆曲线来设计满足良好特性的伪随机序列生成器引起了密码学研究者的关注。这些椭圆曲线序列除具有伪随机性和不可预测性外，还承载有许多特殊的性质，在流密码和公钥密码系统中有现实的应用。例如，在资源受限的环境或系统下，如果无线设备采用的是 ECC 体制①，那么基于椭圆曲线的伪随机序列生成器就可以自然地嵌入该设备中，实现无缝连接，用于椭圆曲线密码构件中伪随机数或点的生成。

更重要的是，这种新的系统降低了系统被攻破的可能性。具体地说，如果一个依赖于椭圆曲线离散对数问题（ECDLP）的 ECC 系统使用的是传统伪随机序列生成器，而这个生成器的安全性是基于大整数分解的，则整个系统的安全性就不再仅与 ECDLP 相关，更受制于

---

① ECC（Ellipse Curve Cryptography）与其他公钥系统相比，能提供更好的加密强度、更快的执行速度和更短的密文/签名长度，因此可用较小的开销和时延实现较高的安全性，特别适用于计算能力和集成电路受限、空间和带宽受限但要求高速实现的情况。

大整数分解问题的困难性，若大整数分解问题的研究取得突破性进展（基于模运算的整数因子分解问题和离散对数问题都存在亚指数时间复杂度的通用求解算法），则整个系统的安全性就会受到很大挑战，甚至崩溃；反之，如果这个系统使用的是基于椭圆曲线的伪随机序列生成器，而这个生成器的安全性也是基于椭圆曲线离散对数问题的，那么整个系统的安全性就只依赖于 ECDLP。众所周知，在椭圆曲线群的阶有大素数因子时，椭圆曲线上的离散对数问题是一个难题，最有效的算法也需要指数时间复杂度，因此整个系统在计算复杂度意义下是安全的。

这里给出一个简单的示例来阐述使用椭圆曲线构造二元序列的流程。具体地说，令 E 为有限域 F_p 上的椭圆曲线，其中素数 $p>3$， $P=(x_P,y_P)$ 是椭圆曲线 E 上阶为 r 的一个点。由点 P 可以获得这样的点的序列：

$$\{P,2P,3P,\cdots\}$$

令 $P_i=iP=(x_i,y_i)$，则可以得到以下二元序列（$i=1,2,\cdots,r-1$， $a_0=1$）：

$$a_i=\begin{cases}1, & y_i \geqslant \dfrac{p+1}{2}\\ 0, & y_i<\dfrac{p+1}{2}\end{cases}$$

利用这种最简单的有限域即素域 F_p 上的椭圆曲线群构造二元序列，获得的序列的一个最显著优点是可以给出其数学上是“美”的表示形式。关于上述序列 $\underline{\boldsymbol{a}}=\{a_0,a_1,\cdots,a_{r-1}\}$，可以将它表示为

$$\underline{\boldsymbol{a}}=\begin{cases}(1,\boldsymbol{A},0,\overleftarrow{\boldsymbol{A}}+\underline{\boldsymbol{1}}), & r\equiv 0 \bmod 2\\ (1,\boldsymbol{A},\overleftarrow{\boldsymbol{A}}+\underline{\boldsymbol{1}}), & r\equiv 1 \bmod 2\end{cases}$$

式中， $\boldsymbol{A}=(a_1,a_2,\cdots,a_{m-1}),\overleftarrow{\boldsymbol{A}}=(a_{m-1},\cdots,a_2,a_1),\underline{\boldsymbol{1}}=(1,1,\cdots,1),\overleftarrow{\boldsymbol{A}}+\underline{\boldsymbol{1}}=(a_{m-1}+1,\cdots,a_2+1,a_1+1)$，$m\in Z$。事实上：

（1）当 $r\equiv 0 \bmod 2$ 时，对某个整数 m，有 $r=2m$。可以将 $\underline{\boldsymbol{a}}$ 记为

$$\underline{\boldsymbol{a}}=(a_0,a_1,\cdots,a_{m-1},a_m,a_{m+1},a_{m+2},\cdots,a_{2m-1})$$

注意到 mP 是阶为 2 的点，从而 $mP=(x_m,0)$。而且，对 $i=1,\cdots,m-1$ 有 $(m+i)P=(x_{m+i},y_{m+i})=(x_{m+i},-y_{m-i})$，从而 $a_{m+i}=a_{m-i}+1 \bmod 2$。因此，有表达式 $\underline{\boldsymbol{a}}=(1,\boldsymbol{A},0,\overleftarrow{\boldsymbol{A}}+\underline{\boldsymbol{1}})$。

（2）当 $r\equiv 1 \bmod 2$ 时，对某个整数 m，有 $r=2m+1$。又由于 $O=rP=(2m+1)P=2mP+P$，从而有 $y_{2m}=-y_1$，即 $a_{r-1}=a_1+1 \bmod 2$。

类似地，$O=rP=(2m+1)P=(2m-1)P+2P$，从而有 $y_{2m-1}=-y_2$，即 $a_{r-2}=a_2+1 \bmod 2$。

以此类推，可以将 $\underline{\boldsymbol{a}}$ 记为

$$\underline{\boldsymbol{a}}=(1,\boldsymbol{A},\overleftarrow{\boldsymbol{A}}+\underline{\boldsymbol{1}})$$

2.7　实用流密码

流密码以其易于实现、加/解密快速、无错误传播及应用协议简单等优点，在政府、军事、外交等重要部门的保密通信及各种移动通信系统中得到广泛使用。本节介绍两种在现实中有较大影响、应用比较广泛的流密码体制——A5 算法和 RC4 算法。

2.7.1 A5 算法

随着移动通信技术的发展，移动通信网成为互联网之外最重要的网络，并覆盖全球。全球移动通信系统（Global System for Mobile communications，GSM）是欧洲提出的移动通信标准，已被一百多个国家采用，是世界上最大的移动电话系统。

全球移动通信系统（GSM）主要由网络交换子系统（NSS）、无线基站子系统（BSS）和移动台（MS）三大部分组成，如图 2.22 所示。

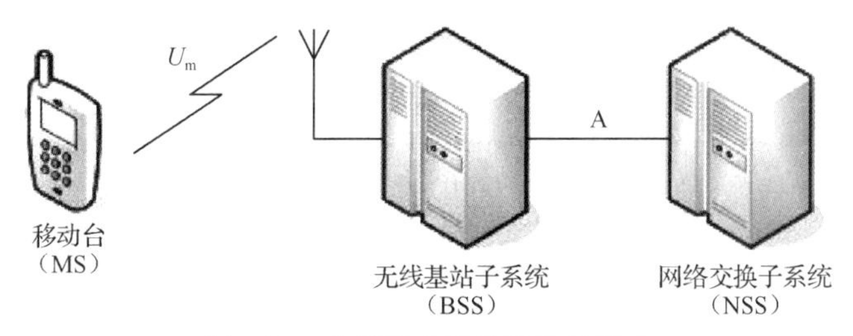

图 2.22 全球移动通信系统的组成

移动台（MS）是移动客户设备部分，它由两部分组成，即移动终端和客户识别卡（SIM 卡）。移动台就是手机，可完成语音编码、信道编码、信息加密、信息的调制和解调及信息发射和接收等功能。SIM 卡是用户的身份卡，也是一种智能卡，其中存有认证用户身份需要的所有信息，并能执行一些与安全保密有关的操作，防止非法用户进入网络。SIM 卡还存储与网络和用户有关的管理数据，只有插入 SIM 卡后移动终端才能接入移动通信网。

一个 GSM 语音消息被转换成一系列的帧，每帧具有 228 比特（bit）。每帧用 A5 算法加密。A5 是 GSM 中执行加密运算的流密码算法，主要用于从用户手机到基站的连接加密。A5 算法的结构如图 2.23 所示，它是一种典型的基于 LFSR 的流密码，由 3 个移位寄存器组成，是一种集互控和停走于一体的钟控模型。

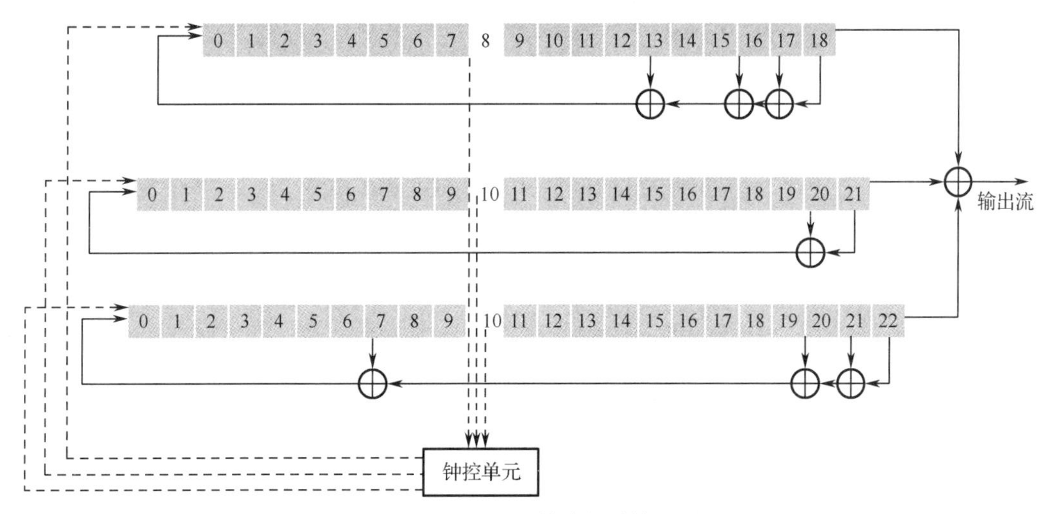

图 2.23 A5 算法的结构

将 A5 中的 3 个线性移位寄存器分别记为 $LFSR_1$、$LFSR_2$ 和 $LFSR_3$，记 $LFSR_i$ 中第 $j_1,\cdots,j_l$ 比特为 $LFSR_i[j_1,\cdots,j_l]$。$LFSR_1[8]$, $LFSR_2[10]$, $LFSR_3[10]$ 为钟控单元。根据表 2.2，

A5 中的钟控机制是：如果在某一时刻钟控单元中 3 个值的某两个或 3 个相同，则对应的移位寄存器在下一时刻被驱动，而剩下的一个（或 0 个）值对应的移位寄存器则停走。

表 2.2　A5 中的钟控机制

钟控单元			驱动情况		
$LFSR_1[8]$	$LFSR_2[10]$	$LFSR_3[10]$	$LFSR_1$	$LFSR_2$	$LFSR_3$
$1\oplus c$	c	c	停走	驱动	驱动
c	$1\oplus c$	c	驱动	停走	驱动
c	c	$1\oplus c$	驱动	驱动	停走
c	c	c	驱动	驱动	驱动

3 个线性移位寄存器的具体参数对比见表 2.3。

表 2.3　3 个线性移位寄存器的具体参数对比

	$LFSR_1$	$LFSR_2$	$LFSR_3$
级数	19	22	23
抽头	13、16、17、18	20、21	7、20、21、22
联接多项式	$x^{19}+x^{18}+x^{17}+x^{14}+1$	$x^{22}+x^{21}+1$	$x^{23}+x^{22}+x^{21}+x^{8}+1$
钟控抽头	8	10	10

容易检查，3 个 LFSR 的联接多项式都是本原多项式。A5 算法的输入为 64 比特的密钥 Key 和 22 比特的帧数 Frame，具体工作过程分为 3 步。

（1）初始化。

- 令所有 LFSR 的各级寄存器均为 0。
- 对 i=0,…,63：

  $LFSR_1[0]=LFSR_1[0]\oplus Key[i]$；

  $LFSR_2[0]=LFSR_2[0]\oplus Key[i]$；

  $LFSR_3[0]=LFSR_3[0]\oplus Key[i]$。

  对 3 个 LFSR 均执行移位操作，即

  $LFSR_1[-1]=LFSR_1[18]\oplus LFSR_1[17]\oplus LFSR_1[16]\oplus LFSR_1[13]$，

  $j=18,\cdots,0:LFSR_1[j]=LFSR_1[j-1]$；

  $LFSR_2[-1]=LFSR_2[21]\oplus LFSR_2[20]$，

  $j=21,\cdots,0:LFSR_2[j]=LFSR_2[j-1]$；

  $LFSR_3[-1]=LFSR_3[22]\oplus LFSR_3[21]\oplus LFSR_3[20]\oplus LFSR_3[7]$，

  $j=22,\cdots,0:LFSR_3[j]=LFSR_3[j-1]$。
- 对 i=0,…,21：

  $LFSR_1[0]=LFSR_1[0]\oplus Frame[i]$；

  $LFSR_2[0]=LFSR_2[0]\oplus Frame[i]$；

  $LFSR_3[0]=LFSR_3[0]\oplus Frame[i]$；

  同上，对 3 个 LFSR 均执行移位操作。

（2）对 i=0,⋯,99：按照描述的钟控机制执行移位寄存器的移位操作，3 个 LFSR 的最右一级寄存器执行 XOR 运算的结果即为该时刻的输出。

（3）将步骤（2）中得到的 100 比特抛弃，继续类似步骤（2）的操作直至得到 228 比特作为密钥流输出。

A5 算法的效率很高，输出的序列统计性好，能够通过所有的已知测试。但因使用的移位寄存器过短，极易受穷尽攻击。若 A5 算法采用级数较长的移位寄存器，则会更安全。

2.7.2 RC4 算法

RC4（Rivest Cipher 4）算法是 Rivest 于 1987 年为 RSA 数据安全公司开发的一种序列密码，该算法的密钥长度可变，且面向字节操作。设计出来后，RC4 一直处于保密状态，直到 1994 年 9 月有人将其源代码匿名张贴到 Cypherpunks 邮件列表中，从此迅速传遍互联网。RC4 是全球范围内使用最广的流密码之一，已被应用于 MS Windows、Lotus Notes、Oracle SQL 及使用安全套接字层 SSL 协议的互联网通信等方面。

RC4 有一个参数 n，根据 n 的值可以实现一个长度为 n 的秘密内部状态（数组），这种可能的内部状态共有 $N=2^n$ 个。通常取 n=8，对应的内部状态由 256（即 2^8）个元素 $S[0],\cdots,S[255]$ 构成，每个元素都是 0～255 中的一个数字。RC4 的输入是一个长度可变的密钥，该密钥用于初始化内部状态（$S[0],\cdots,S[255]$）。RC4 的输出是状态（$S[0],\cdots,S[255]$）中按照一定方式选出的某一个元素 K，该输出构成密钥流的一个字节，加/解密时字节 K 与一个明文/密文字节执行 XOR 运算。每生成一个 K 值，内部状态（$S[0],\cdots,S[255]$）中的元素会被重新置换一次，以便下次生成 K 值。RC4 算法主要由两个算法构成：密钥调度算法（Key-Scheduling Algorithm，KSA）和伪随机生成算法（Pseudo Random Generation Algorithm，PRGA）。

1）密钥调度算法

这一步骤主要用来设置内部状态（$S[0],\cdots,S[255]$）的随机排列。开始时，内部状态中的元素被初始化为 0～255，即 $S[i]=i(i=0,\cdots,255)$。密钥长度可变，假设为 L 字节 $(K[0],\cdots,K[L-1])$，L 一般为 5～32。用这 L 字节不断重复填充，直至得到 $(K[0],\cdots,K[255])$。数组 K 用于对内部状态 S 进行随机化，具体过程如下：

j=0

对 i=0,⋯,255：

$$j=j+S[i]+K[i]\bmod 256$$

互换 $S[i]$与 $S[j]$

2）伪随机生成算法

一旦 KSA 完成对内部状态（$S[0],\cdots,S[255]$）的随机化，PRGA 便接手工作，它从内部状态中选取一个随机元素作为密钥流中的一个字节，并修改内部状态以便下一次选取。选取过程取决于索引值 i 和 j，它们的初始值均为 0。具体选取过程如下：

i=0

j=0

重复下述步骤，直至获得足够长的密钥流：

$$i=i+1\bmod 256$$

$$j = j + S[i] \bmod 256$$
互换 $S[i]$与 $S[j]$
$$t = S[i] + S[j] \bmod 256$$
$$K = S[t]$$

例 2.6 假设发送方 Alice 和接收方 Bob 要使用 RC4 算法实现秘密通信。为简单起见，本例中假设 n=3，L=3。这里内部状态是由 2^n=8 个元素、初始值为 0～7 构成的数组：

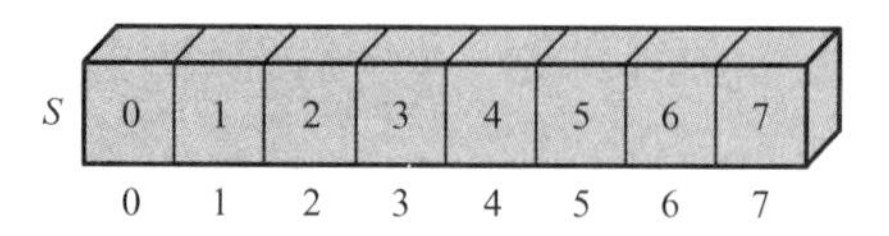

假设初始密钥为 5、6、7，上述双方需要这个初始密钥生成密钥流。

（1）在执行密钥调度算法阶段：根据算法规定，密钥数组 K 为

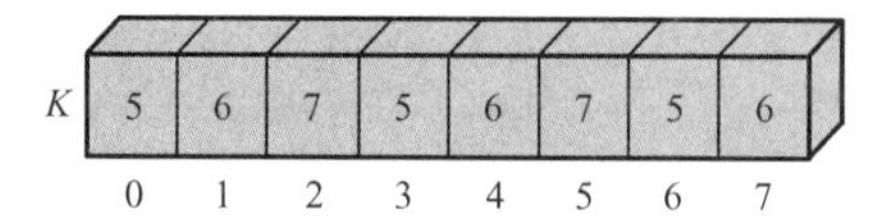

然后执行循环，有

- $j = 0 + S[0] + K[0] \bmod 8 = 5$

互换 $S[0]$与 $S[5]$，内部状态变为

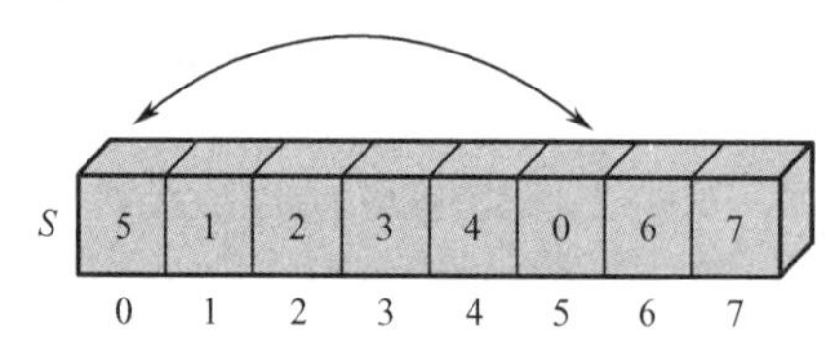

- $j = 5 + S[1] + K[1] \bmod 8 = 4$

互换 $S[1]$与 $S[4]$，内部状态变为

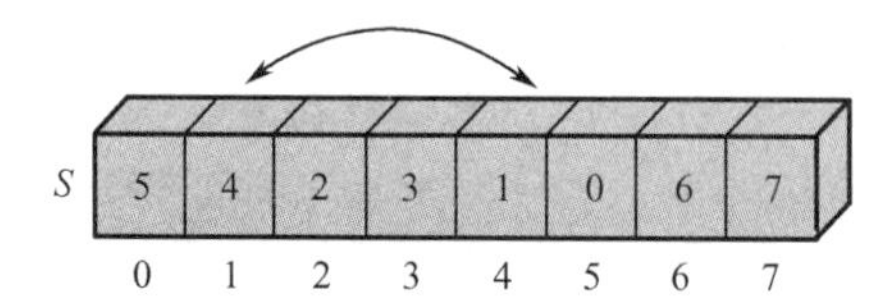

- 以此类推，当循环执行结束时，内部状态变为

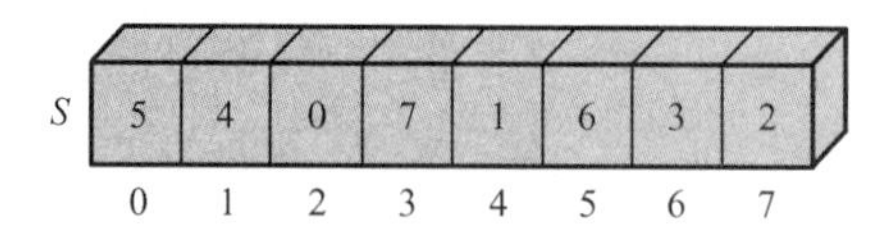

这样，内部状态就可以用来生成伪随机序列了，此即 PRGA 要做的事。

（2）在执行伪随机生成算法阶段：根据算法规定，索引值 i 和 j 均从 0 开始，计算第一个输出时的过程为$i = i + 1 \bmod 8 = 1$，$j = j + S[i] \bmod 8 = 4$，互换 $S[1]$与 $S[4]$后的内部状态即为

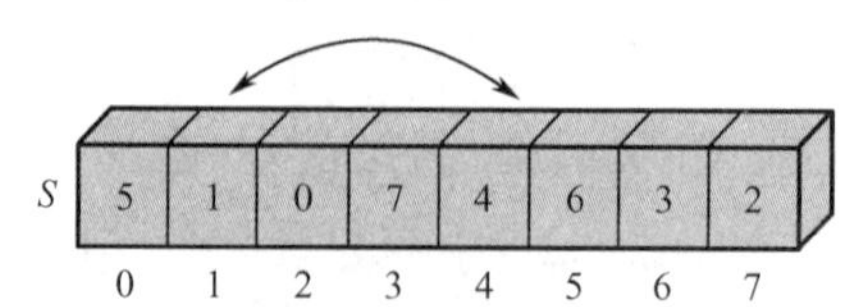

然后计算 t 和 K：$t = S[1] + S[4] \bmod 8 = 5$，$K = S[5] = 6$。此即密钥流的第一个字节，其

二进制表示为 110。继续执行该过程，直至生成的二进制位数等于明文/密文的位数。

2.7.3 中国流密码

2004 年，3GPP（3nd Generation Partnership Project）启动长期演进计划（LTE）的研究，即 4G 国际通信标准。由我国自主设计的加密算法 128-EEA3 和完整性算法 128-EIA3 也参与了 LTE 通信加密标准的申报工作。上述两种算法的核心是祖冲之（ZUC）算法，该算法由中国科学院数据保护和通信安全研究中心（DACAS）研制，被 3GPP 初步定为 LTE 国际标准。ZUC 算法现已在 SA#53 会议上正式通过成为国际标准，是第一个成为国际标准的我国自主研制的密码算法。ZUC 的整体结构如图 2.24 所示，由线性反馈移位寄存器（LFSR）、比特重组（BR）和非线性函数 F 组成。其输入为 128 比特的初始密钥和 128 比特的初始向量，输出为 32 比特的密钥字序列。

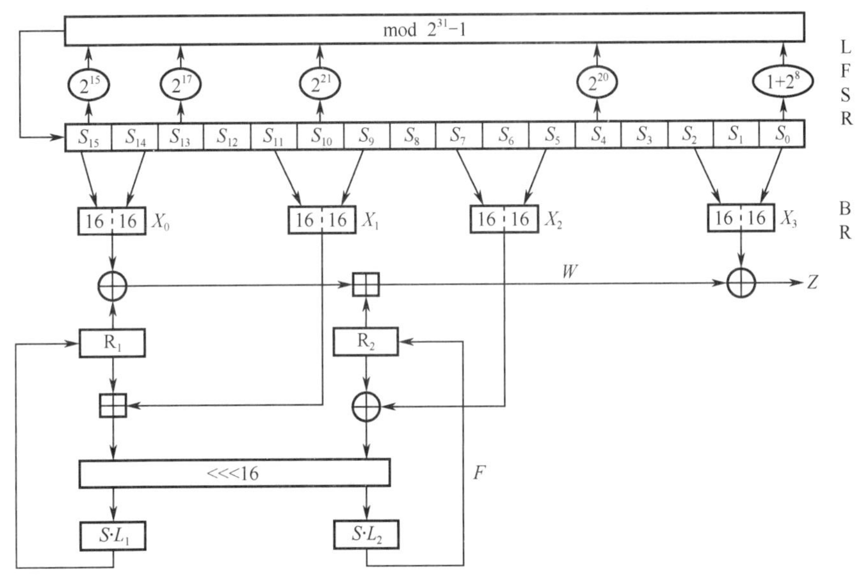

图 2.24　ZUC 的整体结构

ZUC 的详细结构如下：LFSR 部分由 16 个 31 位寄存器（$S_0, S_1, \cdots, S_{14}, S_{15}$）组成，每一个都定义在素域 GF（$2^{31}-1$）上。LFSR 有两种阶段：初始化阶段和工作阶段，下面给出详细步骤。

（1）初始化阶段：

① $v = 2^{15}S_{15} + 2^{17}S_{13} + 2^{21}S_{10} + 2^{20}S_4 + (1+2^8)S_0 \bmod (2^{31}-1)$；

② $S_{16} = (v+u)\bmod(2^{31}-1); //u = W >> 1$，$W$ 为非线性函数 F 的输出；

③ 如果 $S_{16}=0$，则置 $S_{16}=2^{31}-1$；

④ $(S_1, S_2, \cdots, S_{15}, S_{16}) \to (S_0, S_1, \cdots, S_{14}, S_{15})$。

（2）工作阶段：

① $v = 2^{15}S_{15} + 2^{17}S_{13} + 2^{21}S_{10} + 2^{20}S_4 + (1+2^8)S_0 \bmod (2^{31}-1)$；

② 如果 $S_{16}=0$，则置 $S_{16}=2^{31}-1$；

③ $(S_1, S_2, \cdots, S_{15}, S_{16}) \to (S_0, S_1, \cdots, S_{14}, S_{15})$。

比特重组是一个过渡层，其主要从 LFSR 的 8 个寄存器单元抽取 128 比特内容组成 4 个 32 比特的字，以供下层非线性函数 F 和密钥输出使用。令 H 表示高位 16 位，L 表示低位 16 位，如 $S_{15\mathrm{H}}$，下面给出详细步骤。

比特重组阶段：

① $X_0 = S_{15\mathrm{H}} \| S_{14\mathrm{L}}$；

② $X_1 = S_{11\mathrm{L}} \| S_{9\mathrm{H}}$；

③ $X_2 = S_{7\mathrm{L}} \| S_{5\mathrm{H}}$；

④ $X_3 = S_{2\mathrm{L}} \| S_{0\mathrm{H}}$。

非线性函数 F 有两个 32 位存储单元 $\mathrm{R}_1,\mathrm{R}_2$，输入为 X_0,X_1,X_2，输出为 32 位的字 W。F 的计算过程中使用了线性操作 L_1、L_2，以及非线性操作 S 代换，下面给出详细步骤。

W 的生成阶段：

① $W = (X_0 \oplus \mathrm{R}_1) \boxplus \mathrm{R}_2$；

② $W_1 = \mathrm{R}_1 \boxplus X_1$；

③ $W_2 = \mathrm{R}_2 \oplus X_2$；

④ $\mathrm{R}_1 = S(L_1(W_{1\mathrm{L}} \| W_{2\mathrm{H}}));//L_1(X) = X \oplus (X <<<_{32} 2) \oplus (X <<<_{32} 10) \oplus (X <<<_{32} 18) \oplus (X <<<_{32} 24)$；

⑤ $\mathrm{R}_2 = S(L_2(W_{2\mathrm{L}} \| W_{1\mathrm{H}}));//L_2(X) = X \oplus (X <<<_{32} 8) \oplus (X <<<_{32} 14) \oplus (X <<<_{32} 22) \oplus (X <<<_{32} 30)$；

$// X <<<_{32} 2$ 表示把 32 比特的 X 循环左移两位。

其中非线性操作 S 代换由两个 8 比特进 8 比特出的 S 盒 $S0$、$S1$ 按下述方式完成：将 32 比特的字 X 表示为 4 字节，即 $X=A\|B\|C\|D$，则 $S(X)=S0(A)\|S1(B)\|S0(C)\|S1(D)$。这里 $S0$ 采用 3 轮 Feistel 结构构造，具有较小的硬件实现面积和较好的密码学性质；$S1$ 基于有限域逆函数构造，与分组密码 AES 的 S 盒类似，它们之间仿射等价。$S0$、$S1$ 分别见表 2.4 和表 2.5，其给定字节的查表代换方式也与 AES 中的 S 盒类似。

表 2.4　$S0$

	0	1	2	3	4	5	6	7	8	9	A	B	C	D	E	F
0	3E	72	5B	47	CA	E0	00	33	04	D1	54	98	09	B9	6D	CB
1	7B	1B	F9	32	AF	9D	6A	A5	B8	2D	FC	1D	08	53	03	90
2	4D	4E	84	99	E4	CE	D9	91	DD	B6	85	48	8B	29	6E	AC
3	CD	C1	F8	1E	73	43	69	C6	B5	BD	FD	39	63	20	D4	38
4	76	7D	B2	A7	CF	ED	57	C5	F3	2C	BB	14	21	06	55	9B
5	E3	EF	5E	31	4F	7F	5A	A4	0D	82	51	49	5F	BA	58	1C
6	4A	16	D5	17	A8	92	24	1F	8C	FF	D8	AE	2E	01	D3	AD
7	3B	4B	DA	46	EB	C9	DE	9A	8F	87	D7	3A	80	6F	2F	C8
8	B1	B4	37	F7	0A	22	13	28	7C	CC	3C	89	C7	C3	96	56
9	07	BF	7E	F0	0B	2B	97	52	35	41	79	61	A6	4C	10	FE
A	BC	26	95	88	8A	B0	A3	FB	C0	18	94	F2	E1	E5	E9	5D
B	D0	DC	11	66	64	5C	EC	59	42	75	12	F5	74	9C	AA	23

续表

	0	1	2	3	4	5	6	7	8	9	A	B	C	D	E	F
C	0E	86	AB	BE	2A	02	E7	67	E6	44	A2	6C	C2	93	9F	F1
D	F6	FA	36	D2	50	68	9E	62	71	15	3D	D6	40	C4	E2	0F
E	8E	83	77	6B	25	05	3F	0C	30	EA	70	B7	A1	E8	A9	65
F	8D	27	1A	DB	81	B3	A0	F4	45	7A	19	DF	EE	78	34	60

表 2.5　*S*1

	0	1	2	3	4	5	6	7	8	9	A	B	C	D	E	F
0	55	C2	63	71	3B	C8	47	86	9F	3C	DA	5B	29	AA	FD	77
1	8C	C5	94	0C	A6	1A	13	00	E3	A8	16	72	40	F9	F8	42
2	44	26	68	96	81	D9	45	3E	10	76	C6	A7	8B	39	43	E1
3	3A	B5	56	2A	C0	6D	B3	05	22	66	BF	DC	0B	FA	62	48
4	DD	20	11	06	36	C9	C1	CF	F6	27	52	BB	69	F5	D4	87
5	7F	84	4C	D2	9C	57	A4	BC	4F	9A	DF	FE	D6	8D	7A	EB
6	2B	53	D8	5C	A1	14	17	FB	23	D5	7D	30	67	73	08	09
7	EE	B7	70	3F	61	B2	19	8E	4E	E5	4B	93	8F	5D	DB	A9
8	AD	F1	AE	2E	CB	0D	FC	F4	2D	46	6E	1D	97	E8	D1	E9
9	4D	37	A5	75	5E	83	9E	AB	82	9D	B9	1C	E0	CD	49	89
A	01	B6	BD	58	24	A2	5F	38	78	99	15	90	50	B8	95	E4
B	D0	91	C7	CE	ED	0F	B4	6F	A0	CC	F0	02	4A	79	C3	DE
C	A3	EF	EA	51	E6	6B	18	EC	1B	2C	80	F7	74	E7	FF	21
D	5A	6A	54	1E	41	31	92	35	C4	33	07	0A	BA	7E	0E	34
E	88	B1	98	7C	F3	3D	60	6C	7B	CA	D3	1F	32	65	04	28
F	64	BE	85	9B	2F	59	8A	D7	B0	25	AC	AF	12	03	E2	F2

ZUC 密钥封装阶段的步骤如下：LFSR 的 $S_i = k_i \| d_i \| \mathbf{iv}_i (0 \leqslant i \leqslant 15)$，每个 S_i 包含初始密钥 k 中的 8 个比特、初始向量 **iv** 中的 8 个比特，以及常量 D 中的 15 个比特，S_i 长度为 31 比特，k 为 128 比特，**iv** 为 128 比特，D 为 240 比特的长整型常量字符串。k、**iv**、D 分别被表示成 16 个字串级联的形式，$k = k_0 \| \cdots \| k_{15}$，$\mathbf{iv} = \mathbf{iv}_0 \| \cdots \| \mathbf{iv}_{15}$，$D = d_0 \| \cdots \| d_{15}$。

ZUC 的运行过程分为初始化阶段和工作阶段。

在初始化阶段，首先用密钥重载方法对 LFSR 进行初始状态载入，$\mathrm{R}_1, \mathrm{R}_2$ 也初始化为全 0。初始化阶段会将下面的操作运行 32 轮：

① 比特重组阶段；

② $\omega = F(X_0, X_1, X_2)$；

③ LFSR 初始化阶段（$\omega >> 1$）。

在工作阶段需要先将下面的操作运行一轮：

① 比特重组阶段；

② $F(X_0, X_1, X_2)$；//此处丢弃输出结果；

③ LFSR 工作阶段。

然后就可以生成密钥流了，将下面的操作运行一次就会产生一个 32 比特密钥字 Z。

① 比特重组阶段；

② $Z = F(X_0, X_1, X_2) \oplus X_3$；

③ LFSR 工作阶段。

以上就是祖冲之（ZUC）算法的结构和运行过程。国家密码管理局于 2012 年 3 月发布的第 23 号公告批准祖冲之序列密码算法作为密码行业标准，应用于下一代移动通信 4G 网络中。ZUC 具备以下优势：可抵抗常见攻击；LFSR 阶段采用了精心挑选的 GF(2^{31}−1)上的 16 次本原多项式，使其输出 m 序列随机性好、周期足够长；比特重组部分精心选用数据使得重组的数据具有良好的随机性，并且出现重复的概率足够小；非线性函数 F 中采用了两个存储部件 R、两个线性部件 L 和两个非线性 S 盒，使其输出具有良好的非线性、混淆特性和扩散特性。

在 2011 年 9 月日本福冈召开的第 53 次第三代合作伙伴计划 3GPP 系统架构组 SA 会议上，ZUC-128 算法获批成为 3GPP 的 LTE 国际标准密码算法。之后，多个国家提出了 256 比特密钥安全的密码算法需求。经讨论，3GPP 明确了 5G 通信中需要 128 比特密钥和 256 比特密钥的对称密码算法，与 4G 通信保持兼容。为此，ZUC 算法研制组又研制了"ZUC-256 流密码算法"，从 128 比特密钥升级到 256 比特密钥，升级版的算法与 ZUC-128 算法高度兼容且适应 5G 应用环境。

2.7.4 欧洲序列密码计划（eStream）

ECRYPT（European Network of Excellence for Cryptology）是欧洲 FP6（欧盟第六框架计划）下的 IST 基金支持的一个为期四年的项目，它于 2004 年发起了 eStream 计划。项目启动于 2004 年 2 月 1 日，首先成立了专门针对流密码的工作组 SASC（the State of the Art of Stream Ciphers）。工作组于 2004 年 10 月 14～15 日在比利时举行了特别会议，会议通过讨论，决定征集流密码算法，制定欧洲流密码算法征集评选方案，并于 2004 年 11 月发布征集公告。对算法的要求包括：①面向软件应用的流密码算法应具有高吞吐量；②面向硬件应用的流密码算法应具有较低的资源消耗。除了这两条，一些专家指出，在加密算法中加入认证机制是非常重要的，因此在软/硬件算法中要求尽可能加入认证机制。与常规流密码一样，除了秘密密钥外，还要求使用初始向量（**IV**）。在认证模式中，应该提供认证标识（authentication tag），用未加密的辅助数据进行认证。征集活动于 2005 年 4 月 29 日结束，一共征集到了 34 个流密码算法。到 2008 年 5 月，共选出 8 个算法，其中 4 个面向软件的算法为 HC-128、Rabbit、Salsa20 和 SOSEMANUK，4 个面向硬件的算法为 Trivium、MICKEY v2、Grain v1 和 F-FCSR-H v2（由于随后发现的安全性问题，该算法被撤回）。

下面以 Grain v1 算法为例进行介绍。Grain v1 算法是由瑞典的 Martin Hell、Thomas Johansson 和瑞士的 Willi Meier 共同设计的一个流密码算法，分为密钥流产生过程和初始化过程，密钥长度为 80 比特，初始向量 **IV** 的长度为 64 比特，适用于对硬件资源（如门数电流、能量消耗、内存）限制很大的环境，每个时钟周期产生 1 比特密钥流（Keystream）。Grain v1 算法由非线性反馈移位寄存器（NLFSR）、线性反馈移位寄存器（LFSR）和输出函数三部分组成，算法结构如图 2.25 所示。

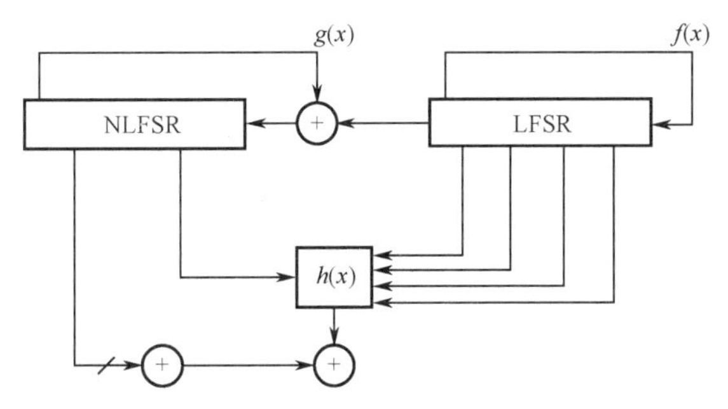

图 2.25　Grain v1 算法结构

密钥流的产生包括以下 4 步。

1．线性反馈移位寄存器（LFSR）

LFSR 为 80 级，反馈多项式为

$$f(x)=1+x^{18}+x^{29}+x^{42}+x^{57}+x^{67}+x^{80}$$

LFSR 自右向左运动，每个时钟周期运动一拍，状态位从左至右按比特记为 $s_t,s_{t+1},s_{t+2},\cdots,s_{t+79}$，状态位的更新可表示为

$$s_{t+80}=s_{t+62}\oplus s_{t+51}\oplus s_{t+38}\oplus s_{t+23}\oplus s_{t+13}\oplus s_t$$

2．非线性反馈移位寄存器（NLFSR）

NLFSR 为 80 级，反馈多项式为

$$\begin{aligned}g(x)=&1+x^{18}+x^{20}+x^{28}+x^{35}+x^{43}+x^{47}+x^{52}+x^{59}+x^{66}+x^{71}+\\&x^{80}+x^{17}x^{20}+x^{43}x^{47}+x^{65}x^{71}+x^{20}x^{28}x^{35}+x^{47}x^{52}x^{59}+\\&x^{17}x^{35}x^{52}x^{71}+x^{20}x^{28}x^{43}x^{47}+x^{17}x^{20}x^{59}x^{65}+x^{17}x^{20}x^{28}x^{35}x^{43}+\\&x^{47}x^{52}x^{59}x^{65}x^{71}+x^{28}x^{35}x^{43}x^{47}x^{52}x^{59}\end{aligned}$$

NLFSR 自右向左运动，每个时钟周期运动一拍，状态位从左至右按比特记为 $b_t,b_{t+1},b_{t+2},\cdots,b_{t+79}$，LFSR 的状态位 s_t 参与 NLFSR 状态位的更新，NLFSR 状态位的更新可表示为

$$\begin{aligned}b_{t+80}=&s_t+b_{t+62}+b_{t+60}+b_{t+52}+b_{t+45}+b_{t+37}+b_{t+33}+b_{t+28}+b_{t+21}+\\&b_{t+14}+b_{t+9}+b_t+b_{t+63}b_{t+60}+b_{t+37}b_{t+33}+b_{t+15}b_{t+9}+b_{t+60}b_{t+52}b_{t+45}+\\&b_{t+33}b_{t+28}b_{t+21}+b_{t+63}b_{t+45}b_{t+28}b_{t+9}+b_{t+60}b_{t+52}b_{t+37}b_{t+33}+\\&b_{t+63}b_{t+60}b_{t+21}b_{t+15}+b_{t+63}b_{t+60}b_{t+52}b_{t+45}b_{t+37}+b_{t+33}b_{t+28}b_{t+21}b_{t+15}b_{t+9}+\\&b_{t+52}b_{t+45}b_{t+37}b_{t+33}b_{t+28}b_{t+21}\end{aligned}$$

3．过滤函数

过滤函数为 5 入 1 出函数，表达式为

$$\begin{aligned}h(x)=&x_1\oplus x_4\oplus x_0x_3\oplus x_2x_3\oplus x_3x_4\oplus x_0x_1x_2\oplus x_0x_2x_3\oplus x_0x_2x_4\oplus\\&x_1x_2x_4\oplus x_2x_3x_4\end{aligned}$$

式中，$x_0=s_{t+3},x_1=s_{t+25},x_2=s_{t+46},x_3=s_{t+63},x_4=b_{t+63}$，将过滤函数 $h(x)$ 的 1 比特输出记为 h。

4．密钥流产生

从 NLFSR 取 7 比特$b_{t+1},b_{t+2},b_{t+4},b_{t+10},b_{t+31},b_{t+43},b_{t+56}$及过滤函数输出的 1 比特 h 共计 8 比特做模 2 加运算得到 1 比特的密钥流，记为 ks，可表示为

$$\text{ks}=b_{t+1}\oplus b_{t+2}\oplus b_{t+4}\oplus b_{t+10}\oplus b_{t+31}\oplus b_{t+43}\oplus b_{t+56}\oplus h$$

算法初始化过程如下：记 80 比特密钥为$k_0,k_1,k_2,\cdots,k_{79}$，记 64 比特 **IV** 为$v_0,v_1,v_2,\cdots,v_{63}$。首先，将密钥载入 NLFSR，即$b_{t+i}=k_i(0\leqslant i\leqslant 79)$，将初始向量 **IV** 作为前 64 比特状态载入 LFSR，LFSR 后 16 位用 1 填充，即$s_{t+i}=v_i(0\leqslant i\leqslant 63)$，$s_{t+i}=1(64\leqslant i\leqslant 79)$。然后，密钥流 ks 与移位寄存器 NLFSR 及 LFSR 的反馈进行模 2 加运算，运行“密钥流产生过程”160 拍，完成初始化过程。初始化过程如图 2.26 所示。

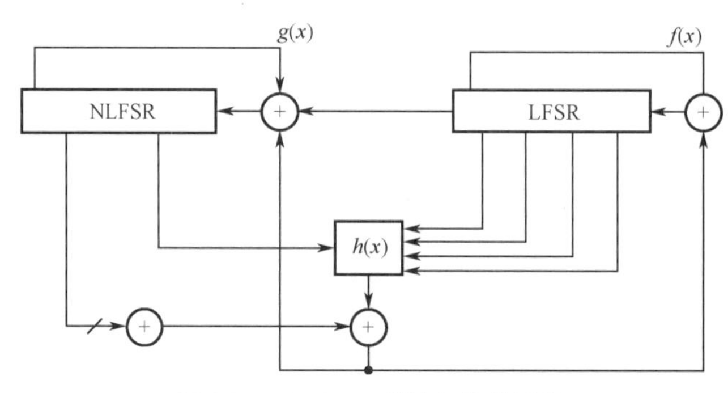

图 2.26　Grain v1 算法初始化过程

本 章 小 结

本章介绍了流密码的设计与分析理论，指明了伪随机序列的安全性指标，并详细描述了在全球范围内得到广泛使用的两个流密码 RC4 和 A5 以及我国研发的祖冲之密码。

参 考 文 献

[1] SPILLMAN R. Classical and contemporary cryptology[M]. New Jersey: Prentice Hall, 2004.

[2] 杨义先, 林须端. 编码密码学[M]. 北京: 人民邮电出版社, 1992.

[3] 陈克非, 黄征. 信息安全技术导论[M]. 北京: 电子工业出版社, 2007.

[4] 肖国镇, 梁传甲, 王育民. 伪随机序列及其应用[M]. 北京: 国防工业出版社, 1985.

[5] 丁石孙. 线性移位寄存器序列[M]. 上海: 上海科学技术出版社, 1982.

[6] BIHAM E, DUNKELMAN O. Cryptanalysis of the A5/1 GSM Stream Cipher [J]. Proc of Indocrypt, 2000:43-51.

[7] BETH T, PIPER F C. The Stop-and-Go-Generator[C]//Springer. Berlin & Heidelberg：Springer-Verlag, 1984:88-92.

[8] GONG G. SEQUENCE ANALYSIS [J]. Lecture Notes for Co739x, 1999.

[9] COHEN S D. Explicit theorems on generator polynomials [J]. Finite fields and the applications, 2005:337-357.

[10] TUXANIDY A，WANG Q. Composed products and factors of cyclotomic polynomials over finite fields [J]. Designs, Codes and Cryptography, 2013:203-231.

[11] Page B. ETSI / SAGE Date : 18th June 2010 Specification of the 3GPP Confidentiality and Integrity Algorithms 128-EEA3 & 128-EIA3 Document 3 : Implementors' Test Data, 2010.
[12] 杜红红, 张文英. 祖冲之算法的安全分析[J]. 计算机技术与发展, 2012, 22(6):151-155.
[13] 宋海欣. eSTREAM 序列密码算法的分析[D]. 北京: 中国科学院, 2012.

问 题 讨 论

1．试述密钥流生成器在流密码中的重要作用。

2．三级线性反馈移位寄存器在 $c_3=1$ 时可能有 4 种线性反馈函数，设其初始状态均为(1,0,1)，求各线性反馈移位寄存器的输出序列及周期。

3．举例说明如何在流密码中使用线性反馈移位寄存器。

4．设基本钟控序列生成器中 $\{a_k\}$、$\{b_k\}$ 分别为二级、三级 m 序列：

$$\{a_k\}=101101\cdots$$

$$\{b_k\}=10011011001101\cdots$$

求其输出序列及周期。

5．已知流密码的密文串 1010110110 和相应的明文串 0100010001，该密钥流是使用三级线性反馈移位寄存器产生的，试破译该密码系统。

6．编程实现 A5 算法和 RC4 算法。

7．试说明流密码中密钥流不能重复使用的原因。

8．一次一密密码具备完善保密性，试给出具体证明。

9．ZUC 算法中 LFSR 部件产生的序列的周期有多长？

第3章　分组密码

内容提要

分组密码技术是应用范围最广、应用历史悠久、研究较为深入的密码技术。本章将介绍3种具有代表性的分组密码技术：DES、IDEA和AES。DES是美国国家数据加密标准。IDEA是一个设计得非常精妙的分组加密算法，是分组密码的一个极好的范例，但是由于没有得到同DES一样的政府背景的推动，应用范围不如DES广泛，经常应用在一些开源项目（如PGP）中。另外，IDEA是一个由华人参与设计的分组密码算法。AES是未来分组密码加密的标准算法，是从众多加密算法中筛选出来的，代表着分组密码当前的技术水平。

本章重点

- DES加密算法
- AES加密算法
- IDEA加密算法
- SM4算法
- 分组加密算法的工作模式
- 差分分析和线性分析

3.1 分组密码概述

分组密码是对称密码的一种，是最常用的加密手段，也是密码学极其重要的应用。所谓对称密码，就是加密和解密使用同一密钥或加密和解密的密钥之间存在简单的、容易计算的互推关系。

分组密码的工作方式是首先将明文分成长度固定的组，如 64 比特或 128 比特为一组，对于不足 64 比特或 128 比特的尾组用适当的方式进行填充，将其扩充为一个整组，然后进行正常加密。由于尾组的扩充，密文的长度会大于明文的长度。然后用同一密钥和算法对每一组加密，输出固定长度的密文。分组密码加密函数实际上是从 n 比特明文块到 n 比特密文块的映射 $E_k:\{0,1\}^n \to \{0,1\}^n$，$n$ 为块长，解密函数 $D_k = E_k^{-1}$ 满足 $D_k(E_k(m)) = m$。为了保证解密的唯一性，要求加密函数必须是一一映射。可以把加密函数看作长度为 n 的比特串上的置换，不同的密钥 k 定义不同的置换。

分组密码的安全性要求在不知道密钥 k 的情况下，即使能得到全部密文，并且知道加密函数的全部计算细节，也无法得到相应的明文。例如，对于 64 比特分组，对之进行穷举的数据量为 2^{64}，这是一个 20 位的十进制数，即使用每秒运算万亿次以上的巨型计算机进行攻击，平均穷举时间也需要数年。当然这仅是理论数据，在攻击密码时还有其他约束条件，如文字、数据及规律等信息，因而实际所需的攻击时间要短得多。

分组密码不仅可以加密数据，也可以用在其他方面，如构造伪随机数生成器、流密码、认证码和哈希函数。分组密码也是众多消息认证技术、数据完整性机制、实体认证协议及数字签名方案的核心部件。

3.2 分组密码的研究现状

分组密码的研究有着悠久的历史，有些古典密码就采用分组密码。现代分组密码的研究始于 20 世纪 70 年代美国国家加密算法 DES 的征集，至今在这一领域已经取得了丰硕的研究成果。分组密码具有速度快、易于标准化和便于软/硬件实现等特点，故而受到广泛关注并成为密码学研究的热点课题和重要的应用。进入 21 世纪后，随着 DES 的替代算法 AES 算法的征集，对分组密码的研究又掀起了新高潮。

分组密码的早期研究基本上是围绕 DES 进行的，在这个时期，推出了一批类似 DES 结构和设计思想的算法，如 LOKI、GOST 等。20 世纪 90 年代以后，差分密码分析和线性密码分析的提出，促使人们研究新的密码结构。IDEA 的出现打破了 DES 类密码的垄断局面，并且 IDEA 是能够抵抗差分分析的算法。IDEA 之后，又出现了 Square、Shark 等算法，这些算法的最大优点就是能够从理论上证明算法对差分密码分析和线性密码分析是安全的。随着 AES 算法的征集，分组密码的研究又进入了一个新的阶段。AES 的 15 个候选算法反映了当前分组密码的水平。

虽然已经有了广泛的应用，但分组密码当前还有很多理论问题和实际问题有待继续研究和完善，这些问题包括如何设计可证明安全的密码算法、如何测试密码算法的安全性等。

3.3 分组密码的设计原理

设计分组密码算法的一个基本思想是：相信复杂函数可以通过简单函数进行若干轮迭代而实现，充分利用简单轮函数及对合运算，充分利用非线性运算。例如，DES 算法采用美国国家安全局和 IBM 设计的 8 个 S 盒和 P 置换，经过 16 轮迭代，最终产生 64 比特密文，每轮迭代使用的 48 比特子密钥都是由原始的 56 比特密钥产生的。

评价分组密码和使用模式的标准是：

- 预估的安全水平（如破译需要的密文数量等）；
- 密钥的有效位长；
- 分组大小；
- 加密映射的复杂性；
- 数据的扩张（Data Expansion）；
- 错误的扩散（Error Propagation）。

分组密码算法常采用下述方法实现。

3.3.1 乘积组合

Shannon 在 *Communication Theory of Secrecy System* 一文中提出设计分组加密的组合密码系统的观点。最有效地实现分组密码算法设计的基本思想是采用乘积组合的方法，即用简单的子密码系统通过乘积组合的方法构造出复杂的密码系统。例如，假设 $S_1,S_2,\cdots,S_l$ 是子密码系统，$\tilde{S}=S_1S_2\cdots S_l$ 是乘积密码系统，它的加密函数是子密码系统加密函数的合成函数。乘积密码把几个简单运算合成一个复杂的加密函数。这些简单运算可以是简单换位（Transposition）、异或运算（XOR）、线性变换（Linear Transformation）、模乘运算（Modular Multiplication）及简单替换（Substitution）等。然后将加密函数反复多次执行，从而形成迭代密码（Iterated Block Cipher），这是一种最简单的乘积密码。

3.3.2 扩散

扩散（Diffusion）是指密钥或明文的任何一位都影响密文的许多位，理想的是密钥或明文的任何一位都影响密文的所有位。密钥对密文的影响可以防止密钥被分段破译，明文对密文的影响可以用于隐藏明文的统计特性。

3.3.3 混淆

混淆（Confusion）是指把密文的统计特性及其与密钥之间的相关关系尽量复杂化，使得密码分析者无法利用这种相关关系。扩散和混淆反映了分组密码应该具有的根本特性，是现代分组密码设计的基本方法。

3.4 数据加密标准 DES

3.4.1 DES 简介

DES（Data Encryption Standard）是美国国家标准局（NBS）于 1977 年公布的由 IBM 公司研制的加密算法，并被作为非机要部门使用的数据加密标准。DES 成为标准以后，每五年进行一次再验证，通常在 12 月进行。

DES 算法是应用最为广泛的一种分组密码算法，对密码理论的发展和应用起了重大作用。采用 DES 的一个著名的网络安全系统是 Kerberos，由麻省理工学院（MIT）开发，是网络通信中身份认证的工业上的事实标准。在金融界及非金融界，越来越多地用到了 DES 算法，目前美国使用的 128 位对称密码算法（DES）支持全美的电子商务活动。在国内，DES 算法在 POS、ATM、磁卡及智能卡、加油站、高速公路收费站等领域得到广泛应用。许多关键数据，如信用卡持卡人的 PIN 的加密传输、IC 卡与 POS 间的双向认证，以及金融交易数据包的 MAC 校验等，均用 DES 算法进行加密。

DES 应用广泛，人们也在寻找攻击 DES 的方法，直到 20 世纪 90 年代，Shamir 等提出了“差分分析法”，同时日本人也提出了类似的想法，这才正式有一种算得上攻击的方法。

1973 年 5 月，美国国家标准局征求密码算法，用于在传输和存储期间保护数据。IBM 提交了一个候选算法，名为 LUCIFER，在美国国家安全局（NSA）的“指导”下完成了算法评估。在 1977 年 7 月，NBS 采纳 LUCIFER 算法的修正版作为 DES 数据加密标准。具体发展历程如下：

（1）1972 年，NBS 开始实施计算机数据保护标准的开发计划。

（2）NBS 发布文告征集在传输和存储数据中保护计算机数据的密码算法。

（3）首次公布 DES 算法描述，认真进行公开讨论。

（4）正式批准为无密级应用的加密标准（FIPS-46），于 1977 年 7 月 15 日正式生效。每隔五年由 NSA 作出评估，并重新确定是否继续作为加密标准。

（5）1994 年 1 月，NSA 决定 DES 在 1998 年 12 月以后不再作为加密标准。

3.4.2 DES 加密算法

DES 算法中数据以 64 比特分组进行加密，有效密钥长度为 56 位。它的加密算法与解密算法相同，只是解密子密钥与加密子密钥的使用顺序刚好相反。

DES 算法的整体描述如图 3.1 所示。图中 L_i 和 R_i 分别是第 i 次迭代结果的左、右两部分，各为 32 比特。L_0 和 R_0 是初始输入经 IP 置换的结果。k_i 是 64 比特密钥产生的 48 比特子密钥。轮函数 f 的功能是将 32 比特的输入转换为 32 比特的输出。

DES 在对明文进行初始置换 IP 后，执行 16 轮的迭代加密。最后经 IP 的逆变换 IP^{-1} 得到密文，注意：$\mathrm{IP}\cdot\mathrm{IP}^{-1}=I$。所谓迭代密码，是在密钥控制下多次利用轮函数 f 进行加密变换，以实现扩散和混淆的效果。明文块为 $M_0=L_0R_0$，其中 L_0 是 M_0 的左 32 位，R_0 是 M_0 的右 32 位。给定一个密钥 k，由它生成 16 个子密钥 $k_1,k_2,\cdots,k_{16}$。通过加密过程得到密文 $R_{16}L_{16}$（注意：最后一次迭代的结果不进行交换），如果用伪代码表示，则 DES 算法的加密过程可

以表示为

```
IP(X)
For i=1 to 16
  Li=Ri-1
  Ri=Li-1⊕f(Ri-1,ki)
Next i
IP-1(X)
```

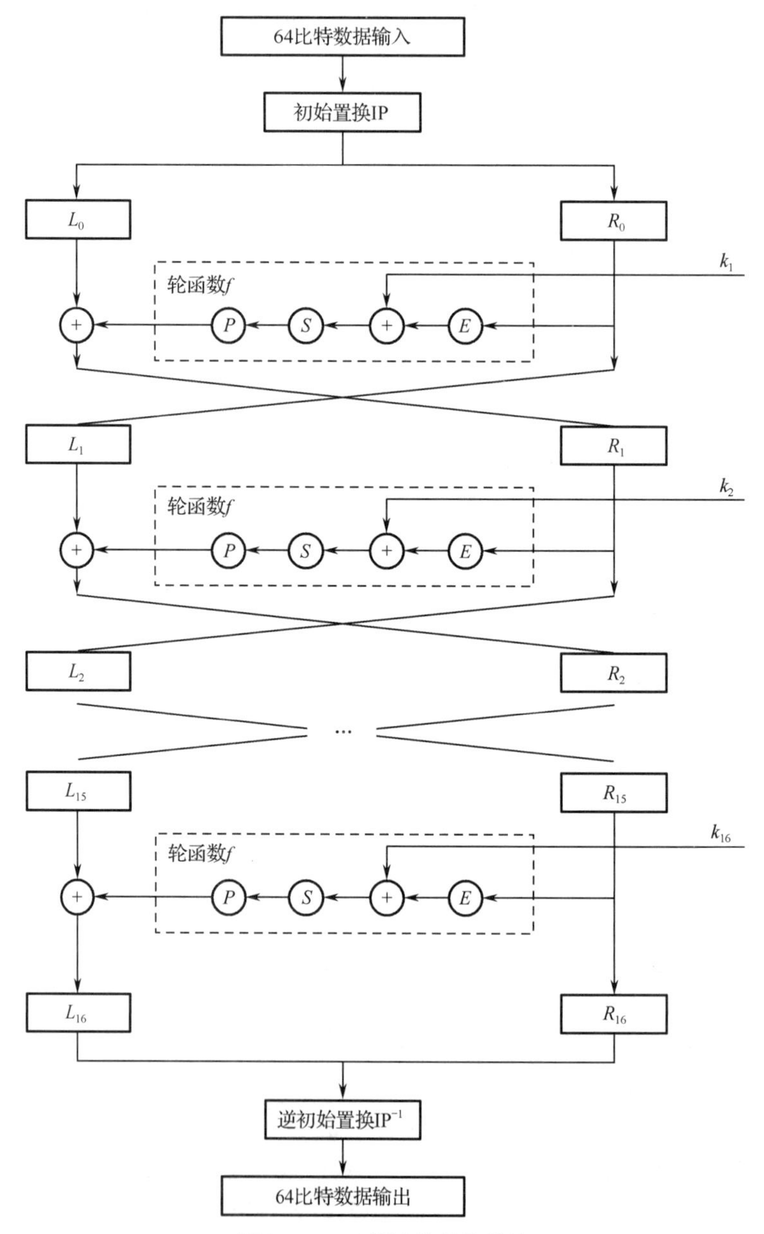

图 3.1　DES 算法的整体描述

3.4.3 初始置换 IP 和逆序置换

DES 的第一步是一个 64 比特分组的置换，即改变分组中每比特的顺序。DES 初始置换见表 3.1，DES 算法使用这个表格进行初始置换。按照这个表格，置换是这样进行的：按照行的顺序数下去，表格中的数字表示该比特在置换前的位置。例如，置换后的第 1 位是置换前的第 58 位，置换后的第 2 位是置换前的第 50 位，置换后的第 9 位是置换前的第 60 位，置换后数据的最后一位最初是明文中的第 7 位，以此类推。置换后，这 64 比特数据被分成两半：L_0（左半部分）和 R_0（右半部分），下标表示迭代的轮数。"0"表示还未迭代的原始数据。在 DES 算法第二阶段的每次迭代后，这些下标加 1。

表 3.1　DES 初始置换

58	50	42	34	26	18	10	2
60	52	44	36	28	20	12	4
62	54	46	38	30	22	14	6
64	56	48	40	32	24	16	8
57	49	41	33	25	17	9	1
59	51	43	35	27	19	11	3
61	53	45	37	29	21	13	5
63	55	47	39	31	23	15	7

DES 的最后一个阶段是一个 64 比特分组的逆序置换，即改变每个分组中比特的顺序，这与第一阶段的初始置换类似，是初始置换的逆运算。逆序置换使用的置换表见表 3.2。按照这个表格，置换是这样进行的：按照行的顺序数下去，表格中的数字表示该比特在置换前的位置。例如，置换后的第 1 位是置换前的第 40 位，置换后的第 2 位是置换前的第 8 位，置换后数据的最后一位最初是明文中的第 25 位，以此类推。经逆序置换的输出结果就是最终输出的密文。

表 3.2　DES 逆序置换

40	8	48	16	56	24	64	32
39	7	47	15	55	23	63	31
38	6	46	14	54	22	62	30
37	5	45	13	53	21	61	29
36	4	44	12	52	20	60	28
35	3	43	11	51	19	59	27
34	2	42	10	50	18	58	26
33	1	41	9	49	17	57	25

3.4.4 轮函数

DES 的轮函数 f 如图 3.2 所示，输入为 32 比特的数据和 48 比特的子密钥，输出为 32 比特的数据。输入的 32 比特数据首先通过扩展 E 变换变成 48 比特的数据，然后这 48 比特的数据和 48 比特的子密钥模加之后的结果进入 S 盒，S 盒的输出为 32 比特的数据，再进入 P 盒，最后得到轮函数 f 的输出。

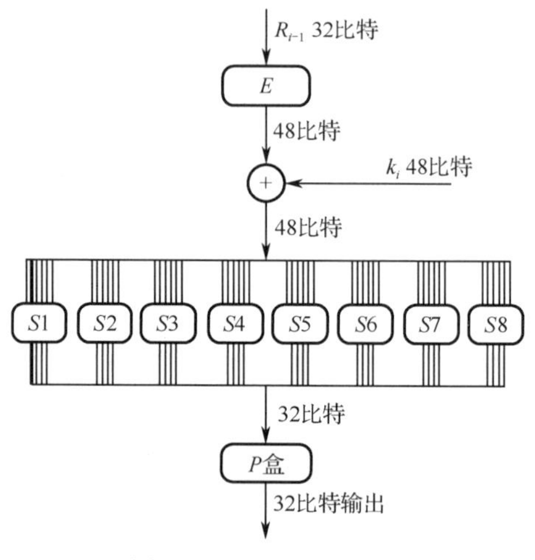

图 3.2 DES 的轮函数 f

3.4.5 扩展 *E* 变换

扩展 E 变换可以用表 3.3 描述，其计算是这样的：按照表 3.3 中行的顺序，从左到右，表中第 i 个数据 j 表示输出的第 i 位为输入的第 j 位。例如，输出的第 1 位是输入的第 32 位，输出的第 7 位是输入的第 4 位。

表 3.3 扩展 *E* 变换

E	32	1	2	3	4	5
	4	5	6	7	8	9
	8	9	10	11	12	13
	12	13	14	15	16	17
	16	17	18	19	20	21
	20	21	22	23	24	25
	24	25	26	27	28	29
	28	29	30	31	32	31

3.4.6 *S* 盒

S 盒被认为是 DES 算法的核心，在差分分析公开以后，IBM 分别于 1992 年和 1994 年公布了 S 盒和 P 盒的设计准则。S 盒的设计准则是：

- 没有一个 S 盒的输出位是输入位的线性函数；
- 如果将输入的两端位固定，中间 4 位变化，产生的输出只能得到一次；
- 如果 S 盒的两个输入之间有一位的差异，则输出中至少有两位不同；
- 如果 S 盒的两个输入的前两位不同而最后两位已知，则输出必须不同；

● 对于输入之间的任何 6 位差分，32 对中至多有 8 对显示出的差分导致了相同的输出差分。

S 盒将 48 比特向量通过非线性映射变换为 32 比特向量。首先，48 比特的向量被分为 8 个 6 比特分组，8 个分组在 8 个不同的非线性 *S* 盒的作用下转变为 8 个 4 比特分组，其中每个 *S* 盒都将 6 比特输入映射为 4 比特输出。表 3.4 给出了 8 个 *S* 盒的详细描述。*S* 盒的计算是这样的：如果用 $a_1a_2a_3a_4a_5a_6$ 表示 6 比特输入，那么 4 比特的输出值可以通过查表得到，行的索引是 a_1a_6 表示的二进制数，列的索引是 $a_2a_3a_4a_5$ 表示的二进制数。为了表述方便，表 3.4 中都以十六进制来表示数。

表 3.4　DES 中 8 个 *S* 盒的详细描述

*S*1	0	1	2	3	4	5	6	7	8	9	10	11	12	13	14	15
0	14	4	13	1	2	15	11	8	3	10	6	12	5	9	0	7
1	0	15	7	4	14	2	13	1	10	6	12	11	9	5	3	8
2	4	1	14	8	13	6	2	11	15	12	9	7	3	10	5	0
3	15	12	8	2	4	9	1	7	5	11	3	14	10	0	6	13

*S*2	0	1	2	3	4	5	6	7	8	9	10	11	12	13	14	15
0	15	1	8	14	6	11	3	4	9	7	2	13	12	0	5	10
1	3	13	4	7	15	2	8	14	12	0	1	10	6	9	11	5
2	0	14	7	11	10	4	13	1	5	8	12	6	9	3	2	15
3	13	8	10	1	3	15	4	2	11	6	7	12	0	5	14	9

*S*3	0	1	2	3	4	5	6	7	8	9	10	11	12	13	14	15
0	10	0	9	14	6	3	15	5	1	13	12	7	11	4	2	8
1	13	7	0	9	3	4	6	10	2	8	5	14	12	11	15	1
2	13	6	4	9	8	15	3	0	11	1	2	12	5	10	14	7
3	1	10	13	0	6	9	8	7	4	15	14	3	11	5	2	12

*S*4	0	1	2	3	4	5	6	7	8	9	10	11	12	13	14	15
0	7	13	14	3	0	6	9	10	1	2	8	5	11	12	4	15
1	13	8	11	5	6	15	0	3	4	7	2	12	1	10	14	9
2	10	6	9	0	12	11	7	13	15	1	3	14	5	2	8	4
3	3	15	0	6	10	1	13	8	9	4	5	11	12	7	2	14

*S*5	0	1	2	3	4	5	6	7	8	9	10	11	12	13	14	15
0	2	12	4	1	7	10	11	6	8	5	3	15	13	0	14	9
1	14	11	2	12	4	7	13	1	5	0	15	10	3	9	8	6
2	4	2	1	11	10	13	7	8	15	9	12	5	6	3	0	14
3	11	8	12	7	1	14	2	13	6	15	0	9	10	4	5	3

续表

S6	0	1	2	3	4	5	6	7	8	9	10	11	12	13	14	15
0	12	1	10	15	9	2	6	8	0	13	3	4	14	7	5	11
1	10	15	4	2	7	12	9	5	6	1	13	14	0	11	3	8
2	9	14	15	5	2	8	12	3	7	0	4	10	1	13	11	6
3	4	3	2	12	9	5	15	10	11	14	1	7	6	0	8	13

S7	0	1	2	3	4	5	6	7	8	9	10	11	12	13	14	15
0	4	11	2	14	15	0	8	13	3	12	9	7	5	10	6	1
1	13	0	11	7	4	9	1	10	14	3	5	12	2	15	8	6
2	1	4	11	13	12	3	7	14	10	15	6	8	0	5	9	2
3	6	11	13	8	1	4	10	7	9	5	0	15	14	2	3	12

S8	0	1	2	3	4	5	6	7	8	9	10	11	12	13	14	15
0	13	2	8	4	6	15	11	1	10	9	3	14	5	0	12	7
1	1	15	13	8	10	3	7	4	12	5	6	11	0	14	9	2
2	7	11	4	1	9	12	14	2	0	6	10	13	15	3	5	8
3	2	1	14	7	4	10	8	13	15	12	9	0	3	5	6	11

3.4.7 *P* 盒

P 盒的设计准则是：

- 在第 *i* 轮 *S* 盒的 4 位输出中，两位将影响 *S* 盒第 *i*+1 轮中间位，其余两位将影响最后位；
- 每个 *S* 盒的 4 位输出影响 6 个不同的 *S* 盒，但是没有两位影响同一个 *S* 盒；
- 如果一个 *S* 盒的 4 位输出影响另一个 *S* 盒的中间 1 位，则后一个的输出位不会影响前面一个 *S* 盒的中间 1 位。

P 盒的变换可以用表 3.5 描述，其计算是这样的：按照表中行的顺序，从左到右，表中第 *i* 个数据 *j* 表示输出的第 *i* 位为输入的第 *j* 位。例如，输出的第 1 位是输入的第 16 位，输出的第 5 位是输入的第 29 位，输出的第 32 位是输入的第 25 位。

表 3.5 *P* 盒的变换

P				
	16	7	20	21
	29	12	28	17
	1	15	23	26
	5	18	31	10
	2	8	24	14
	32	27	3	9
	19	13	30	6
	22	11	4	25

3.4.8　子密钥的产生

DES 实际有效的密钥长度为 56 比特，对于输入的 56 比特密钥，每 7 位扩充 1 位奇偶校验位，使得 8 位构成的字节中 1 的个数为奇数，从而得到 64 位密钥为 $K = x_1x_2\cdots x_{64}$。DES 加密和解密过程都会用到 16 个 48 比特的子密钥，DES 子密钥生成过程如图 3.3 所示。密钥 K 首先经过置换 PC–1（不涉及 8 个奇偶校验位，见表 3.6）得到两个 28 比特的输出，它们是 $C_0 = x_{57}x_{49}\cdots x_{44}x_{36}$，$D_0 = x_{63}x_{55}\cdots x_{13}x_4$。PC–1 的查表计算方法和前面所述的 P 盒查表计算方法类似。接下来是 16 轮迭代。在第 i 轮迭代中输入 C_{i-1} 和 D_{i-1}，分别经过一个左循环移位（循环移位数为 LS_i，见表 3.7）作为下个循环的输入 C_i 和 D_i，与此同时，$C_iD_i = b_1b_2\cdots b_{56}$ 作为置换选择 PC–2 的输入，产生第 i 个 48 位子密钥 $k_i = b_{14}b_{17}b_{11}b_{24}\cdots b_{50}b_{36}b_{29}b_{32}$。PC–2 的计算可以用表 3.8 表示，查表计算方法和前面所述的 P 盒查表计算方法类似。注意：PC–2 将前 28 位中的 24 位置换，并去掉 9 位、18 位、22 位和 25 位，将后 28 位中的 24 位置换，并去掉 35 位、38 位、43 位和 54 位。这样，经过 16 轮迭代总共生成 16 个 48 比特的子密钥。

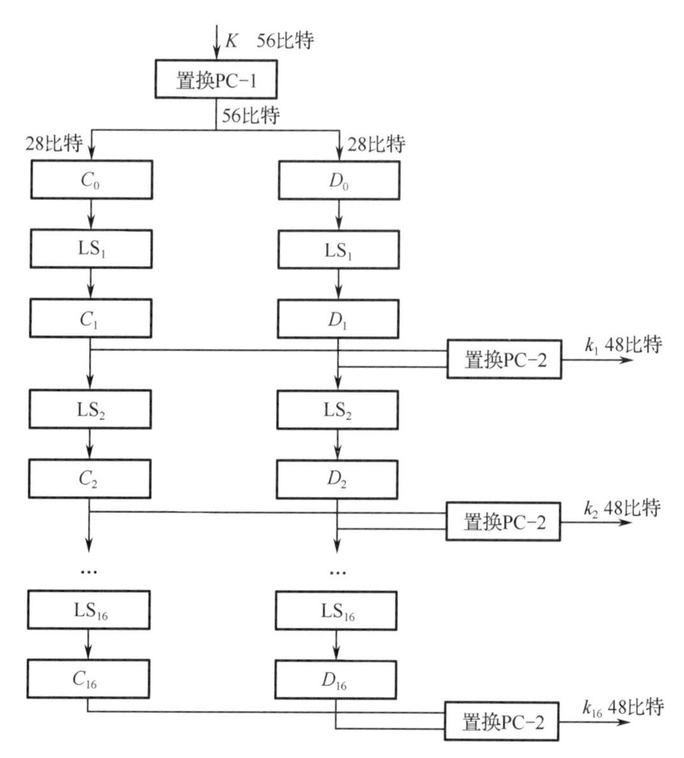

图 3.3　DES 子密钥生成过程

表 3.6　置换 PC–1

PC-1	57	49	41	33	25	17	9
	1	58	50	42	34	26	18
	10	2	59	51	43	35	27
	19	11	3	60	52	44	36

续表

PC-1	63	55	47	39	31	23	15
	7	62	54	46	38	30	22
	14	6	61	53	45	37	29
	21	13	5	28	20	13	4

表 3.7　LS_i 循环移位数

迭代轮数	1	2	3	4	5	6	7	8	9	10	11	12	13	14	15	16
左移位数	1	1	2	2	2	2	2	2	1	2	2	2	2	2	2	1

表 3.8　置换 PC–2

PC-2	14	17	11	24	1	5
	3	28	15	6	21	10
	23	19	12	4	26	8
	16	7	27	20	13	2
	41	52	31	37	47	55
	30	40	51	45	33	48
	44	49	39	56	34	53
	46	42	50	36	29	32

3.4.9　DES 解密算法

DES 的解密过程和 DES 的加密过程完全类似，只不过将 16 轮的子密钥序列 $k_1,k_2,\cdots,k_{16}$ 的顺序反过来；第一轮用第 16 个子密钥 k_{16}，第二轮用 k_{15}，以此类推，即 $\mathrm{DES}^{-1}=\mathrm{IP}^{-1}\cdot T_1\cdot T_2\cdots T_{16}\cdot \mathrm{IP}$。

DES 的对合性可以分析如下：因为初始置换和逆序置换互为逆运算，所以只需考察 16 轮迭代的部分。第一轮解密输入可以用图 3.4 表示，解密第一轮左边的输入为加密第 16 轮的右边输出 R_{16}，右边输入为加密第 16 轮的左边输出 L_{16}。于是经过第 1 轮的解密有：

$L=R_{15}$，$R=L_{15}\oplus f(R_{15},k_{16})\oplus f(R_{15},k_{16})=L_{15}$，同理，由于 $R_{15}=L_{14}\oplus f(R_{14},k_{15})$，$L_{15}=R_{14}$，可以继续推下去，直到第 16 轮，有 $L=R_0$，$R=L_0$。

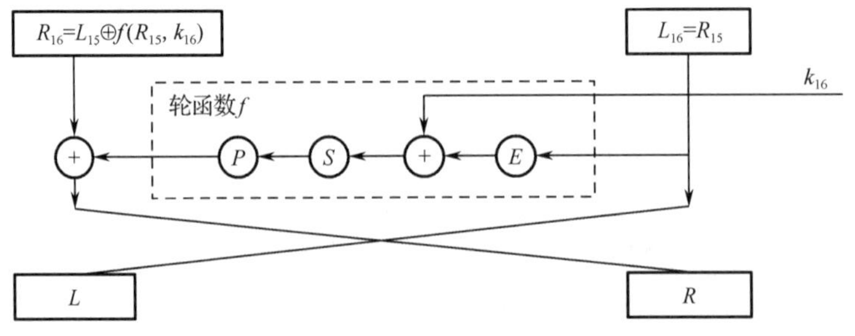

图 3.4　第一轮解密输入

很容易验证：

$$\mathrm{DES}^{-1}(\mathrm{DES}(m)) = m$$
$$\mathrm{DES}(\mathrm{DES}^{-1}(m)) = m$$

3.4.10 DES 的弱密钥

若$c = \mathrm{DES}_k(m)$、$\bar{c}$是 c 的补、$\overline{m}$是 m 的补，则$\bar{c} = \mathrm{DES}_{\bar{k}}(\overline{m})$。所以不要使用互补的密钥，因为选择明文攻击时仅需试验一半2^{55}密钥即可。

DES 至少有 4 个弱密钥 k，它满足$\mathrm{DES}_k(\mathrm{DES}_k(m)) = m$。这些弱密钥是以下 4 种（均用十六进制表示）：

01 01 01 01 01 01 01 01
1F 1F 1F 1F 1F 1F 1F 1F
E0 E0 E0 E0 E0 E0 E0 E0
FE FE FE FE FE FE FE FE

由于产生密钥时初始密钥被分成两半，两部分以后各自独立地移位。如果每一半都是 0 或都是 1，则所有密钥都是相同的。这时加密函数和解密函数相同，第二次加密使第一次加密复原。

DES 至少有 12 个半弱密钥，即存在一对密钥k,k'，它们满足$\mathrm{DES}_k(\mathrm{DES}_{k'}(m)) = m$，或者$\mathrm{DES}_k(\mathrm{DES}_{k'}^{-1}(m)) = m$。

DES 还有一种半弱密钥，即存在 k 和 k'使得$\mathrm{DES}_k(m) = \mathrm{DES}_{k'}^{-1}(m)$或$\mathrm{DES}_k(\mathrm{DES}_{k'}(m)) = m$。$k$ 和 k'成对构成半弱密钥。半弱密钥至少有下面 12 个（均用十六进制表示）：

01 FE 01 FE 01 FE 01 FE
FE 01 FE 01 FE 01 FE 01
1F E0 1F E0 1F E0 1F E0
E0 1F E0 1F E0 1F E0 1F
01 E0 01 E0 01 E0 01 E0
E0 01 E0 01 E0 01 E0 01
1F FE 1F FE 1F FE 1F FE
FE 1F FE 1F FE 1F FE 1F
01 1F 01 1F 01 1F 01 1F
1F 01 1F 01 1F 01 1F 01
E0 FE E0 FE E0 FE E0 FE
FE E0 FE E0 FE E0 FE E0

3.4.11 DES 示例

这里给出一个 DES 加密的例子，设明文 m =“computer”，密钥 K =“program”，其 ASCII 码用二进制表示为

m =01100011 01101111 01101101 01110000
01110101 01110100 01100101 01110010

$$K = 01110000\ 01110010\ 01101111\ 01100111$$
$$01110010\ 01100001\ 01101101$$

因为 K 只有 56 位，必须插入第 8，16，24，32，40，48，56，64 位奇偶校验位，合成 64 位，当然，这 8 位对加密过程没有影响。

m 经过 IP 置换后得到

$$L_0 = 11111111\ 10111000\ 01110110\ 01010111$$
$$R_0 = 00000000\ 11111111\ 00000110\ 10000011$$

密钥 K 通过 PC–1 得到

$$C_0 = 11101100\ 10011001\ 00011011\ 1011$$
$$D_0 = 10110100\ 01011000\ 10001110\ 0110$$

再各自左移一位，通过 PC–2 得到 48 比特的

$$K_1 = 00111101\ 10001111\ 11001101\ 00110111\ 00111111\ 00000110$$

R_0（32 比特）经扩展 E 变换作用扩充为 48 比特：

10000000 00010111 11111110 10000000 11010100 00000110

再和 k_1 做模加运算得到 8 个 6 比特的分组：

101111 011001 100000 110011 101101 111110 101101 001110

通过 S 盒后输出 8 个 4 比特的分组，共 32 比特：

0111 0110 1101 0100 0010 0110 1010 0001

S 盒的输出又经过 P 置换得到：

01000100 00100000 10011110 10011111

因此，第一轮的结果是：

$$L_1 = 00000000\ 11111111\ 00000110\ 10000011$$
$$R_1 = 10111011\ 10011000\ 11101000\ 11001000$$

依此类推，迭代 16 次后，经过逆序置换，得到密文：

01011000 10101000 01000001 10111000

01101001 11111110 10101110 00110011

明文或密钥每改变任意一个比特，都会对密文产生很大的影响，有将近一半的密文位发生变化，形成雪崩效应，这就是分组密码设计思想中扩散和混淆的作用。

3.4.12　三重 DES 的变形

1977 年，Diffie 和 Hellman 曾建议制造能够每秒测试 100 万个密钥的 VISI 芯片，用 100 万个这样的芯片（造价 2 千万美元）并行操作搜索整个密钥空间大约需要 1 天时间。目前，硬件实现方法逐步接近 Diffie 和 Hellman 专用机的速度。DEC 公司生产的最快的专用芯片加/解密速度达 1 Gbit/s，相当于 1560 万组/s。有资料表明，用差分分析和线性分析破译 16 轮 DES 分别需要 2^{47} 个选择明文和 2^{43} 个已知明文。1997 年 1 月 28 日，RSA 公司提供 1 万美元作为奖金，用于奖励在给定密文和部分明文的情况下破译 56 比特 DES 密钥。当年 3 月，在因特网上数万名（最后发展到 7 万名）志愿者协同工作，用了 96 天成功找到 DES 密钥。1998 年 7 月，美国电子边境基金会 EFF 使用一台 25 万美元的计算机在 56 h 内破译了 56 比特密钥的 DES。1999 年 1 月，破译时间缩短到 22 h 15 min。这说明依靠分布式计算能力，

破译 56 比特密钥的 DES 已成为可能。随着计算能力的增强，必须增加算法的密钥长度。

DES 的密钥为 64 比特，但实际上只有 56 比特，普遍认为这样的密钥长度过短。1990 年出现了一种“微分分析法”。在选择明文条件下，复杂度有所下降。例如，在选择明文 2^{47} 对的情况下，攻击复杂度降至 $O(2^{37})$。如果迭代次数降为 8 次，选择明文 2^{14}，则攻击复杂度降至 $O(2^{9})$。

DES 的密钥实际为 56 比特，长度显然不够，为了让 DES 能够继续超期服役，可以采用图 3.5 所示的 DES 的变形——三重 DES。

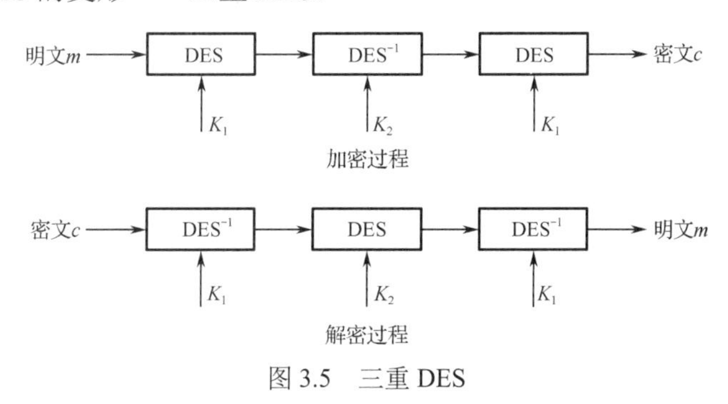

图 3.5　三重 DES

如果采用图 3.5 所示的三重加密形式，那么攻击的复杂度将从 $O(2^{56})$ 增至 $O(2^{112})$。三重 DES（3-DES）只是以某种特殊的顺序使用两个密钥执行 3 次 DES。三重 DES 也可以使用 3 个单独密钥，而不止使用两个。3-DES 中可能的密钥有 2^{112} 个，而在 DES 中则只有 2^{56} 个可能的密钥。

不过，无论如何，DES 都存在密钥过短、超期服役时间过长的问题，随着新的攻击手段不断出现，DES 面临着实际的威胁，将完成它的历史使命。

3.5　国际数据加密算法

国际数据加密算法（International Data Encryption Algorithm，IDEA）是由瑞士联邦学院的 Lai Xuejia 和 James Massey 研制的一个对称分组密码，曾经有望成为替代 DES 的一种算法。它于 1990 年正式公布并在之后得到增强。这种算法是在 DES 算法的基础上发展而来的，类似于三重 DES。发展 IDEA 也是因为 DES 具有密钥过短等缺点。IDEA 的密钥为 128 比特，这种强度的密钥在今后若干年内可能是安全的。

3.5.1　IDEA 算法的特点

IDEA 使用 128 比特密钥，以 64 比特分组为单位来加密分组数据。IDEA 的设计充分考虑了密钥长度、分组长度、扰乱、扩散与其密码强度相关的特性，同时，IDEA 的设计还考虑了如何优化算法的硬件和软件实现。与 DES 类似，IDEA 算法设计了一系列加密轮次，每轮加密都使用从完整的加密密钥中生成的一个子密钥。IDEA 与 DES 的不同处在于，IDEA 的加密过程由 3 种核心计算组成，这些计算都非常便于软件或硬件实现。另外，由于 IDEA 是在美国之外提出并发展起来的，避开了美国法律对加密技术出口的诸多限制，因此，有关 IDEA 算法和实现技术的书籍都可以自由出版和交流，极大促进了 IDEA 的发展和完善。现在，许多开源组织的项目中都使用 IDEA 作为加密算法，如应用广泛的 PGP（由 Philip Zimmermann 于 1990 年前后编写的密码软件）。

3.5.2 基本运算单元

IDEA 的 3 个用于扩散、扰乱的基本运算单元都作用于两个 16 比特的输入，然后产生一个 16 比特的输出。这些操作如下所述。

（1）逐位异或，记作⊕（见表 3.9），例如：

$$0010001011000100 \oplus 1010001011000101 = 1000000000000001$$

表 3.9 2 比特的逐位异或运算

⊕	00	01	10	11
00	00	01	10	11
01	01	00	11	10
10	10	11	00	01
11	11	10	01	00

（2）模 2^{16} 的整数加，记作⊞（见表 3.10），例如：

$$0010001011000100 \boxplus 1010001011000101 = 1100010110001001$$

$a \boxplus b = a + b \bmod 2^{16}$。

表 3.10 2 比特的整数加运算

⊞	00	01	10	11
00	00	01	10	11
01	01	10	11	00
10	10	11	00	01
11	11	00	01	10

（3）模 $2^{16}+1$ 的整数乘，记作⊙（见表 3.11），定义为

$$a \odot b = a \cdot b \bmod (2^{16}+1)$$

注意：全零的分组代表 2^{16}，例如：

$$0000000000000000 \odot 1000000000000000 = 1000000000000001$$

表 3.11 2 比特的整数乘运算

⊙	00	01	10	11
00	01	00	11	10
01	00	01	10	11
10	11	10	00	01
11	10	11	01	00

⊙运算是 IDEA 算法中最难实现的部分，这里介绍⊙运算如何能够快速实现。由于 $2^{16} \in Z^*_{2^{16}+1}$，而 0 不是 $Z^*_{2^{16}+1}$ 中的元素，故用 0 表示 2^{16}。这里，a 和 b 是 16 位无符号整数，

由于$c=a\cdot b$是 33 位无符号整数，记作$c=a\cdot b=C_0 2^{32}+C_{\mathrm{H}}2^{16}+C_{\mathrm{L}}$。只有当$a=b=2^{16}$时，$C_0=1$，其他情况均有$C_0=0$。因为只有当$a=b=2^{16}$时有$c=2^{32}$，即$C_0=1$且$C_{\mathrm{H}}=C_{\mathrm{L}}=0$。而$c=a\cdot b=2^{16}\cdot 2^{16} \bmod (2^{16}+1)=1$，也可以表示成$C_{\mathrm{L}}-C_{\mathrm{H}}+C_0$。当$C_0=0$时，有

$$c=a\cdot b=C_{\mathrm{H}}2^{16}+C_{\mathrm{L}}=C_{\mathrm{H}}(2^{16}+1)+(C_{\mathrm{L}}-C_{\mathrm{H}})\equiv C_{\mathrm{L}}-C_{\mathrm{H}} \bmod (2^{16}+1)$$

综上所述，可得 $a\odot b=\begin{cases}C_{\mathrm{L}}-C_{\mathrm{H}}+C_0, & C_{\mathrm{L}}-C_{\mathrm{H}}\geqslant 0\\ C_{\mathrm{L}}-C_{\mathrm{H}}+(2^{16}+1), & C_{\mathrm{L}}-C_{\mathrm{H}}<0\end{cases}$

注意：$C_{\mathrm{L}}=a\cdot b \bmod 2^{32}, C_{\mathrm{H}}=a\cdot b \operatorname{div} 2^{32}$，其中 $a\cdot b \bmod 2^{32}$ 对应于 $a\cdot b$ 的 32 个最低位，$a\cdot b \operatorname{div} 2^{32}$ 对应于 $a\cdot b$ 右移 32 位的结果。

上述 3 种运算的任何两种运算之间都不满足结合律，也不满足分配律。

（4）MA 单元。IDEA 算法使用上述 3 种基本运算单元构造了一个基本的扩散、扰乱单元，称为 MA（乘/加）单元，这个单元的构造如图 3.6 所示。

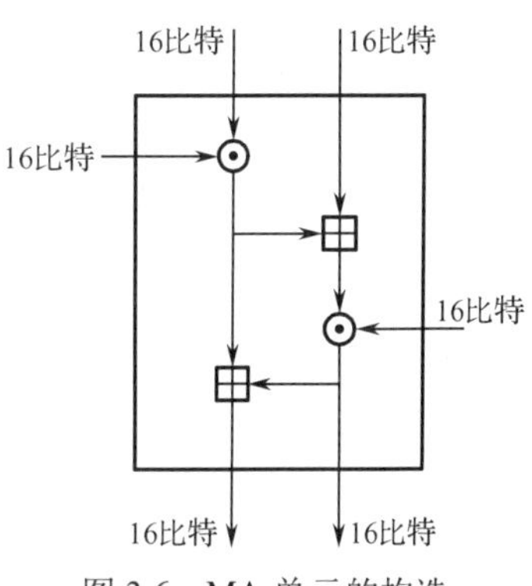

图 3.6　MA 单元的构造

3.5.3　IDEA 的速度

IDEA 适合软件实现的地方在于：一方面，IDEA 使用 16 比特的子分组，而 8 比特、16 比特或 32 比特的分组都是适合软件操作的；另一方面，加法和移位操作在软件实现上有较快的速度，IDEA 的 3 个基本运算都可以使用加法和移位操作编程实现。IDEA 软件实现的速度一般是 DES 软件实现的 2 倍左右。

IDEA 适合硬件实现的地方在于：一方面，IDEA 加密和解密可以使用相同的逻辑模块来实现，只不过加密和解密使用的密钥不一样；另一方面，为了便于 VLSI（超大规模集成电路）实现，算法应该具有规则的模块化结构，IDEA 也具有这样的特点。瑞士 ETH 公司开发的 IDEA 加密芯片集成了 251 000 个晶体管，芯片面积为 107.8 mm^2，时钟频率为 25 MHz，加密速度可达 177 Mbit/s 以上。

3.5.4　IDEA 加密过程

IDEA 的密钥长度为 128 比特，分组大小为 64 比特，加密过程由两部分组成：一部分是对输入的 64 比特明文组进行 8 轮的迭代过程，产生 64 比特的临时密文组；另一部分是输出变换，即将前面 8 轮迭代产生的 64 比特临时密文组变换为最终输出的 64 比特密文组。另外，在 8 轮迭代过程中，每一轮将会用到 6 个 16 比特的子密钥，输出变换用到 4 个 16 比特的子密钥，这些子密钥都由 128 比特的密钥变换产生，IDEA 还包括一个子密钥生成器来产生这 52（即 6×8+4）个 16 比特的子密钥。

IDEA 加密过程的整体框图如图 3.7 所示。首先，64 比特数据分组被分成 4 个 16 比特子分组：X_1^0,X_2^0,X_3^0和X_4^0。这 4 个子分组作为算法的第一轮迭代的输入，共有 8 轮迭代。在每一轮迭代中，这 4 个子分组之间和 6 个 16 比特子密钥执行 IDEA 的 3 个基本运算和合成运算 MA，输出 4 个 16 比特的子分组X_1^1,X_2^1,X_3^1和X_4^1，作为下一轮迭代输入。最后一轮迭代作为输出变换的输入，输出变换最终产生 4 个子密文分组Y_1,Y_2,Y_3和Y_4。

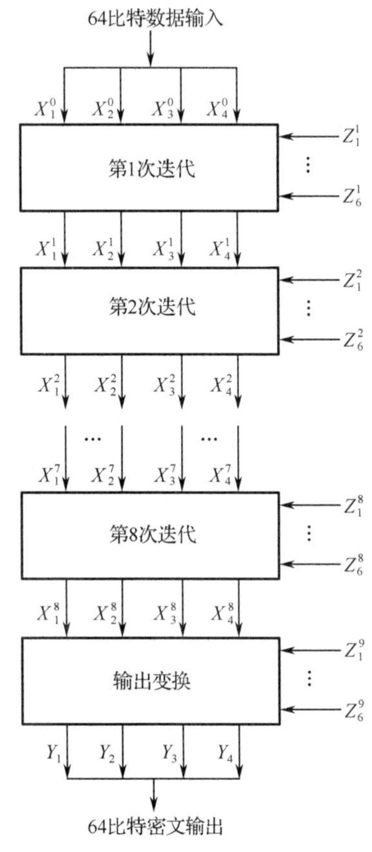

图 3.7　IDEA 加密过程的整体框图

3.5.5　IDEA 的每一轮迭代

IDEA 的第 1 轮迭代过程框图如图 3.8 所示。在每一轮中，执行的顺序如下：

① X_1^{r-1} 和第 1 个子密钥相乘；

② X_2^{r-1} 和第 2 个子密钥相加；

③ X_3^{r-1} 和第 3 个子密钥相加；

④ X_4^{r-1} 和第 4 个子密钥相乘；

⑤ 将第（1）步和第（3）步的结果相异或；

⑥ 将第（2）步和第（4）步的结果相异或；

⑦ 将第（5）步的结果与第 5 个子密钥相乘；

⑧ 将第（6）步和第（7）步的结果相加；

⑨ 将第（8）步的结果与第 6 个子密钥相乘；

⑩ 将第（7）步和第（9）步的结果相加；

⑪ 将第（1）步和第（9）步的结果相异或；

⑫ 将第（3）步和第（9）步的结果相异或；

⑬ 将第（2）步和第（10）步的结果相异或；

⑭ 将第（4）步和第（10）步的结果相异或。

每一轮的输出是第⑪～⑭步的结果形成的 4 个子分组。将中间两个分组交换（最后一轮除外）后，即为下一轮的输入。

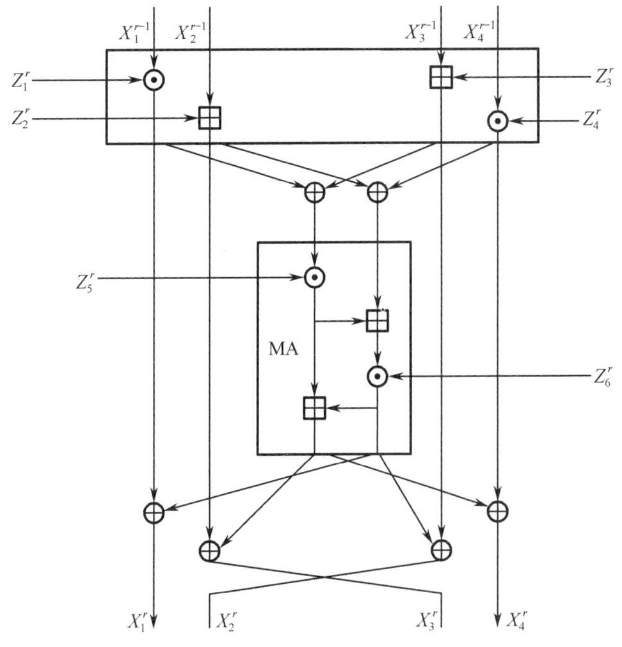

图 3.8　IDEA 的第 1 轮迭代过程框图

如果用 $X_1, X_2, X_3, X_4, t_0, t_1$ 和 a 表示 16 比特的变量，在第 r 轮迭代时，X_1, X_2, X_3, X_4 的初始值分别设置为 $X_1^{r-1}, X_2^{r-1}, X_3^{r-1}, X_4^{r-1}$，迭代完成后，$X_1, X_2, X_3, X_4$ 的值将是 $X_1^r, X_2^r, X_3^r, X_4^r$。

于是，迭代的过程也可以描述如下：

$$X_1 \leftarrow X_1 \odot Z_1^{(r)}, X_4 \leftarrow X_4 \odot Z_4^{(r)}, X_2 \leftarrow X_2 \boxplus Z_2^{(r)}, X_3 \leftarrow X_3 \boxplus Z_3^{(r)}$$

$$t_0 \leftarrow Z_5^{(r)} \odot (X_1 \oplus X_3), t_1 \leftarrow Z_6^{(r)} \odot (t_0 \boxplus (X_2 \oplus X_4)), t_2 \leftarrow t_0 \boxplus t_1$$

$$X_1 \leftarrow X_1 \oplus t_1, X_4 \leftarrow X_4 \oplus t_2, a \leftarrow X_2 \oplus t_2, X_2 \leftarrow X_3 \oplus t_1, X_3 \leftarrow a$$

3.5.6　输出变换

经过 8 轮迭代后是输出变换，IDEA 输出变换如图 3.9 所示。

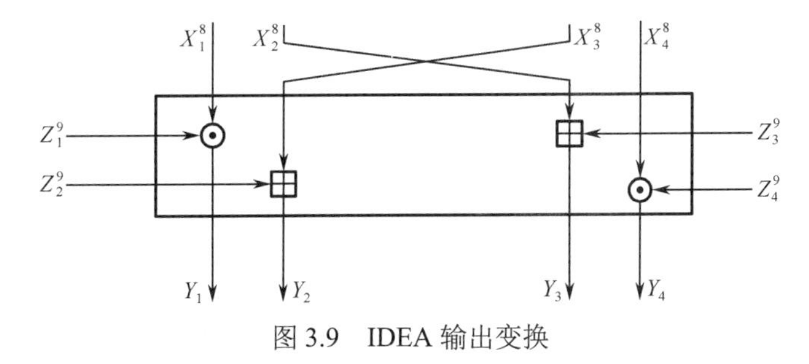

图 3.9　IDEA 输出变换

执行顺序如下：

① X_1^8 和第 1 个子密钥相乘；

② X_3^8 和第 2 个子密钥相加；

③ X_2^8 和第 3 个子密钥相加；

④ X_4^8 和第 4 个子密钥相乘。

上述步骤①～④的输出即为 M 的密文（Y_1,Y_2,Y_3,Y_4），其中 $Y_i(1\leqslant i\leqslant 4)$ 均为 16 比特。

最后，这 4 个 16 比特的子分组 Y_1,Y_2,Y_3,Y_4 重新连接到一起产生密文。

3.5.7 子密钥的生成

算法用到的 52 个子密钥需要由子密钥生成器产生，子密钥生成器的工作原理比较简单。首先，将 128 比特的密钥分成 8 个 16 比特子密钥，即算法的第一批 8 个子密钥 Z_1，Z_2，…，Z_8。Z_1 是 128 比特密钥的最高 16 比特，Z_2 是 128 比特密钥的次高 16 比特……Z_8 是 128 比特密钥的低 16 比特。然后，128 比特密钥向左循环移位 25 位后再分成 8 个子密钥，以此类推，直到所有需要的子密钥都产生完为止。一般地，如果将 128 比特密钥标记为 $Z[1\cdots128]$，每个子密钥 Z_k 可以表示为

$$\text{pos}=(25\cdot(k/8)+16\cdot((k \bmod 8)-1)+1) \bmod 128$$

$$Z_k=[\text{pos}+1+\cdots+\text{pos}+16]$$

每一轮迭代需要用到的密钥 $Z_1,Z_2,\cdots,Z_6,Z_7,\cdots,Z_{12},\cdots,Z_{43},\cdots,Z_{48},Z_{49},\cdots,Z_{52}$ 分别对应于 $Z_1^1,Z_2^1,\cdots,Z_6^1,Z_1^2,\cdots,Z_6^2,\cdots,Z_1^8,\cdots,Z_6^8,Z_1^9,\cdots,Z_4^9$。

3.5.8 IDEA 解密过程

IDEA 解密过程基本与加密过程一样，输入密文 Y_1,Y_2,Y_3,Y_4，其中 $Y_i(1\leqslant i\leqslant 4)$ 均为 16 比特，输出 64 比特明文 $X=X_1X_2X_3X_4$，其中 $X_i(1\leqslant i\leqslant 4)$ 均为 16 比特。解密和加密的不同之处在于所用的子密钥是不相同的，解密过程使用的子密钥是加密过程子密钥求加法逆或乘法逆的结果。解密阶段计算子密钥相对困难些，但对于每一个解密密钥，只需做一次这样的计算。所使用的解密子密钥 $K_i^{(r)}$ 是从加密子密钥 $Z_i^{(r)}$ 按下面公式计算得到的：

$$(K_1^{(r)},K_2^{(r)},K_3^{(r)},K_4^{(r)})=((Z_1^{(10-r)})^{-1},-Z_3^{(10-r)},-Z_2^{(10-r)},(Z_4^{(10-r)})^{-1})\text{，}\quad 2\leqslant r\leqslant 8$$

$$(K_1^{(r)},K_2^{(r)},K_3^{(r)},K_4^{(r)})=((Z_1^{(10-r)})^{-1},-Z_2^{(10-r)},-Z_3^{(10-r)},(Z_4^{(10-r)})^{-1})\text{，}\quad r=1,\ 9$$

$$(K_5^{(r)},K_6^{(r)})=(Z_5^{(9-r)},Z_6^{(9-r)})\text{，}\quad 1\leqslant r\leqslant 8$$

这里，$-Z_i^{(r)}$ 表示 $Z_i^{(r)}$ 对于运算田的逆，满足 $-Z_i^{(r)}+Z_i^{(r)}\equiv 0 \bmod 2^{16}$，因而 $-Z_i^{(r)}$ 可以这样计算：$-Z_i^{(r)}=(2^{16}-Z_i^{(r)})$ 取低 16 比特。$(Z_i^{(r)})^{-1}$ 表示 $Z_i^{(r)}$ 对于运算模 $(2^{16}+1)$ 乘法⊙的逆，即 $(Z_i^{(r)})^{-1}\cdot Z_i^{(r)}\equiv 1 \bmod (2^{16}+1)$。当 $Z_i^{(r)}\neq 0$ 时，可以先用扩展的 Euclidean 算法求出满足 $(2^{16}+1)\cdot x+Z_i^{(r)}\cdot y=1$ 的 y。若 $y>0$，则 $(Z_i^{(r)})^{-1}=y$，否则 $(Z_i^{(r)})^{-1}=2^{16}+1+y$。当 $Z_i^{(r)}=0$ 时表示成 $Z_i^{(r)}=2^{16}$，$(Z_i^{(r)})^{-1}=Z_i^{(r)}$。

3.6 AES 算法 Rijindael

DES 已走到了它使命的尽头，因其 56 比特密钥实在太短，三重 DES 也只是在一定程度上解决了密钥长度的问题。另外，DES 的设计主要针对硬件实现，而今在许多领域都需要用

软件方法来实现，在这种情况下，DES 效率相对较低。1997 年 4 月 15 日，美国国家标准和技术研究所（NIST）发起征集 AES（Advanced Encryption Standard）算法的活动，并成立了 AES 工作组，目的是确定一个非保密的、公开披露的、全球免费使用的加密算法，用于保护 21 世纪组织机构的敏感信息。AES 的基本要求是比三重 DES 快，至少和三重 DES 一样安全，分组长度为 128 比特，密钥长度为 128/192/256 比特。

1997 年 4 月，在一个 AES 研讨会上宣布了以下 AES 成就的最初目标：

- 可供政府部门和商业部门使用的功能强大的加密算法；
- 支持标准密码本方式；
- 明显比三重 DES 有效；
- 密钥大小可变，从而在必要时增加安全性；
- 以公正和公开的方式进行选择；
- 可以公开定义；
- 可以公开评估。

AES 草案中最低可接受的要求和评估标准是：

- AES 应该可以公开定义；
- AES 应该是对称的块密码；
- AES 应该设计成密钥长度可以根据需要增加的；
- AES 应该可以在硬件和软件中实现；
- AES 应该可免费获得或遵守与美国国家标准学会（ANSI）专利政策一致的规定获得；
- AES 的评价要素包括安全性（密码分析所需的努力）、计算效率、内存需求、硬件和软件的可适用性、简易性、灵活性及许可证需求。

当时有 12 个国家提出了 15 种算法，NIST 从中选出了 5 种算法作为候选算法。经过长时间的评审和讨论，NIST 于 2000 年 10 月宣布选择 Rijindael（发音为“Rhine dale”）作为 AES 的算法。AES 作为一项新的加密标准，将会代替密钥长度较短的 DES。

3.6.1 算法结构

Rijindael 是一种分组加密方法，其分组长度和密钥长度都是可变的。AES 分组长度指定为 128 比特，令 32 比特为一字，密钥长度为 128 比特（4 字）、192 比特（6 字）或 256 比特（8 字），相应的迭代轮数为 10、12 和 14，见表 3.12。

表 3.12 Rijindael 的分组、轮数关系

	密钥长度（N_k字）	分组大小（N_b字）	迭代轮数（N_r）
AES-128	4	4	10
AES-192	6	4	12
AES-256	8	4	14

在 Rijindael 中，不同的变换是对被称为状态（state）的中间密码结果进行操作的。状态可以用字节的矩形阵列来描述，阵列的大小是 4×4。同样，密钥也用字节的矩形阵列来表示，阵列的行数定为 4，列数等于密钥长度除以 32。就 128 位密钥而言，阵列的大小也是 4×4。图 3.10 所示为一个用 Rijindael 表示分组和子密钥方法的示例。

S_{00}	S_{01}	S_{02}	S_{03}
S_{04}	S_{05}	S_{06}	S_{07}
S_{08}	S_{09}	S_{10}	S_{11}
S_{12}	S_{13}	S_{14}	S_{15}

K_{00}	K_{01}	K_{02}	K_{03}
K_{10}	K_{11}	K_{12}	K_{13}
K_{20}	K_{21}	K_{22}	K_{23}
K_{30}	K_{31}	K_{32}	K_{33}

图 3.10　用 Rijindael 表示分组和子密钥的方法

3.6.2 Rijindael 加密过程

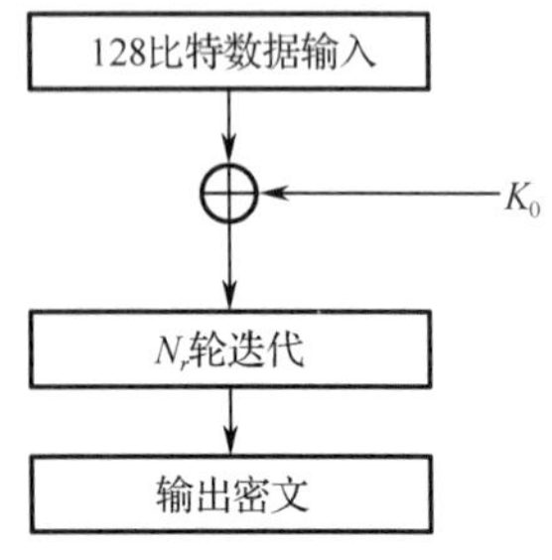

图 3.11　Rijindael 算法的结构

图 3.11 描述了 Rijindael 算法的结构。首先是密钥 K_0 和明文信息按位相加，然后进行 N_r 迭代计算，计算用的子密钥是由一个密钥扩展函数产生的，初始密钥 K_0 就是主密钥 K。

图 3.12 给出了 Rijindael 算法的加/解密过程（10 轮）。它的加密算法由 3 部分组成：初始轮密钥加法、9 轮迭代和最后一轮迭代。由图 3.12 可知，Rijindael 的加密和解密相似，但不对称。由于 Rijindael 算法是可逆的，解密过程只是颠倒加密过程的步骤。

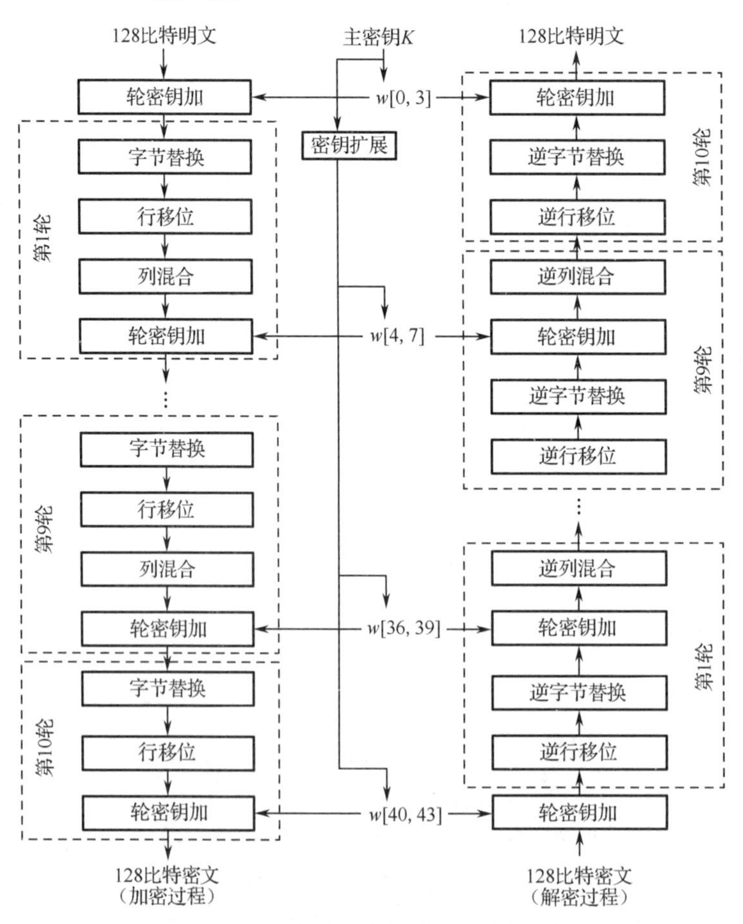

图 3.12　Rijindael 算法的加/解密过程

3.6.3 轮函数

Rijindael 算法的轮函数的每一轮迭代结构都一样，由下述 4 个不同的变换构成，只是最后一轮省略了列混合变换。Rijindael 算法的轮函数如图 3.13 所示。

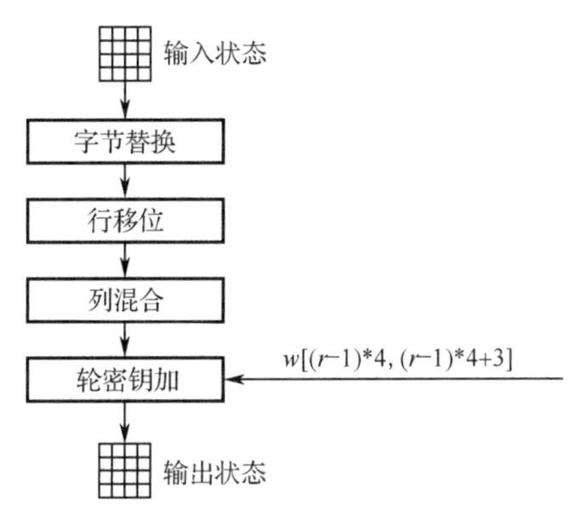

图 3.13 Rijindael 算法的轮函数

（1）字节替换（ByteSub）：对数据的每一字节应用一个非线性变换。

（2）行移位（ShiftRow）：对每一行的字节循环重新排序。

（3）列混合（MixColumn）：对矩阵的列应用一个线性变换。

（4）轮密钥加（AddRoundKey）：把轮密钥混合到中间数据中。

3.6.4 字节替换

字节替换是一种非线性置换，它使用 S 盒对中间状态的字节进行置换。字节替换是一种可逆的变换，独立地对每个状态字节进行运算。该置换操作是由表 3.13 所示的字节替换表（S 盒）定义的。替换表是一个 16×16 的矩阵。表 3.13 中纵向的 x 取自状态矩阵中 $S_{i,j}$ 的高 4 比特，横向的 y 取自低 4 比特。字节替换过程如图 3.14 所示，x 行和 y 列交叉的数据就用来替代 $S_{i,j}$ 的数据。例如，$S_{i,j} = \text{EA}$，即 $x = \text{E}$，$y = \text{A}$，则 $S'_{i,j} = 87$。

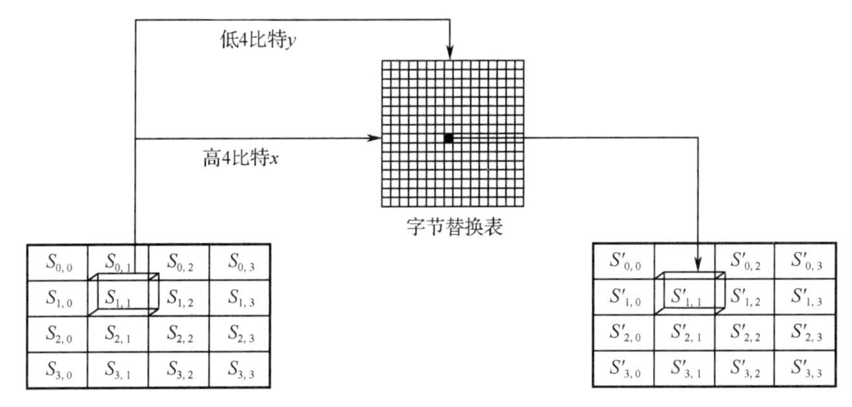

图 3.14 字节替换过程

表 3.13　字节替换表

		y														
		0	1	2	3	4	5	6	7	8	9	A	B	C	D	E	F
	0	63	7C	77	7B	F2	6B	6F	C5	30	01	67	2B	FE	D7	AB	76
	1	CA	82	C9	7D	FA	59	47	F0	AD	D4	A2	AF	9C	A4	72	C0
	2	B7	FD	93	26	36	3F	F7	CC	34	A5	E5	F1	71	D8	31	15
	3	04	C7	23	C3	18	96	05	9A	07	12	80	E2	EB	27	B2	75
	4	09	83	2C	1A	1B	6E	5A	A0	52	3B	D6	B3	29	E3	2F	84
	5	53	D1	00	ED	20	FC	B1	5B	6A	CB	BE	39	4A	4C	58	CF
	6	D0	EF	AA	FB	43	4D	33	85	45	F9	02	7F	50	3C	9F	A8
x	7	51	A3	40	8F	92	9D	38	F5	BC	B6	DA	21	10	FF	F3	D2
	8	CD	0C	13	EC	5F	97	44	17	C4	A7	7E	3D	64	5D	19	73
	9	60	81	4F	DC	22	2A	90	88	46	EE	B8	14	DE	5E	0B	DB
	A	E0	32	3A	0A	49	06	24	5C	C2	D3	AC	62	91	95	E4	79
	B	E7	C8	37	6D	8D	D5	4E	A9	6C	56	F4	EA	65	7A	AE	08
	C	BA	78	25	2E	1C	A6	B4	C6	E8	DD	74	1F	4B	BD	8B	8A
	D	70	3E	B5	66	48	03	F6	0E	61	35	57	B9	86	C1	1D	9E
	E	E1	F8	98	11	69	D9	8E	94	9B	1E	87	E9	CE	55	28	DF
	F	8C	A1	89	0D	BF	E6	42	68	41	99	2D	0F	B0	54	BB	16

替换表是可逆的，通过对它进行几何的逆映射操作，就可获得用于字节替换逆运算的替换表。

3.6.5　行移位

行移位对状态矩阵进行变换，行移位变换时，状态的每一行按不同的偏移量循环移位，如图 3.15 所示。第一行不移位，第二行的偏移量是 1 个字，第三行是 2 个字，第四行是 3 个字。图 3.16 所示为一个行移位的结果，图 3.17 所示为一个行移位的示例。

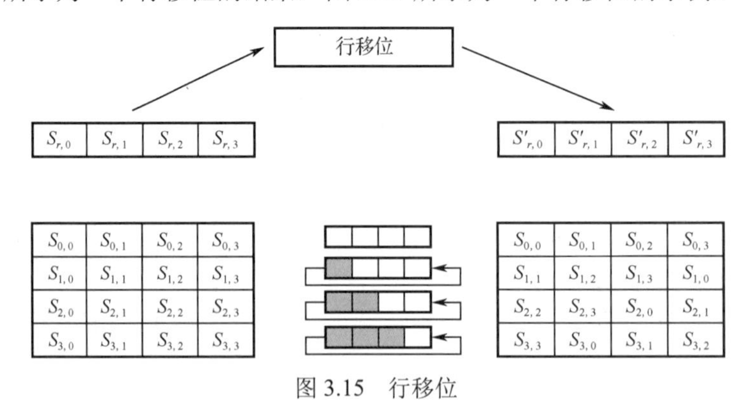

图 3.15　行移位

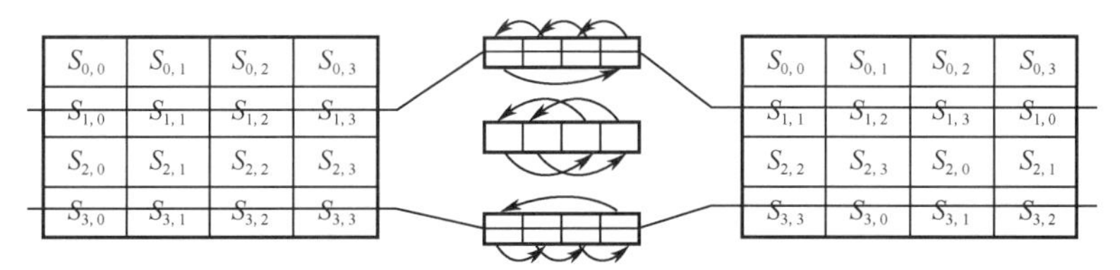

图 3.16　行移位的结果

87	F2	4D	97
EC	6E	4C	90
4A	C3	46	E7
8C	D8	95	A6

行移位 →

87	F2	4D	97
6E	4C	90	EC
46	E7	4A	C3
A6	8C	D8	95

图 3.17　行移位示例

显然，行移位变换的逆运算就是每一行分别以 0 字节、3 字节、2 字节、1 字节进行循环左移位。

3.6.6　列混合

列混合变换如图 3.18 所示，图中显示对状态矩阵的第 2 列进行变换。在列混合变换中，将状态的每一列视为 GF(2^8)上的多项式 $S(x)$，然后乘以固定多项式 $a(x)$并模（x^4+1），其中，$a(x)=\{03\}x^3+\{01\}x^2+\{01\}x+\{02\}$。这个多项式与（$x^4+1$）互质，因此运算是可逆的。变换的公式为

$$S'(x)=a(x)\otimes S(x)$$

这个多项式相乘可以写成矩阵相乘形式，即 $S'=\boldsymbol{A}\cdot S$，式中 $\boldsymbol{A}$ 是可逆方阵。例如：

$$\begin{bmatrix} S'_{0,c} \\ S'_{1,c} \\ S'_{2,c} \\ S'_{3,c} \end{bmatrix}=\begin{bmatrix} 02 & 03 & 01 & 01 \\ 01 & 02 & 03 & 01 \\ 01 & 01 & 02 & 03 \\ 03 & 01 & 01 & 02 \end{bmatrix}\begin{bmatrix} S_{0,c} \\ S_{1,c} \\ S_{2,c} \\ S_{3,c} \end{bmatrix}(0\leqslant c<N_b)$$

乘法的结果可以表示为

$$S'_{0,c}=(\{02\}\cdot S_{0,c})\oplus(\{03\}\cdot S_{1,c})\oplus S_{2,c}\oplus S_{3,c}$$
$$S'_{1,c}=S_{0,c}\oplus(\{02\}\cdot S_{1,c})\oplus(\{03\}\cdot S_{2,c})\oplus S_{3,c}$$
$$S'_{2,c}=S_{0,c}\oplus S_{1,c}\oplus(\{02\}\cdot S_{2,c})\oplus(\{03\}\cdot S_{3,c})$$
$$S'_{3,c}=(\{03\}\cdot S_{0,c})\oplus S_{1,c}\oplus S_{2,c}\oplus(\{02\}\cdot S_{3,c})$$

变换的过程可以用图 3.18 来说明。

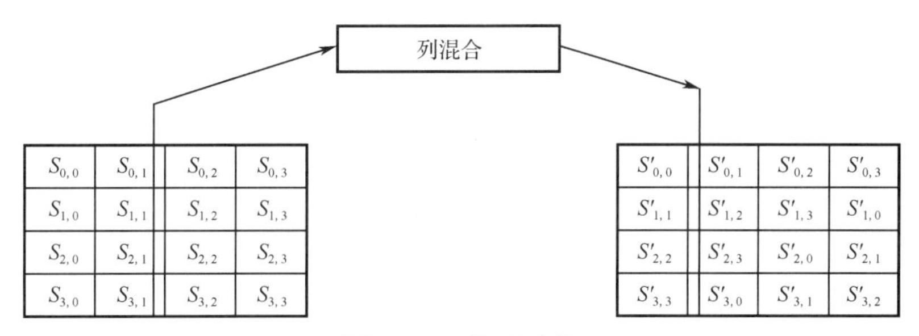

图 3.18　列混合变换

列混合的逆变换就是每一列通过乘以固定多项式 $b(x)$ 进行变换，$b(x)=\{0B\}x^3+\{0D\}x^2+\{09\}x+\{0E\}$。

3.6.7 轮密钥加

轮密钥加如图 3.19 所示，其运算就是对状态和每轮的子密钥进行简单的异或操作。每轮子密钥都是通过密钥调度算法从主密钥中产生的，子密钥长度等于分组长度。轮密钥加运算需要用到 4 个导出的 32 比特子密钥 $W_i,W_{i+1},W_{i+2},W_{i+3}$。

$S_{0,0}$	$S_{0,1}$	$S_{0,2}$	$S_{0,3}$
$S_{1,0}$	$S_{1,1}$	$S_{1,2}$	$S_{1,3}$
$S_{2,0}$	$S_{2,1}$	$S_{2,2}$	$S_{2,3}$
$S_{3,0}$	$S_{3,1}$	$S_{3,2}$	$S_{3,3}$

$\oplus$

W_i	W_{i+1}	W_{i+2}	W_{i+3}

=

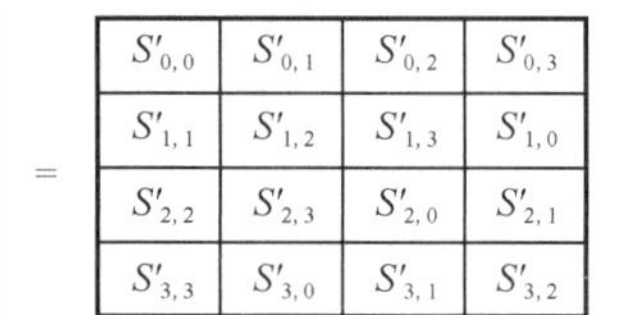

图 3.19　轮密钥加

显然，轮密钥加的逆变换就是其本身。

3.6.8 子密钥的产生

Rijindael 算法的每一轮都需要用到 N_b 比特的子密钥，共有 N_r 轮，另外，第一次进行轮密钥加的时候也需要用一轮子密钥，于是共需要 $N_b\times(N_r+1)$比特的子密钥，对于 AES-128 来说，就是用 1408 比特的密钥。AES-128 的密钥扩展过程如下：将最初一次轮密钥加使用的轮密钥称为第 0 轮的轮密钥，则第 0 轮密钥由主密钥 K 的 128 比特组成，第 1 轮密钥扩展函数在第 0 轮密钥的基础上生成，如此下去，第 i 轮密钥是密钥扩展函数在第（i–1）轮密钥的基础上生成的。

图 3.20 描述了密钥扩展函数。第（i–1）轮的 16 字节的子密钥被分成 4 组来处理，每组 4 字节。最后一组的 4 字节先执行 1 字节的循环左移，由 S 盒（这个 S 盒与字节替换时的 S 盒是一样的）进行替换处理，然后这 4 字节结果中的第 1 字节和轮常数 a_i 相异或，这个常数由表 3.14 所示的轮常数预先定义。最后，为了得到第 i 轮密钥，把得到的 4 字节的结果和（i–1）轮密钥的最初 4 字节按位相异或，得到 i 轮密钥的最初 4 字节，然后又和（i–1）轮密钥的下面 4 字节按位相异或，得到 i 轮密钥的下面 4 字节，以此类推。

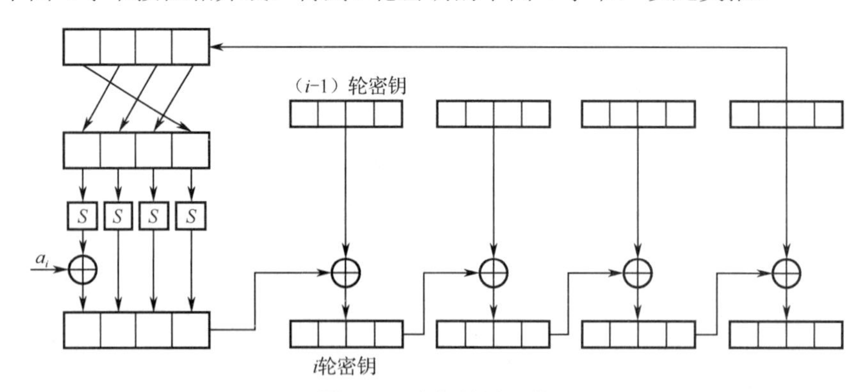

图 3.20　密钥扩展函数

表 3.14　轮常数

i	1	2	3	4	5	6	7	8	9	10
a^i	01	02	04	08	10	20	40	80	1B	36

3.6.9　Rijindael 解密过程

Rijindael 解密过程在图 3.12 中也有表述，所不同的是，在解密过程中，用的是字节替换的逆变换——逆字节替换、行移位的逆变换——逆行移位、列混合的逆变换——逆列混合，以及轮密钥加的逆变换（即其本身）。

逆字节替换和字节替换互为逆变换，逆字节替换的运算方式和字节替换相似，不同的是定义逆字节替换的表和字节替换的表不一样，定义逆字节替换的表见表 3.15。

表 3.15　逆字节替换表

		y															
		0	1	2	3	4	5	6	7	8	9	a	b	c	d	e	f
x	0	52	09	6a	d5	30	36	a5	38	bf	40	a3	9e	81	f3	d7	fb
	1	7c	e3	39	82	9b	2f	ff	87	34	8e	43	44	c4	de	e9	cb
	2	54	7b	94	32	a6	c2	23	3d	Ee	4c	95	0b	42	fa	c3	4e
	3	08	2e	a1	66	28	d9	24	b2	76	5b	a2	49	6d	8b	d1	25
	4	72	f8	f6	64	86	68	98	16	d4	a4	5c	cc	5d	65	b6	92
	5	6c	70	48	50	fd	ed	b9	da	5e	15	46	57	a7	8d	9d	84
	6	90	d8	ab	00	8c	bc	d3	0a	f7	e4	58	05	b8	b3	45	06
	7	d0	2c	1e	8f	ca	3f	0f	02	c1	af	bd	03	01	13	8a	6b
	8	3a	91	11	41	4f	67	dc	ea	97	f2	cf	ce	f0	b4	e6	73
	9	96	ac	74	22	e7	ad	35	85	e2	f9	37	e8	1c	75	df	6e
	a	47	f1	1a	71	1d	29	c5	89	6f	b7	62	0e	aa	18	be	1b
	b	fc	56	3e	4b	c6	d2	79	20	9a	db	c0	fe	78	cd	5a	f4
	c	1f	dd	a8	33	88	07	c7	31	b1	12	10	59	27	80	ec	5f
	d	60	51	7f	a9	19	b5	4a	0d	2d	e5	7a	9f	93	c9	9c	ef
	e	a0	e0	3b	4d	ae	2a	f5	b0	c8	eb	bb	3c	83	53	99	61
	f	17	2b	04	7e	ba	77	d6	26	e1	69	14	63	55	21	0c	7d

逆行移位的计算方法可以用图 3.21 表示。

逆列混合的公式如下：

$$S^{-1}(x) = a^{-1}(x) \otimes S(x)$$

式中，$a^{-1}(x) = \{0\text{b}\}x^3 + \{0\text{d}\}x^2 + \{09\}x + \{0\text{e}\}$ 。

$$\begin{bmatrix} S'_{0,c} \\ S'_{1,c} \\ S'_{2,c} \\ S'_{3,c} \end{bmatrix} = \begin{bmatrix} 0\text{e} & 0\text{b} & 0\text{d} & 09 \\ 09 & 0\text{e} & 0\text{b} & 0\text{d} \\ 0\text{d} & 09 & 0\text{e} & 0\text{b} \\ 0\text{b} & 0\text{d} & 09 & 0\text{e} \end{bmatrix} \begin{bmatrix} S_{0,c} \\ S_{1,c} \\ S_{2,c} \\ S_{3,c} \end{bmatrix} (0 \leqslant c < N_b)$$

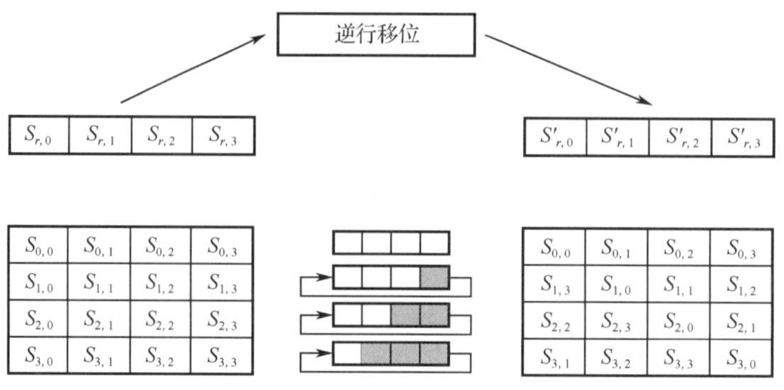

图 3.21　逆行移位

上面的矩阵可表示为

$$S'_{0,c} = (\{0e\} \cdot S_{0,c}) \oplus (\{0b\} \cdot S_{1,c}) \oplus (\{0d\} \cdot S_{2,c}) \oplus (\{09\} \cdot S_{3,c})$$
$$S'_{1,c} = (\{09\} \cdot S_{0,c}) \oplus (\{0e\} \cdot S_{1,c}) \oplus (\{0b\} \cdot S_{2,c}) \oplus (\{0d\} \cdot S_{3,c})$$
$$S'_{2,c} = (\{0d\} \cdot S_{0,c}) \oplus (\{09\} \cdot S_{1,c}) \oplus (\{0e\} \cdot S_{2,c}) \oplus (\{0b\} \cdot S_{3,c})$$
$$S'_{3,c} = (\{0b\} \cdot S_{0,c}) \oplus (\{0d\} \cdot S_{1,c}) \oplus (\{09\} \cdot S_{2,c}) \oplus (\{0e\} \cdot S_{3,c})$$

3.6.10　小结

Rijindael 算法的轮变换中没有 Feistel 结构，且使用非线性结构的 S 盒，能有效抵抗差分密码分析和线性密码分析。算法仅基于简单的位操作运算，即使是纯粹的软件实现也是很快的。作为下一代对称密码算法，Rijindael 汇聚了安全、性能好、效率高、易用和灵活等优点。目前，它还不会代替 DES 成为标准，因为它还须通过测试过程，众多的测试者将在该测试过程后发表他们的看法。Rijindael 有望成为 21 世纪的加密标准。

3.7　SM4 算法

SM4 算法是中国商业分组密码标准，由我国政府于 2006 年公布，是服务于 WAPI（WLAN 认证和隐私的基础设施）的无线局域网安全性的基础分组密码[4]。SM4 是国家标准分组密码算法，其分组长度为 128 比特，密钥长度也是 128 比特。SM4 的设计基于非平衡的广义 Feistel 结构，共有 32 轮。SM4 算法的加密算法结构如图 3.22 所示。

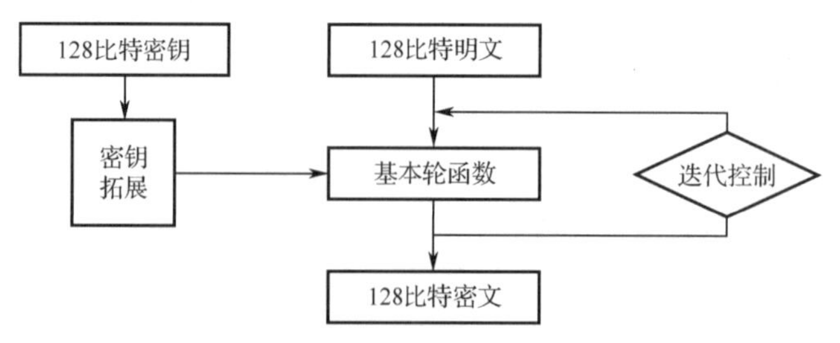

图 3.22　SM4 算法的加密算法结构

本节用 $X_0^0, X_0^1, X_0^2, X_0^3$ 表示明文，对应的加密过程如下：

$$r = 0,1,\cdots,31$$

$$X_{r+1}^0 = X_r^1$$

$$X_{r+1}^1 = X_r^2$$

$$X_{r+1}^2 = X_r^3$$

$$X_{r+1}^3 = X_r^0 \oplus T(X_r^1 \oplus X_r^2 \oplus X_r^3 \oplus k_r) = X_r^0 \oplus L \cdot S(X_r^1 \oplus X_r^2 \oplus X_r^3 \oplus k_r)$$

其中，k_r 是第 r 轮轮密钥，密文为 $(X_{32}^3, X_{32}^2, X_{32}^1, X_{32}^0)$。

SM4 算法有 32 轮，本节主要介绍第 r 轮的轮函数，如图 3.23 所示。

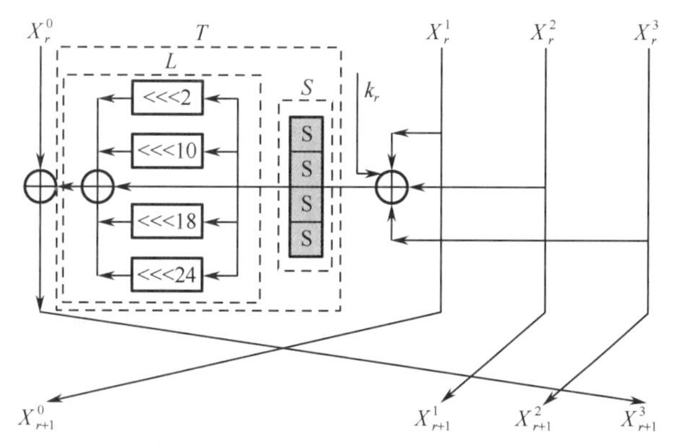

图 3.23　SM4 算法的第 r 的轮函数

图 3.23 所示为第 r 轮 SM4，从图中可以看出变换 T 由非线性变换层 S 和线性变换层 L 组成。S 层由平行的 4 个 8×8 S 盒组成，S 盒的详细描述如图 3.24 所示，S 盒中的数字均用十六进制表示。

	0	1	2	3	4	5	6	7	8	9	a	b	c	d	e	f
0	d6	90	e9	fe	cc	c1	3d	b7	16	b6	14	c2	28	fb	2c	05
1	2b	67	9a	76	2a	be	04	c3	aa	44	13	26	49	86	06	99
2	9c	42	50	f4	91	ef	98	7a	33	54	0b	43	ed	cf	ac	62
3	e4	b3	1c	a9	c9	08	e8	95	80	df	94	fa	75	8f	3f	a6
4	47	07	a7	fc	f3	73	17	ba	83	59	3c	19	e6	85	4f	a8
5	68	6b	81	b2	71	64	da	8b	f8	eb	0f	4b	70	56	9d	35
6	1e	24	0e	5e	63	58	de	a2	25	22	7c	3b	01	21	78	87
7	d4	00	46	57	9f	d3	27	52	4c	36	02	e7	a0	c4	c8	9e
8	ea	bf	8a	d2	40	c7	38	b5	a3	f7	f2	ce	f9	61	15	a1
9	e0	ae	5d	a4	9b	34	1a	55	ad	93	32	30	f5	8c	b1	e3
a	1d	f6	e2	2e	82	66	ca	60	c0	29	23	ab	0d	53	4e	6f
b	d5	db	37	45	de	fd	8e	2f	03	ff	6a	72	6d	6c	5b	51
c	8d	1b	af	92	bb	dd	bc	7f	11	d9	5c	41	1f	10	5a	d8
d	0a	c1	31	88	a5	cd	7b	bd	2d	74	d0	12	b8	e5	b4	b0
e	89	69	97	4a	0c	96	77	7e	65	b9	f1	09	c5	6e	c6	84
f	18	f0	7d	ec	3a	dc	4d	20	79	ee	5f	3e	d7	cb	39	48

图 3.24　S 盒

令 $A \in \{0,1\}^{32}$ 和 $B \in \{0,1\}^{32}$ 分别为非线性变换的输入字和输出字，则非线性变化如图 3.25 所示。

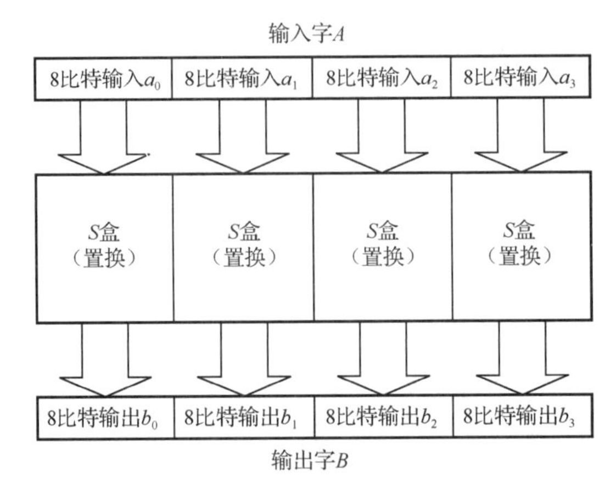

图 3.25　32 比特字的非线性变换

线性变换 L 起扩散作用，令 $C \in \{0,1\}^{32}$ 和 $B \in \{0,1\}^{32}$ 分别是线性变换 L 的 32 比特输入字和输出字，则

$$B = L(C) = C \oplus (C <<< 2) \oplus (C <<< 10) \oplus (C <<< 18) \oplus (C <<< 24)$$

SM4 的密钥生成算法同加密过程类似，不同点仅在于密钥生成算法中的线性变换不是 L 而是 L'，即

$$L'(C) = C \oplus (C <<< 13) \oplus (C <<< 23)$$

先将 128 比特主密钥 $(\mathrm{MK}_0, \mathrm{MK}_1, \mathrm{MK}_2, \mathrm{MK}_3)$ 和常数 $\mathrm{FK}_0, \mathrm{FK}_1, \mathrm{FK}_2, \mathrm{FK}_3$ 做异或运算，即

$$(K, K, K, K) = (\mathrm{MK}_0 \oplus \mathrm{FK}_0, \mathrm{MK}_1 \oplus \mathrm{FK}_1, \mathrm{MK}_2 \oplus \mathrm{FK}_2, \mathrm{MK}_3 \oplus \mathrm{FK}_3)$$

式中，$\mathrm{FK}_0 = \mathrm{A3B1BAC6}, \mathrm{FK}_1 = \mathrm{56AA3350}, \mathrm{FK}_2 = \mathrm{677D9197}, \mathrm{FK}_3 = \mathrm{B27022DC}$。

再将得到的结果作为密钥生成函数的输入。

轮密钥 k_r 计算过程中需要使用 32 个固定参数 $Ck_i (i = 0,1,\cdots,31)$，这 32 个参数如图 3.26 所示。

00070e15，1c232a31，383f464d，545b6269，
70777e85，8c939aal，a8afb6bd，c4cbd2d9，
e0e7eef5，fc030a11，181f262d，343b4249，
50575e65，6c737a81，888f969d，a4abb2b9，
c0c7ced5，dce3eaf1，f8ff060d，141b2229，
30373e45，4c535a61，686f767d，848b9299，
a0a7aeb5，bcc3cad1，d8dfe6ed，f4fb0209，
10171e25，2c333a41，484f565d，646b7279

图 3.26　32 个固定参数 Ck_i

轮密钥 k_r 计算过程如下：

$$k_r = K_{r+4} = K_r \oplus L' \cdot S(K_{r+1} \oplus K_{r+2} \oplus K_{r+3} \oplus CK_r)$$

解密过程同加密过程相同，除了密钥输入的顺序是相反的，也就是密钥输入的顺序分别为 $k_r, r = 31, 30, \cdots, 0$。

SM4 算法简洁，以字和字节为处理单位，符合当时分组密码主流，但是其对抗差分故障攻击能力较弱。

3.8 分组密码工作模式

分组密码提供实现加密数据的一个基本构件，分组密码都有固定的分组长度，实际应用中需要加密的明文长度都远大于这个分组的长度。如何对明文进行分组、填充，以及分组后的明文组和密文组之间有无关系，上述因素决定了分组密码的不同工作模式。在实际应用中，分组密码主要有 4 种运行模式：电子密码本模式、密文块链接模式、密文反馈模式及输出反馈模式。

3.8.1 电子密码本模式

电子密码本模式（Electronic Codebook Mode，ECB）是直接使用分组加密算法的工作方式。密钥为 K，输入 t 个长度为 n 的明文块 $x_1,x_2,\cdots,x_t$，输出 t 个长度为 n 的密文块 $y_1,y_2,\cdots,y_t$，其中 $y_i=E_K(x_i)$。解密时，$x_i=E_K^{-1}(y_i)$。电子密码本模式如图 3.27 所示。

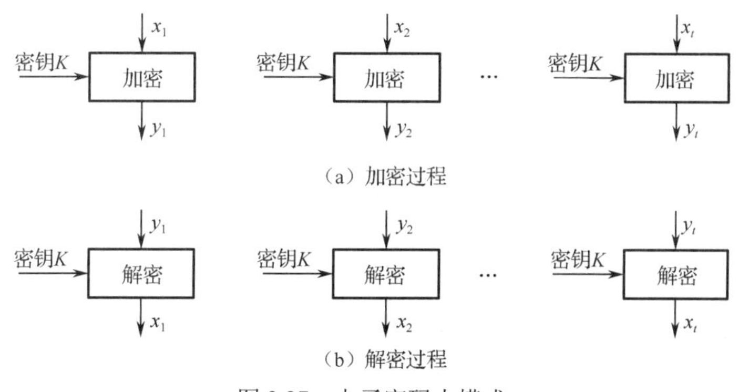

图 3.27　电子密码本模式

该种运行模式有以下性质：

（1）在密钥相同的情况下，相同明文产生相同的密文。不能隐藏明文的架构（Pattern）。

（2）明文块 x_i 的改变只引起密文块 y_i 变化，其他密文块不发生变化。明文块重新排序，与其相应的密文块也重新排序，反之亦然。

（3）密文块在传输中有一位出错，影响且只影响该块的正确解密。

ECB 对于少量的数据是安全的，但是对于长报文，ECB 可能是不安全的。尤其在报文是高度结构化的情况下，密码分析者可以利用另一相同的明文产生相同的密文的特点对报文的结构进行分析，找到一些规律。

3.8.2 密文块链接模式

密文块链接模式（Cipher Block Chaining Mode，CBC）在加密前每个分组要与前面的密文进行按位模加运算。加密产生的密文再放入反馈寄存器，准备与下一个明文块进行按位模加运算。已知初始向量 **IV** 和加密密钥 K。加密时 y_0=**IV**，$y_i=E_K(y_{i-1}\oplus x_i)$；解密时

$x_i = y_{i-1} \oplus E_K^{-1}(y_i)$。密文块链接模式如图 3.28 所示。

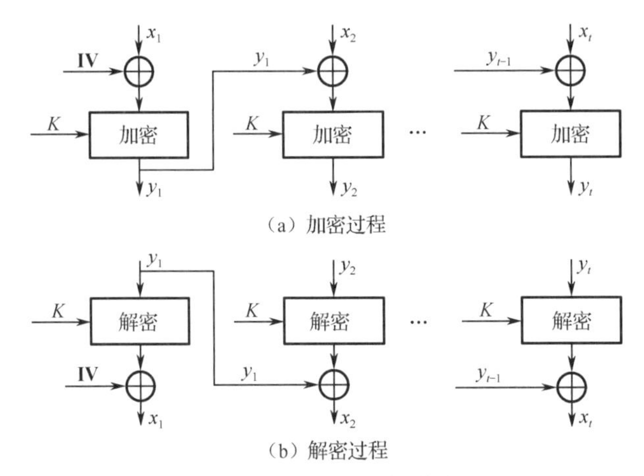

（a）加密过程

（b）解密过程

图 3.28　密文块链接模式

该种运行模式有以下性质：

（1）在相同密钥和初始向量之下，相同的明文块加密产生的密文块不同，这样能够掩盖明文的结构。

（2）由于使用链接机制，密文 y_i 依赖于 x_i 及前面的所有明文。因此密文的完整性和排序影响正确解密，且对消息的重发、嵌入及删除敏感。

（3）密文块 y_i 在传输中有一位出错影响 y_i, y_{i+1} 两块的正确解密。这是因为对出错的密文 y_i 解密得到随机的 $\tilde{x}_i$，而 $\tilde{x}_{i+1} = y_i \oplus E_K^{-1}(y_{i+1})$ 也不是正确的解密，它出错的位置与 y_i 出错的位置相同。这种性质也称作自同步功能，即密文块 y_i 传输中有一位出错影响 y_i, y_{i+1} 两块的正确解密，y_{i+2} 又能正确解密。

（4）明文任意比特的变化将会引起后面所有的密文块随之变化，这个性质使这种模式可以用于消息认证码（Message Authentication Code，MAC）。令 $y_0=0$，则可以定义 y_t 是 MAC。发送者将消息与 MAC 一同发送。接收者用同一密钥重新构造 y_t 并检查是否与接收的 MAC 相等，以此检验所收到消息的完整性。

3.8.3　密文反馈模式

分组密码转换为流密码是可能的，流密码的一个特性是密文长度和明文长度相等。某些应用需要以 r 比特明文为一块进行加密且传输没有延迟。例如，加密 1 比特或 1 字节，如果用多于 1 比特或 1 字节的比特来传输就会浪费带宽。在这种情况下，使用密文反馈模式（Cipher Feedback Mode，CFB）最有利。设 t 个长度为 r 的明文块 $x_1, x_2, \cdots, x_t$，长为 n 的初始向量 **IV**，密钥为 K。I_1=**IV**，$J_i=E_K(I_i)$，$y_i=x_i\oplus$（J_i 最左 r 位），$I_{i+1} = 2^r I_i + y_i$。密文反馈模式如图 3.29 所示。

该种运行模式有以下性质：

（1）改变初始向量，使相同的明文加密后得到不同的密文。**IV** 不需要保密。

（2）密文 y_i 不仅依赖于明文 x_i，也依赖于前面众多明文块。密文重新排序影响解密。

（3）密文块 y_i 中的一位或多位出错，会影响后面 $|n/r|$ 块密文的解密。直到 y_i 移出移位

寄存时才能恢复正确解密。

（4）与 CBC 相似，CFB 有自同步性，但必须在$\lceil n/r \rceil$块之后才能恢复。

（5）适用于用户数据格式（如长度），可以对字符加密。

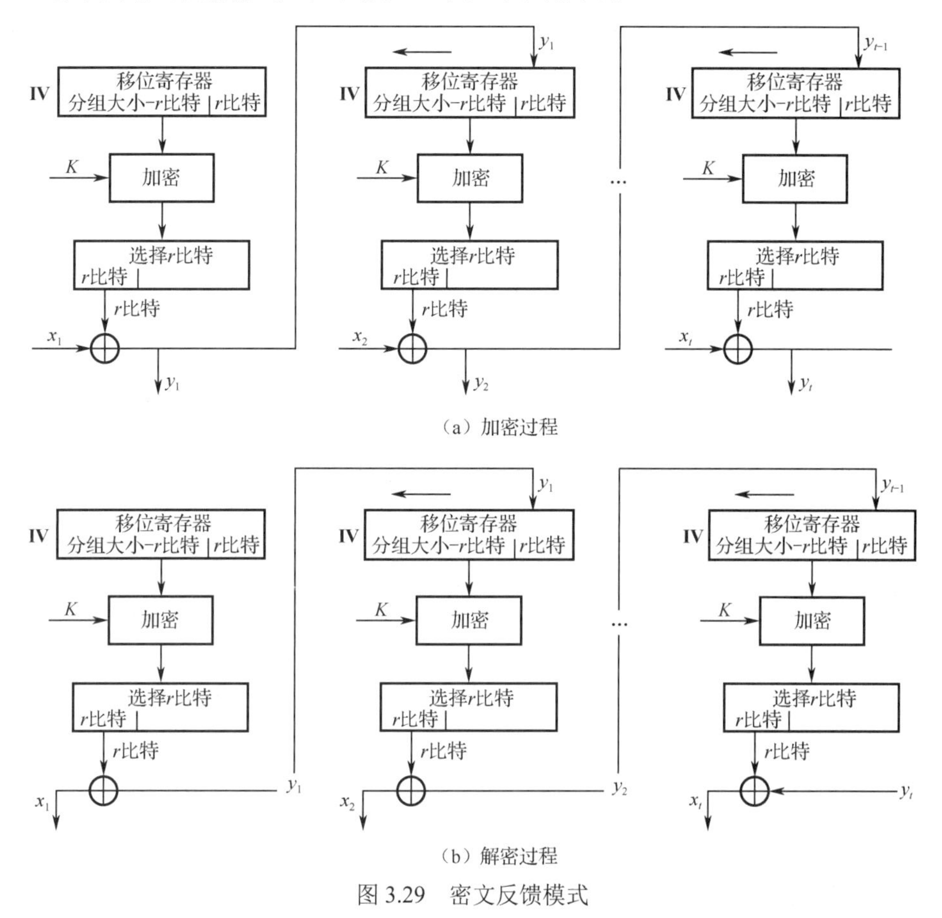

（a）加密过程

（b）解密过程

图 3.29　密文反馈模式

3.8.4　输出反馈模式

输出反馈模式（Output Feedback Mode，OFB）将分组加密算法作为密钥流生成器使用，加密算法的输出直接放入反馈寄存器的同时与明文按位加产生密文。OFB 在结构上类似于 CFB。设密钥 K 和长为 n 的初始向量 **IV**，t 个长度为 r 的明文块 $x_1,x_2,\cdots,x_t$，产生 t 个长度为 r 的密文块 $y_1,y_2,\cdots,y_t$。加密过程为 $I_1=\mathbf{IV}$，$J_i=E_K(I_i)$，$y_i=x_i\oplus$（J_i 最左 r 位），$I_{i+1}=J_i<<r$。解密过程为 $I_1=\mathbf{IV}$，$J_i=E_K(I_i)$，$x_i=y_i\oplus$（J_i 最左 r 位），$I_{i+1}=J_i<<r$。输出反馈模式如图 3.30 所示。

该种运行模式有以下性质：

（1）通过改变初始向量使相同明文加密产生不同的密文。

（2）明文块 x_i 的改变只引起密文块 y_i 发生变化，其他密文块不发生变化。

（3）将分组加密算法作为一个密钥流发生成器，密钥流与明文、密文无关，因而密钥流可以事先计算，**IV** 不需要保密。需要注意的是，如果重新使用原来的密钥，必须改变初始向量。

（4）难以发现密文篡改问题。如果密文 y_i 在传输中有一位出错，解密时仅仅是对应的位解密错误，错误不会传播。

（5）OFB 不具有自同步能力，如果密文丢失一位，则因该模式没有自同步能力而全部混乱，所以系统要严格保持同步。

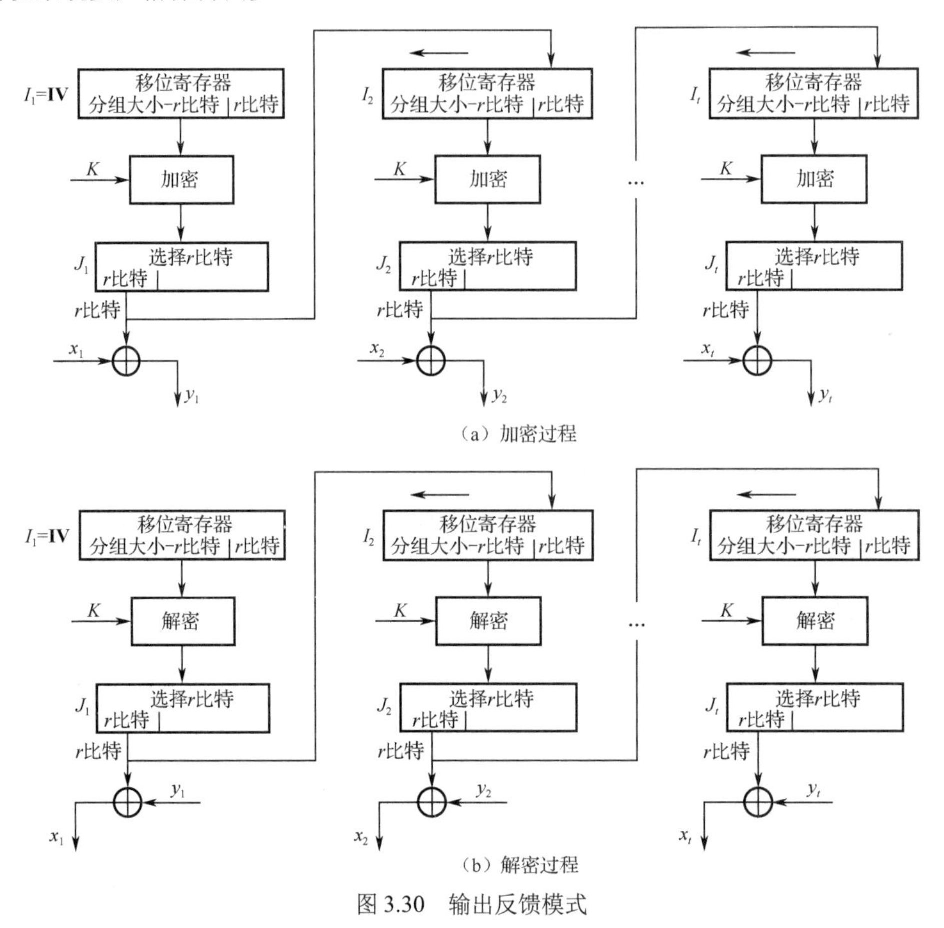

（a）加密过程

（b）解密过程

图 3.30　输出反馈模式

3.8.5　AES CTR

2001 年，NIST 修订了工作模式列表，加入了 AES 的 CTR 模式。CTR 模式（Counter Mode）也称为 ICM（Integer Counter Mode，整数计数模式），这个模式与 OFB 相似，也将分组密码变为流密码。CTR 模式工作在有限域上，通过递增一个加密计数器来产生连续的密钥流，其中，计数器可以是任意保证不产生长时间重复输出的函数。CTR 模式的特征类似于 OFB，但它允许在解密时随机存取。因为加密计数器的计算和加密明文无关，所以加密和解密过程均可以并行处理，CTR 适用于多处理器的硬件上。目前，CTR 已经得到了广泛使用，成为 AES 最常用的加密模式。

AES CTR 的加密模式如图 3.31 所示[5]，其中，Nonce 为随机数，Counter 为计数器，Key 为密钥，Block Cipher Encryption 为分组加密算法 AES。Nonce 随机数和 Counter 计数器可以整体看作一个计数器。

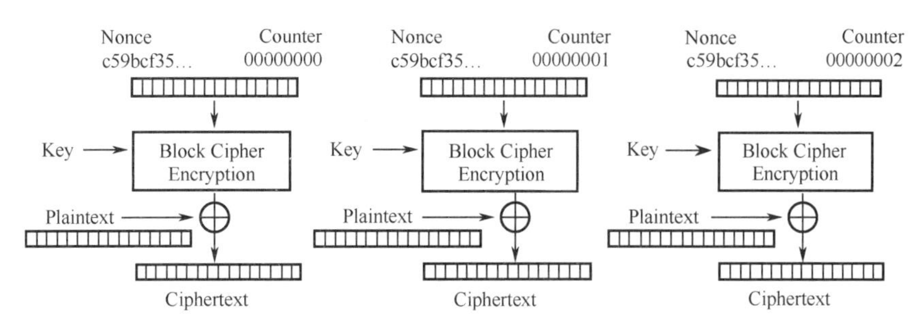

图 3.31　AES CTR 的加密模式

3.8.6　AES GCM

AES-GCM（Galois/Counter Mode）算法[6]由 David Mcgrew 和 John Viega 提出。AES-GCM 密码模式主要由 AES 加密模块和 GHASH（Galois Hash）认证模块构成。AES 加密模块用于对数据进行加密，防止信息被窃听；GHASH 模块基于二元 Galois 域的 Hash 函数对数据进行认证操作，以保证加/解密数据的一致性。

AES-GCM 算法加密过程有 4 个输入：明文 P 、密钥 K 、初始向量 $\mathbf{IV}$ 和附加数据 A ，这 4 个输入均为比特串。加密输出有两个：密文 C 和认证标签 T 。密文 C 的长度和输入明文的长度一致，认证标签 T 的长度 t 在 64 比特至 128 比特之间，但一般限制为 128 比特，这样安全性更好。虽然算法的输入、输出均以比特串的形式表示，但是一般将它们的长度限制为 8 比特的倍数，方便操作。

本节将输入明文分组序列表示为 $P_1,P_2,\cdots,P_n^*$ ，明文的前（ $n-1$ ）个分组长度均为 128 比特，最后一个分组的长度不一定是 128 比特（记为 u ）。输出密文序列表示为 $C_1,C_2,\cdots,C_n^*$ ，最后一个密文的长度也为 u 。附加数据序列表示为 $A_1,A_2,\cdots,A_m^*$ ，最后一个数据的长度可能不是 128 比特（记为 v ）。函数 E 表示 AES 加密运算；函数 incr() 表示对初始向量 $\mathbf{IV}$ 的自增运算；函数 $\mathrm{MSB}_t(S)$ 返回 S 中最左边的 t 个比特；函数 $\mathrm{GHASH}(H,A,C)$ 表示哈希函数运算，其运算结果记为 $X_i(i=0,1,\cdots,m+n+1)$ ，变量 X 定义如下：

$$
\begin{cases}
0, & i=0 \\
(X_{i-1}\oplus A_i)H, & i=1,2,\cdots,m-1 \\
(X_{i-1}\oplus (A_m \| 0^{128-v}))H, & i=m \\
(X_{i-1}\oplus C_{i-m})H, & i=m+1,m+2,\cdots,m+n-1 \\
(X_{m+n-1}\oplus (C_n \| 0^{128-v}))H, & i=m+n \\
(X_{m+n}\oplus (\mathrm{len}(A)\|\mathrm{len}(C)))H, & i=m+n+1
\end{cases}
$$

AES-GCM 算法的加密过程如下：

$$
\begin{cases}
H=E(K,0^{128}) \\
Y_0=\begin{cases}\mathbf{IV}\|0^{31}1, & \mathrm{len}(\mathbf{IV})=96 \\ \mathrm{GHASH}(H,\mathbf{IV}), & \text{其他}\end{cases} \\
Y_i=\mathrm{incr}(Y_{i-1}), \quad i=1,\cdots,n \\
C_i=P_i\oplus E(K,Y_i), \quad i=1,\cdots,n-1 \\
C_n=P_n\oplus \mathrm{MSB}_u(E(K,Y_n)) \\
T=\mathrm{MSB}_t(\mathrm{GHASH}(H,A,C)\oplus E(K,Y_0))
\end{cases}
$$

解密过程和加密过程相反。首先利用附加数据及密文根据哈希函数计算出一个标签T，再将解密过程计算出的标签T和加密得出的标签T进行比对，若二者一致，则输出明文P，否则输出标志 FAIL。具体过程如下：

$$\begin{cases} H = E(K, 0^{128}) \\ Y_0 = \begin{cases} \mathbf{IV} \| 0^{31}1, & \text{len}(\mathbf{IV}) = 96 \\ \text{GHASH}(H, \mathbf{IV}), & \text{其他} \end{cases} \\ T = \text{MSB}_t(\text{GHASH}(H, A, C) \oplus E(K, Y_0)) \\ Y_i = \text{incr}(Y_{i-1}), \quad i = 1, 2, \cdots, n \\ P_i = C_i \oplus E(K, Y_i), \quad i = 1, 2, \cdots, n-1 \\ P_n = C_n \oplus \text{MSB}_u(E(K, Y_n)) \end{cases}$$

3.8.7 XTS-AES

2002 年 Moses Liskov、Ronaldl Rivest 和 David Wagner 在文献[7]中首次提到了可调整的（Tweakable）分组密码这个概念，跟传统的分组密码相比，除了密钥和明文这两个输入，可调整的分组密码多了一个输入，这个输入被称作调整值（Tweak）。XTS-AES 是一种可调整的分组密码，它适用于对那些被分为固定长度数据单元的数据流信息进行加密。这些数据单元又被分为（$m+1$）个数据块,前m个数据块$P_0, P_1, \cdots, P_{m-1}$的大小为 128 比特，最后一个数据块$P_m$的大小为$b$比特（$0 \leqslant b \leqslant 127$）。单个 128 比特数据块的 XTS-AES 加密算法可以用下式表示：$C \leftarrow \text{XTS-AES-blockEnc}(\text{Key}, P, i, j)$，其中 Key 是 256 比特或 512 比特的 XTS-AES 加密密钥（由数据密钥Key_1和调整值密钥Key_2两部分构成），P 是 128 比特明文数据块，i是 128 比特调整值，j和C分别为 128 比特数据块在数据单元中对应的位置值和密文数据块。具体如图 3.32 所示。

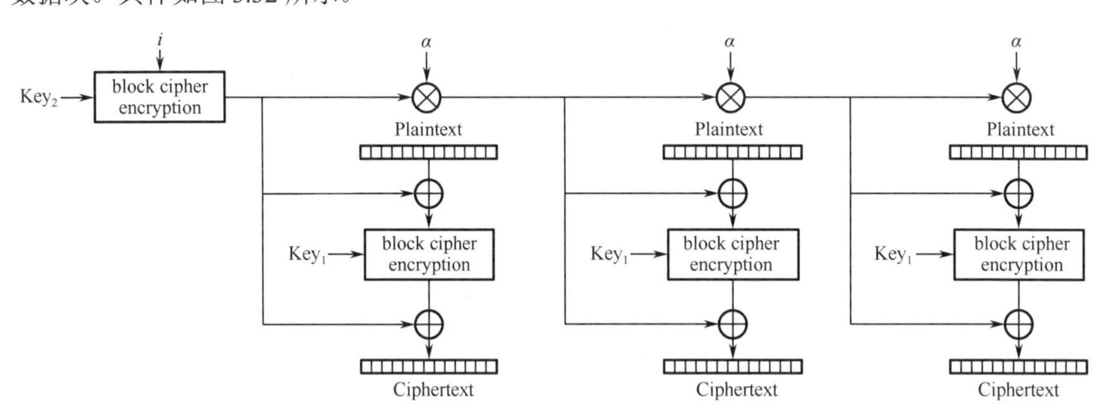

图 3.32 单个 128 比特数据块的 XTS-AES 加密算法

图中α为$\text{GF}(2^{128})$域中对应于多项式x的本原。这种加密过程使得执行过程可以很好地支持并行化操作，如图 3.33 所示。

当明文分组序列中的最后一个分组长度不是 128 比特时，最后两个分组的加解密过程需要一起协同处理，如图 3.34、图 3.35 所示。

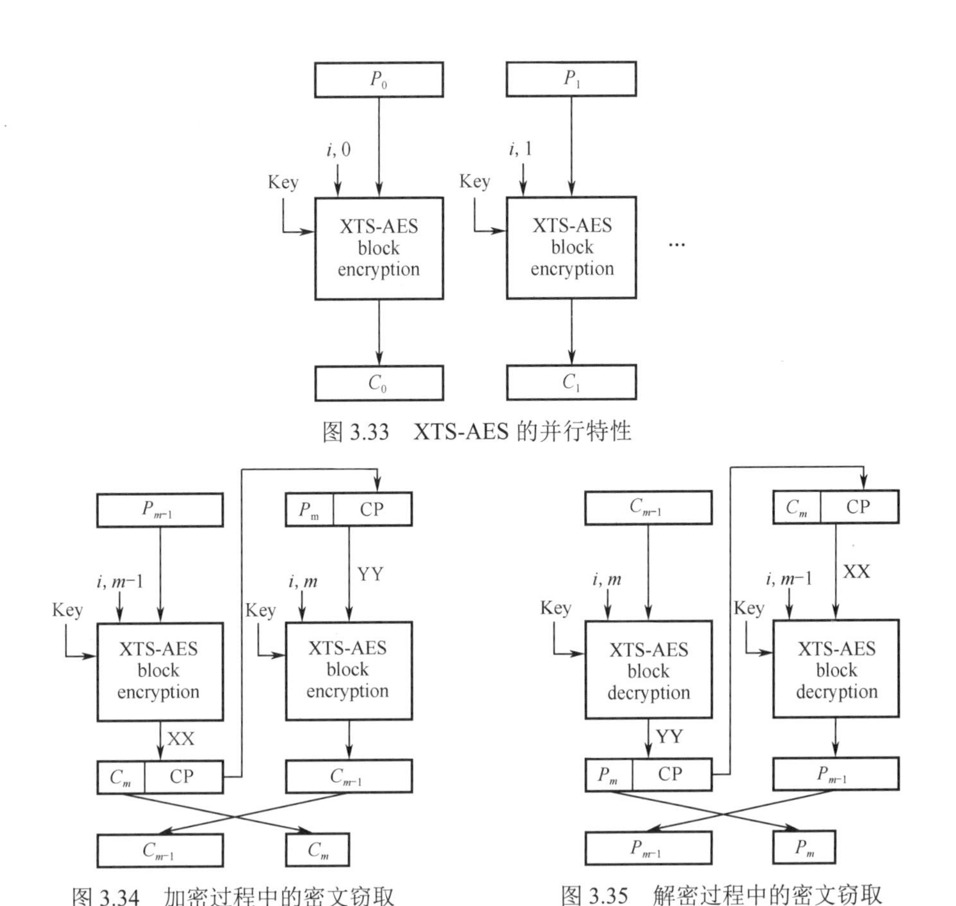

图 3.33　XTS-AES 的并行特性

图 3.34　加密过程中的密文窃取

图 3.35　解密过程中的密文窃取

3.9　认证加密

3.9.1　概述

传统意义下的对称加密算法只能够保证数据的机密性，并不能鉴别出数据在传输过程中是否被修改，即无法确保数据的完整性。为了完善这一点，20 世纪末，密码学者提出了认证加密（Authenticated Encryption）的概念，这是一种可以保障数据机密性和完整性的加密模式。实现认证加密的方式主要有两种：一种是先利用分组密码或者序列密码对消息进行加密，再利用 MAC（常用的有 HMAC 和 CMAC 等）对密文进行编码，这两个过程几乎是独立运行的；另一种则是使加密模块和认证模块共用一部分计算成果，从而在性能上获得更加良好的表现。

近年来，密码学界广泛讨论的是第二种实现方式。其中，有以分组密码为组件而提出的具有认证加密功能的工作模式（如 CCM、GCM 和 OCB 等），也有以序列密码为组件而提出的认证加密（如 Grain-128a）。它们都有效地结合了加密模块和认证模块，可在不牺牲安全性的前提下提高算法的性能。然而，目前所提到的这些设计仍然不能摆脱对旧有密码算法的依赖。

密码学者开始探究能否设计出全新的认证加密方案，使其在硬件和软件上的运行比

GCM 等模式快，并且能够提供不弱于旧有算法的安全性。看起来彼时的认证加密与其理想状态之间还有一段不小的鸿沟。为了跨越这段鸿沟，NIST 和 D.J.Bernstein 于 2013 年联合发起了 CAESAR（Competition for Authenticated Encryption: Security, Applicability, and Robustness）活动，促使人们集中研究全新的认证加密算法。2019 年，CAESAR 从近 30 种来自世界各地密码学者提交的算法中，层层筛选出了 6 种特色各异的算法和工作模式作为其最终作品集（Final Portfolio），包括 Ascon、OCB 和 Deoxys 等。

限于篇幅，这里仅选择性地介绍上文所提到的部分 MAC、工作模式和算法。

3.9.2 HMAC

基于哈希函数的消息认证码（Hash-based MAC，HMAC）于 1996 年由 Mihir Bellare、Ran Canetti 和 Hugo Krawczyk 在其论文[8]中提出，并于 2008 年被 NIST 正式纳为联邦信息处理标准 198-1。顾名思义，它使用哈希函数来生成消息的标签。但并未有严格的标准指出 HMAC 必须采用哪些哈希函数，因此使用者可以根据自身情况来选择。这也意味着，HMAC 的安全性能取决于所采用的哈希函数的安全性能。

令 K 为用户生成的密钥，m 为需认证的消息（通常为密文），数据块长为 r，K'为由密钥 K派生 的一串比特（$|K'|=r$），Hash 为所选定的哈希函数，则 HMAC 可表示如下：

$$\text{HMAC}(K,m)=\text{Hash}_{\text{IV}}(S_0 \parallel \text{Hash}_{\text{IV}}(S_1 \parallel m))$$

式中，

$$S_0 = K' \oplus \text{ipad}$$
$$S_1 = K' \oplus \text{opad}$$

其中，

$$K'=\begin{cases}\text{Hash}(K)\parallel 0^*, & |K|>r \\ K\parallel 0^*, & |K|\leqslant r\end{cases}$$

$$\text{opad}=01011100\parallel 01011100\parallel \cdots\parallel 01011100, \quad |\text{opad}|=r$$
$$\text{ipad}=00110110\parallel 00110110\parallel \cdots\parallel 00110110, \quad |\text{ipad}|=r$$

图 3.36 展示了 HMAC 的工作流程（假设 m 可以分为 n 块）。不难发现，加密算法与 HMAC 之间的计算完全分开执行。这种方式的优点在于其安全性分析十分简单，且只需要选择安全的分组密码和哈希函数就可以得到一个足够可靠的认证加密。但以目前的眼光来看，其缺点在于加密部分和消息认证部分过于割裂，导致计算量略显多余，这一点在图中难以体现。举一个简单的例子：若只考虑图 3.36 中虚线左边的部分，假设加密算法为 AES-128，明文块有 1 KB（8192 bit），HMAC 的哈希函数采用 SHA-1，那么总共需要运行 $\left(\frac{8192}{128}\right)\times 10=640$ 次 AES-128 的轮函数，以及 $\left(\frac{8192}{512}\right)\times 4=64$ 次 SHA-1 的循环（实际 SHA-1 的循环还要多一些）。3.9.3 节和 3.9.4 节中提到的工作模式和算法显著降低了哈希函数的运算部分，也实现了足够可靠的认证加密。另外，基于分组密码的消息认证码（Cipher-based MAC，CMAC）与 HMAC 有同样的作用，只不过 CMAC 的核心组件不再是哈希函数，而替换成了分组密码。尽管 CMAC 与 HMAC 在结构上不完全一样，但其设计思想基本一致，相对于 HMAC 也没有额外值得注意的优势与特点。

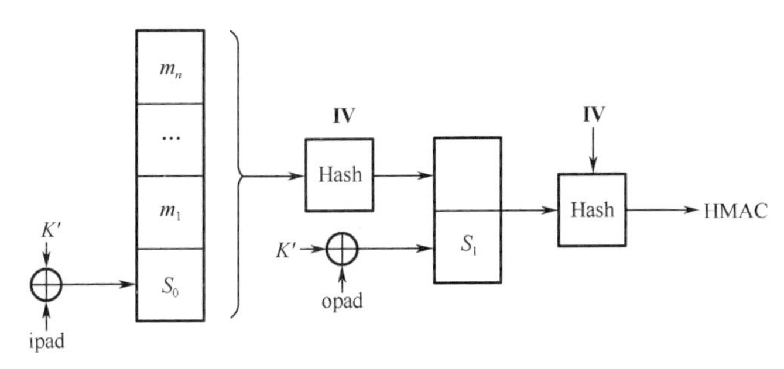

图 3.36　HMAC 的工作流程

3.9.3　OCB 认证加密模式

补偿密码本（Offset Codebook，OCB）模式是分组密码的一种工作模式，可以提供认证加密。OCB 模式[4]主要由 Phillip Rogaway 设计，在 2001 年至 2011 年期间共发布了 3 个版本，各版本之间均有一些细微的差别。因为作者之前在美国境内申请了 OCB 的专利保护，所以它一直没有得到广泛推行，直至 2021 年该专利才被有意放弃。目前，OCB-2 被证明不再安全[10]，OCB-1 和 OCB-3 则被认为仍然是安全的。2019 年，OCB-3 入选了 CAESAR 最终作品集，这也是本节所要介绍的版本。下文将以 OCB 指代 OCB-3。

令 E_k 表示 OCB 所采用的分组密码（默认块长 128 比特），Δ 为补偿值，N 为每次加密时随机生成的 96 位二进制数（实际应用时将以 128 比特表示），M 为用于加密的消息，最后生成的标签为 T。令 $m=|M|\bmod 128$，则有 $m=[M_1,\cdots,M_m,(M_*)]$，其中 $|M_i|=128$ 且 $i=1,\cdots,m$，$|M_*|<128$（若 $|M_*|=0$ 则认为它不存在）。同样可以令 $C=[C_1,\cdots,C_m,(C_*)]$，$|C_*|<128$。设相关数据为 A，且 $t=|A|\bmod 128$，有 $A=[A_1,\cdots,A_t,(A_*)]$，$|A_*|<128$（若 $|A_*|=0$ 则认为它不存在）。用 $[x]_l$ 表示截取 x 的前 l 比特，$\mathrm{ntz}(x)$ 表示从右数 x 的比特串直到第一个 1 时 0 出现的个数（例如，$\mathrm{ntz}(0)=0$，$\mathrm{ntz}(2)=1$），$\mathrm{msb}(x)$ 表示 x 的最大关键位（即左数第一位），“<<”表示循环左移运算。

除了这些约定，还需给出增倍函数（double）、初始化函数（init）、增量函数（inc_i）、消息校验和（Checksum）与相关数据认证值（Auth）的定义，分别如下所述。

- double 是一个重要的中间函数。加/解密阶段中许多运算都调用了此函数，它可以表示为

$$\mathrm{double}(X): X \leftarrow (X \ll 1) \oplus (\mathrm{msb}(X)\cdot(0^{120}\,\|\,1000111))$$

- init 是一个用于初始化补偿值 Δ 的函数。每次加密时仅在此函数中调用 N，为了方便表示，这里先给出了 4 个中间变量的定义再给出 init 的定义，即

$$\mathrm{Nonce}=0^{127-|N|}1\,\|\,N$$

$$\mathrm{Ktop}=E_k(\mathrm{Nonce}\cdot(1^{122}0^6))$$

$$\mathrm{Bottom}=\mathrm{Nonce}\cdot(0^{122}1^6)$$

$$\mathrm{Stretch}=\mathrm{Ktop}\,\|\,\mathrm{Ktop}\oplus(\mathrm{Ktop}\ll 8)$$

$$\mathrm{init}: \Delta_0 \leftarrow [\underline{(\mathrm{Stretch}\ll\mathrm{Bottom})}]_{128}$$

- inc_i 是一个用于增长补偿值 Δ 的函数。需要注意的是，inc_i 是函数 $\mathrm{inc}_1,\cdots,\mathrm{inc}_m,\mathrm{inc}_*,\mathrm{inc}_\$$ 的统称，它们分别对应 $\Delta_1,\cdots,\Delta_m,\Delta_*,\Delta_\$$。在条件允许的情况下，它们可以提前进行计算，使得数据的处理可以并行执行（类似 CTR 模式）。此外，这里还先给出了中间

变量 L_i 的定义，它是所有形如 $L_0,\cdots,L_{127},L_*,L_\$$ 的统称，即

$$
\begin{aligned}
& L_* \leftarrow E_k(0^{128}) \\
& L_\$ \leftarrow \text{double}(L_*) \\
& L_0 \leftarrow \text{double}(L_\$) \\
& \text{for each } 1 \leqslant i < 128: \\
& \quad L_i \leftarrow \text{double}(L_{i-1}) \\
& \text{for each } 1 \leqslant i < m: \\
& \quad \text{inc}_i : \Delta_i \leftarrow \Delta_{i-1} \oplus L_{\text{ntz}(i)} \\
& \text{inc}_* : \Delta_* \leftarrow \Delta_m \oplus L_*, |M_*| \neq 0 \\
& \text{inc}_\$: \Delta_\$ \leftarrow \begin{Bmatrix} \Delta_m \oplus L_\$, |M_*| = 0 \\ \Delta_* \oplus L_\$, |M_*| \neq 0 \end{Bmatrix}
\end{aligned}
$$

- Checksum 是所有消息块的异或和：

$$\text{Checksum} \leftarrow M_1 \oplus \cdots \oplus M_m \oplus (M_* \| 10^*)$$

- Auth 是相关数据加密后的异或和。这里先给出中间变量 Sum 的定义，并且补偿值 Δ 也被重新生成：

$$
\begin{aligned}
& \Delta_0, \text{Sum} \leftarrow 0^{128}, 0^{128} \\
& \text{for each } 1 \leqslant i \leqslant t: \\
& \quad \Delta_i \leftarrow \Delta_{i-1} \oplus L_{\text{ntz}(i)} \\
& \text{Sum} \leftarrow \text{Sum} \oplus E_k(A_i \oplus \Delta_i) \\
& \text{Auth} \leftarrow \begin{Bmatrix} \text{Sum} \oplus E_k(A_* 10^* \oplus \Delta_t \oplus L_*), |A_*| \neq 0 \\ \text{Sum}, \qquad |A_*| \neq 0 \end{Bmatrix}
\end{aligned}
$$

有了上述约定，则加密部分可以表示为

$$
\begin{aligned}
& \Delta_0 \leftarrow \text{init} \\
& \text{for each } 1 \leqslant i \leqslant m: \\
& \quad \Delta_i \leftarrow \text{inc}_i \\
& \quad C_i \leftarrow E_k(M_i \oplus \Delta_i) \oplus \Delta_i \\
& C_* \leftarrow M_* \oplus [\underline{E_k(\Delta_*)}]_{|M_*|}, |M_*| \neq 0
\end{aligned}
$$

解密部分可以表示为

$$
\begin{aligned}
& \Delta_0 \leftarrow \text{init} \\
& \text{for each } 1 \leqslant i \leqslant m: \\
& \quad \Delta_i \leftarrow \text{inc}_i \\
& \quad M_i \leftarrow D_k(C_i \oplus \Delta_i) \oplus \Delta_i \\
& \Delta_* \leftarrow \text{inc}_* \\
& M_* \leftarrow C_* \oplus [\underline{E_k(\Delta_*)}]_{|C_*|}, |C_*| \neq 0
\end{aligned}
$$

标签生成可以表示为（此处标签大小默认为 128 位）

$$
\begin{aligned}
& \Delta_\$ \leftarrow \text{inc}_\$ \\
& T \leftarrow E_k(\text{Checksum} \oplus \Delta_\$) \oplus \text{Auth}
\end{aligned}
$$

在解密阶段还有一个验证函数 Verify(T,T')，用于检验此次消息的完整性。图 3.37 直观地展示了 OCB 模式的工作流程。可以看到，尽管 OCB 的表述有些复杂，但其直观展示起来却十分简洁。

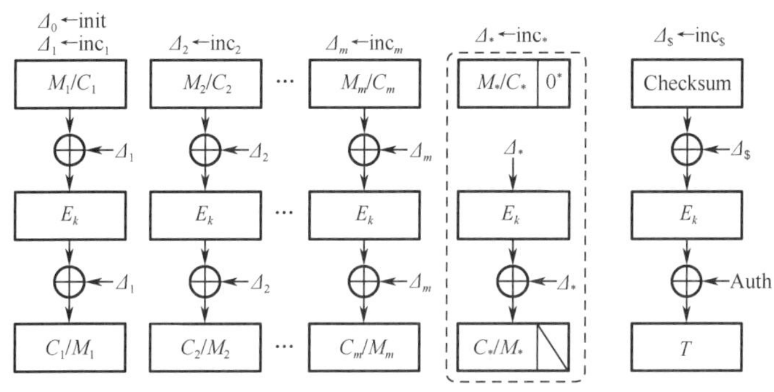

图 3.37　OCB 模式的工作流程

3.9.4　Ascon

Ascon 是一种采用海绵结构的轻量级认证加密和哈希函数算法工具包[11]，被认为适用于时间、空间等资源受限的场景。它于 2014 年被提交给 CAESAR，经过了许多密码分析人员的研究。目前已知针对 Ascon 的可行密钥恢复攻击达到了第 6 轮，复杂度为 $O(2^{40})$，但在第 7 轮时复杂度达到了 $O(2^{103.9})$；可行的消息伪造攻击达到了第 3 轮，复杂度为 $O(2^{33})$，但复杂度在第 4 轮达到了 $O(2^{101})$；还有一些其他攻击和分析，但目前都无法否认 Ascon 的安全性。最终，Ascon 于 2019 年入选 CAESAR 的最终作品集。之后，Ascon 还成功入选了 NIST 轻量级密码标准（Lightweight Cryptography Standardization）征募竞赛的最后一轮。

1．Ascon 的置换

Ascon 是一种基于置换（permutation-based）的算法，每次置换都由若干轮变换函数（round transformation，下文用 p 表示）构成。在 Ascon 中，轮变换执行的轮数由参数 a 和参数 b 来规定，因此 Ascon 中存在的置换可以由 p^a 和 p^b 来概括。其中，置换的对象是一个长度为 320 比特的状态数组，记为 $\text{State}=[x_0,x_1,x_2,x_3,x_4]$。图 3.38 展示了 Ascon 轮变换的结构，它总共分为三层，依次是轮常量加层、非线性层和线性扩散层。

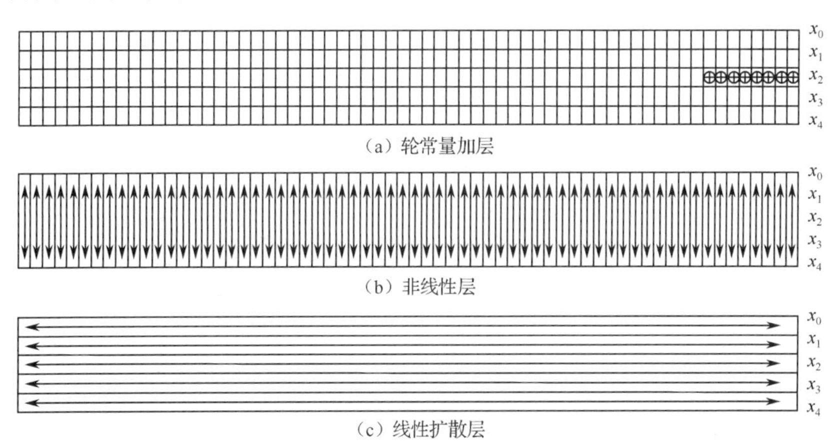

图 3.38　Ascon 的轮变换函数

Ascon 的轮常量加层的运算十分简单——给 x_2 加上一个常数 c，即 $x_2 \leftarrow x_2 \oplus c$。这个常数仅取决于置换进行到了第几轮，因而可以通过查表来获取 c。在 Ascon 中出现的置换只有 p^{12}，p^8 和 p^6，它们每一轮的轮常量见表 3.16。

表 3.16　Ascon 置换中的轮常量

p^{12}	p^8	p^6	轮常量 c	p^{12}	p^8	p^6	轮常量 c
0			000000000000000000f0	6	2	0	00000000000000000096
1			000000000000000000e1	7	3	1	00000000000000000087
2			000000000000000000d2	8	4	2	00000000000000000078
3			000000000000000000c3	9	5	3	00000000000000000069
4	0		000000000000000000b4	10	6	4	0000000000000000005a
5	1		000000000000000000a5	11	7	5	0000000000000000004b

Ascon 的非线性层采用了一个 5×5 规格的 S 盒，将 5 比特输入按照规则 f 映射为 5 比特输出，即

$$
\begin{aligned}
&(b_0,b_1,b_2,b_3,b_4) \xrightarrow{f} (b_0',b_1',b_2',b_3',b_4') \\
&f: b_0' \leftarrow b_4b_1 \oplus b_3 \oplus b_2b_1 \oplus b_2 \oplus b_1b_0 \oplus b_1 \oplus b_0 \\
&\quad b_1' \leftarrow b_4 \oplus b_3b_2 \oplus b_3b_1 \oplus b_3 \oplus b_2b_1 \oplus b_2 \oplus b_1 \oplus b_0 \\
&\quad b_2' \leftarrow b_4b_3 \oplus b_4 \oplus b_2 \oplus b_1 \oplus 1 \\
&\quad b_3' \leftarrow b_4b_0 \oplus b_4 \oplus b_3b_0 \oplus b_3 \oplus b_2 \oplus b_1 \oplus b_0 \\
&\quad b_4' \leftarrow b_4b_1 \oplus b_4 \oplus b_3 \oplus b_1b_0 \oplus b_1
\end{aligned}
$$

在非线性层，这样的 S 盒将被应用 64 次，每次 S 盒的输入依次为 $(x_{0,i},x_{1,i},x_{2,i},x_{3,i},x_{4,i})$，其中 $i=0,1,\cdots,63$。换言之，第 i 次 S 盒 S_i 的输入依次是 State 数组中 x_0,x_1,x_2,x_3,x_4 的第 i 比特。表 3.17 给出了 S 盒的输入与对应的输出，在实际运用过程中依然可以通过查表来完成这一运算。Ascon 的设计者还给出了 S 盒函数直接计算的优化方法，在某些场景下有优于查表的表现，感兴趣的读者可以自行查阅细节。

表 3.17　Ascon 的 S 盒映射表

x	0	1	2	3	4	5	6	7	8	9	A	B	C	D	E	F
$S(x)$	4	B	1F	14	1A	15	9	2	1B	5	8	12	1D	3	6	1C
x	10	11	12	13	14	15	16	17	18	19	1A	1B	1C	1D	1E	1F
$S(x)$	1E	13	7	E	0	D	11	18	10	C	1	19	16	A	F	17

Ascon 的线性扩散层用到了循环移位运算与异或运算，按照以下规则更新 State 数组：

$$
\begin{aligned}
x_0 &\leftarrow x_0 \oplus (x_0 \ggg 19) \oplus (x_0 \ggg 28) \\
x_1 &\leftarrow x_1 \oplus (x_1 \ggg 61) \oplus (x_1 \ggg 39) \\
x_2 &\leftarrow x_2 \oplus (x_2 \ggg 1) \oplus (x_2 \ggg 6) \\
x_3 &\leftarrow x_3 \oplus (x_3 \ggg 10) \oplus (x_3 \ggg 17) \\
x_4 &\leftarrow x_4 \oplus (x_4 \ggg 7) \oplus (x_4 \ggg 41)
\end{aligned}
$$

2．Ascon 的工作模式

Ascon 采用 MonkeyDuplex 工作模式构建认证加密和哈希函数。这是一种双工模式，借鉴 SHA-3 的海绵（sponge）结构。不了解这一结构并不影响对下文中 Ascon 的工作模式的理解，因此这里不再对海绵结构做更多说明。

Ascon 的工作模式分为 4 个阶段，分别是初始化、处理相关数据、加（解）密和标签生成（验证）。令 r 为数据块的长度，k 为密钥的长度，a 和 b 用于指定置换中轮变换的总数（不同阶段轮变换总数不同），K 为密钥，N 为每次加密时随机生成的 128 位二进制数，s 为相关数据 A 的总块数（A_i 表示第 i 块相关数据），t 为消息总块数（P_i 或 C_i 表示第 i 块明文或密文）。同时，用 $[x]_l$ 表示截取 x 的前 l 比特，$[\underline{x}]_l$ 表示截取 x 的后 l 比特。

基于上述约定，Ascon 算法初始化阶段可以表示为

$$\begin{aligned}
&\mathbf{IV}_{k,r,a,b} \leftarrow k \| r \| b \| 0^{160-k} \\
&S \leftarrow \mathbf{IV} \| K \| N \\
&S \leftarrow p^a(S) \oplus (0^{320-k} \| K)
\end{aligned}$$

处理相关数据阶段可以表示为

$$A \leftarrow \begin{cases} A \| 1 \| 0^{r-1-(|A| \bmod r)}, & |A| > 0 \\ \varnothing, & |A| = 0 \end{cases}$$

$$\begin{aligned}
&A_1, \cdots, A_s \leftarrow A \\
&\text{for each } 1 \leqslant i \leqslant s: \\
&\quad S \leftarrow p^b(([\underline{S}]_r \oplus A_i) \| [S]_{320-r}) \\
&\quad S \leftarrow S \oplus (0^{319} \| 1)
\end{aligned}$$

加密阶段生成密文 $C = (C_1, \cdots, \tilde{C}_t)$，可以表示为

$$\begin{aligned}
&P \leftarrow P \| 1 \| 0^{r-1-(|P| \bmod r)} \\
&P_1, \cdots, P_t \leftarrow P \\
&\text{for each } 1 \leqslant i \leqslant t: \\
&\quad C_i \leftarrow [\underline{S}]_r \oplus P_i \\
&\quad S \leftarrow \begin{cases} p^b(C_i \| [S]_{320-r}), & 1 \leqslant i < t \\ C_i \| [S]_{320-r}, & i = t \end{cases} \\
&\quad \tilde{C}_t \leftarrow [\underline{C}_t]_{|P| \bmod r}
\end{aligned}$$

解密阶段生成明文 $P = (P_1, \cdots, \tilde{P}_t)$，可以表示为

$$\begin{aligned}
&\text{for each } 1 \leqslant i \leqslant t: \\
&\quad P_i \leftarrow [\underline{S}]_r \oplus C_i \\
&\quad S \leftarrow p^b(C_i \| [S]_{320-r}) \\
&\tilde{P}_t \leftarrow [[\underline{S}]_r]_l \oplus \tilde{C}_t, l = |\tilde{C}_t| \\
&S \leftarrow ([\underline{S}]_r \oplus (\tilde{P}_t \| 1 \| 0^{r-1-l})) \| [S]_{320-r}
\end{aligned}$$

标签生成（验证）阶段可以表示为

$$S \leftarrow p^a(S \oplus (0^r \parallel K \parallel 0^{c-k}))$$

$$T \leftarrow [S]^{128} \parallel [K]^{128}$$

解密阶段额外多出一个验证函数 $\text{Verify}(T,T')$，用于判断此次消息的完整性。如果 $T \neq T'$，则 $\text{Verify}(T,T')=0$，拒绝接收本次消息；否则 $\text{Verify}(T,T')=0$，接受本次消息。

图 3.39 直观地给出了 Ascon 如何利用 MonkeyDuplex 来构建认证加密和解密验证的过程。由图可知，Ascon 的解密过程并不需要轮函数的逆，这意味着 MonkeyDuplex 的加密和解密采用几乎相同的结构（解密阶段额外需要一个 Verify），在实际应用过程中能够节省许多成本。

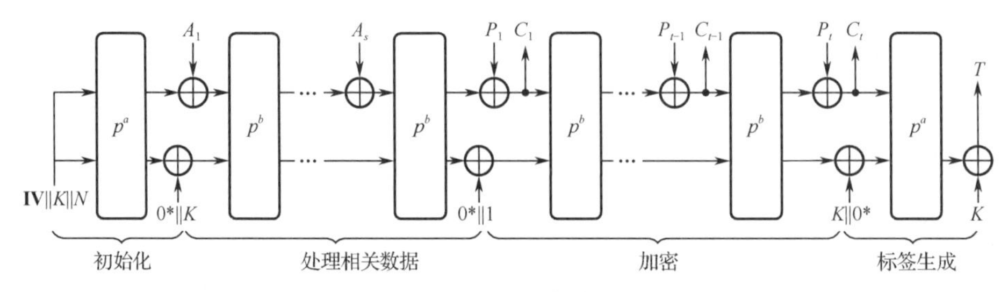

（a）Ascon的认证加密过程

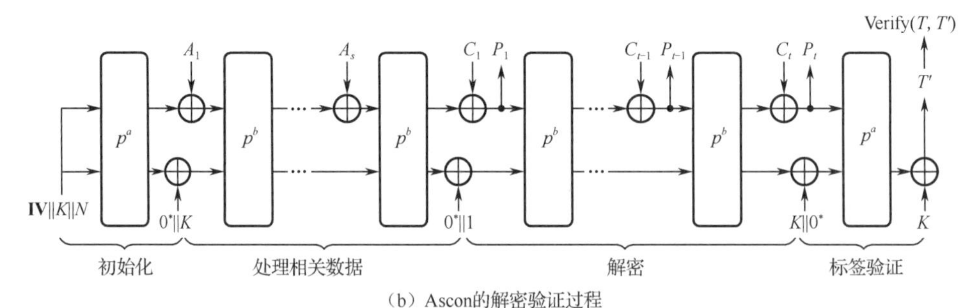

（b）Ascon的解密验证过程

图 3.39　Ascon 的工作模式 MonkeyDuplex

Ascon 的认证加密在初始版本中支持 96 比特和 128 比特两种密钥长度。之后在 Ascon v1.1 中，96 比特密钥的支持被删除。最终版本 v1.2 支持的认证加密为 Ascon-128 和 Ascon-128a，二者仅在参数上有所不同，表 3.18 给出了这些区别。哈希函数的构建不属于本节讨论的范围，感兴趣的读者可以参考本章最后列出的相关文章。

表 3.18　Ascon-128 和 Ascon-128a 的参数

认证加密版本	k	r	a	b	$\|N\|$	$\|T\|$
Ascon-128	128	64	12	6	128	128
Ascon-128a	128	128	12	8	128	128

3.9.5　带相关数据的认证加密之由来

Rogaway 于 2002 年正式提出带相关数据的认证加密模式[12]（Authenticated Encryption with Associated Data，AEAD）。相关数据是指不需要用密文的形式存储或传输，但其完整性需要得到保障的数据。它在理论上应该是公开承认的信息。

也许这样说有些难以想象，不妨考虑一个情景：在传统的数据库系统表格中，主键是用来标识数据唯一性的字段，通常是作为公开信息来传输的。假设在加/解密的过程中，通信各方没有提前约定好主键和加密字段的关系，那么即便攻击者将数据 A 的加密字段 M_A 和数据 B 的主键 ID_B 放在一起，接收方仍然能够正确地解密 M_A。从人类的角度看，这并不是合理的，但机器不知道这些约定。如果这个问题在加/解密阶段没有被解决，协议的设计者就需要通过复杂的约定来验证这些信息的合理性。

一般而言，通信各方执行的复杂协议通常能够抽象为一个状态机，那么协议中的每一个个体都可以公开自己的状态，也可以确定其他个体应该处于哪种状态。这些状态便可以作为加/解密时用到的相关数据。在一次加密的通信中，通信各方需要一些公开的信息来确保这一次通信的内容是正确、合理的。正是因为 AEAD 极大地降低了构造安全协议的复杂性，它才会对 TLS 等协议的设计者有如此大的吸引力。

3.10 差分密码分析

差分密码分析（Differential Cryptanalysis）是以色列密码学家 Eli Biham 和 Adishamir 于 1990 年提出的[13]，是当前攻击迭代密码（如 DES）最有效的方法之一，其基本思想是：通过分析明文对的差值对密文对的差值的影响来恢复某些密钥比特。利用差分攻击来破译 DES 必须收集 2^{47} 个明文及对应的密文，从而使计算复杂度从暴力破解的 2^{56} 显著下降到 2^{47}。

给定一个迭代密码，差分攻击者可以选择所需的明文，得到对应的密文，攻击者试图恢复加密密钥。已知两个明文 X 和 X'，使用相同的密钥对两个明文分别进行加密。定义两个明文的差分为

$$\Delta X = X \otimes X'$$

式中，$\otimes$ 运算可以是定义在群上的运算，一般为比特 XOR。DES 中 E 类和 P 类的置换函数对于差分是线性的，即

$$E(X \oplus X') = E(X) \oplus E(X')$$

$$P(X \oplus X') = P(X) \oplus P(X')$$

加轮密钥的运算后，差分值是不变的，即

$$(X \oplus K) \oplus (X' \oplus K) = X \oplus X'$$

S 盒对于差分是非线性的，给定输入差分，无法完全确定输出差分。然而，因为 S 盒输出的差分值呈不均匀分布，所以差分攻击可以利用这种不均匀分布来猜测可能的差分值。DES 的每个 S 盒有 6 比特的输入、4 比特的输出，也就是说，输入差分值有 64 种可能，输出差分值有 16 种可能。如图 3.40 所示，把输入差分值作为行、输出差分值作为列，构造一个输入明文对个数的分布表，表中第 i 行第 j 列表示输入为差分值 i、输出为差分值 j 的输入明文对的个数。平均每 4 对输入明文对会有相同的输出差分，由表可知，输入明文对的个数分布并不均匀。

如图 3.41 所示，对第一个 S 盒进行分析，假设可以得到加轮密钥运算的输入 S_E 和 S_E^*，S_E 和 S_E^* 对第一个 S 盒 $S1$ 的输入记为 $S1_{EX}$，$S1_{EX}^*$。

输入 XOR	输出 XOR															
	0_x	1_x	2_x	3_x	4_x	5_x	6_x	7_x	8_x	9_x	A_x	B_x	C_x	D_x	E_x	F_x
0_x	64	0	0	0	0	0	0	0	0	0	0	0	0	0	0	0
1_x	0	0	0	6	0	2	4	4	0	10	12	4	10	6	2	4
2_x	0	0	0	8	0	4	4	4	0	6	8	6	12	6	4	2
3_x	14	4	2	2	10	6	4	2	6	4	4	0	2	2	2	0
4_x	0	0	0	6	0	10	10	6	0	4	6	4	2	8	6	2
5_x	4	8	6	2	2	4	4	2	0	4	4	0	12	2	4	6
6_x	0	4	2	4	8	2	6	2	8	4	4	2	4	2	0	12
7_x	2	4	10	4	0	4	8	4	2	4	8	2	2	2	4	4
8_x	0	0	0	12	0	8	8	4	0	6	2	8	8	2	2	4
9_x	10	2	4	0	2	4	6	0	2	2	8	0	10	0	2	12
A_x	0	8	6	2	2	8	6	0	6	4	6	0	4	0	2	10
B_x	2	4	0	10	2	2	4	0	2	6	2	6	6	4	2	12
C_x	0	0	0	8	0	6	6	0	0	6	6	4	6	6	14	2
D_x	6	6	4	8	4	8	2	6	0	6	4	6	0	2	0	2
E_x	0	4	8	8	6	6	4	0	6	6	4	0	0	4	0	8
F_x	2	0	2	4	4	6	4	2	4	8	2	2	2	6	8	8
	⋮	⋮	⋮	⋮	⋮	⋮	⋮	⋮	⋮	⋮	⋮	⋮	⋮	⋮	⋮	⋮
30_x	0	4	6	0	12	6	2	2	8	2	4	4	6	2	2	4
31_x	4	8	2	10	2	2	2	2	6	0	0	2	2	4	10	8
32_x	4	2	6	4	4	2	2	4	6	6	4	8	2	2	8	0
33_x	4	4	6	2	10	8	4	2	4	0	2	2	4	6	2	4
34_x	0	8	16	6	2	0	0	12	6	0	0	0	0	8	0	6
35_x	2	2	4	0	8	0	0	0	14	4	6	8	0	2	14	0
36_x	2	6	2	2	8	0	2	2	4	2	6	8	6	4	10	0
37_x	2	2	12	4	2	4	4	10	4	4	2	6	0	2	2	4
38_x	0	6	2	2	2	0	2	2	4	6	4	4	4	6	10	10
39_x	6	2	2	4	12	6	4	8	4	0	2	4	2	4	4	0
$3A_x$	6	4	6	4	6	8	0	6	2	2	6	2	2	6	4	0
$3B_x$	2	6	4	0	0	2	4	6	4	6	8	6	4	4	6	2
$3C_x$	0	10	4	0	12	0	4	2	6	0	4	12	4	4	2	0
$3D_x$	0	8	6	2	2	6	0	8	4	4	0	4	0	12	4	4
$3E_x$	4	8	2	2	2	4	4	14	4	2	0	2	0	8	4	4
$3F_x$	4	8	4	2	4	0	2	4	4	2	4	8	8	6	2	2

图 3.40　DES S 盒的差分分布

选取一对明文对进行加密，假设加密过程中得到的 $S1_{\mathrm{EX}}$ 和 $S1_{\mathrm{EX}}^{*}$ 的值为 0x01 和 0x35，则有

$$S1_{\mathrm{EX}} = 0\mathrm{x}01$$

$$S1_{\mathrm{EX}}^{*} = 0\mathrm{x}35$$

$$S1_{\mathrm{EX}} \oplus S1_{\mathrm{EX}}^{*} = 0\mathrm{x}34$$

于是有

$$S1_{\mathrm{LX}} = S1_{\mathrm{EX}} \oplus S1_{\mathrm{K}}$$

$$S1_{\mathrm{LX}}^{*} = S1_{\mathrm{EX}}^{*} \oplus S1_{\mathrm{K}}$$

$$S1_{\mathrm{LX}} \oplus S1_{\mathrm{LX}}^{*} = S1_{\mathrm{EX}} \oplus S1_{\mathrm{K}} \oplus S1_{\mathrm{EX}}^{*} \oplus S1_{\mathrm{K}} = S1_{\mathrm{EX}} \oplus S1_{\mathrm{EX}}^{*} = 0\mathrm{x}34$$

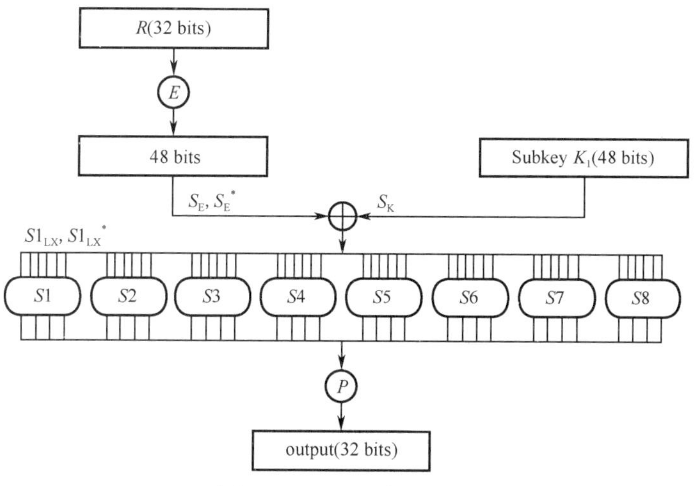

图 3.41　DES *S* 盒的计算

再假设输出的差分是 0x0D，根据 *S*1 的输出差分分布表，得知有 8 个输入明文对的输出差分值为 0x0D，它们是：

$S1_{LX}$	$S1^*_{IX}$	$S1_K$
0x6	0x32	0x7
0x32	0x6	0x33
0x10	0x24	0x11
0x24	0x10	0x25
0x16	0x22	0x17
0x22	0x16	0x23
0x1C	0x28	0x1D
0x28	0x1C	0x29

于是轮密钥的一部分可以表示为

$$S1_K = S1_{LX} \oplus S1_{EX} = S1^*_{LX} \oplus S1^*_{EX}$$

故而得到了一组可能的轮密钥。然后，选取一对明文对进行加密，重复上述步骤就可以得到另一组可能的轮密钥，从概率观点来看，真正的轮密钥应该在它们的交集中。

这是差分攻击的基本思想，然而上述方法假设可以得到输入及输出的差分值，但是由于迭代密码是由很多轮构成的，很难得到中间过程中的输入差分和输出差分，只能得到估计的差分值。

3.11　线性分析

Matsui 提出了线性分析方法，其基本思想是寻找以较大概率成立的密码算法输入与输出之间的线性方程，即明文和密文之间的线性方程。目前线性分析是分析 AES 等 SP 网络结构密码的有效工具之一。

为了讲述方便，这里使用 Howard Heys 给出的一个 4 轮分组长度为 16 比特的简化 SP 网络密码的示例[14]，如图 3.42 所示。

如果用 X_{ik} 表示输入 X 的 i_k 位比特，Y_{jk} 表示输入 Y 的 j_k 位比特，则需要寻找的线性方程有以下形式：

$$X_{i1} \oplus X_{i2} \oplus \cdots \oplus X_{iu} \oplus Y_{j1} \oplus Y_{j2} \oplus \cdots Y_{jv} = 0$$

式中，$u \geqslant 1$，$v \geqslant 1$。这是一个关于 u 个输入比特和 v 个输出比特的线性方程。

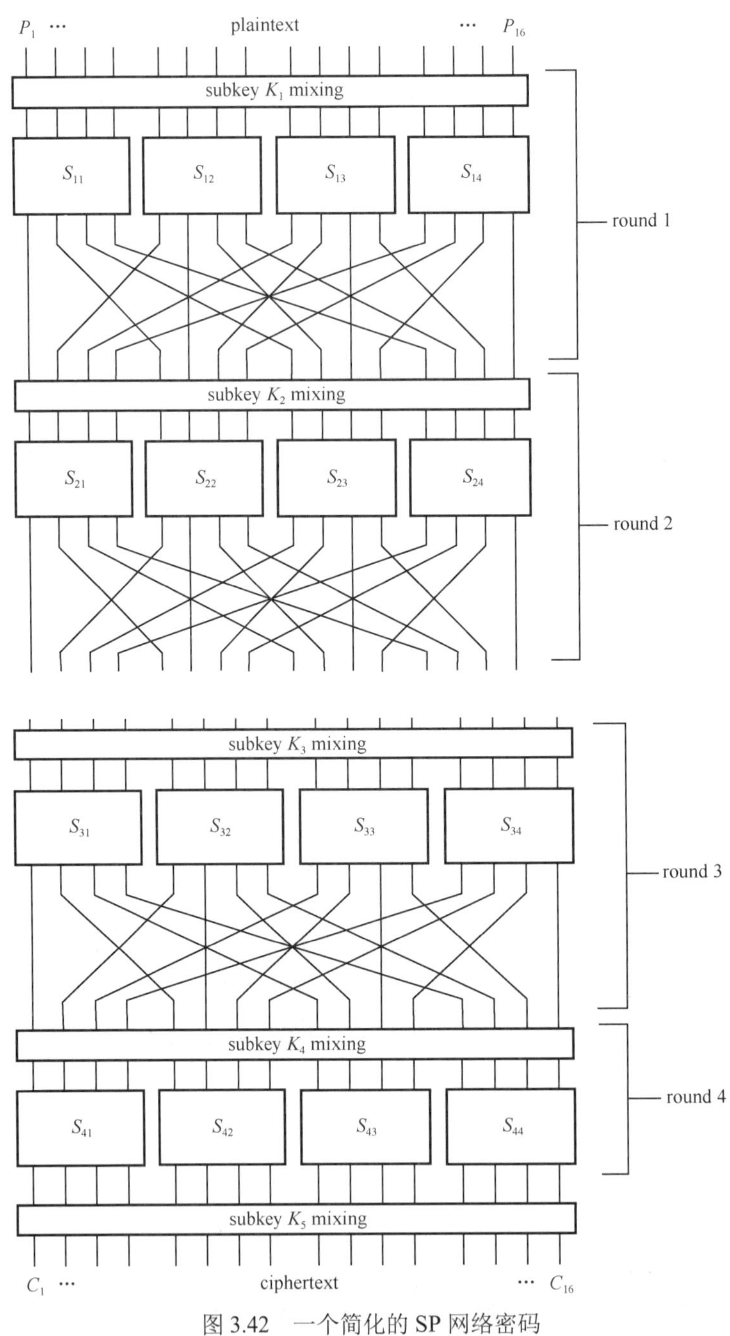

图 3.42　一个简化的 SP 网络密码

然后看类似这样的线性方程成立的概率。如果 X_1 和 X_2 都是一比特，X_1 和 X_2 为 0 的概率分别为 p_1 和 p_2，则有

$$\Pr(X_1=i)=\begin{cases} p_1, & i=0 \\ 1-p_1, & i=1 \end{cases}$$

$$\Pr(X_2=i)\begin{cases} p_2, & i=0 \\ 1-p_2, & i=1 \end{cases}$$

$$\Pr(X_1=i,X_2=j)=\begin{cases} p_1p_2, & i=0,j=0 \\ p_1(1-p_2), & i=0,j=1 \\ (1-p_1)p_2, & i=1,j=0 \\ (1-p_1)(1-p_2), & i=1,j=1 \end{cases}$$

于是可得一个关于 X_1 和 X_2 的线性方程成立的概率为

$$\begin{aligned}\Pr(X_1\oplus X_2=0)&=\Pr(X_1=X_2)\\&=\Pr(X_1=0,X_2=0)+\Pr(X_1=1,X_2=1)\\&=p_1p_2+(1-p_1)(1-p_2)\end{aligned}$$

换一个写法，将概率表示为和 0.5 的偏差（Bias），于是可以得到这个线性方程成立的偏差：

$$p_1=1/2+\varepsilon_1$$
$$p_2=1/2+\varepsilon_2$$
$$\Pr(X_1\oplus X_2=0)=1/2+\varepsilon_1\varepsilon_2$$

将这个结果进一步一般化，可以得到如下结论：如果 $X_1, X_2, \cdots, X_n$ 是 n 个独立的变量，它们的偏差分别是 $\varepsilon_1,\varepsilon_2,\cdots,\varepsilon_n$，则

$$\Pr(X_1\oplus\cdots\oplus X_n=0)=1/2+2^{n-1}\prod_{i=1}^{n}\varepsilon_i$$

$$\varepsilon_{1,2,\cdots,n}=2^{n-1}\prod_{i=1}^{n}\varepsilon_i$$

例如，如果

$$\Pr(X_1\oplus X_2=0)=1/2+\varepsilon_{1,2}$$
$$\Pr(X_2\oplus X_3=0)=1/2+\varepsilon_{2,3}$$

则有

$$\Pr(X_1\oplus X_3=0)=\Pr\left(\left[X_1\oplus X_2\right]\oplus\left[X_2\oplus X_3\right]=0\right)$$
$$\Pr(X_1\oplus X_3=0)=1/2+2\varepsilon_{1,2}\varepsilon_{2,3}$$
$$\varepsilon_{1,3}=2\varepsilon_{1,2}\varepsilon_{2,3}$$

SP 网络中的 S 盒是破坏线性的运算，下面就来研究 S 盒和线性方程成立概率的关系（即和偏差的关系）。这里假设一个简化的 S 盒如图 3.43 所示。

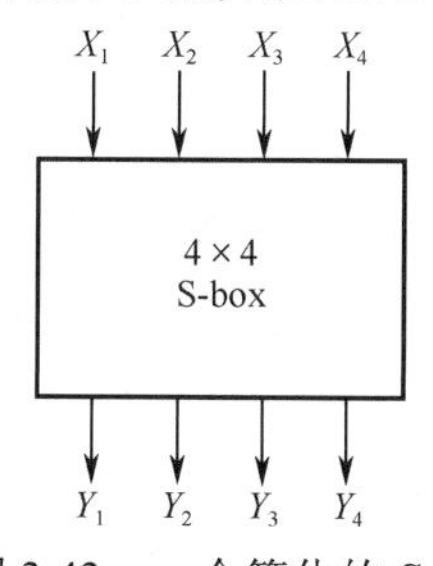

图 3.43　一个简化的 S 盒

这是一个 4 比特输入、4 比特输出的 S 盒，其定义如图 3.44 所示。

X_1	X_2	X_3	X_4	Y_1	Y_2	Y_3	Y_4	$X_2 \oplus X_3$	$Y_1 \oplus Y_3 \oplus Y_4$	$X_1 \oplus X_4$	Y_2	$X_3 \oplus X_4$	$Y_1 \oplus Y_4$
0	0	0	0	1	1	1	0	0	0	0	1	0	1
0	0	0	1	0	1	0	0	0	0	1	1	1	0
0	0	1	0	1	1	0	1	1	0	0	1	1	0
0	0	1	1	0	0	0	1	1	1	1	0	0	1
0	1	0	0	0	0	1	0	1	1	0	0	0	0
0	1	0	1	1	1	1	1	1	1	1	1	1	0
0	1	1	0	1	0	1	1	0	1	0	0	1	0
0	1	1	1	1	0	0	0	0	1	1	0	0	1
1	0	0	0	0	0	1	1	0	0	1	0	0	1
1	0	0	1	1	0	1	0	0	0	0	0	1	1
1	0	1	0	0	1	1	0	1	1	1	1	1	0
1	0	1	1	1	1	0	0	1	1	0	1	0	1
1	1	0	0	0	1	0	1	1	1	1	1	0	1
1	1	0	1	1	0	0	1	1	0	0	0	1	0
1	1	1	0	0	0	0	0	0	0	1	0	1	0
1	1	1	1	0	1	1	1	0	0	0	1	0	1

图 3.44　S 盒的定义

猜测一个线性方程：

$$X_2 \oplus X_3 \oplus Y_1 \oplus Y_3 \oplus Y_4 = 0$$

这个方程也可以写作

$$X_2 \oplus X_3 = Y_1 \oplus Y_3 \oplus Y_4$$

该方程成立的偏差可以根据 S 盒的定义，很容易地计算出来为 1/4。为了计算方便，定义 S 盒的图中还列出了几个本书用到的线性组合的值。

这个简化的 S 盒只有 4 比特输入和 4 比特输出，因此需要考虑的线性方程可以写作

$$\begin{aligned} & a_1 \cdot X_1 \oplus a_2 \cdot X_2 \oplus a_3 \cdot X_3 \oplus a_4 \cdot X_4 \\ = & b_1 \cdot Y_1 \oplus b_2 \cdot Y_2 \oplus b_3 \cdot Y_3 \oplus b_4 \cdot Y_4 \end{aligned}$$

把 a_1, a_2, a_3, a_4 四个比特组成的数记为 Input Sum，把 b_1, b_2, b_3, b_4 四个比特组成的数记为 Output Sum。用 Input Sum 作为列，Output Sum 作为行，构造一个表，表的内容为每个对应的线性方程成立的次数偏差（该方程成立的次数减去平均成立的次数 8），如图 3.45 所示。

为了分析方便，再假设 SP 网络中的所有 S 盒都采用同样的构造。图 3.46 描述了使用线性分析的过程。

在这个分析过程中，会遇到 4 个 S 盒，分别是 S_{12}，S_{22}，S_{32}，S_{34}，对每个 S 盒，所选用的线性方程如下所示，这些线性方程的偏差绝对值都是 1/4。

$$S_{12}\text{：} X_1 \oplus X_3 \oplus X_4 = Y_2$$

$$S_{22}\text{：} X_2 = Y_2 \oplus Y_4$$

$$S_{32}\text{：} X_2 = Y_2 \oplus Y_4$$

$$S_{34}\text{：} X_2 = Y_2 \oplus Y_4$$

Input Sum	Output Sum															
	0	1	2	3	4	5	6	7	8	9	A	B	C	D	E	F
0	+8	0	0	0	0	0	0	0	0	0	0	0	0	0	0	0
1	0	0	−2	−2	0	0	−2	+6	+2	+2	0	0	+2	+2	0	0
2	0	0	−2	−2	0	0	−2	−2	0	0	+2	+2	0	0	−6	+2
3	0	0	0	0	0	0	0	0	+2	−6	−2	−2	+2	+2	−2	−2
4	0	+2	0	−2	−2	−4	−2	0	0	−2	0	+2	+2	−4	+2	0
5	0	−2	−2	0	−2	0	+4	+2	−2	0	−4	+2	0	−2	−2	0
6	0	+2	−2	+4	+2	0	0	+2	0	−2	+2	+4	−2	0	0	−2
7	0	−2	0	+2	+2	−4	+2	0	−2	0	+2	0	+4	+2	0	+2
8	0	0	0	0	0	0	0	0	−2	+2	+2	−2	+2	−2	−2	−6
9	0	0	−2	−2	0	0	−2	−2	−4	0	−2	+2	0	+4	+2	−2
A	0	+4	−2	+2	−4	0	+2	−2	+2	+2	0	0	+2	+2	0	0
B	0	+4	0	−4	+4	0	+4	0	0	0	0	0	0	0	0	0
C	0	−2	+4	−2	−2	0	+2	0	+2	0	+2	+4	0	+2	0	−2
D	0	+2	+2	0	−2	+4	0	+2	−4	−2	+2	0	+2	0	0	+2
E	0	+2	+2	0	−2	−4	0	+2	−2	0	0	−2	−4	+2	−2	0
F	0	−2	−4	−2	−2	0	+2	0	0	−2	+4	−2	−2	0	+2	0

图 3.45　线性方程成立的个数偏差

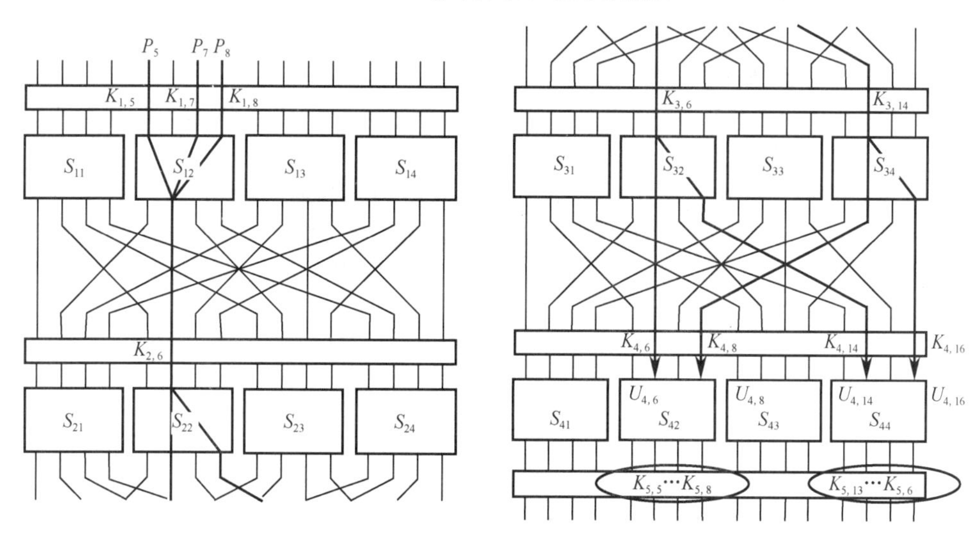

图 3.46　分析路径

用 $U(V)$表示 S 盒的输入（输出），第一轮的近似（Bias: 1/4）：

$$V_{1,6} = U_{1,5} \oplus U_{1,7} \oplus U_{1,8}$$
$$= (P_5 \oplus K_{1,5}) \oplus (P_7 \oplus K_{1,7}) \oplus (P_8 \oplus K_{1,8})$$

考虑到

$$V_{2,6} \oplus V_{2,8} = U_{2,6}$$

第二轮的近似（Bias: 1/8）：

$$V_{2,6} \oplus V_{2,8} \oplus P_5 \oplus P_7 \oplus P_8 \oplus K_{1,5} \oplus K_{1,7} \oplus K_{1,8} \oplus K_{2,6} = 0$$

对于第三轮，考虑

$$V_{3,6} \oplus V_{3,8} = U_{3,6}$$
$$V_{3,14} \oplus V_{3,16} = U_{3,14}$$

可得（Bias: 1/8）

$$V_{3,6} \oplus V_{3,8} \oplus V_{3,14} \oplus V_{3,16} \oplus V_{2,6} \oplus K_{3,6} \oplus V_{2,8} \oplus K_{3,14} = 0$$

联合上述两个 Bias 1/8 的方程可得第三轮的近似（Bias: 1/32）：

$$V_{3,6} \oplus V_{3,8} \oplus V_{3,14} \oplus V_{3,16} \oplus P_5 \oplus P_7 \oplus P_8 \oplus K_{1,5} \oplus K_{1,7} \oplus K_{1,8} \oplus K_{2,6} \oplus K_{3,6} \oplus K_{3,14} = 0$$

考虑

$$U_{4,6} = V_{3,6} \oplus K_{4,6}，\ U_{4,8} = V_{3,14} \oplus K_{4,8}，\ U_{4,14} = V_{3,8} \oplus K_{4,14}$$

可得

$$U_{4,6} \oplus U_{4,8} \oplus U_{4,14} \oplus U_{4,16} \oplus P_5 \oplus P_7 \oplus P_8 \oplus \sum_K = 0$$

其中，

$$\sum_K = K_{1,5} \oplus K_{1,7} \oplus K_{1,8} \oplus K_{2,6} \oplus K_{3,6} \oplus K_{3,14} \oplus K_{4,6} \oplus K_{4,8} \oplus K_{4,14} \oplus K_{4,16}$$

因为所有的 K_i 之和只能为 0 或 1，所以下式的 Bias 也为 1/32：

$$U_{4,6} \oplus U_{4,8} \oplus U_{4,14} \oplus U_{4,16} \oplus P_5 \oplus P_7 \oplus P_8 = 0$$

于是得到了输入明文和第三轮 S 盒输出之间的 Bias 为 1/32 的线性方程。

现在，可以用这个线性方程来猜测与攻击路径相关的最后一轮的轮密钥。基本思路是正确的轮密钥将使得到的线性关系以合理的概率成立。在选择明文（已知明文）攻击下：

（1）随机产生 10 000 对明文密文对。

（2）为路径相关的最后一轮的每个可能的轮密钥建立一个计数器。这里相关的轮密钥有 8 位，共需 256 个计数器。

（3）对于每个可能的轮密钥，根据 S 盒定义，计算出最后一轮 S 盒的输入。检查对于 10 000 对明文密文对，线性近似成立的个数。计算 Bias 放入相应轮密钥的计数器中。

（4）形成一个关于相关轮密钥使线性方程成立概率的表格，选择最接近 Bias 为 1/32 的轮密钥就是所求。

本 章 小 结

本章讲述了目前在工业界应用的分组加密算法。这些算法的输入和输出参数是读者应该熟练掌握的。这些算法设计的基本思路和算法的结构是读者应该理解的。读者还应该熟悉常用的 5 种分组加密算法工作模式的特点，以能在实践中选择合适的加密算法工作模式。

参 考 文 献

[1] 冯登国, 吴文玲. 分组密码的设计与分析[M]. 北京: 清华大学出版社, 2000.

[2] DAEMEN J, RIJMEN V. The Rijndael block cipher: AES proposal[C]//First Candidate Conference. 1999: 343-348.

[3] 陈克非, 黄征. 信息安全技术导论[M]. 北京: 电子工业出版社, 2007.
[4] ROGAWAY P, BELLARE M, BLACK J, ET AL. OCB: A BLOCK-CIPHER MODE OF OPERATION FOR EFFICIENT AUTHENTICATED ENCRYPTION[C]// CONFERENCE ON CCS. ACM, 2001:365-403.
[5] XTSAES，XCBC，IACBC. BLOCK CIPHER MODE OF OPERATION [J]. 2015.
[6] MCGREW D A，VIEGA J. THE GALOIS/COUNTER MODE OF OPERATION (GCM) [Z]. 2004.
[7] LISKOV M, RIVEST R L,WAGNER D. TWEAKABLE BLOCK CIPHERS[C]//SPRINGER. BERLIN & HEIDELBERG：SPRINGER-VERLAG, 2002.
[8] BELLARE M, RAN C, KRAWCZYK H. KEYING HASH FUNCTIONS FOR MESSAGE AUTHENTICATION[C]// INTERNATIONAL CRYPTOLOGY CONFERENCE ON ADVANCES IN CRYPTOLOGY. SPRINGER-VERLAG, 1996:1-15.
[9] DIFFIE W，LEDIN G. SMS4 ENCRYPTION ALGORITHM FOR WIRELESS NETWORKS [J]. IACR CRYPTOLOGY EPRINT ARCHIVE, 2008.
[10] POETTERING B.CRYPTOLOGY EPRINT ARCHIVE: BREAKING THE CONFIDENTIALITY OF OCB2 2018/1087[Z]. 2018.
[11] DOBRAUNIG C, EICHLSEDER M, MENDEL F, ET AL. ASCON - SUBMISSION TO THE CAESAR COMPETITION[Z]. 2016.
[12] ROGAWAY P. AUTHENTICATED-ENCRYPTION WITH ASSOCIATED-DATA[C]//THE 9TH ACM CONFERENCE. ACM, 2002:98-107.
[13] ELI, BIHAM A, SHAMIR. DIFFERENTIAL CRYPTANALYSIS OF DES-LIKE CRYPTOSYSTEMS [J]. JOURNAL OF CRYPTOLOGY, 1991.
[14] HEYS, HOWARD M. A TUTORIAL ON LINEAR AND DIFFERENTIAL CRYPTANALYSIS [J]. CRYPTOLOGIA, 2002, 26(3):189-221.HOWARD.

问题讨论

1．根据 AES 算法的整体结构图，证明 AES 算法解密过程是加密过程的逆过程。

2．Crypto++是开放源代码的加密函数库，其中实现了许多加密算法。试下载 Crypto++库，从源代码和说明中剖析 Crypto++库中实现了哪些对称加密算法，并使用这些函数来加密一个文件。

3．证明密文块链接模式是自同步的。

4．简述分组密码的不同工作模式。

5．从原理和应用场景两方面来说明差分密码分析与线性分析的区别。

第4章　公钥密码

内容提要

公钥密码体制的最大特点是采用相互关联的两个密钥，一个用于加密运算，另一个用于解密运算。用于加密的密钥作为公开密钥（可以发布给任何人），用于解密的密钥是解密用户专用的，属于保密的密钥，称作用户的私钥。本章主要介绍公钥密码体制的应用背景及设计思想，并详细介绍了一些常用的公钥密码算法。

公钥密码体制的公钥是公开的，通信双方不需要秘密信道就可以进行加密通信，同时可以为对称加密提供共享的会话密钥，因而广泛用于现代通信中。

本章重点

- 公钥密码的概念
- Diffie-Hellman 密钥交换协议
- 基于大整数分解问题的公钥密码体制
- 基于二次剩余问题的公钥密码体制
- 基于离散对数问题的公钥密码体制
- 基于背包问题的公钥密码体制
- 椭圆曲线密码体制
- 基于身份的加密
- 后量子公钥加密

4.1 普通公钥加密

4.1.1 公钥密码概念的提出

在通信系统中，对称密码逐渐显现下述缺点。

（1）密钥管理与密钥分配问题：在一个含 n 个人相互通信的系统中，若要利用传统的对称密码体制，则需要 $\binom{n}{2}$ 个密钥及 $\binom{n}{2}$ 个安全信道。

（2）认证问题：在电子通信中，需要防止消息的发送者对消息进行抵赖（类似于传统的手写签名功能），而对称密码不能提供这样的功能。

对称密码体制的缺陷促使密码工作者寻找其他不同的密码体制。公钥密码体制是由 Diffie 和 Hellman 于 1976 年提出的。虽然 James Ellis[①]在 1970 年就提出了公钥密码的概念，但没有发表。公钥加密算法的思想是找到一种密码体制——加密算法与解密算法不同，并且利用加密算法推导出解密算法在计算上是困难的，这样加密密钥就能够以一种比较容易的方法长久地公布出去（避免对称密钥需要安全信道的问题）。公钥密码体制不能提供无条件的安全，这是由于攻击者在得到密文后，可以对每个可能的明文进行加密直到获得相同的密文，此时对应的明文就是要破译的结果。

公钥密码体制的特点是加密密钥可以公开，而解密密钥是保密的，加密密钥与解密密钥具有相关性，并且由公开的加密密钥不容易求出解密密钥。

构造公钥密码体制的基础是“单向函数”，单向函数 $f(x)$是指：

① 给定输入变量 x，计算 $f(x)$是容易的；

② 给定 $f(x)$，计算 x 是困难的。

这里提到的“容易”和“困难”，其含义是复杂性理论中的定义。

用来构造密码算法的单向函数是单向陷门函数，即对于密码攻击者而言，给定 $f(x)$，计算 x 是困难的；但对于合法的解密者，可以利用一定的陷门知识计算 x。目前，人们还不知道是否存在这样的单向陷门函数，但人们知道一些陷门函数满足：计算 $f(x)$容易，而由 $f(x)$计算 x 可能是困难的（猜测，没有得到证明）。从密码学的角度看，这两条性质已经能够用来构造密码算法。下面介绍两个被认为是单向函数的示例。

例 4.1 设 n 是两个大素数的乘积，即 $n=pq$，这里的 p,q 是两个大素数，b 是一个正整数，定义函数 $f: Z_n \to Z_n$ 为

$$f(x) = x^b \bmod n$$

例 4.2 设 f 是定义在有限域 GF(p)上的指数函数，其中 p 是大素数，即 $f(x)=g^x$，$x\in$GF(p)且是满足 $0\leq x<p-1$ 的整数，其逆运算是 GF(p)上的对数运算，即给定 y，寻找 x（$0\leq x<p-1$），使得 $f(x)=g^x=y$。由此可以看出，给定 x，计算 $y= f(x)=g^x$ 是容易的，而当 p 充分大时，计算 $x=\log_g y$ 是困难的，即无法找到多项式计算方法。

1）公钥密码体制的工作流程

公钥密码体制的用户需要生成自己的公钥密码系统参数，包括基本算法、公钥 PK 及私

① James Ellis 曾是英国 CESG（Communication-Electronics Security Group）的成员。

钥 SK。基本算法与公钥决定公钥加密算法，基本算法与私钥决定解密算法。其中，基本算法与公钥需要公开，私钥由用户自行保管。公钥加密流程如图 4.1 所示。

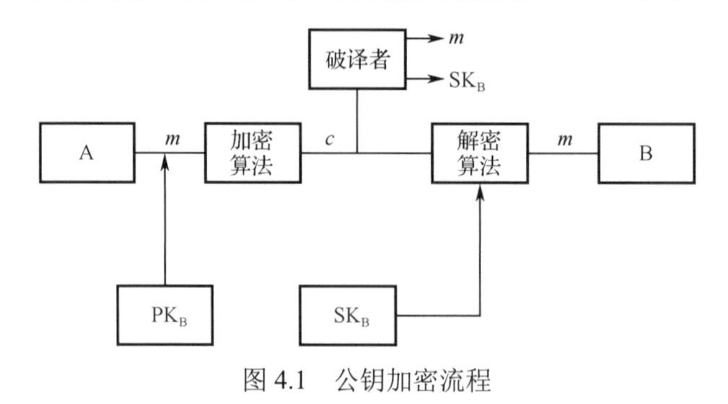

图 4.1　公钥加密流程

公钥加密体制需要满足下列性质：

① 合法参与者容易生成一对密钥（公钥/私钥对）；

② 加密算法与解密算法的计算效率高；

③ 对每个用户及每个可能的消息，有 $D_{SK}(E_{PK}(m))=m$；

④ 攻击者知道公钥 PK 及密文，想恢复明文在计算上是困难的；

⑤ 攻击者知道用户的公钥 PK，确定对应私钥 SK 在计算上是困难的。

公钥密码体制遭受的攻击主要包括：

（1）类似于对称密码体制，公钥密码体制也会受到强力攻击，因此需要采用足够长的密钥，使得对密码体制的强力攻击（密钥穷搜索）在计算上不可行。

（2）攻击者在知道公钥的情况下，计算对应的私钥（目前人们无法从数学上证明这种攻击是不可能的）。

（3）选择消息攻击，是针对公钥密码体制的特有方法，因此要求公钥密码体制具有可证明安全性。可证明安全性的相关知识可参见参考文献[1]。

2）Diffie-Hellman 密钥交换协议

设 p 是一个素数，使得 $GF(p)^*$ 上的离散对数是困难的，设 g 为其生成元，为达到通信双方共享密钥的目的，通信双方 A 和 B 分别进行下述操作。

（1）A 进行以下两步操作：

- 随机选取一个整数 x_A，$0\leqslant x_A<p-1$；
- 计算 $y_A=g^{x_A} \bmod p$，将 y_A 发送给 B。

（2）B 进行以下两步操作：

- 随机选取一个整数 x_B，$0\leqslant x_B<p-1$；
- 计算 $y_B=g^{x_B} \bmod p$，将 y_B 发送给 A。

（3）A 计算 $k_A=y_B^{x_A} \bmod p$，B 计算 $k_B=y_A^{x_B} \bmod p$，容易验证 $k_A=k_B$，从而达到 A 和 B 之间建立共享密钥的目的。

注意：在上述过程中，A 和 B 之间没有预先共享的秘密参数。$GF(p)^*$、g 及公钥是公开参数。

目前，人们认为攻击这种算法的难度相当于解有限域上的离散对数问题。

4.1.2 基于大整数分解问题的公钥密码体制——RSA 公钥密码体制

RSA 公钥密码体制（以下简称 RSA 体制）是由 Rivest、Shamir 及 Adleman 于 1978 年提出的基于数论理论的公钥密码体制，也是目前应用最广泛的一种公钥密码体制。它利用的是数论中的事实——**分解大整数的困难性**，即计算两个大素数的乘积是容易的，而分解两个大素数的乘积是困难的。本节介绍 RSA 公钥密码体制的设计方法并讨论其安全性。

注意：到目前为止，没有人能够证明分解这种大整数是困难的。

RSA 公钥密码体制主要包括以下 3 部分。

（1）密钥生成。用户 B 随机选取 p, q 两个不同的大素数（大于 500 比特），计算 $n=pq$，$\varphi(n)=(p-1)(q-1)$，再随机选取一个整数 $e(1\leqslant e<\varphi(n),\ (\varphi(n),e)=1)$，计算 $d(1<d<\varphi(n))$，满足 $ed\equiv 1(\bmod\varphi(n))$。其中，$n$ 称为运算模数，e、d 分别称为加密指数、解密指数。公布（n,e）为 B 的公钥，（p,q,d）为 B 的保密私钥。

（2）加密算法。设 m 是待加密的明文，c 表示对应的密文，则加密运算为

$$c=m^e \bmod n$$

（3）解密算法。

$$m=c^d \bmod n \tag{4-1}$$

① 解密运算的正确性。由 d 的选择得知，存在一个正整数 j，使得 $ed=j\varphi(n)+1$。首先假设 p,q 都不能整除 m，则由欧拉定理得 $m^{\varphi(n)}\equiv 1\bmod n$，从而有 $m^{ed-1}\equiv 1\bmod n$，因此可得

$$c^d\equiv(m^e)^d\equiv m\bmod n \tag{4-2}$$

若 p,q 中的某个数可整除 m，不妨设 p 整除 m，则

$$m^{q-1}\equiv 1(\bmod q)$$

从而有

$$m^{\varphi(n)}\equiv 1(\bmod q),\quad m^{j\varphi(n)}\equiv 1(\bmod q),\quad m^{ed}\equiv m(\bmod q)$$

由于最后的方程模 p 也成立，因此可得式（4-1）。

若 p,q 两个整数都能整除 m，则 $m^{ed}=m\bmod n$，从而可得式（4-1）。一般 m 不可能大于 n，故此情况不存在。

例 4.3 设 $p_1=47$，$p_2=71$，则 $n=47\times 71=3337$，$\varphi(n)=46\times 70=3220$，选 e=79，利用求逆运算得 $d=e^{-1}(\bmod 3220)=1019$，（$n,e$）公开，$(p_1,p_2,d)$ 是保密私钥。

设消息 m=688，密文 $C=m^e\bmod n=688^{79}\bmod 3337=1570$。解密运算：$C^d\bmod n=1570^{1019}\bmod 3337=688$。

利用中国剩余定理能够得到 RSA 快速运算方法。设解密者的私钥为（p,q,d），接收的密文为 c，下面介绍其解密算法。

（1）计算：

$$m_1=m\bmod p=(c\bmod p)^{d\bmod(p-1)}$$
$$m_2=m\bmod q=(c\bmod q)^{d\bmod(q-1)}$$

（2）解方程组 $\begin{cases}m=m_1\bmod p\\ m=m_2\bmod q\end{cases}$。

② RSA 公钥密码体制的安全性。人们相信 RSA 体制的安全性依赖于大整数分解问题，但是否等价于大整数分解，在理论上没有得到证明。目前使用的 RSA 体制的密钥长度 n 不

小于 1024 比特，在有些环境中使用 2048 比特。RSA 体制的安全性问题除了直接受到对整数分解的威胁，还有其他针对 RSA 算法本身的攻击，如公用模数攻击、低指数加密攻击及定时攻击等，相关攻击方法可以参见参考文献[1]和[2]。在实际应用中，RSA 体制参数的选取及加密算法的实现应符合相关准则和标准。

4.1.3 基于二次剩余问题的公钥密码体制

Rabin 加密体制是 Rabin 于 1979 年提出的，该体制基于平方剩余问题的困难性，属于 RSA 公钥密码体制的特例。

二次剩余问题：设 n 是两个大素数的乘积，给定 a，求 x，使得 $x^2 = a \bmod n$。

Rabin 加密体制主要包括以下 3 部分。

（1）密钥生成算法。任意选取两个大素数 p, q，使得 $p \bmod 4 = q \bmod 4 = 3$，计算 $n = pq$，私钥为（p, q），公钥为 n。

（2）加密算法。设 m 是被加密的明文，对应密文计算如下：

$$c = m^2 \bmod n$$

（3）解密算法。计算：

① $w_1 = c^{(p+1)/4} \bmod p$

$w_2 = p - c^{(p+1)/4} \bmod p$

$w_3 = c^{(q+1)/4} \bmod q$

$w_4 = q - c^{(q+1)/4} \bmod q$

② $u = q \times (q^{-1} \bmod p)$

$v = p \times (p^{-1} \bmod q)$

③ $m_1 = (u \times w_1 + v \times w_3) \bmod n$

$m_2 = (u \times w_1 + v \times w_4) \bmod n$

$m_3 = (u \times w_2 + v \times w_3) \bmod n$

$m_4 = (u \times w_2 + v \times w_4) \bmod n$

在 4 个可能的解中，只有一个是真正的明文 m。若真正的明文可以识别，则能够判断哪个解是正确的；若不能识别真正的明文，则无法判断哪个是正确的明文。因此，该体制适于加密有意义的文字，不适合加密难识别的随机数字。已证明 Rabin 加密体制等价于分解整数 n。Rabin 加密体制更多相关内容可参见参考文献[1]。

4.1.4 基于离散对数问题的公钥密码体制

（1）离散对数问题。设 F_p 是一个有限域，p 是一个素数，g 是其生成元，给定 $y \in F_p$，寻找 $x(0 < x \leqslant p)$，使得 $y = g^x$（满足 $y = g^x$ 的整数称为 y 关于 g 的离散对数）。

一般情况下，在 m 阶群中计算离散对数问题的复杂度接近于分解 m 的复杂度。更多的算法可见参考文献[3]。Elgamal[4]于 1984 年提出了基于离散对数问题的公钥密码体制，这里先介绍加密体制。

（2）系统参数生成。选取有限域 F_p，p 是一个大素数。设 g 是 F_p^*的生成元，随机选取私钥 x 满足 $0 < x < p-1$，计算公钥 $y = g^x \bmod p$。

明文空间是 F_p^*，密文空间是 $F_p^* \times F_p^*$。

（3）加密算法。设 $m \in F_p^*$ 是待加密的明文，加密者随机选取 $k(0 < k < p-1)$，计算

$$c_1 = g^k \bmod p$$
$$c_2 = my^k \bmod p$$

密文为（c_1,c_2）。

（4）解密算法。解密者计算 c_1^{-x}，$m = c_2 c_1^{-x}$。

密文特点：密文依赖于随机数 k，即对于确定的明文 m，密文是不确定的，通常将这种加密算法称为随机加密。

例 4.4 用户 B 建立自己的加密参数，首先选择 p=97 及生成元 g=5，再选择密钥 $x_B = 58$，计算并发布系统参数(p,g)=(97,5)及公钥 $y_B = 5^{58} = 44 \bmod 97$。

假设 A 要发送加密消息 m=3 给 B，A 首先得到 B 的公开参数(p,g) = (97,5)及公开密钥 $y_B = 44$，然后进行下述计算。

① 选择随机 k =36，并计算 $K = y_B^k = 44^{36} \bmod 97 = 75 \bmod 97$。

② 计算密文对：

$$c_1 = g^k = 5^{36} = 50 \bmod 97$$
$$c_2 = m \cdot K = 3 \cdot 75 = 31 \bmod 97$$

③ 发送密文(c_1,c_2)=(50,31)给用户 B。

用户 B 要解密收到的密文(c_1,c_2)=(50,31)，需要进行如下运算：

① 恢复 $K = c_1^{x_B} = 50^{58} = 75 \bmod 97$；

② 计算 $K^{-1} = 22 \bmod 97$；

③ 恢复明文 $m = c_2 K^{-1} = 3 \bmod 97$。

Elgamal 加密算法的安全性：Elgamal 加密算法①的安全性基于有限域上的离散对数问题。同样也没有理论证明其安全性等价于离散对数问题。目前，人们认为攻击 Elgamal 加密算法的安全性需要解决离散对数问题，但实际情况是人们不知道是否存在其他攻击该种加密算法的方法。

4.1.5 基于背包问题的公钥密码体制

给定正整数 $a_1, a_2, \cdots, a_n$ 和整数 b，建立如下方程：

$$a_1 x_1 + a_2 x_2 + \cdots + a_n x_n = b$$

背包问题（Knapsack）就是求解 $(x_1, x_2, \cdots, x_n) \in \{0,1\}^n$，使得上述方程成立。向量 $(\boldsymbol{a}_1, \boldsymbol{a}_2, \cdots, \boldsymbol{a}_n)$ 称为背包向量。一般情况下求解背包问题在计算上是困难的，属于 NPC 问题。

若 $(\boldsymbol{a}_1, \boldsymbol{a}_2, \cdots, \boldsymbol{a}_n)$ 满足 $a_1 + a_2 + \cdots + a_{i-1} \leqslant a_i (2 \leqslant i \leqslant n)$，则称 $(\boldsymbol{a}_1, \boldsymbol{a}_2, \cdots, \boldsymbol{a}_n)$ 为超增背包向量，其所对应的背包问题求解并不困难。

基于背包问题的公钥加密体制主要包括以下 3 部分。

（1）参数生成算法。每个实体生成自己的公钥及对应的私钥，即

① 选取一个常数 n 作为系统参数；

---

① Elgamal 加密算法是一种具体的经典的基于离散对数的公钥密码体制。

② 随机选取 M 和 W，使得（M,W）=1，$1\leqslant W\leqslant M-1$；

③ 随机选取超增背包向量$(\boldsymbol{b}_1,\boldsymbol{b}_2,\cdots,\boldsymbol{b}_n)$，使得$b_1+b_2+\cdots+b_n<M$；

④ 选取一个集合$\{1,2,\cdots,n\}$上的随机置换π；

⑤ 计算$a_i=Wb_{\pi\{i\}}\bmod M(1\leqslant i\leqslant n)$；

⑥ 公开自己的公钥$(a_1,a_2,\cdots,a_n)$，保存自己的私钥$(\pi,M,W,(b_1,b_2,\cdots,b_n))$。

（2）加密算法。假设用户 B 要加密消息发送给用户 A，则 B 首先得到 A 的公钥$(a_1,a_2,\cdots,a_n)$，明文按二进制表示为$(x_1,x_2,\cdots,x_n)$，密文为$c=(a_1x_1+a_2x_2+\cdots+a_nx_n)$。

（3）解密算法。具体如下：

① 计算$c_0=W^{-1}c\bmod M$；

② 解方程$b_1r_1+b_2r_2+\cdots+b_nr_n=c_0$；

③ 消息比特$x_i=r_{\pi\{i\}}$，从而求出$(x_1,x_2,\cdots,x_n)$。

例 4.5 设 n=6，用户 A 选择超增序列{12,17,33,74,157,316}，M=737，W=635，以及集合{1,2,3,4,5,6}上的置换π：$\pi(1)=3$，$\pi(2)=6$，$\pi(3)=1$，$\pi(4)=2$，$\pi(5)=5$，$\pi(6)=4$。A 的公钥是{319,196,250,477,200,559}，A 的私钥是$(\pi,M,W,(12,17,33,74,157,316))$。设要加密的消息为（101101），B 计算密文 c=319+250+477+559=1605。A 收到消息后，计算$c_0=W^{-1}c\bmod M=136$，并解方程$136=12r_1+17r_2+33r_3+74r_4+157r_5+316r_6$，得$r_1=1,r_2=1,r_3=1,r_4=1,r_5=0,r_6=0$，通过随机置换$\pi$得$x_1=r_3=1,x_2=r_6=0,x_3=r_1=1,x_4=r_2=1,x_5=r_5=0,x_6=r_4=1$。

上述体制后来被指出不安全（Shamir 于 1982 年首先提出了攻击方法），之后又有一些关于基于背包问题的公钥密码体制的改进版本，有的已破解，有的则没有。人们不知是否还有更安全的密码体制能被认可（基于背包问题的公钥密码体制的计算速度具有很大优势）。更多的相关内容可参见参考文献[5]。

4.1.6 椭圆曲线公钥密码体制

椭圆曲线理论的研究已有上百年的历史，包含内容丰富且深厚。椭圆曲线理论首次应用于密码技术是在 1985 年，分别由 Koublitz[6]和 Miller[7]独立提出。要想了解椭圆曲线密码技术，就要先了解一些关于椭圆曲线的知识。

1）椭圆曲线相关知识

设 p 是大于 3 的素数，F_p 上的椭圆曲线 E 是由方程$y^2=x^3+ax+b\bmod p$在 F_p 上的所有解及无穷远点 O 构成的集合，其中$4a^3+27b^2\neq 0\bmod p$。

椭圆曲线 E 上的加法运算：设$P=(x_1,y_1)$，$Q=(x_2,y_2)$，若$x_2=x_1,y_2=-y_1$，令$P+Q=O$（此时记$-P=Q$），否则$P+Q=(x_3,y_3)$，其中

$$x_3=\lambda^2-x_1-x_2$$

$$y_3=\lambda(x_1-x_3)-y_1$$

$$\lambda=\begin{cases}\dfrac{y_2-y_1}{x_2-x_1}, & x_1\neq x_2\\[2ex] \dfrac{3x_1^2+a}{2y_1}, & x_1=x_2,y_1\neq 0\end{cases}$$

对于上述定义的加法，（E,+）构成 Abel 群。设 m 是正整数，P 是椭圆曲线 E 上的一点，定义乘法 $mP=\underbrace{P+P+\cdots+P}_{m}$, $-mP=-(mP)$。

例 4.6 椭圆曲线 E：$y^2=x^3+x+6(\text{mod}11)$ 上的点有（2,4），（2,7）（3,5），（3,6），（5,2），（5,9），（7,2），（7,9），（8,3），（8,8），（10,2），（10,9）及无穷远点 O。这是一个循环群，任意非无穷远点都是生成元。

设#E 为 F_p 上椭圆曲线 E 的所有点的个数，则 $p+1-2\sqrt{p}\leqslant \#E\leqslant p+1+2\sqrt{p}$。

F_{2^m} 上的椭圆曲线 E 是指 F_{2^m} 上的方程 $y^2+xy=x^3+ax^2+b$ 的全部解及一个无穷远点 O。设 $P=(x_1,y_1)$，$Q=(x_2,y_2)$。若 $x_2=x_1, y_2=y_1+x_1$，令 $P+Q=O$（此时记 $-P=Q$），否则 $P+Q=(x_3,y_3)$，其中

$$x_3=\lambda^2+\lambda+a+x_1+x_2$$

$$y_3=(\lambda+1)x_3+u=(x_1+x_3)\lambda+x_3+y_1$$

$$\lambda=\begin{cases}\dfrac{y_2+y_1}{x_2+x_1}, & x_1\neq x_2\\ \dfrac{x_1^2+y_1}{x_1}, & x_1=x_2\neq 0\end{cases}, \quad u=\begin{cases}\dfrac{y_1x_2+y_1x_1}{x_2+x_1}, & x_1\neq x_2\\ x_2^2, & x_1=x_2\neq 0\end{cases}$$

整数与点的乘法定义与 F_p 上的情况相同。

2）椭圆曲线上的离散对数问题

设 P、Q 是椭圆曲线上的点，考虑方程 Q=kP 的解（对于给定的 k,P，求 Q 是容易的）。例如，设椭圆曲线 $E: y^2=x^3+9x+17 \bmod 23$，$P$=(16,5)，$Q$=(4,5)，求 k 使得 Q=kP。利用穷举搜索的方法：2P=(20,20)，3P=(14,14)，4P=(19,20)，5P=(13,10)，6P=(7,3)，7P=(8,7)，8P=(12,17)，9P=(4,5)，得出 $k=9$。

3）基于椭圆曲线的 Diffie-Hellman 密钥交换协议

若通信双方 A 与 B 需要协商共享的会话密钥（用于对称加密的密钥），则可以通过以下方法实现：

（1）A 和 B 协商一个有限域 F_q 及其上的椭圆曲线 E 使得 F_q 上的离散对数问题是困难的；同时协商一个 E 上的基点 P 使得 P 生成的子群有足够大的阶（通常是一个大素数）。

（2）A 选取一个秘密整数 a，计算 P_a=aP，并将 P_a 发送给 B。

（3）B 选取一个秘密整数 b，计算 P_b=bP，并将 P_b 发送给 A。

（4）A、B 分别计算共享信息 P_{ab}=aP_b=bP_a。

（5）A 和 B 从 P_{ab} 提取共享密钥，如 P_{ab} 的 x 坐标。

4）基于椭圆曲线的加密体制（ECC）

这里只介绍一种简单的加密体制。给定椭圆曲线 E 及其上的一点 P，P 的阶为 p，用户需要选择自己的私钥 $s<p$，计算自己的公钥 Q=sP。若用户想加密消息 m，则需要把消息 m 编码成 E 上的点 P_m=(x,y)，然后对 E 上的点 P_m 加密。若要发送 P_m 给 B，则选择一个随机数 k（0<k<p），计算密文 $(C_1,C_2)=(kP,P_m+kQ)$。解密时，B 计算 $P_m=C_2-sC_1$。

4.2 基于身份的加密

基于身份（ID-based）的公钥密码体制与前面介绍的公钥密码体制的不同之处在于用户的公钥是由与用户相关的唯一身份信息组成的（如用户的 E-mail 地址等），最早的基于身份的公钥密码体制是 Shamir 于 1984 年提出的基于身份的数字签名体制[8]。之后，Dan Boneh 等提出了基于双线性对的基于身份的公钥密码体制，Cocks 提出了基于二次剩余问题的基于身份的公钥密码体制。

本节只介绍基于双线性对的基于身份的公钥密码体制。

4.2.1 双线性 Diffie-Hellman 假设

设 G_1,G_2 是阶为素数 q 的两个群，设 $e:G_1\times G_1\rightarrow G_2$ 是满足下列条件的双线性映射：

① 存在 $P,Q\in G_1$, 使得 $e(P,Q)\neq 1$；

② 对所有的 P,Q,R，有

$$e(P+Q,R)=e(P,R)e(Q,R)$$
$$e(R,P+Q)=e(R,P)e(R,Q)$$

③ 对所有 P,Q，计算 $e(P,Q)$ 是容易的。

这种双线性映射可以利用椭圆曲线上的配对实现[9]。

双线性 Diffie-Hellman 问题：给定 (P,aP,bP,cP)，其中 P 是 G_1 的生成元，$a,b,c\in Z_q^*$，计算 $e(P,P)^{abc}$。双线性 Diffie-Hellman 假设指双线性 Diffie-Hellman 问题的求解是困难的。

4.2.2 Boneh 和 Franklin 的 IDB 密码体制

Boneh 和 Franklin 的 IDB 密码体制包含下列 4 个算法。

（1）系统参数生成。该阶段生成系统参数及主密钥（Master-key）。

（2）用户密钥生成。该算法的输入为主密钥（Master-key）及任意的比特串 ID（可以是用户身份信息），输出对应于 ID 的私钥（Private-key）。

（3）加密算法。它是一种概率算法，利用公钥 ID 对消息进行加密。

（4）解密算法。该算法的输入为密文和私钥（Private-key），输出为明文。

Boneh 和 Franklin 的 IDB 密码体制主要包括以下 4 部分。

1）系统参数生成

（1）生成两个 q 阶群（q 为素数）G_1 和 G_2 及双线性映射 $e:G_1\times G_1\rightarrow G_2$，随机选取一个生成元 $P\in G_1$。

（2）随机选取 $s\in_R Z_q$，计算公钥 $P_{\text{pub}}=sP$，s 是主密钥（Master-key）。

（3）选取一个哈希函数 $H_1:\{0,1\}^*\rightarrow G_1$，$H_1$ 可以把用户的 ID 映射到 G_1 上。

（4）选取一个哈希函数 $H_2:G_2\rightarrow\{0,1\}^n$。

可信中心保存 s 作为主密钥（Master-key），并公布系统的公开参数 $(G_1,G_2,e,n,P,P_{\text{pub}},H_1,H_2)$。

2）用户密钥生成

设 ID 为用户 A 的唯一身份识别符（可信中心要对用户的身份及唯一性进行确认），密钥生成中心进行以下操作步骤：

（1）计算$Q_{\mathrm{ID}}=H_1(\mathrm{ID})$，$Q_{\mathrm{ID}}\in G_1$，$Q_{\mathrm{ID}}$是用户 A 的公钥。

（2）令用户 A 的私钥为$d_{\mathrm{ID}}=sQ_{\mathrm{ID}}$。

3）加密算法

用户 B 想发送 m 给 A，首先需要得到系统参数$(G_1,G_2,e,n,P,P_{\mathrm{pub}},H_1,H_2)$，再选取随机数$r\in_R Z_p$，并计算

$$g_{\mathrm{ID}}=e(Q_{\mathrm{ID}},rP_{\mathrm{Pub}})\in G_2\,,C=(rP,m\oplus H_2(g_{\mathrm{ID}}))$$

最后输出密文 C。

4）解密算法

设 $C=(U,V)$是利用 A 的公钥加密的密文，A 用私钥 d_{ID} 计算 $m'=V\oplus H_2(e(d_{\mathrm{ID}},U))$。

基于身份的公钥密码体制避免了验证证书的环节，把公钥与身份统一起来，方便性很高。但也带来一些新问题，如用户的私钥是由密钥控制中心生成的。更多基于身份的公钥密码体制的内容，可以参见参考文献[2]或 IEEE P1363.3 等。

4.3 基于属性的加密

对基于身份（ID-based）的公钥密码体制进行拓展而得的模糊身份密码体制就是属性基密码体制[10]。基于访问策略嵌入位置将 ABE 分为 KP-ABE（Key-Policy Attribute-Based Encryption）和 CP-ABE（Ciphertext-Policy Attribute-Based Encryption）[11]。2007 年，Bethencourt 等[12]在传统属性基加密体制的基础上将访问结构和密文相关联、属性集和用户私钥相关联，率先提出了在实现细粒度访问控制的同时支持“一对多”加密模式的 CP-ABE 方案，即密文策略的属性基加密方案。该方案是第一个采用树形访问策略的属性基加密方案。因为在 CP-ABE 方案中，密文和访问结构密切关联，所以数据拥有者可以自行定义访问策略，因此该方案具有更强的灵活性。

本节主要介绍树形访问结构和密文策略的属性基加密方案的定义与安全模型。

4.3.1 树形访问结构

ABE 的研究聚焦富有表现力的访问结构的构造，这里采用具有良好表现力的树形访问结构。访问树结构可以看作是对门限结构(t,n)进一步扩展而得到的。设$\mathcal{T}$是一棵访问树，树中的节点可以分为叶子节点和非叶子节点。非叶子节点 x 用一个门限结构(k_x,num_x)表示其子节点的连接关系。当k_x=1 时，该节点表示或门；当$k_x=\mathrm{num}_x$时，该节点表示与门；否则其为门限。每个叶子节点用来表示一个属性，且满足$k_x=\mathrm{num}_x$=1。通过定义$\mathrm{att}(x),\mathrm{parent}(x)$和$\mathrm{index}(x)$ 3 个函数来描述$\mathcal{T}$。通过$\mathrm{att}(x)$索引出叶子节点 x 所对应的属性；通过$\mathrm{parent}(x)$索引出叶子节点 x 的父节点；通过$\mathrm{index}(x)$索引出叶子节点 x 在其父节点中的一个索引排序值。

这里定义$\mathcal{T}_x$为访问树$\mathcal{T}$中的一棵以节点x为根节点的子树。因此，当r为$\mathcal{T}$的根节点时，可以得到$\mathcal{T}_r=\mathcal{T}$。$\mathcal{T}_x$（属性集$\omega$）=0 表示$\omega$满足$\mathcal{T}_x$，$\mathcal{T}_x(\omega)$=0 表示不满足$\mathcal{T}_x$。通过如下递归方式计算$\mathcal{T}_x(\omega)$=0 的值。

1）如果x是叶子节点，该叶子节点对应的属性集若在属性集ω中，即$\text{att}(x)\in\omega$，令$\mathcal{T}_x(\omega)$=1；反之，$\mathcal{T}_x(\omega)$=0。

2）如果x'是非叶子节点，计算其叶子节点x对应的$\mathcal{T}_x'(\omega)$的值。如果至少有k_x个子节点x'满足$\mathcal{T}_x'(\omega)=1$，则令$\mathcal{T}_x(\omega)=1$；反之，$\mathcal{T}_x(\omega)$=0。

通过上述过程，可以判定ω是否满足访问树$\mathcal{T}$。如果ω满足访问树$\mathcal{T}$，则属性集ω是授权集，否则ω是非授权集。

4.3.2 密文策略的属性基加密方案的定义

密文策略的属性基加密方案由以下算法组成：Setup、$\text{Encrypt}(\text{PK},M,\mathcal{T})$、$\text{KeyGen}(\text{MK},S)$、$\text{Delegate}(\text{SK},\tilde{S})$及$\text{Decrypt}(\text{PK},\text{CT},\text{SK})$。

（1）Setup：该算法以安全参数为输入，输出系统公钥PK和主密钥MK。

（2）$\text{Encrypt}(\text{PK},M,\mathcal{T})$：该算法以系统公钥PK、明文$M$和访问策略$\mathcal{T}$为输入，输出密文，且只有用户的属性私钥满足访问策略才能解密。

（3）$\text{KeyGen}(\text{MK},S)$：该算法以系统主密钥MK和属性集$S$为输入，输出属性私钥SK。

（4）$\text{Delegate}(\text{SK},\tilde{S})$：该算法以属性私钥SK和属性集$\tilde{S}$为输入，输出一个基于属性集$\tilde{S}$的私钥$\widetilde{\text{SK}}$。

（5）$\text{Decrypt}(\text{PK},\text{CT},\text{SK})$：该算法以系统公钥PK、密文CT和属性私钥SK为输入，如果用户属性集S与访问策略$\mathcal{T}$相匹配就能够正确解密密文得到明文M。

4.3.3 密文策略的属性基加密方案的安全模型

通过挑战者C和对手A之间的博弈游戏来描述该方案的（Indistinguishability under Chosen-Plaintext Attack，IND-CPA，即选择明文攻击下的不可区分性）安全模型，具体过程如下所述。

初始化： 挑战者C运行初始化算法，并向对手A发送公共参数PK。

阶段 1： 对手A重复询问与属性集$S_1,S_2,\cdots,S_{q_1}$相对应的私钥。

挑战阶段： 对手A提交两个等长的消息M_0、M_1和挑战访问结构$\mathcal{T}$，并且任何一个属性集$S_1,S_2,\cdots,S_{q_1}$都不能满足访问结构$\mathcal{T}$。接着，挑战者C随机抛出硬币b，并在$\mathcal{T}$下加密M_b。最后，将CT发给对手A。

阶段 2： 与阶段 1 类似，对手A继续向挑战者C提交一系列属性集$S_{q_1+1},\cdots,S_q$进行私钥询问。

猜测： 对手A输出b的猜测b'。如果$b'=b$，则称对手A赢得了该游戏。对手A在上述游戏中的优势定义为$\text{Adv}_\text{A}=\left|\Pr[b'=b]-\frac{1}{2}\right|$。

定义： 如果所有多项式时间对手在博弈游戏中没有一个不可忽略的优势可以攻破上述安全模型，则该方案是IND-CPA安全的。

4.3.4 密文策略的属性基加密方案的设计

G_0是一个素数阶为p的双线性群（g为生成元），群的大小由安全参数k决定。令$e:G_0 \times G_0 \rightarrow G_1$表示双线性映射。利用$i \in \mathbb{Z}_p$和$\mathbb{Z}_p$中元素组成的集合$S$，定义了拉格朗日系数$\Delta_{i,S}$：$\Delta_{i,S} = \Pi_{j \in S, j \neq i} \dfrac{x-j}{i-j}$，最后，使用哈希函数$H:\{0,1\}^* \rightarrow G_0$，将任意字符串描述的属性映射为一个随机群元素，并将其作为一个随机预言机。该方案有如下5个算法。

（1）Setup：初始化算法首先选择一个素数阶为p的双线性群G_0，g为生成元。然后，选择两个随机数$\alpha, \beta \in \mathbb{Z}_p$，输出系统公钥$\mathrm{PK} = \left\langle G_0, g, h = g^{\beta}, f = g^{\frac{1}{\beta}}, e(g,g)^{\alpha} \right\rangle$，系统主密钥$\mathrm{MK} = \left\langle \beta, g^{\alpha} \right\rangle$。

（2）$\mathrm{Encrypt}(\mathrm{PK}, M, \mathcal{T})$：加密算法基于树形访问策略$\mathcal{T}$对明文数据$M$进行加密。该算法首先为树中的每一个节点$x$（包括叶子）选择一个多项式$q_x$。这些多项式采用自顶向下的方式从根节点$R$进行选择。对于树中的每一个节点$x$，设多项式$q_x$的阶$d_x$为节点$x$的阈值$k_x$减1，即$d_x = k_x - 1$。

从根节点R开始随机选择$s \in \mathbb{Z}_p$并设置$q_R(0) = s$。随机选择多项式q_R的其他d_R个点来定义该多项式。对于任意其他节点x，令$q_x(0) = q_{\mathrm{parent}(x)}(\mathrm{index}(x))$且随机选择多项式$q_x$的其他$d_x$个点来定义该多项式。

令Y为树的叶子节点的集合。通过$\mathcal{T}$构造密文如下：

$$\mathrm{CT} = \left\langle \mathcal{T}, \tilde{C} = M \cdot e(g,g)^{\alpha s}, C = h^s, \forall y \in Y: C_y = g^{q_y(0)}, C_y' = H(\mathrm{att}(y))^{q_y(0)} \right\rangle$$

（3）$\mathrm{KeyGen}(\mathrm{MK}, S)$：密钥生成算法以系统主密钥MK和属性集$S$为输入，输出用户私钥SK。该算法首先选择一个随机数$r \in \mathbb{Z}_p$，然后对于每一个属性$j \in S$，随机选择$r_j \in \mathbb{Z}_p$。最终，生成用户私钥SK，即

$$\mathrm{SK} = (D = g^{(\alpha+\gamma)/\beta}, \forall j \in S: D_j = g^r \cdot H(j)^{r_j}, D_j' = g^{r_j})$$

（4）$\mathrm{Delegate}(\mathrm{SK}, \tilde{S})$：委托算法以基于属性集$S$的私钥SK和一个属性集$\tilde{S} \subseteq S$为输入。其中，私钥的形式为$\mathrm{SK}=(D=g^{(\alpha+\gamma)/\beta}, \forall j \in S: D_j = g^r \cdot H(j)^{r_j}, D_j' = g^{r_j})$。该算法选择随机数$\tilde{r}$和$\tilde{r}_k \forall k \in \tilde{S}$，构建一个新密钥，即

$$\widetilde{\mathrm{SK}} = (\tilde{D} = Df^{\tilde{r}}, \forall k \in \tilde{S}: D_k = D_k g^{\tilde{r}} \cdot H(k)^{\tilde{r}_k}, D_k' = D_k' g^{\tilde{r}_k})$$

私钥$\widetilde{\mathrm{SK}}$是基于属性集$\tilde{S}$创建的。因为算法再次随机化了私钥，所以经授权的私钥可以看成是直接从认证机构获取的。

（5）$\mathrm{Decrypt}(\mathrm{PK}, \mathrm{CT}, \mathrm{SK})$：解密算法以系统公钥PK、密文CT和用户私钥SK为输入，如果属性集满足访问结构，用户就能正确解密密文输出明文数据。

解密过程是一个递归算法。首先定义一个递归算法$\mathrm{DecryptNode}(\mathrm{CT}, \mathrm{SK}, x)$，该算法的输入为一个密文$\mathrm{CT} = \left\langle \mathcal{T}, \tilde{C}, C, \forall y \in Y: C_y, C_y' \right\rangle$、一个基于属性集$S$的私钥SK和树形结构$\mathcal{T}$中的一个节点。

假如节点x为叶子节点，令$i = \mathrm{att}(x)$，假设$i \in S$，定义

$$\text{DecryptNode}(\text{CT},\text{SK},x)=\frac{e(D_i,C_x)}{e(D_i',C_x')}=\frac{e(g^r H(i)^{r_i},h^{q_x(0)})}{e(g^{r_i},H(i)^{q_x(0)})}=e(g,g)^{rq_x(0)}$$

假设$i\notin S$，定义$\text{DecryptNode}(\text{CT},\text{SK},x)=\perp$。

现在考虑非叶子节点的递归情况。算法$\text{DecryptNode}(\text{CT},\text{SK},x)$的计算情况如下：对于节点$x$的所有子节点$z$，调用函数$\text{DecryptNode}(\text{CT},\text{SK},z)$并存储结果为$F_z$。令$S_x$为一个任意的大小为$k_x$的子节点$z$的集合，并满足$F_z\neq\perp$。如果不存在这样的集合，函数返回$\perp$。否则，计算$F_x$并返回上述计算结果，即

$$\begin{aligned}F_x&=\prod\nolimits_{z\in S_x}F_z^{\Delta_{i,S_x'}(0)}\\&=\prod(e(g,g)^{rq_z(0)})^{\Delta_{i,S_x'}(0)}=\prod(e(g,g)^{rq_x(i)})^{\Delta_{i,S_x'}(0)}=e(g,g)^{rq_x(0)}\end{aligned}$$

式中，$i=\text{index}(z),S_x'=\{\text{index}(z):z\in S_x\}$。

在定义了函数DecryptNode后，就能够定义解密算法。该算法通过简单调用$\mathcal{T}$的根节点R上的函数开始执行。如果属性集S能够满足树形结构$\mathcal{T}$，则令$A=\text{DecryptNode}(\text{CT},\text{SK},r)=e(g,g)^{rq_R(0)}=e(g,g)^{rs}=M$。算法进行如下运算得到明文数据：

$$\frac{\tilde{C}}{e(C,D)/A}=\frac{\tilde{C}}{e(h^s,g^{\alpha+\gamma/\beta})/e(g,g)^{rs}}=M$$

4.4 后量子公钥加密

4.4.1 NTRU公钥密码体制

NTRU公钥密码体制见IEEE P1363。本节内容涉及的多项式为有限域F_q上次数小于N的多项式，即多项式的运算都是模（x^N-1）的运算。

（1）密钥生成算法。若用户B需要生成公钥/私钥对，则需要按照以下步骤操作：

① 随机选取两个次数不超过N的“小多项式”f和g（“小”的意思是其系数比q小很多，f，g需要保密）；

② 分别计算$f \bmod q$的逆和$f \bmod p$的逆，使得$f*f_q=1\bmod q$，$f*f_p=1\bmod p$（若f的逆不存在，则要重新选取f）；

③ 计算$h=pf_q*g\bmod q$；

④ B的私钥是(f,f_p)，公钥是h。

（2）加密算法。若A向B发送消息m，A需要进行以下操作：

① A首先把消息m表示成系数模p的多项式形式，如系数在$-1/p$与$1/p$之间，即m是模q的小多项式；

② A随机选取多项式r（盲多项式）；

③ A计算密文$e=r*h+m\bmod q$并将其发送给B。

（3）解密算法。当B收到A发送的密文时，B进行以下操作：

① B利用自己的私钥多项式f计算$a=f*e\bmod q$，使得其系数介于$-1/p$与$1/p$之间；

② 计算$b=a\bmod p$；

③ 计算明文$m=f_p*b(\bmod p)$。

解密算法的正确性：

$$\begin{aligned} a &= f * e (\bmod q) = r * h + m (\bmod q) \\ &= (r * pf_q * g (\bmod q) + m)(\bmod q) \\ &= pr * g + f * m (\bmod q) \end{aligned}$$

$$b = a \bmod p = f * m \bmod p$$

$$m = f_p * b (\bmod p) = f_p * f * m \bmod p = m$$

关于 NTRU 的安全性讨论可参见 IEEE P1363.3。

例 4.7 选取系统参数 N=11，q=32, p=3。

密钥生成算法：

（1）选取小多项式，分别为

$$f = -1 + x + x^2 - x^4 + x^6 + x^9 - x^{10}$$

$$g = -1 + x^2 + x^3 + x^5 - x^8 - x^{10}$$

其中，f 的 4 个系数为+1，3 个系数为−1，其余系数均为 0；g 的 3 个系数为+1，3 个系数为−1，其余均为 0。

（2）计算 f 模 p 及 f 模 q 的逆多项式，分别为

$$f_p = 1 + 2x + 2x^3 + 2x^4 + x^5 + 2x^7 + x^8 + 2x^9$$

$$f_q = 5 + 9x + 6x^2 + 16x^3 + 4x^4 + 15x^5 + 16x^6 + 22x^7 + 20x^8 + 18x^9 + 30x^{10}$$

（3）计算公钥 $h = pf_q*g = 8 + 25x + 22x^2 + 20x^3 + 12x^4 + 24x^5 + 15x^6 + 19x^7 + 12x^8 + 19x^9 + 16x^{10} \pmod{32}$。

B 的私钥是（f，f_p），公钥是 h。

加密：设要加密的消息多项式为 $m = -1 + x^3 - x^4 - x^8 + x^9 + x^{10}$，选取小多项式 $r = -1 + x^2 + x^3 + x^4 - x^5 - x^7$（3 个系数为 1，3 个系数为−1，其余系数均为 0），计算密文 $e = r*h + m = 14 + 11x + 26x^2 + 24x^3 + 14x^4 + 16x^5 + 30x^6 + 7x^7 + 25x^8 + 6x^9 + 19x^{10} \pmod{32}$。

解密：B 用私钥计算多项式 $a = f*e = 3 - 7x - 10x^2 - 11x^3 + 10x^4 + 7x^5 + 6x^6 + 7x^7 + 5x^8 - 3x^9 - 7x^{10} \pmod{32}$，计算 a 模 3 运算 $b = a = -x - x^2 + x^3 + x^4 + x^5 + x^7 - x^8 - x^{10} \pmod 3$，利用私钥的另一个多项式 f_p 计算明文 $m = f_p*b = -1 + x^3 - x^4 - x^8 + x^9 + x^{10} \pmod 3$。

4.4.2 基于编码的公钥密码体制

因为基于编码的公钥密码体制可以抵抗量子攻击，所以该密码体制受到广大学者的重点关注，基于不同线性码的公钥密码方案由此被构造出来。本节主要介绍基于秩距离码的公钥密码体制。

Gabidulin 提出了秩范数、秩距离码及最大秩距离的概念，并介绍了最大秩距离码的理论。GPT 加密方案是由 Gabidulin、Paramonov 和 Tretjakov 于 1991 年提出的。下面对 GPT 加密方案进行详细描述。

GPT 公钥加密方案：设 $k \times n$ 矩阵 $\boldsymbol{G}$ 是 GF(q^N)上一线性最大秩距离码 $[n,k,d]$ 的生成矩阵，秩距离 $d = 2t + 1$。

私钥生成算法：随机选取 GF(q)上的 $k \times k$ 非奇异矩阵 $\boldsymbol{S}$。随机选取 GF(q)上的 $k \times n$ 矩阵 $\boldsymbol{X}$，使得对 GF(q^N)上任意的 k 维向量 $\boldsymbol{m}$，有 $\boldsymbol{mX}$ 的秩 $r(\boldsymbol{mX}|q)=t_1<t$，这里的 t_1 是设计参数，私钥是 $\boldsymbol{G}$、$\boldsymbol{S}$、$\boldsymbol{X}$。

公钥生成算法：公钥为 $\boldsymbol{G}_{\text{cr}}=\boldsymbol{SG}+\boldsymbol{X}$。

加密算法：对于任意一个明文 $\boldsymbol{m}=(m_1,m_2,\cdots,m_k)\in\mathrm{GF}(q^N)^k$，对应的密文为 $\boldsymbol{c}=\boldsymbol{m}\boldsymbol{G}_{\mathbf{cr}}+\boldsymbol{e}=\boldsymbol{mSG}+(\boldsymbol{mX}+\boldsymbol{e})$，其中 $\boldsymbol{e}$ 是一个误差向量，其秩不超过 $t-t_1$。

解密算法：收到密文 c 后，利用 MRD 码（最大秩距离编码）的快速译码算法将其译码得到 $\boldsymbol{m}'=\boldsymbol{mS}$，密文 $\boldsymbol{c}$ 对应的明文为 $\boldsymbol{m}=\boldsymbol{m}'\boldsymbol{S}^{-1}$。

关于 MRD 码的快速译码算法参见参考文献[13]和[14]。比较新的基于编码的公钥密码参见参考文献[15]。

4.4.3 基于解码问题的公钥密码——McEliece 公钥密码

一般线性码的译码问题：给定一个 $r\times n$ 矩阵 $\boldsymbol{H}$，字 $s\in F_2^r$ 及整数 $w>0$，是否存在字 $x\in F_2^n$ 满足 $\boldsymbol{H}x^{\mathrm{T}}=s$ 且重量小于 w。

McEliece 公钥密码体制：设 $\boldsymbol{G}$ 是二元$[n, k, d]$Goppa 码的生成矩阵，其中，$n=2^m$, $d=2t+1$, $k=n-mt$。设明文集合是 F_2^k，密文集是 F_2^n。

密钥生成算法：随机选取有限域 F_2 上的 $k\times k$ 阶可逆矩阵 $\boldsymbol{S}$ 和 $n\times n$ 阶置换矩阵 $\boldsymbol{P}$，令 $\boldsymbol{G}'=\boldsymbol{SGP}$，将 $\boldsymbol{S},\boldsymbol{G},\boldsymbol{P}$ 作为私钥，$\boldsymbol{G}'$ 作为公钥。

加密算法：对于任意一个明文 $m\in M=F_2^k$，对应密文为 $c=m\boldsymbol{G}'+\boldsymbol{z}$，这里 $\boldsymbol{z}$ 是 F_2^n 上重量为 t 的随机向量。

解密算法：利用密文 c 计算 $c\boldsymbol{P}^{-1}=m\boldsymbol{SGPP}^{-1}+\boldsymbol{zP}^{-1}=m\boldsymbol{SG}+\boldsymbol{z}'$，注意到 $w(\boldsymbol{z})=w(\boldsymbol{z}')$（$\boldsymbol{P}$ 是一个置换），利用 Coppa 快速译码算法将其译成 $m'=m\boldsymbol{S}$，密文 c 对应的明文为 $m=m'\boldsymbol{S}^{-1}$。

例 4.8[6] 设

$$\boldsymbol{G}=\begin{bmatrix}1&0&0&0&1&1&0\\0&1&0&0&1&0&1\\0&0&1&0&0&1&1\\0&0&0&1&1&1&1\end{bmatrix}$$

是[7，4，3]汉明码的生成矩阵，加密者随机选取可逆矩阵 $\boldsymbol{S}$ 和置换矩阵 $\boldsymbol{P}$ 分别如下：

$$\boldsymbol{S}=\begin{bmatrix}1&1&0&1\\1&0&0&1\\0&1&1&1\\1&1&0&0\end{bmatrix},\quad \boldsymbol{P}=\begin{bmatrix}0&1&0&0&0&0&0\\0&0&0&1&0&0&0\\0&0&0&0&0&0&1\\1&0&0&0&0&0&0\\0&0&1&0&0&0&0\\0&0&0&0&0&1&0\\0&0&0&0&1&0&0\end{bmatrix}$$

则公开生成矩阵为

$$\boldsymbol{G}'=\begin{bmatrix}1&1&1&1&0&0&0\\1&1&0&0&1&0&0\\1&0&0&1&1&0&1\\0&1&0&1&1&1&0\end{bmatrix}$$

设用户 A 选取重量为 1 的随机向量 $\boldsymbol{e}=(0\quad 0\quad 0\quad 0\quad 1\quad 0\quad 0)$，则明文 $\boldsymbol{x}=(1\quad 1\quad 0\quad 1)$ 对应的密文为 $\boldsymbol{y}=\boldsymbol{xG}+\boldsymbol{e}=(0\quad 1\quad 1\quad 0\quad 1\quad 1\quad 0)$。当用户 B 收到密文 $\boldsymbol{y}$ 时，计算 $\boldsymbol{y}_1=\boldsymbol{yP}^{-1}=(1\quad 0\quad 0\quad 0\quad 1\quad 1\quad 1)$；通过译码得到 $\boldsymbol{x}_0=(1\quad 1\quad 0\quad 1)$；计算 $\boldsymbol{x}=\boldsymbol{x}_0\boldsymbol{S}^{-1}=(1\quad 1\quad 0\quad 1)$ 即为明文。

关于基于解码问题的公钥密码体制的更多内容可参见参考文献[16]。

4.4.4 多变量公钥密码体制

多变量公钥密码系统（Multivariate Public Key Cryptosystems，MPKC）的研究始于20世纪80年代中期。1988年，Matsumoto和Imai提出了第一个多变量公钥加密方案，即著名的MI加密体制。近年来，人们在基本的多变量公钥密码体制的基础上，通过许多变形的方法设计出安全性更高的多变量方案。若想了解多变量密码技术，则需先了解一些多变量的知识。

1．多变量相关知识

1）二次多变量多项式方程组

有限域 k 上的二次多变量多项式方程组的一般形式为

$$\begin{cases} y_1 = f_1(x_1,\cdots,x_n) = \sum\limits_{1\leqslant j,k\leqslant n} a_{1,j,k}x_jx_k + \sum\limits_{j=1}^{n} b_{1,j}x_j + c_1 \\ \vdots \\ y_i = f_i(x_1,\cdots,x_n) = \sum\limits_{1\leqslant j,k\leqslant n} a_{i,j,k}x_jx_k + \sum\limits_{j=1}^{n} b_{i,j}x_j + c_i \\ \vdots \\ y_m = f_m(x_1,\cdots,x_n) = \sum\limits_{1\leqslant j,k\leqslant n} a_{m,j,k}x_jx_k + \sum\limits_{j=1}^{n} b_{m,j}x_j + c_m \end{cases}$$

式中，多项式 f_i 为 n 元二次多项式；变量 $x_1,x_2,x_3,\cdots,x_n \in k$；函数值 $y_1,y_2,y_3,\cdots,y_n \in k$；$a_{i,j,k}$ 为二次项系数，$b_{i,j}$ 为一次项系数；c_i 为常数，且 $a_{i,j,k}, b_{i,j}, c_i \in k$。

2）多变量公钥密码体制的一般形式

多变量公钥密码体制的一般形式如下：

令 k 是一个有限域，n 和 m 是正整数，L_1 和 L_2 分别是 k^n 和 k^m 上随机选取的可逆仿射变换。取映射 F 为一个从 k^n 到 k^m 的容易求逆的非线性映射。令

$$Y=(y_1,\cdots,y_m)=\bar{F}(x_1,\cdots,x_n)=L_2\circ F\circ L_1(x_1,\cdots,x_n)$$

式中，$\circ$表示映射的合成；$\bar{F}$ 是一个从 k^n 到 k^m 的映射，它可以表示成有限域 k 上 m 个 n 元多项式，其形式为

$$\bar{F}(x_1,\cdots,x_n)=(f_1,f_2,\cdots,f_m)$$

式中，f_i 为有限域 k 上的 n 元多项式，其最高次数等于 F 的次数。多变量公钥密码体制的一般算法如下所述。

（1）公钥生成：在多变量公钥密码体制中，$\bar{F}$ 的表达式设为公钥，即 $f_1,f_2,\cdots,f_m$。

（2）私钥生成：私钥为两个可逆仿射变换 L_1 和 L_2 及映射 F。F 的结构可以公开，也可以保密。

（3）加密过程：给定明文消息 $x_1,\cdots,x_n$，经 $\bar{F}$ 加密，得到密文 $y_1,\cdots,y_m$，即对于 $i=1,\cdots,m,$ 有

$$y_i=f_i(x_1,\cdots,x_n)$$

由于加密过程采用公钥，任何人均可完成此过程。

（4）解密过程：通过私钥计算$\bar{F}$的逆$\bar{F}^{-1}$，对应于每个f_i的逆f_i^{-1}，输入密文$y_1,\cdots,y_m$，得到明文$x_1,\cdots,x_n$，即对于$i=1,\cdots,n$，有

$$x_i = f_i^{-1}(y_1,\cdots y_m)$$

因为计算$\bar{F}^{-1}$需要私钥信息，所以解密过程只能由拥有私钥的人来完成。

在多变量公钥密码体制中，映射 F 又称为中心映射，是多变量公钥密码体制设计的关键。可逆仿射变换 L_1 用来隐藏明文变量，L_2 用来隐藏中心映射 F 的特殊结构。为了节省公钥存储空间，中心映射 F 和公钥多项式通常选为最简单的非线性函数，即二次函数。

（5）MQ-问题。

MQ（Multivariate Quadratic）-问题指求解在域$k=\mathrm{GF}(q)$中的二次多项式方程组：

$$\begin{cases} f_1(x_1,\cdots,x_n)=0 \\ f_2(x_1,\cdots,x_n)=0 \\ \quad\vdots \\ f_m(x_1,\cdots,x_n)=0 \end{cases}$$

式中，f_i 为域 k 上的多项式方程。已经证明 MQ-问题是 NP-困难问题，即使对于最小的域$k=\mathrm{GF}(2)$也不例外。因此，MQ-问题已经成为构造有限域上多变量公钥密码体制的重要工具。

2．多变量公钥加密方案

根据中心映射的种类，现有的多变量公钥密码体制大体可分为 4 类：MI（Matsumoto-Imai）体制、隐藏域方程（Hidden Field Equations，HFE）体制、油醋（Oil-Vinegar，OV）体制和三角阶梯（Step-wise Triangular Systems，STS）体制。下面主要介绍 MI 体制，其他多变量公钥密码体制的详细介绍可参见相关文献。

MI 体制是第一个使用“小域-大域”思想来构造的多变量公钥密码体制。它的公钥是小域k上的多元多项式，而它的中心映射可以用k的扩域（大域）上的单项式来表示。

设 k 是一个特征为 2 的 q 阶有限域，并且$g(x)\in k[x]$为 n 次不可约多项式。定义域$K=k[x]/g(x)$为k的n次扩域。设$\phi:K\rightarrow k^n$是由K到k的k-线性同构，通过下式给出：

$$\phi(a_0+a_1x+\cdots+a_{n-1}x^{n-1})=(a_0,a_1,\cdots,a_{n-1})$$

域K的子域k嵌入k^n的标准形式为

$$\phi(a)=(a,0,\cdots,0),\ \ \forall a\in k$$

选取θ，满足$0<\theta<n$且$\gcd(q^\theta+1,q^n-1)=1$。

定义域K上的映射$\tilde{F}$为

$$\tilde{F}(X)=X^{1+q^\theta}$$

式中，θ 的选取必须确保$\tilde{F}$是一个可逆映射。事实上，如果 t 是整数，并且满足$t(1+q^\theta)\equiv 1 \bmod (q^n-1)$，则$\tilde{F}^{-1}(X)=X^t$。

域k^n上的映射F可以定义为

$$F(x_1,\cdots,x_n)=\phi\circ\tilde{F}\circ\phi^{-1}(x_1,\cdots,x_n)=(f_1,\cdots,f_n)$$

式中，$f_1,\cdots,f_n\in k[x_1,\cdots,x_n]$。为了完成 MI 体制的构造，再选择域$k^n$上的两个可逆仿射变换$L_1$和$L_2$，并定义域$k^n$上的映射$\bar{F}$为

$$\bar{F}(x_1,\cdots,x_n)=L_1\circ F\circ L_2(x_1,\cdots,x_n)=(\bar{f}_1,\cdots,\bar{f}_n)$$

式中，$\bar{f}_1,\cdots,\bar{f}_n\in k[x_1,\cdots,x_n]$。

在 MI 体制中，公钥由 $\bar{F}$ 的 n 个多项式及有限域 k 的域结构组成；私钥由 L_1、L_2 和 θ 组成。

1995 年，Patarin 发现了 MI 体制内在的代数结构并利用线性化方程的方法将其攻破，但 MI 体制仍具有重要的理论意义，它的出现是多变量公钥密码体制发展的里程碑，为该领域带来了全新的数学思想。

4.4.5 基于格的公钥密码体制

早在 18 世纪，许多数学家就对格进行了研究。最早的基于格构建的公钥加密体制是由 Ajtai 和 Dwork 提出的，但该体制的效率很低。之后，Goldreich、Goldwasser 和 Halevi 于 1997 年提出了一个更加简洁的公钥加密体制，称为 GGH 体制。若想了解基于格的公钥密码技术，就要先了解一些格的知识。

1. 格相关知识

从线性代数的角度看，格由实数域上线性无关的一组向量的整系数线性组合构成。

格：格是由 $\mathbb{R}^n$ 中 m 个线性无关的向量 $\boldsymbol{b}_1,\boldsymbol{b}_2,\cdots,\boldsymbol{b}_m$ 的整系数线性组合构成的集合，即

$$L(\boldsymbol{b}_1,\boldsymbol{b}_2,\cdots,\boldsymbol{b}_m)=\left\{\sum_{i=1}^{m}\boldsymbol{a}_i\boldsymbol{b}_i \mid \boldsymbol{a}_i\in\mathbb{Z}\right\}\mathbb{Z}\,L(\boldsymbol{b}_1,\boldsymbol{b}_2,\cdots,\boldsymbol{b}_m)=\left\{\sum_{i=1}^{m}\boldsymbol{a}_i\boldsymbol{b}_i \mid \boldsymbol{a}_i\in\mathbb{Z}\right\}$$

式中，m 称为 L 的秩，n 称为 L 的维数，且 $m\leqslant n$，当 $m=n$ 时，L 称为满秩格。向量组（$\boldsymbol{b}_1,\boldsymbol{b}_2,\cdots,\boldsymbol{b}_m$）称为格 L 的一组基。对于实数域上的任意一组向量，其整系数线性组合同样构成一个格，不过这组向量如果不是线性无关的，就不能构成格的一组基。

将线性无关的向量 $\boldsymbol{b}_1,\boldsymbol{b}_2,\cdots,\boldsymbol{b}_m$ 作为列来构成矩阵 $\boldsymbol{B}\in\mathbb{R}^{n\times m}$，定义由 $\boldsymbol{B}$ 生成的格为

$$L(\boldsymbol{B})=L(\boldsymbol{b}_1,\boldsymbol{b}_2,\cdots,\boldsymbol{b}_m)=\{\boldsymbol{Bx}\mid \boldsymbol{x}\in\mathbb{Z}^m\}$$

式中，$\boldsymbol{B}$ 称为格 $L(\boldsymbol{B})$ 的一组基。

2. 格上的困难问题

本节简要介绍格上的困难问题，这些问题的困难性保证了基于格的公钥密码体制的安全性。

符号说明：$\|\boldsymbol{v}\|$ 表示向量 $\boldsymbol{v}$ 的欧式范数，$\lambda_1(L(\boldsymbol{B}))$ 表示格的第一个渐次最小值，也就是所有球心在原点且包含非零向量的球中球半径的最小值，即格中最短向量的长度。

最短向量问题 SVP (Shortest Vector Problem)：给定格基 $\boldsymbol{B}\in\mathbb{Z}^{n\times m}$，找出格中的最短向量 $L(\boldsymbol{B})$，即在 $L(\boldsymbol{B})$ 中寻找格向量 $\boldsymbol{v}$，使得 $\|\boldsymbol{v}\|=\lambda_1(L(\boldsymbol{B}))$。

最近向量问题 CVP (Closest Vector Problem)：给定格基 $\boldsymbol{B}\in\mathbb{Z}^{n\times m}$ 和一个目标向量 $\boldsymbol{t}\in\mathbb{R}^n$，在 $L(\boldsymbol{B})$ 中找出离 $\boldsymbol{t}$ 最近的向量，即在 $L(\boldsymbol{B})$ 中寻找格向量 $\boldsymbol{v}$，使得 $\|\boldsymbol{v}-\boldsymbol{t}\|$ 最小。

错误学习问题 LWE (Learning with Error)：令 p 为一个素数，m 是一个正整数，n 是系统安全参数，n 的大小会直接影响方案实现的效率。考虑下面一系列带有差错的等式：

$$\begin{gathered}\left\langle \vec{s},\vec{a}_1\right\rangle \approx_\chi \boldsymbol{b}_1 \pmod p\\ \left\langle \vec{s},\vec{a}_2\right\rangle \approx_\chi \boldsymbol{b}_2 \pmod p\\ \vdots\\ \left\langle \vec{s},\vec{a}_m\right\rangle \approx_\chi \boldsymbol{b}_m \pmod p\end{gathered}$$

式中，$\vec{s} \in \mathbb{Z}_p^n$，$b_i \in \mathbb{Z}_p$，$\vec{a}_i$ 在$\mathbb{Z}_p^n$中均匀随机选取。等式中的差错可以用$\mathbb{Z}_p$上的一个概率分布χ表示，即$\chi:\mathbb{Z}_p \to \mathbb{R}^+$。换言之，对于每一个 i，满足$\boldsymbol{b}_i = <\vec{s}, \vec{a}_i> + \boldsymbol{e}_i$，其中$\boldsymbol{e}_i \in \mathbb{Z}_p$是按照分布$\chi$独立选取的。从上面的一系列差错等式中解出$\vec{s}$的问题称为 LWE 问题，记为$\text{LWE}_{p,\chi}$。

在一个合理的差错分布χ下，对于 $p \leqslant \text{poly}(n)$，已知求解 LWE 的最快算法与 Blum 等提出的算法相当，大约需要 $2^{O(n)}$ 的等式和时间。

3．基于格的加密体制

GGH 加密体制是由 Goldreich、Goldwasser 和 Halevi 于 1997 年提出的，其基本思想非常简单，下面对其进行详细描述。

（1）私钥生成算法： 私钥是格 L 的“好”基 $\boldsymbol{B}$。“好”基是由一组接近正交的小向量构成的。

（2）公钥生成算法： 公钥是对于同一个格 $L(\boldsymbol{H})=L(\boldsymbol{B})$的一组“坏”基 $\boldsymbol{H}$。“坏”基中各向量的范数相差较大，且相互之间的夹角与正交相差很多。Micciancio 提出用 $\boldsymbol{B}$ 的赫米特正规型（HNF）作为公开基，该正规型给出 $L(\boldsymbol{B})$的一个下三角基，下三角表示该基是唯一的并且可以通过高斯消元法的整数变形由 $L(\boldsymbol{B})$的任何一组基有效计算得到。

（3）加密算法： 加密过程是将一个小的差错向量$\vec{r}$加在一个合理选择的格点$\vec{v}$上。Micciancio 建议选择一个向量$\vec{v}$使得向量$\vec{r}+\vec{v}$的所有分量都是模 HNF 公开基 $\boldsymbol{H}$ 的对角线上的相应元素。按照上述过程计算的向量$\vec{r}+\vec{v}$可以用$\vec{r} \bmod \boldsymbol{H}$表示。因为$\vec{r} \bmod \boldsymbol{H}$可以由任意满足$\vec{r}+\vec{v}$形式的向量计算得到，其中$\vec{v} \in L(\boldsymbol{B})$，所以密码分析变得最困难。同理，所有对$\vec{r} \bmod \boldsymbol{H}$的攻击都可以通过先计算$(\vec{r}+\vec{v}) \bmod \boldsymbol{H} = \vec{r} \bmod \boldsymbol{H}$再转化为对任意$\vec{r}+\vec{v}$形式向量的攻击。注意，$\vec{r} \bmod \boldsymbol{H}$可以直接由$\vec{r}$和 $\boldsymbol{H}$ 计算得到。

（4）解密算法： 解密过程是先找到与目标密文$\vec{c} = \vec{r} \bmod \boldsymbol{H} = \vec{r}+\vec{v}$最接近的格点$\vec{v}$，再计算相应的差错向量$\vec{r} = \vec{c} - \vec{v}$。

GGH 体制的安全性依赖于在不知道小基 $\boldsymbol{B}$ 的信息的情况下，求解格 $L(\boldsymbol{H}) = L(\boldsymbol{B})$上最近向量问题在计算上是困难的假设。体制的正确性和安全性主要依赖于私钥 $\boldsymbol{B}$ 和差错向量$\vec{r}$的选取。在实际中，能够攻破 GGH 体制的已知方法都可以通过进一步提高安全参数来抵抗，但也会牺牲体制的效率。

（5）基于 LWE 的公钥加密方案： Regev 给出了基于 LWE 的公钥加密方案，具体方案描述如下。

① **系统参数：** 安全参数为整数 n，素数 $p \geqslant 2$ 且满足 $n^2 \leqslant p \leqslant 2n^2$。对于任意的 $\varepsilon>0$，令 $m=(1+\varepsilon)(n+1)\log p$；对于 $a(n) = o(1/(\sqrt{n}\log n))$，取 $\mathbb{Z}_p$ 上的概率分布 χ 为正态分布 $\overline{\Psi}_{\alpha(n)}$，其中 $\lim_{n\to\infty} a(n)\sqrt{n}\log n = 0$。方案中所有的加法运算都是在 $\mathbb{Z}_p$ 上进行的。

② **密钥生成：** 均匀随机选择$\vec{s} \in \mathbb{Z}_p^n$作为私钥。独立均匀地从$\mathbb{Z}_p^n$中选择 m 个向量 $\boldsymbol{a}_1, \boldsymbol{a}_2, \cdots, \boldsymbol{a}_m$，并按照分布 χ 独立地从 $\mathbb{Z}_p$ 中选取 m 个元素 $e_1, e_2, \cdots, e_m$。方案的公钥是 $(\vec{a}_i, \boldsymbol{b}_i)_{i=1}^m$，其中 $\boldsymbol{b}_i = <\vec{a}_i, \vec{s}> + \boldsymbol{e}_i$。

③ **加密算法：** 为了加密一个比特 b，从[m]的 2^m 个子集合中随机均匀选取一个集合 S。如果 b=0，则加密密文是$(\sum_{i\in S}\vec{a}_i, \sum_{i\in S}\boldsymbol{b}_i)$；否则加密密文是$(\sum_{i\in S}\vec{a}_i, \lfloor p/2 \rfloor + \sum_{i\in S}\boldsymbol{b}_i)$。

④ **解密算法：** 给定密文 $(\vec{a}, b)$，如果 $b - <\vec{a}, \vec{s}>$ 相对于 $\lfloor p/2 \rfloor$ 更接近于 0，则密文的解密结果是 0；否则解密结果是 1。

因为上述基于 LWE 的公钥加密方案中用到的差错量都是从离散高斯分布中独立选取的，所以即使是对合理密文进行解密，也会出现解密失败的情况。可以证明方案所选择的参数 χ、m 和 p 使得解密的错误率很低。更多相关内容可以参见相关文献。

4.5 SM2 公钥加密

4.5.1 SM2 公钥加密算法

SM2 是国家密码管理局于 2010 年 12 月 17 日发布的椭圆曲线公钥密码算法，与 RSA 算法同为公钥密码算法。SM2 是一种更先进、安全的算法，其性能更加优化且密码复杂度高，处理速度快，机器性能消耗更小。随着密码技术和计算机技术的发展，目前常用的 1024 位 RSA 算法面临严重的安全威胁，国家密码管理部门经过研究，决定采用 SM2 代替 RSA 算法。本节主要介绍 SM2 的公钥加密算法，并且给出消息加/解密示例和相应的流程。

该公钥加密算法使消息发送方可以利用接收者的公钥对消息进行加密，接收者使用对应的私钥进行解密，从而获取消息内容。

4.5.2 相关符号

下列符号适用于本节。

A,B：使用公钥密码系统的两个用户。

a,b：F_q 中的元素，它们定义 F_q 上的一条椭圆曲线 E。

d_{B}：用户 B 的私钥。

$E(F_q)$：F_q 上椭圆曲线 E 的所有有理点（包括无穷远点 O）组成的集合。

F_q：包含 q 个元素的有限域。

G：椭圆曲线的一个基点，其阶为素数。

Hash( )：密码杂凑函数。

$H_v()$：消息摘要长度为 v 比特的密码杂凑函数。

KDF( )：密钥派生函数。

M：待加密的消息。

M'：解密得到的消息。

n：基点 G 的阶（n 是 $E(F_q)$ 的素因子）。

O：椭圆曲线上的一个特殊点，称为无穷远点或零点，是椭圆曲线加法群的单位元。

P_{B}：用户 B 的公钥。

q：有限域 F_q 中元素的数目。

$x \| y$：x 与 y 的拼接，其中 x、y 可以是比特串或字节串。

$[k]P$：椭圆曲线上点 P 的 k 倍点，即 $[k]P = \underbrace{P + P + \cdots + P}_{k个}$，其中 k 是正整数。

$[x, y]$：大于或等于 x 且小于或等于 y 的整数的集合。

$\lceil x \rceil$：顶函数，大于或等于 x 的最小整数。例如 $\lceil 7 \rceil = 7$，$\lceil 8.3 \rceil = 9$。

$\lfloor x \rfloor$：底函数，小于或等于 x 的最大整数。例如 $\lfloor 7 \rfloor = 7$，$\lfloor 8.3 \rfloor = 8$。

$\# E(F_q) : E(F_q)$ 上点的数目，称为椭圆曲线 $E(F_q)$ 的阶。

4.5.3 加密算法及流程

设需要发送的消息为比特串 M， klen 为 M 的比特长度。

为了对明文 M 进行加密，作为加密者的用户 A 应实现下述运算步骤。

A1：用随机数发生器产生随机数 $k \in [1, n-1]$；

A2：计算椭圆曲线点 $C_1 = [k]G = (x_1, y_1)$；

A3：计算椭圆曲线点 $S = [h]P_{\mathrm{B}}$，若 S 是无穷远点 O，则报错并退出；

A4：计算椭圆曲线点 $[k]P_{\mathrm{B}} = (x_2, y_2)$；

A5：计算 $t = \mathrm{KDF}(x_2 \| y_2, \mathrm{klen})$，若 t 为全 0 比特串，则返回 A1；

A6：计算 $C_2 = M \oplus t$；

A7：计算 $C_3 = \mathrm{Hash}(x_2 \| M \| y_2)$；

A8：输出密文 $C = C_1 \| C_2 \| C_3$。

SM2 加密算法的流程如图 4.2 所示。

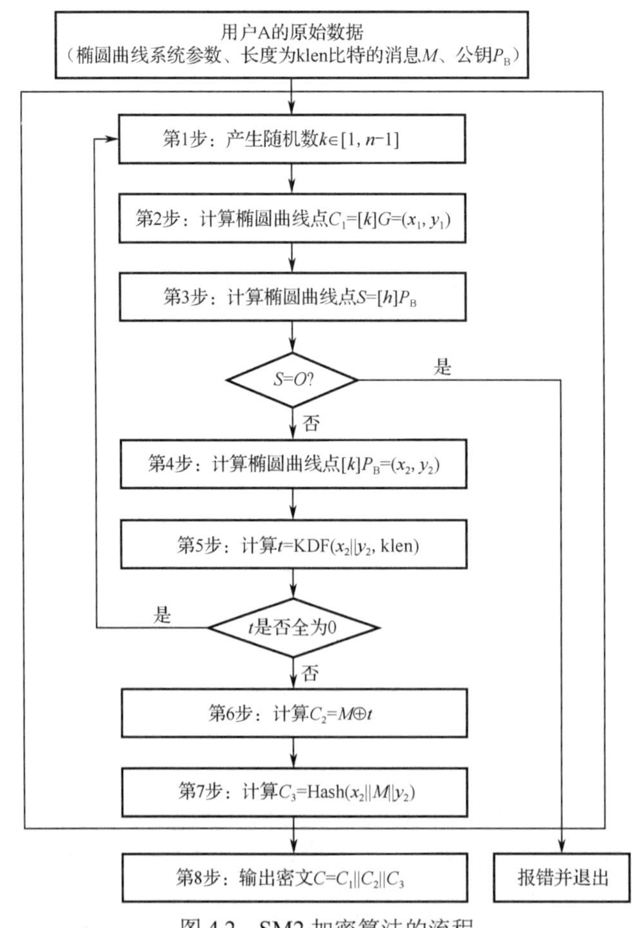

图 4.2 SM2 加密算法的流程

4.5.4 解密算法及流程

设 klen 为密文中 C_2 的比特长度。

为了对密文 $C = C_1 \| C_2 \| C_3$ 进行解密，作为解密者的用户 B 应实现下述运算步骤。

B1：从密文 C 中取出比特串 C_1，将 C_1 的数据类型转换为椭圆曲线上的点，验证 C_1 是否满足椭圆曲线方程，若不满足则报错并退出；

B2：计算椭圆曲线点 $S = [h]C_1$，若 S 是无穷远点 O，则报错并退出；

B3：计算 $[d_B]C_1 = (x_2, y_2)$；

B4：计算 $t = \mathrm{KDF}(x_2 \| y_2, \mathrm{klen})$，若 t 为全 0 比特串，则报错并退出；

B5：从密文 C 中取出比特串 C_2，计算 $M' = C_2 \oplus t$；

B6：计算 $u = \mathrm{Hash}(x_2 \| M' \| y_2)$，从密文 C 中取出比特串 C_3，若 $u \neq C_3$，则报错并退出；

B7：输出明文 M'。

SM2 解密算法的流程如图 4.3 所示。

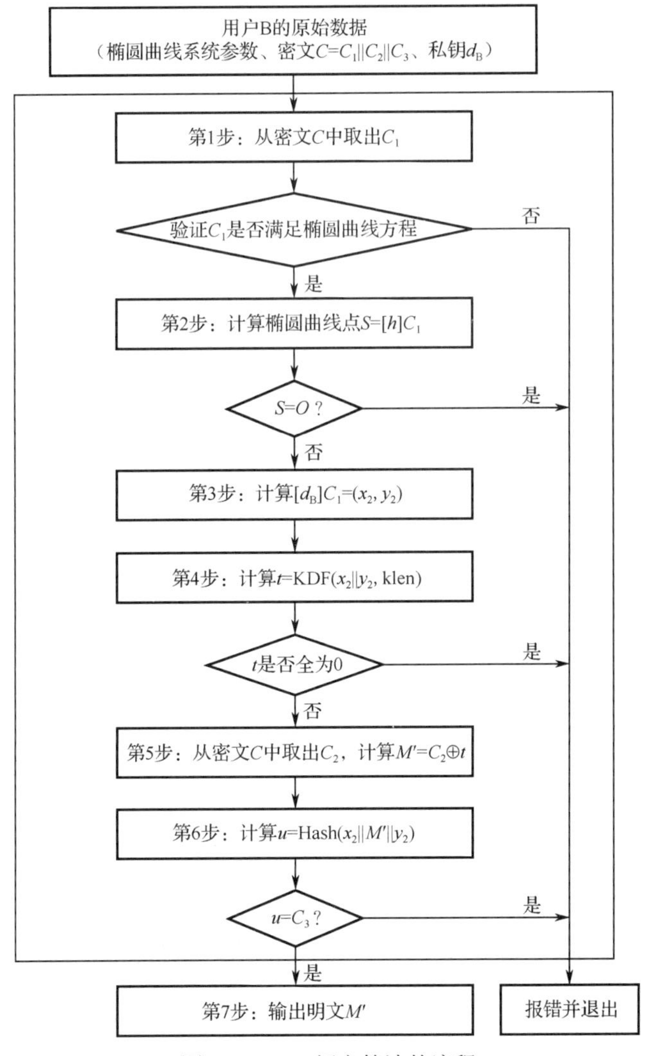

图 4.3　SM2 解密算法的流程

4.6 SM9 公钥加密

4.6.1 SM9 公钥加密算法

基于标识的密码（Identity-Based Cryptography，IBC）是与 RSA、ECC 相比具有其独特性的一种公钥密码。这种独特性体现在其公钥是用户的身份标识，而非随机数（乱码）。

IBC 概念最早出现于 1984 年 Shamir（RSA 密码创始人之一）的论文中，IBC 的公钥和私钥采用一种不同于 RSA 和 ECC 的特殊方法产生，即公钥是用户的身份标识，而私钥通过绑定身份标识与系统主密钥生成。

Miller 于 1985 年创建椭圆曲线密码（ECC）后不久，在其一篇未发表的手稿中首次给出了计算双线性对的多项式时间算法。但由于当时双线性对在公钥密码中尚未取得有效应用，未引起研究者的关注。随着双线性对在公钥密码中获得诸多应用，其计算的重要性日趋显著。Miller 于 2004 年重新整理了早年的手稿，详细论述了双线性对的计算。双线性对的有效计算奠定了 IBC 密码算法基础。

2016 年，国家密码管理局发布 IBC 国密标准算法即 SM9。

4.6.2 相关符号

下列符号适用于本节。

$\mathrm{A,B}$：使用公钥密码系统的两个用户。

cf：椭圆曲线阶相对于 N 的余因子。

cid：用一字节表示的曲线的识别符。其中，0x10 表示 F_p（素数 $p>2^{191}$）上的常曲线（即非超奇异曲线），0x11 表示 F_p 上的超奇异曲线，0x12 表示 F_p 上的常曲线及其扭曲线。

$\mathrm{Dec}()$：分组解密算法。

$d_{e\mathrm{B}}$：用户 B 的私钥。

$\mathrm{Enc}()$：分组加密算法。

e：从 $\mathbb{G}_1\times\mathbb{G}_2$ 的双线性对。

eid：用一字节表示的双线性对 e 的识别符。其中，0x01 表示 Tate 对，0x02 表示 Weil 对，0x03 表示 Ate 对，0x04 表示 R-ate 对。

$\mathbb{G}_T$：阶为素数 N 的乘法循环群。

$\mathbb{G}_1$：阶为素数 N 的加法循环群。

$\mathbb{G}_2$：阶为素数 N 的加法循环群。

g^u：$\mathbb{G}_T$ 中元素 g 的 u 次幂，即 $g^u=\underbrace{g\cdot g\cdot\ldots\cdot g}_{u个}$，$u$ 是正整数。

$H_v()$：密码杂凑函数。

$H_1()$：由密码杂凑函数派生的密码函数。

hid：用一字节表示的私钥生成函数识别符，由 KGC 选择并公开。

$\mathrm{ID_B}$：用户 B 的标识，可以唯一确定用户 B 的公钥。

$\mathrm{KDF}()$：密钥派生函数。

M：待加密的消息。

M'：解密得到的消息。

MAC()：消息认证码函数。

N：循环群$\mathbb{G}_1$、$\mathbb{G}_2$中元素P的u倍。

$P_{\text{pub-e}}$：加密主公钥。

P_1：群$\mathbb{G}_1$的生成元。

P_2：群$\mathbb{G}_2$的生成元。

$x \| y$：x与y的拼接，其中x和y是比特串或字节串。

$[x, y]$：不小于x且不大于y的整数的集合。

$\oplus$：长度相等的两个比特串按比特的模 2 加法运算。

β：扭曲线参数。

4.6.3 加密算法及流程

设需要发送的消息为比特串M，mlen 为M的比特长度，K_1_len为分组密码算法中密钥K_1的比特长度，K_2_len为函数$\text{MAC}(K_2, Z)$中密钥K_2的比特长度。

为了加密明文M给用户 B，作为加密者的用户 A 应实现下述运算步骤。

A1：计算群G_1中的元素$Q_\text{B} = [H_1(\text{ID}_\text{B} \| \text{hid}, N)]P_1 + P_{\text{pub-e}}$；

A2：产生随机数$r \in [1, N-1]$；

A3：计算群$\mathbb{G}_1$中的元素$C_1 = [r]Q_\text{B}$，将C_1的数据类型转换为比特串；

A4：计算群$\mathbb{G}_T$中的元素$g = e(P_{\text{pub-e}}, P_2)$；

A5：计算群$\mathbb{G}_T$中的元素$w = g^r$，将w的数据类型转换为比特串；

A6：按加密明文的方法分类进行计算：

1）如果加密明文的方法是基于密钥派生函数（KDF）的序列密码算法，则

（1）计算整数$\text{klen} = \text{mlen} + K_2_\text{len}$，然后计算$K = \text{KDF}(C_1 \| w \| \text{ID}_\text{B}, \text{klen})$。令$K_1$为$K$最左边的 mlen 比特，$K_2$为剩下的$K_2_\text{len}$比特，若$K_1$为全 0 比特串，则返回 A2；

（2）计算$C_2 = M \oplus K_1$。

2）如果加密明文的方法是结合密钥派生函数（KDF）的分组密码算法，则

（1）计算整数$\text{klen} = K_1_\text{len} + K_2_\text{len}$，然后计算$K = \text{KDF}(C_1 \| \omega \| \text{ID}_\text{B}, \text{klen})$。令$K_1$为$K$最左边的$K_1_\text{len}$比特，$K_2$为剩下的$K_2_\text{len}$比特，若$K_1$为全 0 比特串，则返回 A2；

（2）计算$C_2 = \text{Enc}(K_1, M)$。

A7：计算$C_3 = \text{MAC}(K_2, C_2)$；

A8：输出密文$C = C_1 \| C_3 \| C_2$。

SM9 加密算法的流程如图 4.4 所示。

4.6.4 解密算法及流程

设 mlen 为密文$C = C_1 \| C_3 \| C_2$中C_2的比特长度，K_1_len为分组密码算法中密钥K_1的比特长度，K_2_len为函数$\text{MAC}(K_2, Z)$中密钥K_2的比特长度。

为了对C进行解密，作为解密者的用户 B 应实现下述运算步骤。

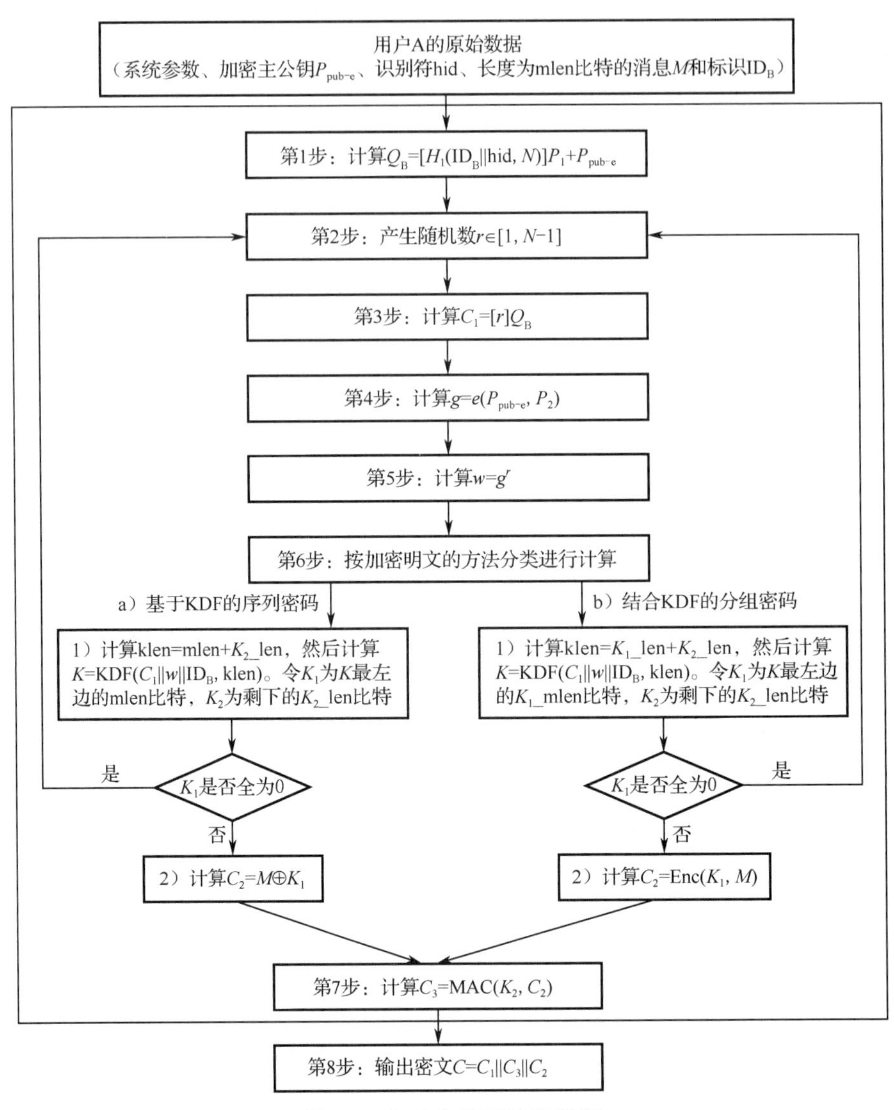

图 4.4　SM9 加密算法的流程

B1：从 C 中取出比特串 C_1，将 C_1 的数据类型转换为椭圆曲线上的点，验证 $C_1\in\mathbb{G}_1$ 是否成立，若不成立则报错并退出；

B2：计算群 $\mathbb{G}_T$ 中的元素 $w'=e(C_1,d_B)$，将 w' 的数据类型转换为比特串；

B3：按加密明文的方法分类进行计算：

（1）如果加密明文的方法是基于密钥派生函数（KDF）的序列密码算法，则

① 计算整数 $\text{klen}=\text{mlen}+K_2\_\text{len}$，然后计算 $K'=\text{KDF}(C_1\,||\,w'\,||\,\text{ID}_\text{B},\text{klen})$。令 K_1' 为 K' 最左边的 mlen 比特，K_2' 为剩下的 K_2_len 比特，若 K_1' 为全 0 比特串，则报错并退出；

② 计算 $M'=C_2\oplus K_1'$。

（2）如果加密明文的方法是结合密钥派生函数（KDF）的分组密码算法，则

① 计算整数 $\text{klen}=K_1\_\text{len}+K_2\_\text{len}$，然后计算 $K'=\text{KDF}(C_1\,||\,w'\,||\,\text{ID}_\text{B},\text{klen})$。令 K_1' 为 K' 最左边的 K_1_len 比特，K_2' 为剩下的 K_2_len 比特，若 K_1' 为全 0 比特串，则报错并退出；

② 计算 $M' = \mathrm{Dec}(K_1', C_2)$。

B4：计算 $u = \mathrm{MAC}(K_2', C_2)$，从 C 中取出比特串 C_3，若 $u \neq C_3$，则报错并退出；

B5：输出明文 M'。

SM9 解密算法的流程如图 4.5 所示。

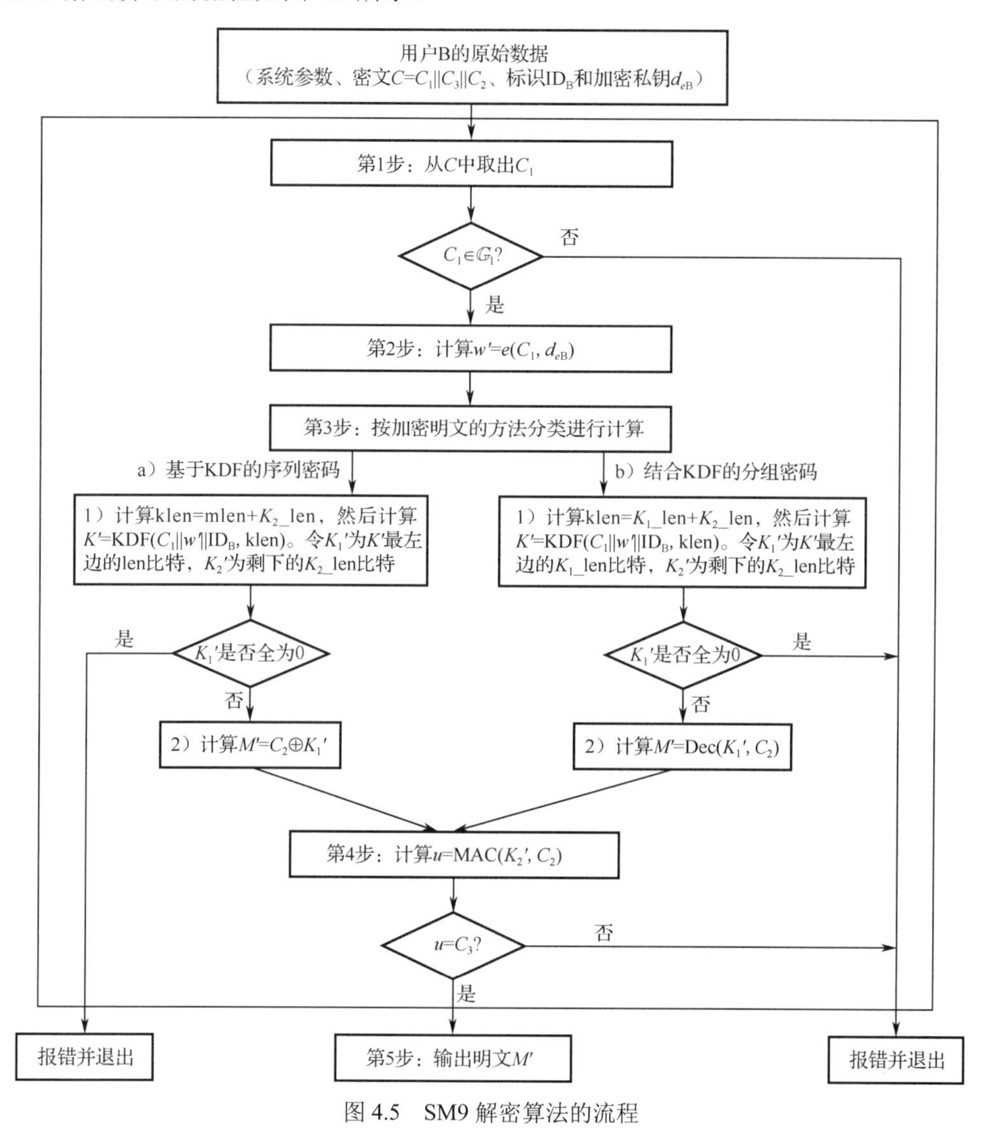

图 4.5　SM9 解密算法的流程

本 章 小 结

本章主要介绍了公钥密码体制的设计原理及常用的公钥密码体制。RSA 公钥密码体制、基于离散对数问题的公钥密码体制及椭圆曲线密码体制是目前应用比较广泛的密码体制。此外，还介绍了后量子公钥加密及国密算法 SM2 和 SM9。基于具体应用需求，在不同场合应选取不同的密码体制，因此研究基于不同困难问题的公钥密码体制一直是密码学的一个研究热点。

参 考 文 献

[1] 王育民, 刘建伟. 通信网的安全——理论与技术[M]. 西安: 西安电子科技大学出版社, 1999.

[2] 毛文波. 现代密码学理论与实践[M]. 北京: 电子工业出版社，2004.

[3] ODLYZKO A M. Discrete logarithms in finite fields and their cryptographic significance[C]// Workshop on the Theory and Application of Cryptographic Techniques. Berlin& Heidelberg：Springer-Verlag, 1984：224-314.

[4] GAMAL T E. A public key cryptosystem and a signature scheme based on discrete logarithms [J]. IEEE Trans. Inf. Theory, 1984(31):469-472.

[5] MENEZES A J, OORSCHOT P, VANSTONE S A . Handbook of Applied Cryptography [M]. 1996.

[6] KOBLITZ N. Elliptic Curve Cryptosystems [J]. Mathematics of Computation, 1987, 48(177):203-209.

[7] MILLER V. Use of elliptic curves in cryptography [Z]. Advance in Cryptology (CRYPTO), 1985:417-426.

[8] SHAMIR A. Identity-Based Cryptosystems and Signature Schemes [J]. Berlin & Heidelberg：Springer-Verlag, 1984:47-53.

[9] BONEH D. Identity-based encryption from the Weil pairing [J]. Advances in Crytology, 2001.

[10] SAHAI A，WATERS B R. Fuzzy Identity-Based Encryption[C]// Proceedings of the 24th annual international conference on Theory and Applications of Cryptographic Techniques. Berlin & Heidelberg：Springer-Verlag, 2004:457-473.

[11] GOYAL V, PANDEY O, SAHAI A, et al. Attribute-based encryption for fine-grained access control of encrypted data [J]. ACM, 2006:89-98.

[12] DAN B, SAHAI A, WATERS B. Functional Encryption: Definitions and Challenges[C]// Theory of Cryptography - 8th Theory of Cryptography Conference, 2011.

[13] GABIDULIN E M. Theory of codes with maximum rank distance [J]. Probl.inform.transm, 1985, 21(1):3-16.

[14] GABIDULIN E M. A fast matrix decoding algorithm for rank-error-correcting codes [M]. Berlin & Heidelberg：Springer-Verlag, 1992:126-132.

[15] Duc A, Vaudenay S. HELEN: A Public-Key Cryptosystem Based on the LPN and the Decisional Minimal Distance Problems [J].2013:107-126.

[16] 王新梅, 马文平. 纠错编码密码理论[M]. 北京: 人民邮电出版, 2001.

问 题 讨 论

1．简述 Diffie-Hellman 密钥交换协议。

2．证明 RSA 加密算法的可逆性。

3．假设分解大整数是容易的，如何容易攻破 RSA 公钥密码体制？

4．在一个 RSA 公钥密码体制中，若公开密钥是 $e=17$，$n=77$，截获的密文是 $c=20$，则明文 m 是什么？

5．考虑一个 $q=71$，生成元 $g=7$ 的 ElGamal 方案。若 B 的公开密钥是 $Y_{\mathrm{B}}=3$，A 选择的随机整数是 $k=2$，当消息 $m=20$ 时，对应的密文是什么？

6．试述多变量密码、格密码的研究进展。

7．简述 SM2 的加密过程。

8．简述 SM9 的解密过程。

第 5 章　认证和哈希函数

内容提要

保密和认证是信息安全系统需要解决的两个主要问题，本章主要介绍认证的基本概念和常用的认证技术。哈希函数在认证中具有重要的作用，本章主要讲述安全哈希函数设计的基本要求、常用哈希函数的结构。对哈希函数的攻击和分析一直是研究的热点，本章主要讲述对哈希函数的差分分析。

本章重点

- 认证的目的
- 基于加密的认证技术
- 哈希函数的概念
- 哈希函数的结构
- 哈希函数的差分分析
- SHA-256 算法
- SM3 算法

5.1 消息认证

网络系统安全主要考虑两个方面：一是保密，即使用密码技术加密需要传送的消息，使其不被攻击者知道；二是认证，用于防止攻击者对系统进行主动攻击，如伪造、篡改消息等。认证（Authentication）是防止主动攻击的主要技术，它对于开放网络中各种信息系统的安全性具有重要作用。认证的主要目的包括以下两方面：

（1）验证消息发送者的身份是正确的，而不是冒充的，也称为信源识别；

（2）验证消息的完整性，即消息在传送过程中未被篡改、重放或延迟等。

虽然保密和认证都与信息系统的安全有关，但它们是两个不同属性的问题——认证不能自动提供保密性，而保密性也不能自动提供认证功能。认证系统的模型如图 5.1 所示。

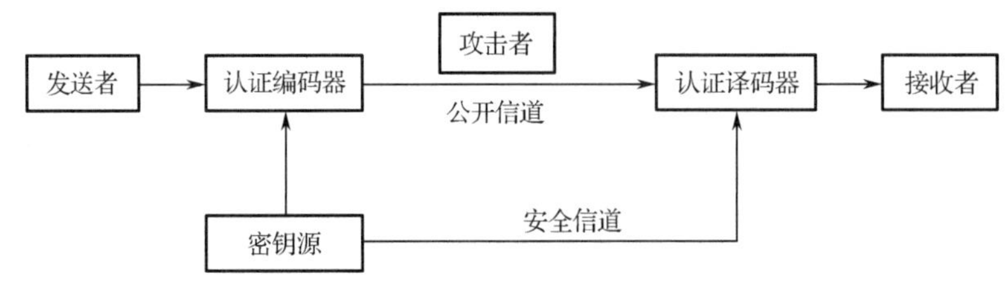

图 5.1　认证系统的模型

在该认证系统中的发送者通过一个公开信道将消息传给接收者，接收者不仅希望收到消息本身，还要验证消息是否来自合法的发送者及消息是否经过篡改。系统中的攻击者不仅会窃听在公开信道上传输的消息，而且可以伪造消息发送给接收者进行欺诈。

图 5.1 中的认证编码器和认证译码器可抽象为认证方法。一个安全的认证系统，首先需要确定恰当的认证函数，然后以此为基础给出合理的认证协议。

5.2 消息认证方法

为了认证消息的完整性和未被篡改，需要对消息生成某种形式上的鉴别符，通过对鉴别符的分析，可以判断原始消息是否完整、有无修改。用来产生鉴别符的常用方法包括 3 类，都是消息认证的重要手段，分别如下所述。

（1）消息加密：将整个需要认证的消息加密，将加密的结果作为鉴别符。

（2）消息认证码（MAC）：将需要认证的消息通过一个公共函数作用产生结果，将该结果和一个定长的密钥作为鉴别符。

（3）哈希函数：将需要认证的消息通过一个公共函数映射成为定长的哈希值，以该哈希值作为鉴别符。

5.2.1 消息加密

用消息加密函数作为认证的方法是使用完整消息的密文作为消息认证的鉴别符。消息加密函数分两种，一种是常规的对称密钥加密函数，另一种是公钥的加密函数。图 5.2 中的通信双方是 A 和 B，其中，A 为发送方，B 为接收方。B 收到消息后，通过解密来判断消息是否来自 A，并且消息是否是完整、有无篡改。

图 5.2 中的 M 是需要传输的消息，K_{AB} 是 A 和 B 之间共享的对称密钥，SK_A 和 SK_B 分别表示 A 和 B 的私钥，PK_A 和 PK_B 分别表示 A 和 B 的公钥。符号 m 表示需要传输的明文消息。图 5.2a 所示为使用对称加密的方法，该方法在 A 和 B 事先共享对称密钥 K_{AB} 的前提下既有保密性，又有可认证性。保密性是因为传输的密文使用 K_{AB} 加密，而可认证性是因为 B 知道只有 A 可以使用 K_{AB} 产生正确的密文。图 5.2b 所示为使用公钥加密的方法，该方法具有保密性但不具备可认证性。保密性是因为传输的密文使用 B 的公钥 PK_B 加密，而不具有可认证性是因为 B 的公钥 PK_B 是公开的，任何人都可以使用 PK_B 进行加密。图 5.2c 所示为使用公钥加密的方法，该方法兼具保密性和可认证性。保密性是因为传输的密文使用 B 的公钥 PK_B 加密，具有可认证性是因为 A 同时使用自己的私钥 SK_A 对传输的明文进行加密，B 使用 A 的公钥 PK_A 可以验证只有 A 才能使用 SK_A 产生正确的密文。

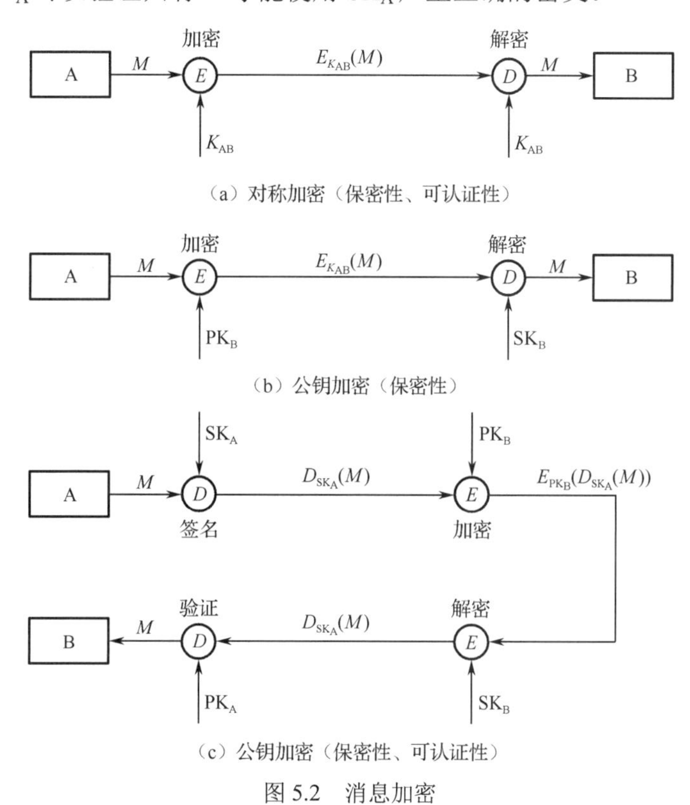

图 5.2　消息加密

5.2.2　消息认证码

消息认证码（Message Authentication Code，MAC）是对源消息的一个编码函数。利用 MAC 对消息进行认证的过程：利用 MAC 函数 f 和密钥 k，将要发送的明文 x 或密文 y 变换成 r 比特的消息认证码 $f(k,x)$（或 $f(k,y)$），并将结果作为鉴别符附加在 x（或 y）之后发送给接收者。接收者收到发送的消息序列后，按发送者同样的方法对接收的数据进行计算，应得到相应 r 比特的消息认证码。从 MAC 的计算方法来看，MAC 和对称分组加密算法非常类似，都需要一个密钥，但是与加密算法不同的是 MAC 函数无须是可逆的，而加密算法中的加密和解密过程都需要是可逆的。MAC 函数的这个性质使得它比加密函数更难以分析，也更难以破解。

MAC 是消息认证的一个手段，可以检验的内容包括：

- 接收者检验消息来源的确是所谓的发送者。因为 MAC 计算中需要使用密钥 k，在不知道 k 的情况下，其他人不可能计算出正确的消息认证码。
- 接收者检验消息是否曾受到偶然的或是有意的篡改。如果攻击者篡改了消息，但他没有能力计算相应的 MAC，则接收者收到的 MAC 和计算出来的 MAC 一定不匹配。
- 如果消息包括一个序列号（如 TCP 中），则接收者可以检验该序列号的正确性。这是因为攻击者同样无法成功更改消息中的序列号。

总之，MAC 能使接收者识别消息的来源、内容的真伪、时间，以及是否被重放。

5.2.3 哈希函数

哈希函数（Hash Funciton）是一个公开的函数，它将任意长的消息映射成一个固定长度的摘要。哈希函数是使用最为广泛的一种消息认证方法，常见的用途就是文件签名。例如，对较长的文件进行签名，若该文件的长度达数兆字节，则需要考虑将文件按照 512 字节分划成若干组，并用相同的密钥独立地对每一组进行签名。显然，这种做法速度太慢，所需的计算量和信息量也都很大。现在常用的方法是使用哈希函数将任意长度的文件作为输入，输出固定长度的消息摘要，并对消息摘要进行签名。

哈希函数以一个变长的文件 m 作为输入，产生一个定长的摘要 $H(m)$ 作为输出，摘要是文件 m 所有比特的函数值，它和所有比特相关，即

① 输入：文件 m 任意长度；

② 输出：摘要 $z = H(m)$ 固定长度。

由哈希函数产生的摘要可以在某种意义上看成简要地描述了一份较长的消息或文件，可以被看作一份长文件的“数字指纹”。摘要用于创建数字签名，对于特定的文件而言，消息摘要是唯一的。消息摘要可以被公开，它不会透露相应文件的任何内容。

哈希函数的算法有很多，但不一定都有效。其中应用较多的是 MD5 和 SHA-1。MD5 及其前身 MD2、MD4 都是由 Ron Rivest 开发的用于数字签名应用程序的哈希算法，在数字签名应用程序中将消息压缩成摘要，再由私钥签名。MD2 是为 8 位计算机系统设计的，而 MD4 和 MD5 是为 32 位计算机系统开发的。MD4 开发于 1990 年，现已被认为是不安全的。RSA 实验室将 MD5 描述为“系有安全带的 MD4”，它虽然比 MD4 慢，但却被认为是安全的。MD5 和 MD4 在处理消息时都以 512 比特为分组，对于任意长度的输入会填充一些比特以确保其长度加上 448 可以被 512 整除，输出是 128 比特的摘要。安全哈希算法（SHA）是由美国国家标准技术研究院（NIST）开发的，NIST 隶属美国商务部，负责发布密码规范的标准。SHA 的安全性可能名不副实，于是在 1994 年发布了原始算法的修订版，称为 SHA-1。与 MD5 相比，SHA-1 生成 160 比特的消息摘要，虽然执行速度更慢，却被认为更安全。

1. 哈希函数的要求

哈希函数应具有以下性质：

- 接受的输入消息没有长度限制，哈希函数应能作用于任意大小的数据分组；

- 对任意长度的消息输入能够生成固定长度的输出；
- 对任意给定的 m，容易计算 $H(m)$，$H(m)$ 的计算最好能适合软件和硬件的快速实现；
- 已知哈希函数的输出，求其输入是困难的，即已知 $c=H(m)$，求 m 是困难的，这是哈希函数的单向性；
- 对任意给定的分组 m，寻求不等于 m 的 x，使得 $H(m)=H(x)$ 在计算上很困难，这是哈希函数的弱抗碰撞性；
- 给定 $c=H(m)$，c 的任意比特都与 m 的每一比特有关，具有高度敏感性，即每改变 m 的 1 比特，都将对 c 产生显著的影响，这是哈希函数的雪崩性；
- 寻找二元组 (x,y)，使得 $H(y)=H(x)$ 在计算上很困难，这是哈希函数的强抗碰撞性。

如果一个理想哈希函数的输出长度为 128 比特，则任意两个输入 x、y 具有完全相同的输出，即 $H(y)=H(x)$ 的概率为 10^{-24}，这个数字较人类指纹的重复概率 10^{-19} 还要小 5 个数量级。而当哈希函数的输出长度为 384 比特乃至 1024 比特时，则上述概率几乎为零。

2. 哈希函数的一般结构

目前使用较多的哈希函数都有相似的结构，如图 5.3 所示。其中，IV 是初值，CV 是链接变量，Y_i 是第 i 个输入分组，F 是压缩算法，L 是输入的分组数，N 是输出长度。该结构重复使用一个压缩函数 F，它有两个输入，一个是链接变量，另一个是第 i 个分组；其输出作为下一个链接变量。在算法开始时，链接变量有一个初始值 IV， 最终输出的链接变量值就是整个哈希函数的输出。一般来说，分组长度大于输出链接变量的长度，因此，将 F 称为压缩函数。

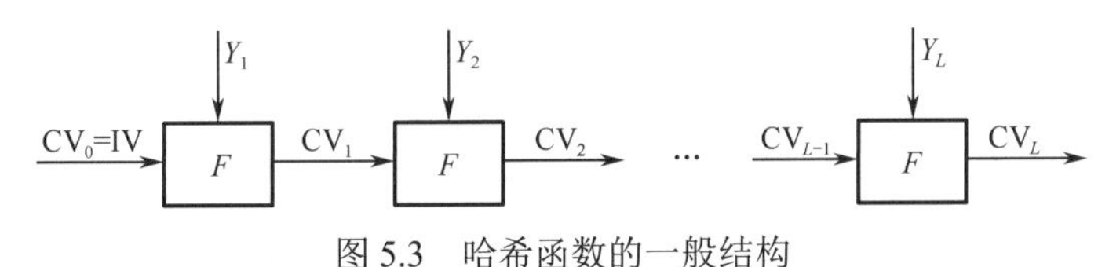

图 5.3　哈希函数的一般结构

如果压缩函数 F 是单向的、抗碰撞的，那么这个迭代结构也是单向的、抗碰撞的。因此，这样的结构可以用来产生任意长度输入的摘要值。于是，设计安全哈希函数的难题就变成设计以固定长度为输入的压缩函数。这也是大部分哈希函数使用上述结构的原因。

3. 哈希函数的用途

（1）数字签名。哈希函数应用最多的一个领域可能就是数字签名。如果对一个长文件进行签名，可以先对其进行分组，再对每个分组进行签名，显然这种方法是低效的。更好的方法是使用哈希函数作用于这个文件，然后对哈希函数产生的摘要进行签名。这样只需要进行一次数字签名就可以完成对整个文件的签名。

（2）口令管理。用户登录系统时需向服务器提供用户名和口令，有些系统的用户名和口令都是以明文形式存放在服务器上的。一旦攻击者能够访问服务器上存储用户名和口令的文件，就可以知道所有用户的口令。这样是非常危险的。UNIX 系统并没有直接保持用户的口令，而是只保持了用户口令的哈希值。用户登录系统时输入用户名和口令，UNIX 系统将用户输入的口令作为哈希函数的输入，然后将哈希函数的输出与存储于本机的用户口令的哈希值进行比较，以确定用户是否输入正确的用户名和口令。这样做的优点在于，即使攻击者能够访问服务器上存储用户名和口令的文件，也无法知道所有用户的口令。这是因为哈希函数具有单向性。

5.3 MD5

MD5（RFC 1321）是 Ron Rivest 在麻省理工学院提出的，也是近年来应用最广的一种哈希算法。该算法能将任意长度的报文压缩成 128 比特的摘要。

5.3.1 MD5 的整体描述

MD5 以任意长度的消息文件作为输入，产生一个 128 比特的摘要作为输出，在其内部，消息是按照 512 比特进行分组处理的。图 5.4 描述了 MD5 的整体过程，图中 HMD5 表示单个 512 比特的 MD5 处理过程，即 MD5 的压缩函数。MD5 包括下述 5 个步骤。

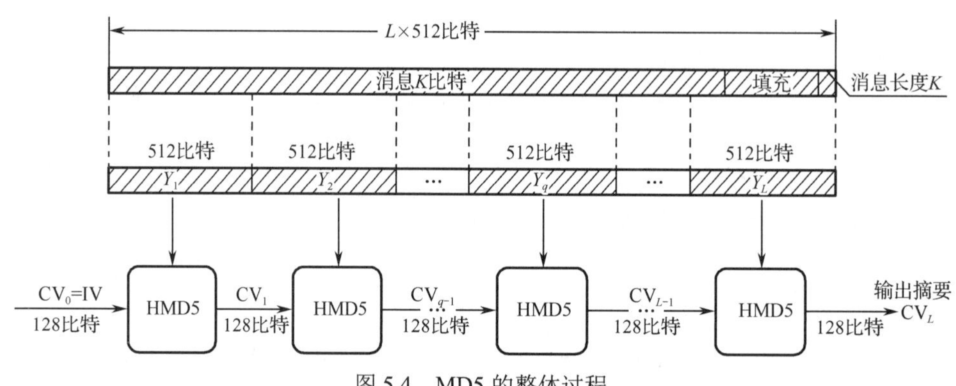

图 5.4　MD5 的整体过程

步骤 1：附加填充比特。对输入消息进行填充，使消息的长度与 448 模 512 同余。需要注意的是，如果消息是 448 比特，那么需要填充 512 比特以形成 960 比特的比特串。填充的比特最高位是 1，其余均为 0。

步骤 2：附加长度值。用 64 比特的数字表示未填充前消息的长度，将这 64 比特附加在已填充的比特串之后，比特串的长度将是 512 比特的整数倍。经如此扩展的比特串以 512 比特的分组，形成序列 Y_1、Y_2、…、Y_L，整个比特串的长度为512L 比特。

步骤 3：初始化链接变量缓冲区。一个 128 比特的链接变量缓冲区用于保存链接变量和最终哈希函数输出。链接变量缓冲区可以表示为 4 个 32 比特的寄存器 A、B、C 和 D，这些寄存器初始化为 16 进制值，即

A=67452301

B=EFCDAB89

C=98BADCFE

D=10325476

这些值在寄存器中以低位在前的方式存储（Little-endian），即字的低位字节放在低地址字节上，因此，寄存器的初始值按下述方式存储。

A：01 23 45 67

B：89 AB CD EF

C：FE DC BA 98

D：76 54 32 10

步骤 4：HMD5 依次处理每个 512 比特的消息分组，若消息比特串分组数为 L，则需要执行 L 次 HMD5 以处理每个分组。

步骤 5：输出。所有 L 个 512 比特的分组处理完成后，第 L 阶段产生的输出 CV_L 便是最后输出的 128 比特摘要。

5.3.2 单个 512 比特的 HMD5 处理过程

图 5.5 表示 HMD5 正在处理第 q 个分组，算法的核心是一个包含 4 轮循环的压缩函数，每轮循环由 16 步操作组成。$i=1,\cdots,4$ 表示处于 4 轮循环中的第 i 轮循环，$k=1,\cdots,16$ 表示处于 16 步操作中的第 k 步操作。4 轮循环有相似的结构，但每轮循环使用不同的逻辑函数 g_i，（i=1，2，3，4），每轮循环都以当前正在处理的 512 比特分组和 128 比特的链接变量 A、B、C、D 为输入，然后更新链接变量缓冲区的内容。每轮循环使用不同的函数 $T(k,i)$，该函数通过正弦函数构建，提供一个随机化的 32 位模式集，其目的是消除输入数据的任何规律性。$M(k,i)$ 从正在处理的分组中得出。最后，将第 4 轮循环的输出加到第 1 轮循环的输入 CV_{q-1} 上产生 CV_q，加法为模 2^{32} 的整数加法。

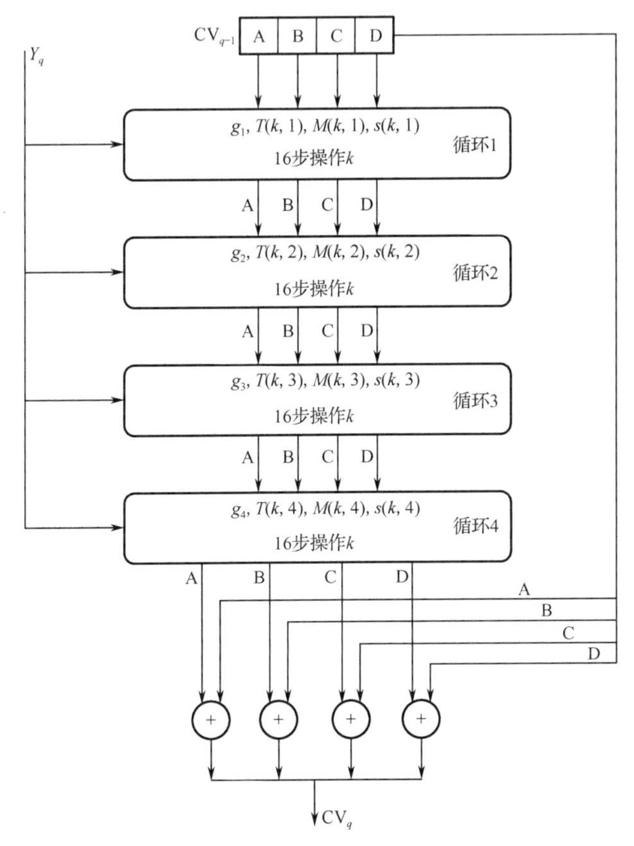

图 5.5　HMD5 处理过程

每轮循环过程又是由对链接变量 A、B、C、D 的 16 步操作组成的，每一步操作可以用图 5.6 来表示。

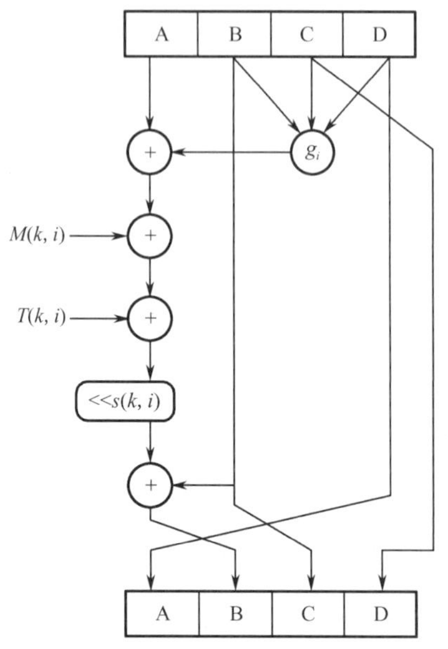

图 5.6　HMD5 单步操作

逻辑函数 $g_i\,(i=1,\cdots,4)$分别是逻辑函数 F、G、H 和 I，其意义见表 5.1。

表 5.1　逻辑函数 g_i 的意义

循　环	逻辑函数 g_i	意　义
1	$F(b,c,d)$	$(b\wedge c)\vee(\bar{b}\wedge d)$
2	$G(b,c,d)$	$(b\wedge c)\vee(\bar{d}\wedge c)$
3	$H(b,c,d)$	$b\oplus c\oplus d$
4	$I(b,c,d)$	$c\oplus(\bar{d}\wedge b)$

表中的$\wedge$，$\vee$，$-$和$\oplus$分别表示按位的逻辑与、逻辑或、取反和异或。逻辑函数的真值表见表 5.2。

表 5.2　逻辑函数的真值表

b　c　d	F　G　H　I
0　0　0	0　0　0　1
0　0　1	1　0　1　0
0　1　0	0　1　1　0
0　1　1	1　0　0　1
1　0　0	0　0　1　1
1　0　1	0　1　0　1
1　1　0	1　1　0　0
1　1　1	1　1　1　0

$T(k,i)$ 由正弦函数计算，$T(k,i)=2^{32}\times \mathrm{abs}(\sin(16(i-1)+k))$，其中 $16(i-1)+k$ 的单位为弧度。

如果用 32 比特字的数组 $X[0\cdots 15]$ 来表示 HMD5 当前正在处理的 512 比特分组，$M(k,i)$ 对应于数组 $X[1\cdots 16]$ 中的某一个 32 比特字，具体的对应规则如下：

$$M(k,1)=X[k-1]$$

$$M(k,2)=X[(1+5(k-1))\bmod 16]$$

$$M(k,3)=X[(5+3(k-1))\bmod 16]$$

$$M(k,4)=X[7(k-1)\bmod 16]$$

$<< s(k,i)$ 表示 32 比特的字循环左移 $s(k,i)$ 位，$s(k,i)$ 可由表 5.3 得出。

表 5.3　循环左移的位数

	i				
K		1	2	3	4
	1	7	5	4	6
	2	12	9	11	10
	3	17	14	16	15
	4	22	20	23	21
	5	7	5	4	6
	6	12	9	11	10
	7	17	14	16	15
	8	22	20	23	21
	9	7	5	4	6
	10	12	9	11	10
	11	17	14	16	15
	12	22	20	23	21
	13	7	5	4	6
	14	12	9	11	10
	15	17	14	16	15
	16	22	20	23	21

HMD5 中的单步过程也可用数学方法描述，16 步操作都可以表示成以下形式：

$$a=b+((a+g_i(b,c,d)\ +M(k,i)\ +T(k,i)) << s(k,i))$$

其中，a, b, c, d 是链接变量缓存中的 4 个字，将 k 和 i 的数字代入上式，可以得到 4 轮循环的共 64 步操作，具体可以表示为下述形式。

第 1 轮循环：

$$a = b + ((a + F(b,c,d) + X[0] + \text{0xD76AA478}) << 7)$$

$$d = a + ((d + F(a,b,c) + X[1] + \text{0xE8C7B756}) << 12)$$

$$c = d + ((c + F(d,a,b) + X[2] + \text{0x242070DB}) << 17)$$

$$b = c + ((b + F(c,d,a) + X[3] + \text{0xC1BDCEEE}) << 22)$$

$$a = b + ((a + F(b,c,d) + X[4] + 0xF57C0FAF) << 7)$$
$$d = a + ((d + F(a,b,c) + X[5] + 0x4787C62A) << 12)$$
$$c = d + ((c + F(d,a,b) + X[6] + 0xA8304613) << 17)$$
$$b = c + ((b + F(c,d,a) + X[7] + 0xFD469501) << 22)$$
$$a = b + ((a + F(b,c,d) + X[8] + 0x698098D8) << 7)$$
$$d = a + ((d + F(a,b,c) + X[9] + 0x8B44F7AF) << 12)$$
$$c = d + ((c + F(d,a,b) + X[10] + 0xFFFF5BB1) << 17)$$
$$b = c + ((b + F(c,d,a) + X[11] + 0x895CD7BE) << 22)$$
$$a = b + ((a + F(b,c,d) + X[12] + 0x6B901122) << 7)$$
$$d = a + ((d + F(a,b,c) + X[13] + 0xFD987193) << 12)$$
$$c = d + ((c + F(d,a,b) + X[14] + 0xA679438E) << 17)$$
$$b = c + ((b + F(c,d,a) + X[15] + 0x49B40821) << 22)$$

第 2 轮循环：

$$a = b + ((a + G(b,c,d) + X[1] + 0xF61E2562) << 5)$$
$$d = a + ((d + G(a,b,c) + X[6] + 0xC040B340) << 9)$$
$$c = d + ((c + G(d,a,b) + X[11] + 0x265E5A51) << 14)$$
$$b = c + ((b + G(c,d,a) + X[0] + 0xE9B6C7AA) << 20)$$
$$a = b + ((a + G(b,c,d) + X[5] + 0xD62F105D) << 5)$$
$$d = a + ((d + G(a,b,c) + X[10] + 0x02441453) << 9)$$
$$c = d + ((c + G(d,a,b) + X[15] + 0xD8A1E681) << 14)$$
$$b = c + ((b + G(c,d,a) + X[4] + 0xE7D3FBC8) << 20)$$
$$a = b + ((a + G(b,c,d) + X[9] + 0x21E1CDE6) << 5)$$
$$d = a + ((d + G(a,b,c) + X[14] + 0xC33707D6) << 9)$$
$$c = d + ((c + G(d,a,b) + X[3] + 0xF4D50D87) << 14)$$
$$b = c + ((b + G(c,d,a) + X[8] + 0x455A14ED) << 20)$$
$$a = b + ((a + G(b,c,d) + X[13] + 0xA9E3E905) << 5)$$
$$d = a + ((d + G(a,b,c) + X[2] + 0xFCEFA3F8) << 9)$$
$$c = d + ((c + G(d,a,b) + X[7] + 0x676F02D9) << 14)$$
$$b = c + ((b + G(c,d,a) + X[12] + 0x8D2A4C8A) << 20)$$

第 3 轮循环：

$$a = b + ((a + H(b,c,d) + X[5] + 0xFFFA3942) << 4)$$
$$d = a + ((d + H(a,b,c) + X[8] + 0x8771F681) << 11)$$
$$c = d + ((c + H(d,a,b) + X[11] + 0x6D9D6122) << 16)$$
$$b = c + ((b + H(c,d,a) + X[14] + 0xFDE5380C) << 23)$$
$$a = b + ((a + H(b,c,d) + X[1] + 0xA4BEEA44) << 4)$$
$$d = a + ((d + H(a,b,c) + X[4] + 0x4BDECFA9) << 11)$$
$$c = d + ((c + H(d,a,b) + X[7] + 0xF6BB4B60) << 16)$$
$$b = c + ((b + H(c,d,a) + X[10] + 0xBDBFBC70) << 23)$$
$$a = b + ((a + H(b,c,d) + X[13] + 0x289B7EC6) << 4)$$
$$d = a + ((d + H(a,b,c) + X[0] + 0xEAA127FA) << 11)$$

$$c = d + ((c + H(d,a,b) + X[3] + 0xD4EF3085) << 16)$$
$$b = c + ((b + H(c,d,a) + X[6] + 0x04881D05) << 23)$$
$$a = b + ((a + H(b,c,d) + X[9] + 0xD9D4D039) << 4)$$
$$d = a + ((d + H(a,b,c) + X[12] + 0xE6DB99E5) << 11)$$
$$c = d + ((c + H(d,a,b) + X[15] + 0x1FA27CF8) << 16)$$
$$b = c + ((b + H(c,d,a) + X[2] + 0xC4AC5665) << 23)$$

第 4 轮循环：

$$a = b + ((a + I(b,c,d) + X[0] + 0xF4292244) << 6)$$
$$d= a + ((d + I(a,b,c) + X[7] + 0x432AFF97) << 10)$$
$$c = d + ((c + I(d,a,b) + X[14] + 0xAB9423A7) << 15)$$
$$b = c + ((b + I(c,d,a) + X[5] + 0xFC93A039) << 21)$$
$$a = b + ((a + I(b,c,d) + X[12] + 0X655B59C3) << 6)$$
$$d = a + ((d + I(a,b,c) + X[3] + 0x8F0CCC92) << 10)$$
$$c = d + ((c + I(d,a,b) + X[10] + 0xFFEFF47D) << 15)$$
$$b = c + ((b + I(c,d,a) + X[1] + 0x85845DD1) << 21)$$
$$a = b + ((a + I(b,c,d) + X[8] + 0x6FA87E4F) << 6)$$
$$d = a + ((d + I(a,b,c) + X[15] + 0xFE2CE6E0) << 10)$$
$$c = d + ((c + I(d,a,b) + X[6] + 0xA3014314) << 15)$$
$$b = c + ((b + I(c,d,a) + X[13] + 0x4E0811A1) << 21)$$
$$a = b + ((a + I(b,c,d) + X[4] + 0xF7537E82) << 6)$$
$$d = a + ((d + I(a,b,c) + X[11] + 0xBD3AF235) << 10)$$
$$c = d + ((c + I(d,a,b) + X[2] + 0x2AD7D2BB) << 15)$$
$$b = c + ((b + I(c,d,a) + X[9] + 0xEB86D391) << 21)$$

5.4 SHA-1

安全哈希算法（Secure Hash Algorithm，SHA）由美国国家标准技术研究院（NIST）提出，并作为联邦信息处理标准于 1993 年公布。1995 年发布了该算法的一个修订版本为 SHA-1。SHA 的设计在很大程度上是模仿 MD5 的。

5.4.1 SHA-1 的整体描述

SHA-1 以任意长度的消息文件作为输入，产生一个 160 比特的摘要作为输出，在其内部，消息是按照 512 比特进行分组处理的。图 5.7 所示为 SHA-1 的整体过程，HSHA 表示单个 512 比特的 SHA-1 处理过程，即 SHA-1 的压缩函数。由图 5.7 可以看出，SHA-1 和 MD5 的处理过程非常相似，两者的不同之处在于 SHA-1 的链接变量是 160 比特。SHA-1 包括下述 5 个步骤。

步骤 1：附加填充比特。对输入消息进行填充，使消息的长度与 448 模 512 同余。需要注意的是，如果消息是 448 比特，那么需要填充 512 比特以形成 960 比特的比特串。填充的比特最高位是 1，其余均为 0。

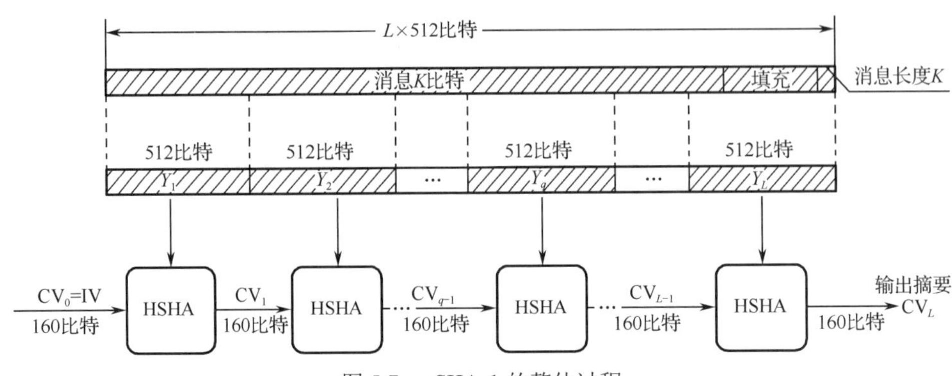

图 5.7　SHA-1 的整体过程

步骤 2：附加长度值。用 64 比特的数字表示未填充前消息的长度，将这 64 比特附加在已填充的比特串之后（高位字节优先），比特串的长度将是 512 比特的整数倍。经如此扩展的比特串以 512 比特的分组，形成序列 Y_1、Y_2、…、Y_L，整个比特串的长度为 512L 比特。

步骤 3：初始化链接变量缓冲区。一个 160 位的链接变量缓冲区用于保存链接变量和最终哈希函数输出。链接变量缓冲区可以表示为 5 个 32 比特的寄存器 A、B、C、D 和 E，这些寄存器初始化为 16 进制值，即

A=67452301
B=EFCDAB89
C=98BADCFE
D=10325476
E=C3D2E1F0

寄存器 A、B、C 和 D 的初始值与 MD5 的初始值一样，不过，SHA-1 采用高位在前的方式存储（Big Endian）。

步骤 4：HSHA 依次处理每个 512 比特的消息分组，若消息比特串分组数为 L，则需要执行 L 次 HSHA 以处理每个分组。

步骤 5：输出。所有 L 个 512 比特的分组处理完成后，第 L 阶段产生的输出 CV_L 便是最后输出的 160 比特摘要。

5.4.2　单个 512 比特的 HSHA 处理过程

图 5.8 表示 HSHA 正在处理第 q 个分组，HSHA 由 4 轮循环处理过程组成，每一轮循环由 20 步操作组成。$i=1,\cdots,4$ 表示处于 4 轮循环中的第 i 轮循环，$k=1,\cdots,16$ 表示处于 20 步操作中的第 k 步操作。算法的核心就是一个包含 4 轮循环的压缩函数。4 轮循环有相似的结构，但每轮循环使用不同的逻辑函数 g_i。每轮循环都以当前正在处理的 512 比特分组和 160 比特的链接变量 A、B、C、D、E 为输入，然后更新链接变量缓冲区的内容。每轮循环使用不同的额外常数 $T(i)$，$M(k,i)$ 从正在处理的分组中得出。最后，将第 4 轮循环的输出加到第一轮循环的输入 CV_{q-1} 上产生 CV_q，加法为模 2^{32} 的整数加法。

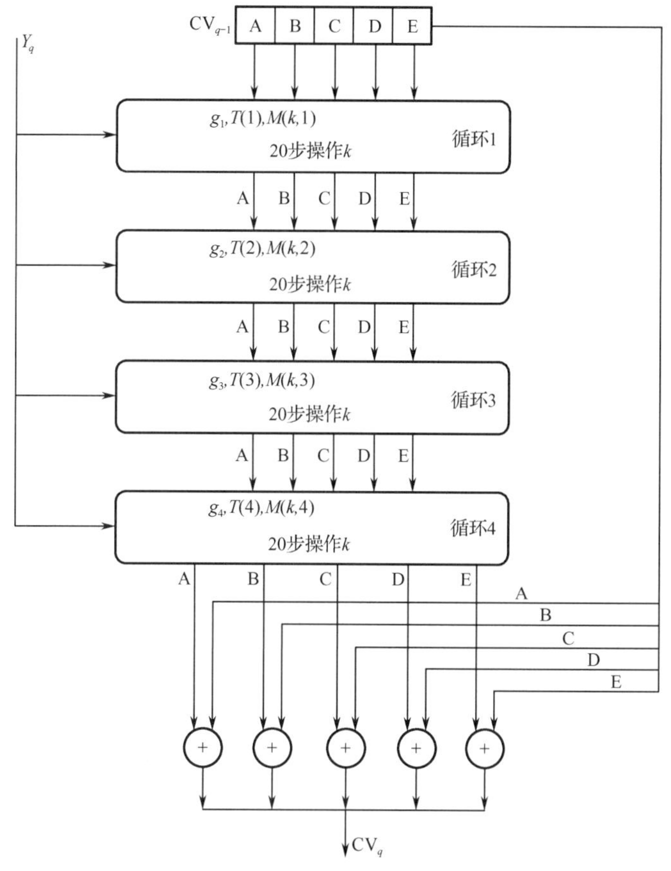

图 5.8　HSHA 处理过程

每轮循环过程又是由对链接变量 A、B、C、D、E 的 20 步操作组成的，每一步操作可以用图 5.9 来表示。

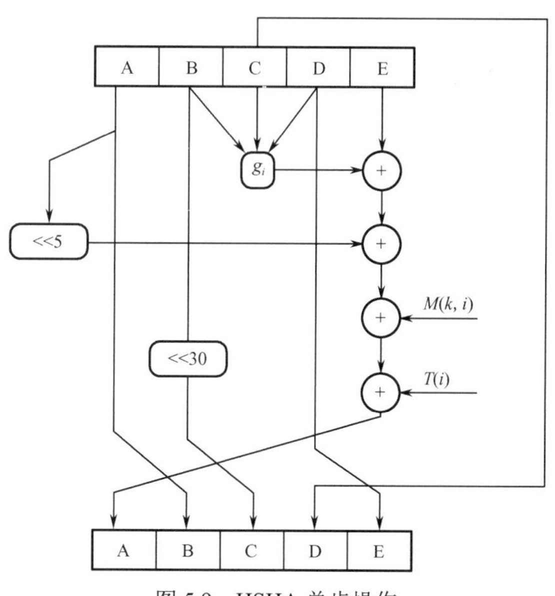

图 5.9　HSHA 单步操作

逻辑函数 $g_i(b,c,d)$， $i=1,\cdots,4$ 的意义见表 5.4。

表 5.4　逻辑函数 $g_i(b,c,d)$的意义

循环 i	$g_i(b,c,d)$的意义
1	$(b\wedge c)\vee(\bar{b}\wedge d)$
2	$b\oplus c\oplus d$
3	$(b\wedge c)\vee(b\wedge d)\vee(c\wedge d)$
4	$b\oplus c\oplus d$

表中的 $\wedge$， $\vee$， $-$ 和 $\oplus$ 分别表示按位的逻辑与、逻辑或、取反和异或。逻辑函数的真值表见表 5.5。

表 5.5　逻辑函数的真值表

b	c	d	$i=1$	2	3	4
0	0	0	0	0	0	0
0	0	1	1	1	0	1
0	1	0	0	1	0	1
0	1	1	1	0	1	0
1	0	0	0	1	0	1
1	0	1	0	0	1	0
1	1	0	1	0	1	0
1	1	1	1	1	1	1

$T(i)$ 是额外常数，取值见表 5.6。

表 5.6　额外常数的取值

i	$T(i)$
1	5A827999
2	6ED9EBA1
3	8F1BBCDC
4	CA62C1D6

如果用 32 比特字的数组 $X[0...15]$ 来表示 HSHA 当前正在处理的 512 比特分组，$M(k,i)$ 对应于数组 $X[0\cdots15]$ 中的某一个 32 比特字，具体的对应规则如下：

$$令\ j=20(i-1)+k-1，\ M(k,i)=W(j)，则$$

$$W(j)=\begin{cases}X[j],\ j<16\\(W_{j-16}\oplus W_{j-14}\oplus W_{j-8}\oplus W_{j-3})<<1,\ 16\leqslant j\leqslant 80\end{cases}$$

式中， $<<s$ 表示 32 比特的字循环左移 s 位。

5.5 MD5 与 SHA-1 的比较

SHA-1 和 MD5 在许多方面都是相似的，因为这两个算法都是由 MD4 导出的。

对强行攻击的安全性：最显著的区别是 SHA-1 摘要比 MD5 摘要多 32 比特。即使用强行攻击产生任何一个报文摘要等于给定报文摘要的计算复杂度对 MD5 是 2^{128} 数量级的操作，而对 SHA-1 则是 2^{160} 数量级的操作。SHA-1 对强力攻击更安全。

对密码分析的攻击：由于 MD5 的设计，导致其易受密码分析的攻击。而 SHA-1 则不易受到这样的攻击。

速度：两个算法都在很大程度上依赖于模 2^{32} 的加法，因此运行速度较快，但总的复杂性和步骤数使得 SHA-1 的运行比 MD5 更慢。

5.6 对哈希函数的攻击现状

前面讲述的 MD5 和 SHA-1 哈希函数都具有以下性质：输出摘要中的每一比特都是输入消息中每一比特的函数。这种性质使得具有相似规律性的两个消息也难产生相同的摘要。

目前，对于哈希函数的攻击主要有 3 种方法：直接攻击、生日攻击和差分攻击。前两种攻击方法是一般意义上的攻击方法，并没有利用某种哈希函数代数结构的性质，可以攻击任何一种哈希算法。后一种攻击方法较为特殊，其在攻击某种哈希函数时，需要利用该哈希函数的代数结构。

5.6.1 直接攻击

直接攻击又称为野蛮攻击。该攻击方法需要攻击者找到一个和消息 m 的摘要相同的消息 m'，即 $H(m)=H(m')$，因此，攻击者需要搜索的消息数量与哈希函数输出摘要的长度相关。例如，对于 MD5，其输出的摘要长度为 128 比特，于是，攻击者需要搜索的消息数量是 2^{128} 数量级的；对于 SHA-1，其输出的摘要长度为 160 比特，于是，攻击者需要搜索的消息数量是 2^{160} 数量级的。

5.6.2 生日攻击

生日攻击的目的是找到两个能产生同样摘要的消息，使哈希函数发生碰撞。生日攻击方法没有利用哈希函数的结构和任何代数性质，只依赖于消息摘要的长度。这种攻击对哈希函数提出了一个必要的安全条件，即消息摘要必须足够长。生日攻击这个术语源于著名的生日问题，即在一个教室中最少应有多少名学生才使得至少有两名学生的生日在同一天的概率不小于 1/2。这个问题的答案为 23 名学生。生日在同一天即是生日发生了碰撞，下面给出生日攻击方法的数学描述。

设 $H:X\rightarrow Y$ 哈希函数，X 和 Y 都是有限的，并且 $|X|>2|Y|$，记 $m=|X|$，$n=|Y|$。一个较易发现 H 是否有碰撞的方法是从 X 上随机选择 k 个不同的元素：$x_1,x_2,\cdots,x_k\in X$，计算 $y_i=H(x_i)$（$i=1,\cdots,k$），然后判断是否有碰撞发生。如果一个哈希函数是非常理想的，那么这个过程类似于把 k 个球随机扔到 n 个箱子中，然后检查是否有箱子中至少有两个球，这里

k 个球对应 k 个随机数 $x_1, x_2, \cdots, x_k \in X$ ，n 个箱子对应 Y 中 n 个可能的元素。于是需要计算 k 的下界使得以某个概率发生碰撞，该下界只依赖于 n，而不依赖于 m。一个理想的哈希函数应是把输入集合中的元素均匀地映射到输出集合中，因而可以假定对所有 $y \in Y$ ，有 $|H^{-1}(y)| \approx m/n$ 。因为需要计算的是 k 的下界，所以这个假定是合理的。这是因为如果原像集 $|H^{-1}(y)|$ 不是近似相等的，那么找到一个碰撞的概率将增大。因为原像集 $|H^{-1}(y)|$ （$y \in Y$）的个数近似相等，并且 $x_1, x_2, \cdots, x_k \in X$ 是随机选择的，所以可将 $y_i = H(x_i)$（$i = 1, \cdots, k$）视作 Y 中的随机元素。于是问题变成在 Y 中随机选择 k 个元素，求这 k 个元素不相同的概率。依次考虑选择 $y_1, y_2, \cdots, y_k \in Y$ ，y_1 可任意选择；$y_2 \neq y_1$ 的概率为 $1 - 1/n$ ；$y_3 \neq y_1, y_2$ 的概率为 $1 - 2/n$ ；以此类推，$y_k \neq y_1, y_2, \cdots, y_{k-1}$ 的概率为 $1 - (k-1)/n$ 。因此，没有碰撞的概率是

$$(1 - 1/n) \cdot (1 - 2/n) \cdots (1 - (k-1)/n)$$

上式较难计算，但是可以通过近似方法计算。如果 x 是一个绝对值远小于 1 的实数，那么 $1 - x \approx \mathrm{e}^{-x}$ ，于是没有碰撞的概率可以表示为

$$\exp(-(1/n + 2/n +, \cdots, +(k-1)/n)) = \exp(-k(k-1)/(2n))$$

如果设 ε 是至少有一个碰撞的概率，则 $\varepsilon \approx 1 - \exp(-k(k-1)/(2n))$ ，从而有 $k^2 - k = -2n\ln(1-\varepsilon)$ ，因为 k^2 远大于 k，近似计算时去掉 $-k$ 项，于是有 $k^2 \approx -2n\ln(1-\varepsilon)$ ，即 $k \approx \mathrm{sqrt}(-2n\ln(1-\varepsilon))$ 。

如果取 $\varepsilon = 0.5$ ，那么 $k \approx 1.17\mathrm{sqrt}(n)$ 。这表明，仅 $\mathrm{sqrt}(n)$ 个 X 上的随机元素就能以 50% 的概率产生一个碰撞。虽然 ε 的不同选择将导致一个不同的常数因子，但 k 与 $\mathrm{sqrt}(n)$ 仍呈正比例。回到生日问题，如果 X 是一个教室中所有学生的集合，Y 是一个非闰年的 365 天的集合，$H(x)$ 表示学生 x 的生日，于是 n = 365，$\varepsilon = 0.5$ ，由 $k \approx 1.17\mathrm{sqrt}(n)$ 可知，$k \approx 22.3$ ，因此问题的答案是 23 名学生。生日攻击隐含消息摘要长度下界，一个长度为 40 比特的消息摘要是很不安全的，因为仅用 2^{20} 数量级（大约一百万）的随机哈希就能以最低 1/2 的概率找到一个碰撞。为了抵抗生日攻击，建议消息摘要的长度至少为 128 比特，而对于 MD5 的生日攻击需要约 2^{64} 次哈希，SHA-1 输出长度选为 160 比特也是出于这种考虑的。

5.6.3 差分攻击

差分攻击是通过比较分析有特定区别的明文在通过加密后的变化传播情况来攻击密码算法的。差分攻击是针对对称分组加密算法提出的攻击方法，看起来是攻击 DES 的最有效的方法（之所以说看起来，是因为差分攻击需要很大数量的空间复杂度，实际操作起来可能不如野蛮攻击具有可操作性）。2000 年以前，差分攻击就被证明对 MD5 的一次循环是有效的，但对全部 4 次循环似乎难以奏效。但是随着对 MD5 研究的进展，情况有了变化。

2005 年，王小云、来学嘉等使用差分攻击的思路，提出了对 MD5 差分的攻击方法。该方法提出了 Sufficient Condition 的概念，并列出了一系列的 Sufficient Condition（约有 290 个），如果这些 Sufficient Condition 都能得到满足，那么一定能产生碰撞。于是 MD5 的强抗碰撞性不能得到满足，即该攻击方法可以寻找消息对 (x, y) ，使得 MD5(y)=MD5(x) 。不过，这一系列的 Sufficient Condition 很难同时满足。尽管王小云、来学嘉等进一步提出了消息修改算法，通过修改相应比特位的方法来满足 Sufficient Condition，但是仍然有 37 条 Sufficient Condition 不能满足。这就意味着，从理论上讲，采用该算法只需测试 2^{37} 条随机消息就可以找到完全满足 Sufficient Condition 的消息对 (x, y) ，从而找到碰撞，即 $\mathrm{MD5}(y) = \mathrm{MD5}(x)$ 。这是一个相当

有意义的成果，意味着任何人都可以计算出碰撞的消息对。当然，这里产生碰撞的消息对是随机的。

这里简要介绍 MD5 的差分攻击方法。令 $M=(m_0,\cdots,m_{15})$ 和 $M'=(m'_0,\cdots,m'_{15})$ 分别表示两个不同的 512 比特的消息，其中，$m_i(i=1,\cdots,15)$ 为 32 比特的字串。记 $\Delta M=(\Delta m_0,\cdots,\Delta m_{15})$ 是 M 和 M' 之间的差，$\Delta m_i=m'_i-m_i$。ΔH 表示 MD5 函数输出的差分。差分攻击通过计算合理的后续消息串，使得最后输出的差分为零，最终算法能产生两个 1024 比特的消息串 (M_0,M_1) 和 (M'_0,M'_1)，使得 $\text{MD5}(M_0,M_1)=\text{MD5}(M'_0,M'_1)$。该算法在攻击过程中指定了差分值，算法设计者认为指定的差分值可以使最后完全消除输出差分的概率较大。算法制定的差分值（包括输入差分和输出差分）如下：

$$\Delta H_0=0\xrightarrow{M_0,M'_0}\Delta H_1\xrightarrow{M_1,M'_1}\Delta H=0$$

其中，

$$\Delta M_0=M'_0-M_0=(0,0,0,0,2^{31},0,0,0,0,0,0,2^{15},0,0,2^{31},0)$$
$$\Delta M_1=M'_1-M_1=(0,0,0,0,2^{31},0,0,0,0,0,0,-2^{15},0,0,2^{31},0)$$
$$\Delta H_1=(2^{31},2^{31}+2^{25},2^{31}+2^{25},2^{31}+2^{25})$$

MD5 的链接变量就是最后输出的函数值，初始状态的链接变量都是相同的，因此 ΔH_0 在初始状态都是相同的，$\Delta H_1=\text{MD5}(M'_0)-\text{MD5}(M_0)$。

如果确定了 1024 比特消息串 (M_0,M_1)，根据制定的输入差分值，(M'_0,M'_1) 也能确定。显然，满足输入差分条件后，并不是任意一对 1024 比特消息串 (M_0,M_1) 和对应的 (M'_0,M'_1) 都能满足输出差分条件。算法设计者提出了 290 条 Sufficient Condition，只有满足这些 Sufficient Condition 的一对消息串才能满足所有的输入/输出差分。Sufficient Condition 是一系列对 MD5 链接变量的限制条件。因为 MD5 由若干轮计算构成，每轮的计算都会更新链接变量，所以不同的轮有不同的 Sufficient Condition。这样，全部的 Sufficient Condition 数量达到了 290 条。随机选取一条消息 (M_0,M_1)，使之满足全部 Sufficient Condition 的概率是微乎其微的。于是算法设计者进一步提出了消息修改算法，该算法可使 MD5 计算过程中第一轮的所有 Sufficient Condition 和第二轮的部分 Sufficient Condition 得到满足。经过消息修改后，仍然会有 37 条 Sufficient Condition 不能得到满足。如果随机选取的消息 (M_0,M_1) 经过消息修改后，仍不能满足最后 37 条 Sufficient Condition，就需要重新随机选取新的消息 (M_0,M_1)，直到满足所有 Sufficient Condition 为止。

差分攻击算法可以描述如下：

① 随机产生 512 比特的消息 M_0，作为 1024 比特消息串的前半部分；

② 使用消息修改算法修改 M_0，使之尽量满足 Sufficient Condition；

③ 如果所有 Sufficient Condition 都能满足，则计算 MD5 输出作为后半部分的链接变量；若不满足，则返回第 2 步，重新随机选择；

④ 随机产生 512 比特的消息 M_1，作为 1024 比特消息串的后半部分；

⑤ 使用和前半部分相同的方法计算后半部分的输出，需要注意后半部分计算使用的链接变量初始值为前半部分的输出；

⑥ 计算 $M'_0=\Delta M_0+M_0$，$M'_1=\Delta M_1+M_1$。(M_0,M_1) 和 (M'_0,M'_1) 即为两个碰撞的 1024 比特消息串。

由算法可以看出 Sufficient Condition 是整个算法的关键。$a_i,b_i,c_i,d_i(1\leqslant i\leqslant 16)$ 表示各轮的链接变量，$a_{i,j},b_{i,j},c_{i,j},d_{i,j}(1\leqslant j\leqslant 32)$ 表示相应链接变量的第 j 个比特。对于链接变量 c_1 而言，$c_{1,8}=0$，$c_{1,12}=0$ 和 $c_{1,20}=0$ 是 3 条 Sufficient Condition。类似这样的 Sufficient Condition 有 290 多条。对于这些 Sufficient Condition 是如何计算推导产生的，差分攻击算法的设计者并没有给出说明。Philip Hawkes 等对设计者的意图进行了一些猜测和推测，并给出了一些解释，但不完整。

从算法进行的过程可以看出，差分攻击产生的碰撞消息对是随机的，不能人为控制。差分攻击只能说明 MD5 的强抗碰撞性不足，有人认为这样的攻击意义不大，这是一种误解。MD5 有一个特点，常称为 Length Extension，即

$$\mathrm{MD5}(M_1)=\mathrm{MD5}(M_2)\Rightarrow \mathrm{MD5}(M_1,M')=\mathrm{MD5}(M_2,M')$$

可以将 M_1 理解为文件 (M_1,M') 的前缀，M_2 理解为文件 (M_2,M') 的前缀，M' 是任意字串。如果 M_1 和 M_2 的哈希值相同，则两个不同的文件 (M_1,M') 和 (M_2,M') 也具有相同的哈希值。这在实践上会颠覆很多应用的安全基础。例如，文件完整性检测一般是将待检测文件的哈希值和已知的正确哈希值进行比较，如果一致就说明文件是真实有效的。而差分攻击使得两个不同的文件可以拥有相同的哈希值，在可信计算平台中，这会导致严重的问题。可信计算平台的安全加载模块只加载平台认为是安全的程序，一般可信计算平台通过判断一个可执行程序有无合法的签名来认定程序是否安全。如果一个恶意的可执行程序和一个真正安全的可执行程序（即有合法签名的程序）拥有相同的哈希值，那么会导致安全加载模块认为恶意的可执行程序也是“安全”的。利用差分攻击计算的两个碰撞对，可以很方便地构造两个哈希值相同，但行为完全不同的可执行程序。设两个可执行文件 Good 和 Evil，将其划分为 512 比特的块，即

$$\mathrm{Good}=(M_0,M_1,\cdots,M_{i-1},M_i,M_{i+1},\cdots,M_n)$$

$$\mathrm{Evil}=(M_0,M_1,\cdots,M_{i-1},N_i,N_{i+1},\cdots,M_n)$$

其中，$M_i\neq N_i$，Good 和 Evil 为两个不同的文件。对消息串 $(M_0,M_1,\cdots,M_{i-1})$ 执行 MD5，得到的输出作为 MD5 的初始链接变量。然后执行差分攻击算法，得到 (M_i,M_{i+1}) 和 (N_i,N_{i+1}) 为 1024 比特的碰撞对。显然，根据 MD5 的性质，$\mathrm{MD5(Good)}=\mathrm{MD5(Evil)}$。

由此，可以构造两个不同行为的程序。例如，Good 负责磁盘空间优化，Evil 则是恶意程序，将删除硬盘中所有的文档。这两个程序的伪代码如下所述。

Good：if (data1 == data1)　then {磁盘空间优化} else {删除所有文档}

Evil：　if (data2 == data1)　then {磁盘空间优化} else {删除所有文档}

可以通过适当的编译方法或者使用哑元先占位，再在编译后的二进制文件中进行修改，使得 data1 = (M_i,M_{i+1})，data2 = (N_i,N_{i+1})。于是可以得到两个哈希值相同，但行为不同的可执行程序。使用类似的方法，还可以构造两个具有相同哈希值的 PDF 文件，这样的隐患可以利用碰撞对骗取上级的数字签名，并用于其他用途。

5.7　SHA-256 算法

SHA-256 是由美国国家安全局（NSA）设计的密码哈希函数，使用 Merkle－Damgård 结

构构建，该结构本身是使用 Davies－Meyer 结构通过特殊的分组密码构建的单向压缩函数。给定消息长度 l 比特（$l < 2^{64}$），通过 SHA-256 算法可以将输入消息映射为 256 比特长度的消息摘要。

5.7.1 SHA-256 算法描述

SHA-256 是一个迭代哈希函数，可以将输入消息映射为 256 比特长度的消息摘要。SHA-256 主要由消息预处理、消息扩展、状态更新转换和生成哈希值组成。

1．消息预处理

首先对消息进行填充处理，使得其最终长度是 512 比特的倍数。假设消息 m 的二进制编码长度为 l 比特，先在消息末尾补上一位“1”，再补上 k 个“0”，其中 k 为下列方程的最小非负整数：

$$l+1+k = 448 \bmod 512$$

然后以 512 比特为单位将消息分块为 $B^1,\cdots,B^N$，并对消息块逐个进行处理：FOR j= 1 TO N。

2．准备扩展消息字 W_i

SHA-256 的消息扩展将 512 比特消息块拆分为 16 个字 $M_i(i=0,\cdots,15)$，并将它们扩展为 64 个扩展消息字，具体如下：

$$W_i = \begin{cases} M_i, & 0 \leqslant i < 16 \\ \sigma_1(W_{i-2}) + W_{i-7} + \sigma_0(W_{i-15}) + W_{i-16}, & 16 \leqslant i < 64 \end{cases}$$

其中，函数 $\sigma_0(X)$ 和 $\sigma_1(X)$ 由下列公式给出：

$$\sigma_0(X) = (X <<< 7) \oplus (X <<< 18) \oplus (X <<< 3)$$

$$\sigma_1(X) = (X <<< 17) \oplus (X <<< 19) \oplus (X <<< 10)$$

3．用 H^{j-1} 初始化 8 个状态变量 A,B,C,D,E,F,G,H，当 j=1 时，使用初始哈希值 H^0

初始哈希值 H^0 取自自然数中前 8 个素数（2,3,5,7,11,13,17,19）的平方根的小数部分，并且取前面的 32 位，具体值如下：

$$H_1^0 = \text{6a09e667}$$

$$H_2^0 = \text{bb67ae85}$$

$$H_3^0 = \text{3c6ef372}$$

$$H_4^0 = \text{a54ff53a}$$

$$H_5^0 = \text{510e527f}$$

$$H_6^0 = \text{9b05688c}$$

$$H_7^0 = \text{1f83d9ab}$$

$$H_8^0 = \text{5be0cd19}$$

每轮用到的常量值 K_i 取自自然数中前 64 个素数的立方根的小数部分的前 32 位，若用 16 进制表示，则相应的常数序列如下：

428a2f98 71374491 b5c0fbcf e9b5dba5
3956c25b 59f111f1 923f82a4 ab1c5ed5
d807aa98 12835b01 243185be 550c7dc3
72be5d74 80deb1fe 9bdc06a7 c19bf174
e49b69c1 efbe4786 0fc19dc6 240ca1cc
2de92c6f 4a7484aa 5cb0a9dc 76f988da
983e5152 a831c66d b00327c8 bf597fc7
c6e00bf3 d5a79147 06ca6351 14292967
27b70a85 2e1b2138 4d2c6dfc 53380d13
650a7354 766a0abb 81c2c92e 92722c85
a2bfe8a1 a81a664b c24b8b70 c76c51a3
d192e819 d6990624 f40e3585 106aa070
19a4c116 1e376c08 2748774c 34b0bcb5
391c0cb3 4ed8aa4a 5b9cca4f 682e6ff3
748f82ee 78a5636f 84c87814 8cc70208
90befffa a4506ceb bef9a3f7 c67178f2

4．应用 SHA-256 压缩函数更新 *A,B,C,D,E,F,G,H*

状态更新转换从 8 个 32 比特字的（固定）初始哈希值 H^0 开始，并分 64 轮进行更新。每一轮中，使用一个 32 比特字 W_i 来更新状态变量 $A_i, B_i, \cdots, H_i, i \in (0, \cdots, 63)$。轮函数更新示意图如图 5.10 所示。

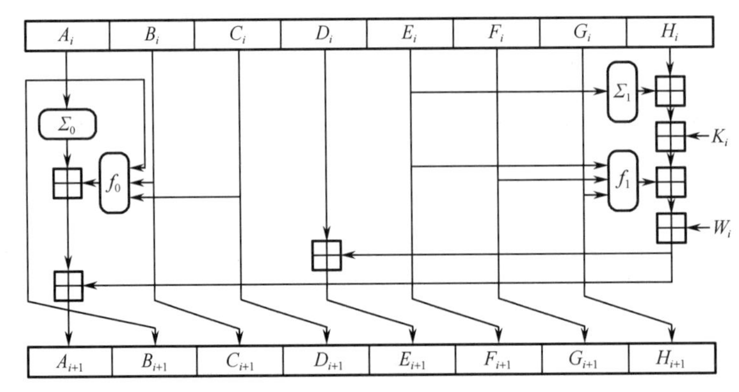

图 5.10　轮函数更新示意图

其中，布尔函数 f_0, f_1 分别定义为

$$f_0(X,Y,Z) = (X \wedge Y) \oplus (Y \wedge Z) \oplus (X \wedge Z)$$

$$f_1(X,Y,Z) = (X \wedge Y) \oplus (X \wedge Z)$$

线性函数 Σ_0, Σ_1 分别定义为

$$\Sigma_0(X) = (X >>> 2) \oplus (X >>> 13) \oplus (X >>> 22)$$

$$\Sigma_1(X) = (X >>> 6) \oplus (X >>> 11) \oplus (X >>> 25)$$

5. 计算中间哈希值 H^j

$$H_0^j = A + H_0^{j-1}$$
$$H_1^j = B + H_1^{j-1}$$
$$H_2^j = C + H_2^{j-1}$$
$$H_3^j = D + H_3^{j-1}$$
$$H_4^j = E + H_4^{j-1}$$
$$H_5^j = F + H_5^{j-1}$$
$$H_6^j = G + H_6^{j-1}$$
$$H_7^j = H + H_7^{j-1}$$

ENGFOR

- 生成最终的哈希值（256 比特摘要）：

$$M = H^N = H_0^N \parallel H_1^N \parallel H_2^N \parallel H_3^N \parallel H_4^N \parallel H_5^N \parallel H_6^N \parallel H_7^N$$

5.7.2 SHA-256 算法在区块链中的应用

区块链主要运用了 4 种基本技术，包括 SHA-256 算法、数字签名、P2P 网络和工作量证明。

SHA-256 算法在区块链中用来确保数据的安全性和不可篡改性。SHA-256 是密码哈希函数，正向计算（由数据计算其对应的哈希值）十分容易；逆向计算（俗称“破解”，即由哈希值计算出对应的数据）极其困难，在当前科技条件下被视作不可能。这样就保证了区块链构建的不可篡改性，并且不可伪造。

5.8 SHA-3（Keccak 算法）

由于 SHA-1 和 MD5 等目前广泛应用的散列算法存在安全性问题，美国国家标准技术研究院（NIST）多次征集新的安全散列算法。从 2007 年开始第三代安全散列算法 SHA-3 的征集，终于在 2012 年 10 月 2 日，Keccak 成为该 NIST 散列算法征集活动的胜利者。SHA-3 并不是要取代 SHA-2，因为 SHA-2 目前并没有出现明显的弱点。由于对 MD5 出现成功的破解，以及对 SHA-0 和 SHA-1 出现理论上破解的方法，NIST 认为需要一个与之前算法不同的、可替换的散列算法。

下面介绍 SHA-3（Keccak 算法）中的定义和函数。

1. 比特串

定义 M 位的比特串为$|M|$，一个比特串 M 可以视为一系列固定长度 x 的比特块，当然一个比特块的长度最好可能小于 x。比特串 M 所含的块记作 $|M|_X$ [12]，因此，比特串 M 即比特块的序列 M_i，i 的取值为 0 到 $|M|_X - 1$。空字符串的长度为 0，没有任何位。一个含有 n 个 0 的比特串记作 0^n，比特串 M 和比特串 N 链接记作 $M||N$。将包含空串的比特串组合记作 Z_2^*，不包含空串的所有比特串组合记作 Z_2^+，将不定义长度的所有比特串组合记作 Z_2^∞。

2. 填充函数

对于填充函数有以下规定：将消息块 M 填充到一个 x 比特的块记作 M||pad[x](|M|)。因此，填充函数 pad[x]完全由消息块 M 的长度和填充后块的长度 x 决定，不用考虑[x]和（|M|）的值或内容是否确定。将消息块 M 填充为 M||pad[x](|M|)的操作记作 P，即 P= M||pad[x](|M|)。

填充函数有以下规则：

如果填充函数永远不会导致空串，那么对于任意的 $n\geqslant 0$，任意的两个消息块 M 和 M'，若 M 和 M' 不相同，则经过填充后的 M||pad[x](|M|)与 M'||pad[x](|M'|)也不相同。

这个规则也是填充函数最根本的要求。

简单的填充过程可以表示为 pad10*，也就是在消息块 M 的最后一位添加“1”，之后再添加多个“0”使整个块的长度为 x。

因此，最简单的填充过程是至少添加一位，而最多的情况是填充位长度与块的长度相同。

多速率填充过程，可以表示为 pad10*1，也就是在消息块 M 的最后一位添加“1”，之后再添加多个“0”，最后添加一位“1”，使得整个块的长度是所需块长度的整数倍。

多速率填充函数的好处在于，其不会导致空串，或者一个消息块的后半部分全是“0”。这种多速率填充过程，至少需要添加 2 位，最多的情况是要填充一个块的长度外加一位。

3. SPONGE 压缩函数

SPONGE 压缩函数 SPONGE[f,pad,r]在域 Z_2^* 或者域 Z_2^∞ 上实现了用一个固定长度的转换或置换函数 f，压缩填充规则 pad 及码率参数 r。

一个有限长度的输出，可以通过截取前 1 位来获得这个输出，即将其称为 SPONGE 压缩函数。

假设转换或置换函数 f 对一个长度为 b 的固定比特串进行操作，SPONGE 压缩函数结构中含有 b 比特的状态变量。首先，初始状态下，所有的状态变量都设置为“0”。输入消息块经过填充操作和分组操作后成为 r 比特的比特块。然后分为两个阶段继续进行：吸收阶段（Absorbing）和挤压阶段（Squeezing）。在这两个阶段，对于初始的 r 比特和剩余的（b-r）比特的操作是不同的。将前面的外层部分记作 $\overline{s}$，将后面的内层部分记作 $\hat{s}$，将内部（b-r）比特的状态变量的长度记为容量 c（Capacity c）。下面详细介绍上述两个阶段。

（1）吸收阶段（Absorbing）：首先运行转换或置换函数 f，将 r 比特的输入数据块和外部的状态变量做异或（XOR）操作，在所有消息块都经过该操作后，SPONGE 压缩函数结构就跳转到挤压阶段（Squeezing）。

（2）挤压阶段（Squeezing）：在该阶段，运行转换或置换函数 f，外部状态变量是一个迭代的输出块。迭代的次数由位数 1 来确定。

最后，将前 1 比特阶段作为输出。在挤压阶段（Squeezing），内部状态变量永远不会受到输入消息块的影响，也不会作为输出。容量 c（Capacity c）实际上决定了该结构的安全性能级别。

SPONGE 压缩函数 SPONGE[f,pad,r]的实现可以用如下伪代码语言表示。

```
当 r < b 时，
P=M||pad[x](|M|);
S= 0^b ;
令 i 从 0 变化到|P|_r，执行循环操作
```

```
{
    s=s⊕(p_i || 0^(b-r));
    s=f(s);
}
截取 s 的前 r 比特作为 Z;
当 Z 的长度小于 l 时，执行循环操作
{
    s=f(s);
    Z=Z||s 的前 r 比特;
}
则 SPONGE[f,pad,r]即为 Z 的前 l 比特。
```

SPONGE 压缩函数如图 5.11 所示。

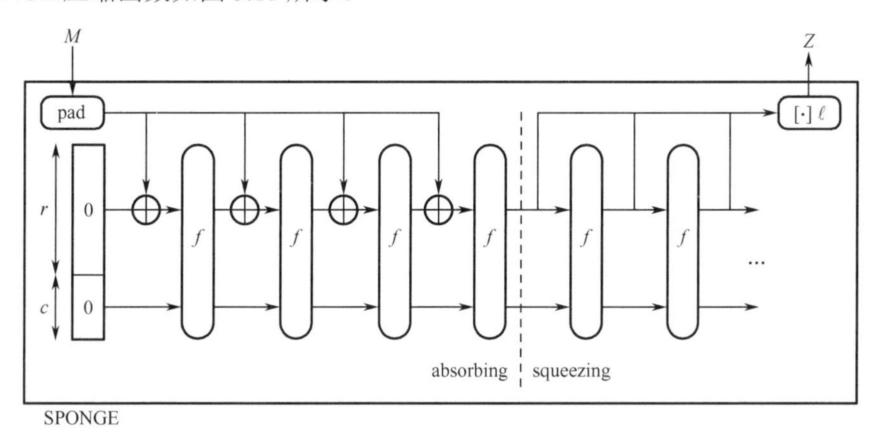

图 5.11　SPONGE 压缩函数

4．DUPLEX 双工函数

就像 SPONGE 压缩函数一样，DUPLEX 双工函数 DUPLEX[*f*,pad,*r*]也使用一个固定长度的转换或置换函数 *f*，压缩填充规则 pad 及码率参数 *r* 来构造一个加密结构[12]。与 SPONGE 压缩函数不同的是，DUPLEX 双工函数接收所有的输入串，并且根据这些输入来输出一个串。

一个 DUPLEX 双工函数的对象 D 具有 *b* 比特的状态变量。初始化时，所有的状态位都被设置为“0”，之后，可以通过输入串 σ 及所需的长度 l 来调用 D.duplexing（σ,l）。

对所要求的长度 l 比特最大可达 *r* 比特，而且输入串 σ 应尽量短，这样才能通过填充操作，生成仅有 *r* 比特的一个比特块。于是把输入串 σ 的最大长度定义为 $\rho_{\max}(\text{pad},r)$，即

$$\rho_{\max}(\text{pad},r)=\min\{x:x+|\text{pad}[r](x)>r|\}-1$$

显然，这个最大双工函数率 $\rho_{\max}$ 一定小于比特率，这是通过填充尽可能少的比特的最大值。

调用 D.duplexing（σ,l）后，双工函数对象 D 对输入串 σ 进行填充操作，并且对外部状态变量做异或（XOR）操作。然后通过转换或置换函数 *f*，返回外部状态变量的前 l 比特，将空的输入串 σ 所得到的返回作为空返回值，并且 l=0。

DUPLEX 双工函数 DUPLEX[*f*,pad,*r*]的详细定义可用如下伪代码语言表示。

当 $r < b$，并且 $\rho_{max}(pad,r) > 0$ 时，

D.initialize();

$S=0^b$；

Z=D.duplexing(σ,l)

$P=\sigma \| pad[r](|\sigma|)$;

$s=s \oplus (p_i \| 0^{b-r})$；

$s=f(s)$；

则 DUPLEX[f,pad,r]即为 s 的前 l 比特。

DUPLEX 双工函数如图 5.12 所示。

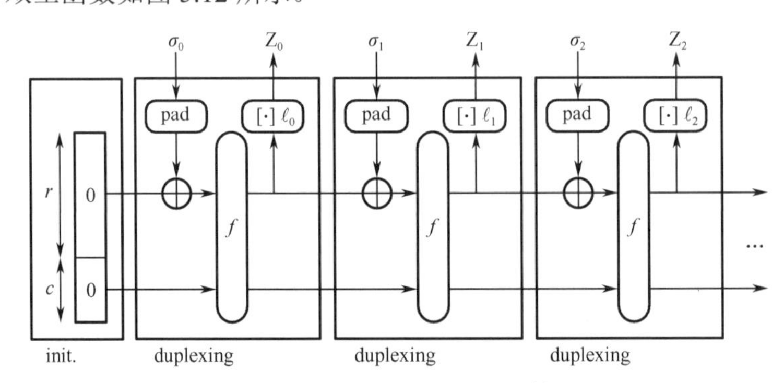

图 5.12　DUPLEX 双工函数

5. ABSORB 吸收函数

ABSORB 吸收函数 ABSORB[*f*,*r*]作为一个辅助函数，将其输入串 *P* 和|*P*|的 *r* 倍作为输入，在对 *P* 做了吸收操作后，返回状态值。

ABSORB 吸收函数 ABSORB[*f*,*r*]的详细定义可用如下伪代码语言表示。

```
当 r < b 时,
S= 0^b；
令 i 从 0 变化到 |P|_r −1，执行循环操作
{
    s= s ⊕ (p_i || 0^(b−r))；
    s= f(s)；
}
则 ABSORB [f,r]即为 s。
```

6. SQUEEZE 挤压函数

SQUEEZE 挤压函数在某种程度上实现了双重吸收的辅助功能。对于给定的状态变量 *s*，SQUEEZE 挤压函数 SQUEEZE（*s*,l）通过 SPONGE 压缩函数在初始阶段对状态变量 *s* 进行操作，然后截取前 l 比特作为输出。

SQUEEZE 挤压函数 SQUEEZE [*f*,*r*]的详细定义可用如下伪代码语言表示。

```
当 r < b 时,
对 s 截取前 r 比特即为 Z;
当 Z 的长度小于 l 时，循环操作
{
```

```
    s= f(s) ;
    Z=Z||s 的前 r 比特;
  }
  则 SQUEEZE [f,r]即为 Z 的前 l 比特。
```

5.9 SM3 算法

SM3 算法是由王小云等[5]设计的，它采用经典的 Merkle-Damgard 结构。给定消息长度 l 比特（$l<2^{64}$），通过 SM3 算法可以将输入消息映射为 256 比特长度的消息摘要。SM3 算法的符号定义见表 5.7。

表 5.7 SM3 算法的符号定义

符　号	描　述
ABCDEFGH	8 个字寄存器或其值的串联
B(i)	第 i 个消息分组
CF	压缩函数
FF_j	布尔函数，随 j 的变化取不同的表达式
GG_j	布尔函数，随 j 的变化取不同的表达式
IV	初始值，用于确定压缩函数寄存器的初态
P_0	压缩函数中的置换函数
P_1	消息扩展中的置换函数
T_j	常量，随 j 的变化取不同的值
m	消息
m'	填充后的消息
mod	模运算
$\wedge$	32 比特与运算
$\vee$	32 比特或运算
$\oplus$	32 比特异或运算
$\neg$	32 比特非运算
+	mod 232 算术加运算
$\lll k$	循环左移 k 比特运算
$\leftarrow$	左向赋值运算符

5.9.1 常量和函数

SM3 算法的初始值 IV 状态为 256 比特，由 8 个 32 比特串联构成。IV= 7380166f 4914b3b9 172442d7 da8a0600 a96f30bc 163138aa e38dee4d b0f b0e4e。

SM3 算法的常量值和布尔函数见表 5.8。

表 5.8　SM3 算法的常量值和布尔函数

取值范围	T_j	FF_j	GG_j
$0 \leqslant j \leqslant 15$	79cc4519	$X \oplus Y \oplus Z$	$X \oplus Y \oplus Z$
$16 \leqslant j \leqslant 63$	7a879d8a	$(X \wedge Y) \vee (X \wedge Z) \vee (Y \wedge Z)$	$(X \wedge Y) \vee (\neg X \wedge Z)$

SM3 算法的置换函数定义为

$$P_0(X) = X \oplus (X <<< 9) \oplus (X <<< 17)$$

$$P_1(X) = X \oplus (X <<< 15) \oplus (X <<< 23)$$

5.9.2　SM3 算法描述

给定长度为 l 比特（l<264），SM3 算法通过填充和迭代压缩过程将输入消息映射为 256 比特的消息摘要（又称哈希值）。

1．消息填充

假设给定的消息长度为 n 比特，如图 5.13 所示。首先将比特“1”(0x80)添加到消息的末尾，再添加 k 个“0”，k 是满足 $n+1+k \equiv 448 \bmod 512$ 的最小非负整数。然后添加一个 64 位比特串，该比特串是长度 n 的二进制表示。填充后的消息 m'的比特长度为 512 的倍数。

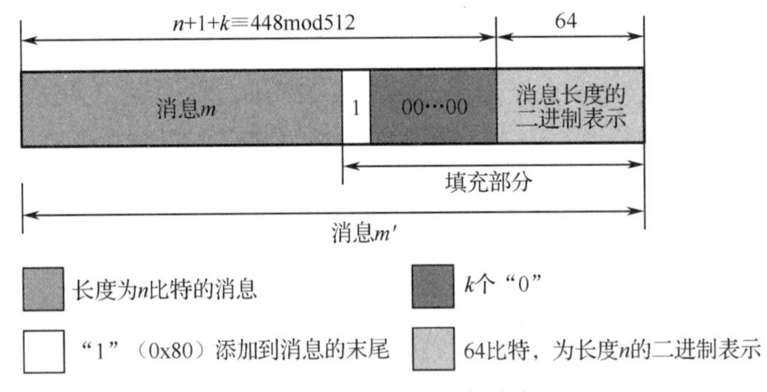

图 5.13　SM3 的消息填充

2．迭代压缩

首先将填充后的消息 m'按 512 比特进行分组：

$m = B^{(0)} B^{(1)} \cdots B^{(N-1)}$

$N = (n+1+k+64)/512$

然后对填充后的消息 m'按下列算法进行迭代压缩：

Algorithm：迭代压缩

输入

输出　填充后的消息分组集合 $B^{(i)}$；

256 比特初始值 IV；

$V^{(N)}$：迭代压缩的结果；

1　for i = 0 TO (n − 1) do

2　$V^{(i+1)} =$ CF $(V^{(i)}, B^{(i)})$

3　end

其中，SM3 算法的压缩函数 CF，由消息扩展过程和状态更新过程构成。

（1）消息扩展过程。消息扩展过程是将消息分组 $B(i)$按照下列方式扩展产生 132 个字 $W_0, W_1, \cdots, W_{67}, W'_0, W'_1, \cdots, W'_{63}$ 用于压缩函数：

① 将消息分组 $B(i)$划分为 $W_0, W_1, \cdots, W_{15}$；

② FOR $i = 16$ TO 67

$W_i = P_1(W_{i-16} \oplus W_{i-9} \oplus (W_{i-3} << 15)) \oplus (W_{i-1} <<7) \oplus W_{i-6}$

ENDFOR

③ FOR $i = 0$ TO 63

$W'_i = W_i \oplus W_{i+4}$

ENDFOR

（2）状态更新过程。假设 SS1,SS2,TT1,TT2 为中间变量，初始值 IV 的 8 个分组块分别赋值给 8 个寄存器 A、B、C、D、E、F、G 和 H。状态更新具体过程如下：

$\text{ABCDEFGH} \leftarrow V^{(i)}$

FOR $j = 0$ TO 63

$\text{SS1} = ((A << 12) + E + (T_j << j)) << 7, \text{SS2}=\text{SS1} \oplus (A << 12)$

$\text{TT1} = \text{FF}_j(A,B,C) + D + \text{SS2} + W'_j, \text{TT2}=\text{GG}_j(E,F,G) + H + \text{SS1} + W_j$

$D = C, C = B << 9, B = A, A = \text{TT1}, H = G, G = F << 19, F = E, E = P_0\text{TT2}$

ENDFOR

（3）生成 256 比特哈希值。

$V^{(i+1)} = \text{ABCDEFGH} \oplus V^{(i)}$

由 SM3 算法的设计原理可以看出 SM3 算法设计原理逻辑性强，软硬件实现简单，安全性高。

本 章 小 结

本章讲述了常用认证方法和哈希函数的构造。读者应掌握认证系统的设计，了解哈希函数的构造，熟记哈希函数的性质，并能够熟练应用哈希函数。由于目前常用的哈希函数算法（如 MD5 和 SHA-1）都不能满足弱抗碰撞性的要求，围绕如何替代这些算法开展了大量研究，SHA-3 算法被认为是 MD5 和 SHA-1 的较好替代算法。

参 考 文 献

[1] STALLINGS W. 密码编码学与网络安全：原理与实践[M]. 刘玉珍，王丽娜，傅建明，等译. 北京：电子工业出版社, 2001.

[2] 王育民，等. 通信网的安全[M]. 西安：西安电子科技大学出版社, 1997.

[3] 陈克非，黄征. 信息安全技术导论[M]. 北京：电子工业出版, 2007.

[4] BERTONI G, DAEMEN J, PEETERS M, et al. Keccak[C]//Annual international conference on the theory and applications of cryptographic techniques. Berlin & Heidelberg：Springer-Verlag, 2013: 303-314.

[5] 王小云, 于红波. SM3 密码杂凑算法[J]. 信息安全研究, 2016, 2(11): 983-994.

问 题 讨 论

1．设计用分组加密算法构造哈希函数的方法。
2．编译两个不同的程序，使它们具有相同哈希函数值。
3．描述哈希函数在区块链中的应用。
4．简述单个 512 比特的 HMD5 处理过程。

第6章 数字签名

内容提要

数字签名是一种公钥密码技术，在身份认证、数据完整性及不可否认性等方面有不可替代的作用。本章主要介绍一些常用的基于不同数学困难问题的数字签名体制，如 RSA、ElGamal 等签名体制，以及其他体制的数字签名，如基于身份的数字签名算法和基于属性的数字签名算法。此外，本章还介绍了后量子签名算法、SM2 数字签名算法和 SM9 数字签名算法。

本章重点

- 数字签名体制的基本概念
- RSA 数字签名体制
- Rabin 签名体制
- ElGamal 签名体制
- 基于解码问题的数字签名体制
- 基于椭圆曲线的数字签名体制
- 基于身份的数字签名算法
- 后量子签名算法

6.1 数字签名体制

消息认证码能够使通信双方对收到的消息来源及完整性进行验证，但无法防止对方对发出消息的抵赖。因此需要提出类似传统手写签名的方法来防止这种抵赖行为，这种方法就是数字签名技术。与手写签名类似，数字签名必须满足下列性质：能够验证消息源及数据内容的真实性；签名能够被第三方验证，并确定消息内容的真实性和签名者身份；可以看出数字签名包含消息认证的功能，同时又能满足签名者对消息的不可否认性。

要想满足上述性质，签名算法应包含下列因素：

① 签名结果依赖于被签名消息的每一比特；

② 签名算法必须依赖于签名者特有的信息；

③ 生成签名的算法须非常简单；

④ 签名验证算法须非常简单；

⑤ 伪造一个消息的签名或给定一个签名构造一个新的消息，在计算上是困难的；

⑥ 易于保留签名的副本。

数字签名体制包含下述 6 个部分。

- 消息空间 M：需要签名的所有消息的集合。
- 签名空间 S：所有可能签名的结果。
- 密钥空间 K：签名与验证需要的所有可能的私钥/公钥对的集合。
- 密钥生成算法 Gen：该算法能够有效生成用于签名和验证的私钥/公钥对。
- 签名算法 Sign：该算法在输入消息和签名私钥的条件下，可有效生成对消息的签名。
- 验证算法 Verify：输入签名消息、对消息的签名及公钥，即可输出签名是真或假（即 1 或 0）。

数字签名体制的安全性：假设攻击者知道签名方案及其公钥，若攻击者伪造一个消息及对应的签名（即消息-签名对）在计算上是困难的，则称该签名体制是安全的。这种安全性定义是早期对安全性的定义，实际是假设攻击者有较弱的能力。目前假设攻击者可以有更强的攻击能力，即适应性选择消息攻击，具体参见参考文献[1]。

6.2 RSA 数字签名体制

RSA 数字签名体制是公钥密码中的第一个数字签名体制，由 Rivest、Shamir 和 Adleman 于 1978 年提出。一般认为 RSA 数字签名的安全性是基于大整数分解的困难性问题。

下面介绍 RSA 数字签名体制包括的内容。

（1）密钥生成算法 Gen。该算法与 RSA 公钥密码体制的密钥生成类似。用户 A 随机选取两个不同的大素数 p,q（均大于 500 比特），计算 $n=pq, \phi(n)=(p-1)(q-1)$，随机选取一个整数 e，符合 $1 \leqslant e \leqslant \phi(n)$ 且 $(\phi(n),e)=1$，计算 $d(1<d<\phi(n))$，满足 $ed \equiv 1(\bmod \phi(n))$。其中，$n$ 称为运算模数，e 和 d 分别称为加密、解密指数。公布（n,e）为用户 A 的公钥参数，（p,q,d）为用户 A 的保密私钥。

（2）签名算法 Sign。要想生成消息 m 的签名，就需要用户 A 用自己的公钥及私钥计算

$$\sigma = \text{sign}_d(m) = m^d \bmod n$$

（3）签名验证算法 Verify。设 B 是验证者，B 知道用户 A 的公钥（n,e），要验证消息-签名对 (m,σ)，需计算 $m' = \sigma^e \bmod n$，若 $m = m'$，则 $\text{Verify}(m,\sigma) = 1$（或 True）；否则 $\text{Verify}(m,\sigma) = 0$（或 False）。

可以看出，RSA 签名算法是 RSA 加密算法的逆运算。利用 RSA 签名算法直接对消息 m 签名，导致伪造签名攻击成为可能。一种攻击算法是：攻击者选取随机数 $s \in Z_n^*$，并计算 $m = s^e \bmod n$，令（m,s）是消息-签名对，则（m,s）能够通过签名验证为有效签名。另一种攻击方法是：设 (m_1,σ_1) 和 (m_2,σ_2) 是两个已知的消息-签名对，则可以伪造出一个消息-签名对为 $(m_1 m_2,\sigma_1\sigma_2)$。在上述伪造的签名中，原始消息都是随机数，要想防止这种伪造攻击，可以要求在原始消息后面附加一个能够识别的后缀。现有方法是对被签名消息使用哈希函数计算 $h = \text{Hash}(m)$，并对 h 进行签名：$\sigma = h^d \bmod n$。验证算法：计算 $h' = \sigma^e \bmod n$，$h'' = \text{Hash}(m)$，若 $h' = h''$，则验证算法输出“1”，表示签名验证通过；否则输出“0”，表示签名验证未通过。

6.3 Rabin 签名体制

Rabin 签名体制是 Rabin 于 1979 年提出的[2]。Rabin 签名体制类似于 RSA 数字签名体制，其安全性依赖于求解二次剩余问题的困难性。Rabin 签名体制需要使用一个哈希函数 $H:\{0,1\}^* \to \{0,1\}^k$。

（1）密钥生成算法 Gen：选取素数 p，q 作为私钥（p，q 接近 $k/2$ 比特），计算 $n=pq$，令 n 为公钥，p, q 为私钥。

（2）签名算法 Sign：①设 m 为需要签名的消息，签名者随机选取 U 并计算 $H(mU)$；②若 $H(mU)$ 不是模 n 的平方，则重新选择 U；③解方程 $x^2 = H(mU) \bmod n$，求得 x；④对 m 的签名为（U, x）。

（3）验证算法 Verify：给定消息 m 及其签名（U,x），验证者 V 计算 $x^2 \bmod n$ 及 $H(mU) \bmod n$ 并判断是否相等。若相等，则接受签名。

安全性：伪造一个消息的签名与计算模合数平方根同样困难。对其选择消息攻击下的安全性分析可以参照 RSA 数字签名体制进行讨论。

6.4 基于离散对数问题的签名体制

6.4.1 ElGamal 签名体制

ElGamal 签名体制是 T.Elgamal 于 1985 年提出的，该体制的安全性基于有限域上离散对数求解的困难性。

（1）密钥生成算法 Gen：用户 A 选取有限域 F_p，其中，p 是一个大素数，设 g 是 F_p^* 的

生成元，随机选取私钥 x，满足 $0<x<p-1$，计算公钥 $y = g^x \bmod p$，则公钥为(p,g,y)，私钥为 x，消息空间为 F_p^*。

（2）签名算法 Sign：设 m 是用户 A 需要签名的消息，A 选取随机数 $k \in F_p^*$，计算 $h = H(m)$ 及 $r = g^k \bmod p$，$s = (h - xr)k^{-1} \bmod (p-1)$，则对消息 m 签名的结果为(r,s)。

（3）验证算法 Verify：验证者收到消息 m 及签名(r,s)，计算 $h = H(m)$，若 $y^r r^s \equiv g^h \bmod p$，Verify 输出“1”，表示接受签名；否则输出“0”，表示拒绝接受签名。

上述签名体制的安全性基于有限域上的离散对数问题，但没有方法能够证明攻击上述签名体制等价于解决离散对数问题。后来证明在一种特定假设下（随机预言模型下），伪造此签名能够有效解决离散对数问题，但这与数学上的严格证明是有区别的。目前认为一般的安全强度是素数 p 不小于 1024 比特（这个长度随着攻击离散对数的能力而发生变化）。

例 6.1 为方便起见，选取较小的参数。取素数 $p = 11$，$g = 2$，选择私钥 $x = 8$，计算 $y = g^x \bmod p = 2^8 \bmod 11 = 3$，则公钥$(p, g, y) = (11,2,3)$。设签名者 A 对消息 $m = 5$ 进行签名，选择随机数 $k = 9$，满足 gcd(10,9) =1，计算 $r = g^k \bmod p = 2^9 \bmod 11 = 6$，省略计算哈希值，直接用消息代替其哈希值，即 $h \equiv m$，$s = (h - xr)k^{-1} \bmod (p-1) = 3$，因此签名是（$r$=6, s =3）。要想验证签名，只需确认 $y^r r^s$ 与 $g^h \bmod p$ 是否相等，即 $3^6 \cdot 6^3$ 与 $2^5 \bmod p$ 是否相等。

6.4.2 Schnorr 签名体制

在提出 ElGamal 签名体制后，又出现了一些其他的变形算法，其中比较著名的两个算法是 Schnorr 签名算法[3]和美国的数字签名标准 DSS[4]。Schnorr 签名算法的重要之处是在不降低安全性的前提下缩短了签名表示长度。

（1）系统参数生成算法 Gen：随机选取两个素数 p,q 满足 $q \mid (p-1)$，目前使用的参数为 $|p| = 1024$，$|q| = 160$，这里 $|\cdot|$ 表示比特长度；选择一个 q 阶元素 $g \in F_p^*$①，若 p=1，则重复此过程；选取一个哈希函数 $H: \{0,1\}^* \to F_q$；随机选取 $x \in F_q$，计算 $y = g^x \bmod p$。用户 A 的公钥为(p,q,g,y)，私钥为 x。

（2）签名算法 Sign：设 $m \in \{0,1\}^*$ 是需签名的消息，用户 A 选取随机数 $k \in F_q$，并按下列各式计算签名，即

$$
\begin{aligned}
r &= g^k \bmod p \\
e &= H(m \| r) \\
s &= k + xe (\bmod q)
\end{aligned}
$$

(e,s)是对 m 的签名。

（3）验证算法 Verify：设用户 B 收到消息 m 及对 m 的签名(e,s)，B 首先得到 A 的公钥，并按下列各式验证，即

$$
\begin{aligned}
r' &= g^s y^{-e} \bmod p \\
e' &= H(m \| r')
\end{aligned}
$$

若 $e = e'$，则输出“1”，表示签名通过；否则输出“0”。

① 选取方法：随机选取 $d \in F_p^*$，令 $g \leftarrow d^{(p-1)/q} \bmod p$。

例 6.2 选取素数 q=101，p=7879 ($q|(p-1)$)，生成元 $g=170$，选取私钥 x=75，计算公钥 $y=170^{75} \bmod 7879=4567$，设选定的哈希函数为 H，A 的公开参数为（7879,101,170,4567）及 H，私钥为 75。假设需签名的消息为 m，具体签名步骤如下：

① 用户 A 选取随机数 k=50，计算 $r=g^k \bmod p=170^{50} \bmod 7879=2518$；

② 计算 $e=H(m\|r)=H(m\|2518)$，假设计算的结果为 96（依赖于所选取的哈希函数）；

③ 计算 $s=50+75\times 96 \bmod 101=79$；

④ 签名结果为（e,s）=（96,79）。

签名验证：计算 $r'=170^{79}\times 4567^{-96} \bmod 7879=2518$；检查等式 $e'=H(m\|r')=e$ 是否成立。若成立，则接受签名。

6.4.3 数字签名标准

1991 年，美国国家标准技术研究院（NIST）公布了数字签名标准 DSS[4]。该签名标准也是基于一个小的素数阶子群上的离散对数问题，这样，其签名长度相对较短，同时验证算法的计算比 ElGamal 签名体制的验证算法效率高。DSS 的计算复杂性和带宽的要求与 Schnorr 签名体制的情况相同。

（1）**系统参数生成算法 Gen**：该密钥生成算法与 Schnorr 签名体制的系统参数生成算法相同，假设已生成的公钥为 (p,q,g,y)，私钥为 x，H 为选定的哈希函数。

（2）**签名生成算法 Sign**：设 $m\in\{0,1\}^*$ 是需签名的消息，用户 A 选取随机数 $k\in F_q$，并按下列各式计算签名，即

$$r=(g^k \bmod p) \bmod q$$

$$s=k^{-1}(H(m)+xr)(\bmod q)$$

签名为（r,s）。

（3）**验证算法 Verify**：设用户 B 收到消息 m 及对 m 的签名（r,s），B 首先得到 A 的公钥，并计算 $w=s^{-1} \bmod q, u_1=H(m)w(\bmod q), u_2=rw(\bmod q)$。若 $r=g^{u_1}y^{u_2}(\bmod p)(\bmod q)$，则输出“1”，表示接受签名；否则输出“0”，表示拒绝签名。

6.5 基于解码问题的数字签名

基于纠错码的密码体制很早就被提出了，如 McEliece 公钥密码体制和 Niederreiter 密码体制。1990 年，王新梅提出了一类基于纠错码的数字签名体制[5]，并于 2000 年给出了该签名体制的修改版本。之后构造了一类具有加密签名功能的密码方案。本节只介绍王新梅最初提出的签名体制。关于更多基于纠错码的签名体制内容，可以参见参考文献[6]。

（1）**密钥生成算法 Gen**：用户 A 选择一个能够纠出 t 个错误的二进制 $[n,k,d\geqslant 2t+1]$ 既约 Coppa 码，或者生成一个有大码类的其他码。设此码的生成矩阵和校验矩阵分别是 $k\times n$ 阶的 $\boldsymbol{G}$ 和 $(n-k)\times n$ 阶的 $\boldsymbol{H}$，选取 F_2 上的 $n\times n$ 阶随机满秩矩阵 $\boldsymbol{P}$ 和 $k\times k$ 阶随机满秩矩阵 $\boldsymbol{S}$，并计算它们的右逆矩阵 $\boldsymbol{P}^{-1},\boldsymbol{S}^{-1}$，再求 $\boldsymbol{G}^*$ 满足 $\boldsymbol{G}\cdot\boldsymbol{G}^*=\boldsymbol{I}_k$，这里 $\boldsymbol{I}_k$ 是 $k\times k$ 阶单位矩阵。私钥为 $\boldsymbol{S}$，$\boldsymbol{G}$，$\boldsymbol{P}$。计算 $\boldsymbol{J}=\boldsymbol{P}^{-1}\boldsymbol{G}^*\boldsymbol{S}^{-1},\boldsymbol{W}=\boldsymbol{G}^*\boldsymbol{S}^{-1},\boldsymbol{T}=\boldsymbol{P}^{-1}\boldsymbol{H}^{\mathrm{T}}$，得公钥为 $\boldsymbol{J},\boldsymbol{W},\boldsymbol{T},\boldsymbol{H},t$。

（2）**签名算法 Sign**：设需签名的消息是 m（m 为二进制序列），用户 A 计算对 m 的签名，即 $\sigma_j=(E_j+m\boldsymbol{SG})\boldsymbol{P}$。这里，$E_j$ 是汉明重量为 $w(E_j)\leqslant t$ 的长度为 n 的二进制序列。

（3）**验证算法 Verify**：设信道干扰为 E，则接收者实际收到的签名是 $\sigma'_j=\sigma_j+E$。用户 B 首先得到用户 A 的公钥，并按下述方法验证。

（1）右乘 $\boldsymbol{T}$，计算伴随式

$$D_1(\sigma'_j)=\sigma'_j\boldsymbol{T}=[(E_j+m\boldsymbol{SG})\boldsymbol{P}+E]\boldsymbol{P}^{-1}\boldsymbol{H}^{\mathrm{T}}=E'_j\boldsymbol{H}^{\mathrm{T}}$$

式中，$E'_j=E_j+E\boldsymbol{P}^{-1}$。

（2）译码。用户 B 得到伴随式 $D_1(\sigma'_j)$，并知道 t 和 H，利用已知的译码算法（如 Berlekamp-Massy 算法）进行译码。若 $w(E'_j)\leqslant t$ 且能够被译码器查出，则需要重新发送签名；若 E=0，则能够正确译码，得到 C_j,E_j。

（3）右乘 $\boldsymbol{J}$ 得 $D_3(C'_j)=C_j\boldsymbol{J}=[(E_j+m\boldsymbol{SG})\boldsymbol{P}]\boldsymbol{P}^{-1}\boldsymbol{G}^*\boldsymbol{S}^{-1}=E_j\boldsymbol{G}^*\boldsymbol{S}^{-1}+m$。

（4）计算 $D_4(C'_j)=D_3(C'_j)+E_j\boldsymbol{W}=E_j\boldsymbol{G}^*\boldsymbol{S}^{-1}+m+E_j\boldsymbol{G}^*\boldsymbol{S}^{-1}=m$。若计算得到的 m 与收到的消息 m 相同，则签名正确；否则签名错误。

该签名体制既有签名功能，又能纠错，是最早提出的基于纠错码的签名体制。在该签名体制提出后，对其的有效攻击也被找到了，于是在 2000 年，设计者给出了安全的修正方案。更多相关内容可参见参考文献[6]。

6.6 基于椭圆曲线的数字签名体制

类似于 4.1.6 节，给定椭圆曲线 E 及其上的一点 P，P 的阶为素数 p，用户 A 需要选择自己的私钥 $0<s<p$，计算自己的公钥 $Q=sP$。下面介绍基本的椭圆曲线数字签名算法 ECDSA[7]。

设 m 是待签名的消息，H 是哈希函数，签名者 A 先计算 h=$H(m)$；再选取随机数 $0<k<p$，计算 $v=kP=(V_x,V_y),c=V_x \bmod p$；然后计算 $\sigma=k^{-1}(h+sc)\bmod p$；最终输出对 m 的签名为 (c,σ)。

假设用户 B 已得到签名者的公钥。在 B 收到 A 发送的消息 m 及对 m 的签名 (c,σ) 后，计算 h=$H(m)$，$u=\sigma^{-1}\bmod p,G=huP+c\sigma^{-1}Q=(G_x,G_y),c'=G_x \bmod p$。若 $c=c'$，则接受签名；否则拒绝接受签名。

基于椭圆曲线的数字签名体制与 RSA 数字签名体制相比，其优点是在安全性相同的条件下，具有较短的密钥长度。并且其在硬件要求方面具有比较明显的优势，适合资源受限的小型设备或应用环境。

6.7 基于身份的数字签名体制

为简化传统公钥密码体制的密钥管理问题，Shamir 于 1984 年提出基于身份密码的思想，即将用户的公开身份信息（如电子邮件、名字等）作为用户公钥，或者可以由该身份信

息通过一个公开的算法计算出该用户的公钥；用户的私钥由一个被称为密钥生成器（Private Key Generator，PKG）的可信第三方生成，并安全地发送给用户。在基于身份的系统中，交互双方 A 和 B 可以直接根据对方的身份信息执行加密或签名验证等密码操作。相对于传统的 PKI 技术，基于身份的系统无须复杂的公钥证书与认证，在应用中可以带来较大的便利。因此，自从这个概念被提出以来，人们对设计安全高效的基于身份的密码构件（Primitive）产生了很大的兴趣，并取得了不少成果，其中也包括基于身份的数字签名（Identity Based Signature，IBS）方面的研究。

与理论和技术上的研究进展相呼应，基于身份的密码技术也展开了标准化进程。2006 年，国际标准化组织（ISO）出台了相关标准 ISO 14888-3。IEEE 也组织了专门基于身份密码的工作组（IEEE P1363.3），IETF 的 SMIME 工作组则将基于身份的密码技术应用于电子邮件的标准化工作中。随着基于身份密码技术的日趋成熟，在要求高效的密钥管理和中等安全性强度的应用中，基于身份的密码系统可以替代传统的公钥系统，成为构建信息安全体系的一个新选择。

6.7.1 基于身份的数字签名体制的定义

基于身份的数字签名体制的研究是基于身份的密码研究的重要组成部分。在 Shamir 关于基于身份密码学的原创性论文中就已经利用大整数分解问题提出了一个基于身份的数字签名体制。一般来说，一个基于身份的数字签名体制 IBS 由 4 个算法构成，即 IBS= (Setup, Extract, Sign, Verify)。

1. Setup

Setup 为系统初始化算法，由 PKG 完成，用于输出系统的主密钥 s 和系统参数 param。PKG 将系统参数公开发布，主密钥秘密保存。

2. Extract

Extract 为私钥提取算法，由 PKG 执行。算法的输入是系统中用户的身份信息 $ID \in \{0,1\}^*$。PKG 利用自己的主密钥和系统参数计算对应 ID 的私钥 d_{ID}，并将私钥秘密发送给用户。图 6.1 描述了用户请求私钥和 PKG 返回私钥的过程。

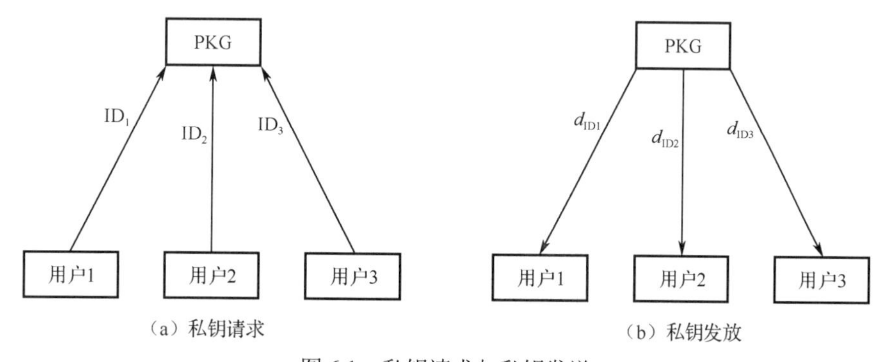

图 6.1 私钥请求与私钥发送

3. Sign

Sign 为签名产生算法，由签名人完成。该算法的输入是系统参数 param、签名者私钥 d_{ID}

及待签名的消息 m，输出即为签名人对该消息的签名 σ，记作 $\sigma \leftarrow \text{Sign}(\text{param}, d_{\text{ID}}, m)$。

4．Verify

Verify 为签名验证算法，由任意验证者完成。该算法的输入是系统参数 param、签名者的身份信息 ID 及待验证的消息-签名对 (m, σ)，输出 1 或 0。前者表示接受该签名有效，后者表示拒绝该签名，记作 1 或 $0 \leftarrow \text{Verify}(\text{param}, \text{ID}, m, \sigma)$。

图 6.2 描述了基于身份的数字签名产生和验证的过程。

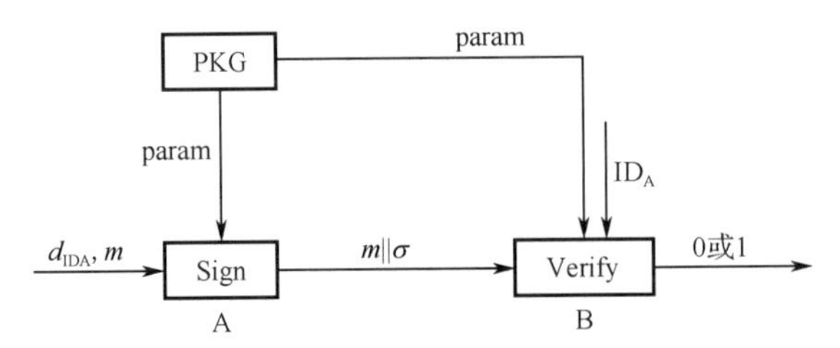

图 6.2　基于身份的数字签名产生与验证

6.7.2　基于身份的数字签名体制的安全性需求

与普通数字签名体制的安全性定义类似，可以给出基于身份的数字签名体制的安全性描述。一般来说，数字签名体制是安全的，是指它具有在适应性选择消息攻击下的不可伪造性。相应地，说一个基于身份的数字签名体制是安全的，是指它具有在适应性选择消息和选择身份攻击下的不可伪造性。更严格地说，其具有下述形式化定义。

设 IBS=(Setup, Extract, Sign, Verify)是一个基于身份的数字签名体制，挑战者 C 和攻击者 A 以交互的方式进行下述活动。

（1）C 运行 Setup 算法获得系统参数 param 和主密钥 s，并将系统参数发送给 A，自己保存主密钥。

（2）A 可以提交多项式个身份信息 $\{\text{ID}_1, \text{ID}_2, \cdots, \text{ID}_{q_E}\}$ 给 C。作为回应，C 必须返回 A 询问的身份所对应的私钥 $\{d_{\text{ID}_1}, d_{\text{ID}_2}, \cdots, d_{\text{ID}_{q_E}}\}$。这里，A 提交的身份信息可以是适应性的，即 A 可以根据之前得到的回应决定下一次所要询问的身份信息。

（3）A 可以提交多项式次形如 $< \text{ID}, m >$ 的二元组给 C。作为回应，C 必须返回用私钥 d_{ID} 对消息 m 执行 Sign 算法后的结果。这里，A 提交的二元组可以是适应性的，即 A 可以根据自己之前得到的回应决定下一次所要询问的二元组。

（4）A 须输出一个三元组 $< \text{ID}^*, m^*, \sigma^* >$，其中，$\text{ID}^*$ 是一个身份信息，m^* 是一个消息，σ^* 是一个签名，而且 A 没有问过 ID^* 的私钥，也没有问过 $< \text{ID}^*, m^* >$ 的数字签名。如果 $\text{Verify}(\text{param}, \text{ID}^*, m^*, \sigma^*) = 1$，则称 A 在这个活动中获得成功。

如果不存在多项式时间的攻击者能够以不可忽略的概率在上述活动中获胜，则称基于身份的数字签名体制 IBS 在适应性选择消息和选择身份攻击下是不可伪造的。

6.7.3　使用双线性对技术的 IBS

目前，在基于身份数字签名的相关研究中，大多数方案都是采用双线性对技术设计的，这里给出一个简单的方案作为示例。

1. Setup

Setup 为系统初始化算法。令 q 为一个大素数，点 P 为 q 阶加法循环群 G_1 的生成元，G_2 为同阶的乘法循环群，$e: G_1 \times G_1 \to G_2$ 为双线性映射，$H_1: \{0,1\}^* \times G_1 \to Z_q, H_2: \{0,1\}^* \to G_1$ 为两个哈希函数，选取随机数 $s \in Z_q$，令 $P_{\text{pub}} = sP$。s 作为主密钥由 PKG 秘密保存，系统参数为 $\text{param} = \{q, G_1, G_2, P, e, H_1, H_2, P_{\text{pub}}\}$。

2. Extract

Extract 为私钥提取算法。给定一个身份信息 ID，PKG 计算 $d_{\text{ID}} = sH_2(\text{ID})$，并将 d_{ID} 秘密发送给身份信息为 ID 的用户作为其私钥。注意：这里 $Q_{\text{ID}} = H_2(\text{ID})$ 可以视为该用户的公钥。

3. Sign

Sign 为签名产生算法。给定消息 m，持有私钥 d_{ID} 的签名人首先选取一个随机数 $r \in Z_q$，然后计算 $U = rQ_{\text{ID}}$，$h = H_1(m, U)$，$V = (r+h)d_{\text{ID}}$，最后输出 $\sigma = (U, V)$ 作为对消息 m 的签名。

4. Verify

Verify 为签名验证算法，给定身份信息为 ID 的用户对 m 的签名 $\sigma = (U, V)$，任意一个验证者可以计算 $h = H_1(m, U)$，并检查下述等式是否成立：

$$e(P, V) = e(P_{\text{pub}}, U + hQ_{\text{ID}})$$

若成立，则输出 1；否则输出 0。

注意：由于

$$\begin{aligned} e(P, V) &= e(P, (r+h)d_{\text{ID}}) \\ &= e(P, (r+h)sQ_{\text{ID}}) \\ &= e(sP, (r+h)Q_{\text{ID}}) \\ &= e(P_{\text{pub}}, rQ_{\text{ID}} + hQ_{\text{ID}}) \\ &= e(P_{\text{pub}}, U + hQ_{\text{ID}}) \end{aligned}$$

故有 $\text{Verify}(\text{param}, \text{ID}, m, \text{Sign}(\text{param}, d_{\text{ID}}, m)) = 1$ 成立，即算法的正确性成立。此外，该体制的不可伪造性依赖于 CDH 问题的求解困难性。

6.7.4 不使用双线性对技术的 IBS

尽管双线性对技术是目前设计基于身份密码系统的主要方法，但仍有不使用双线性对技术就可以实现基于身份密码构件的研究成果。事实上，1984 年，Shamir 在提出基于身份思想的原创性论文中就使用 RSA 方法设计了一个 IBS 方案，该方案同样由 4 个算法构成：Setup、Extract、Sign 和 Verify。

1. Setup

Setup 为系统初始化算法。PKG 选取两个大素数 p,q，计算 $N = pq$，任选一个满足 $\gcd(e, \varphi(N)) = 1$ 条件的整数 e（其中 $\varphi(N)$ 为 N 的欧拉函数值），计算一个整数 d 满足 $ed \equiv 1 \bmod \varphi(N)$。$H: \{0,1\}^* \to Z_{\varphi(N)}$ 为哈希函数，系统参数 $\text{param} = (N, e, H)$，主密钥为 d。

p,q 在系统建立后可以销毁。

2. Extract

Extract 为私钥提取算法。给定用户身份信息 ID，PKG 计算 $g = \mathrm{ID}^d (\bmod N)$，并将结果秘密发送给用户作为私钥。

3. Sign

Sign 为签名生成算法。给定消息 m，持有私钥 g 的签名人首先选取随机数 $r \in_R Z_N^*$，然后计算 $t = r^e (\bmod N), s = gr^{H(t\|m)} (\bmod N)$，最后输出 (t,s) 作为其对消息 m 的数字签名。

4. Verify

Verify 为签名验证算法。给定身份信息为 ID 的签名人对消息 m 的数字签名 (t,s)，任意验证者检查下述等式是否成立：

$$s^e \equiv \mathrm{ID}t^{H(t\|m)} (\bmod N)$$

若成立，则输出 1；否则输出 0。

注意：由于

$$s^e \equiv (gr^{H(t\|m)})^e \equiv g^e (r^e)^{H(t\|m)} \equiv \mathrm{ID}t^{H(t\|m)} (\bmod N)$$

故有 $\mathrm{Verify}(\mathrm{param}, \mathrm{ID}, m, \mathrm{Sign}(\mathrm{param}, d_{\mathrm{ID}}, m)) = 1$ 成立，即算法的正确性成立。

此外，直观上可以看到，任何人都可以任选一个随机数 $r \in_R Z_N^*$，进而构造出 $\mathrm{ID}t^{H(t\|m)}$，但要计算 $\mathrm{ID}t^{H(t\|m)}$ 的 e 次方根 s（在 $\bmod N$ 意义下）是困难的，除非知道 ID 所对应的私钥。而这个唯一的私钥由 PKG 秘密发送给身份信息为 ID 的签名人，因此，如果一个数字签名 (t,s) 通过了算法 Verify 的验证，就可以相信这个签名是由身份信息为 ID 的签名人产生的。

6.8 基于属性的数字签名算法

为解决传统公钥密码系统的一对一认证问题，Sahai 和 Waters 于 2005 年提出基于属性密码的思想，即用户无须知道每个接收者具体的身份信息，只需通过属性对密文或者目标用户进行描述便可实现一对多的访问控制机制。因此，自从这个概念被提出以来，人们对设计安全高效的基于属性的密码构件（Primitive）产生了浓厚的兴趣，并取得了很多成果，其中也包括基于属性的数字签名（Attribute Based Signature，ABS）方面的研究。相比于传统的数字签名，ABS 无须再为用户单独生成公/私钥对，用户的身份由一组属性替代，签名私钥由一个被称为属性机构（Attribute Authority，AA）的可信第三方利用该组属性生成，并安全地发送给用户，降低了密钥的分发和管理的开销，在应用中可以带来较大的便利。

6.8.1 基于属性的数字签名体制的定义

基于属性的数字签名体制的研究是基于属性的密码研究的重要组成部分。Maji 等在原创性论文中提出了一个基于属性的数字签名体制。一般来说，一个基于属性的数字签名体制 ABS 由 4 个算法构成，即 ABS= (Setup, Generate, Sign, Verify)。

1. Setup

Setup 为系统初始化算法，由 AA 完成，用于输出系统的主密钥 MK 和系统参数 PK 。AA 将系统参数公开发布，主密钥秘密保存。

2. Generate

Generate 为私钥生成算法，由 AA 执行。该算法的输入是系统中用户的属性集 A 。AA 利用自己的主密钥和系统参数计算对应 $\mathcal{A}$ 的私钥 $\mathrm{SK}_{\mathcal{A}}$ ，并将私钥秘密发送给用户。

3. Sign

Sign 为签名产生算法，由签名人完成。该算法的输入是系统参数 PK 、私钥 $\mathrm{SK}_{\mathcal{A}}$ 、待签名的消息 m 及声称谓词 Υ ，其中 $\Upsilon(\mathcal{A})=1$ ，输出为签名人对该消息的签名 σ ，记作 $\sigma \leftarrow \mathrm{Sign}(\mathrm{PK},\mathrm{SK}_{\mathcal{A}},m,\Upsilon)$ 。

4. Verify

Verify 为签名验证算法，由任意验证者完成。该算法的输入是系统参数 PK 、声称谓词 Υ 及待验证的消息-签名对 (m,σ) ，输出 1 或 0，前者表示接受该签名有效，后者表示拒绝该签名，记作 1 或 $0 \leftarrow \mathrm{Verify}(\mathrm{PK},\Upsilon,m,\sigma)$ 。

6.8.2 基于属性的数字签名体制的安全性需求

参照普通数字签名体制的安全性定义，可以给出基于属性的数字签名体制的安全性描述（因为这两者相似）。一般说数字签名体制是安全的，是指它具有在适应性选择消息攻击下的不可伪造性。相应地，说一个基于属性的数字签名体制是安全的，是指它具有在适应性选择消息和选择谓词攻击下的不可伪造性。更严格地说，其具有下述形式化定义。

设 ABS= (Setup, Generate, Sign, Verify)是一个基于属性的数字签名体制，挑战者 C 和攻击者 A 以交互的方式进行下面的活动。

（1）C 运行 Setup 算法获得系统参数 PK 和主密钥 MK ，并将系统参数发送给 A，自己保存主密钥。

（2）A 可以提交多项式个属性集 $\{\mathcal{A}_1,\mathcal{A}_2,\cdots,\mathcal{A}_{q_E}\}$ 给 C。作为回应，C 必须返回 A 询问的属性集所对应的私钥 $\{\mathrm{SK}_{\mathcal{A}_1},\mathrm{SK}_{\mathcal{A}_2},\cdots,\mathrm{SK}_{\mathcal{A}_{q_E}}\}$ 。这里，A 所提交的属性集可以是适应性的，即 A 可以根据之前得到的回应决定下一次所要询问的属性集。

（3）A 可以提交多项式次形如 $< m,\Upsilon >$ 的二元组给 C。作为回应，C 必须返回用私钥 $\mathrm{SK}_{\mathcal{A}}$ 对消息 m 执行 Sign 算法后的结果。这里，A 所提交的二元组可以是适应性的，即 A 可以根据之前得到的回应决定下一次所要询问的二元组。

（4）A 须输出一个三元组 $<\Upsilon^*,m^*,\sigma^*>$ ，其中， Υ^* 是一个声称谓词， m^* 是一个消息， σ^* 是一个签名，而且 A 没有问过所有 $\mathcal{A}(\Upsilon^*(\mathcal{A})=1)$ 的私钥，也没有问过 $< m^*,\Upsilon^* >$ 的数字签名。若 $\mathrm{Verify}(\mathrm{PK},\Upsilon^*,m^*,\sigma^*)=1$ ，则称 A 在这个活动中获胜。

如果不存在多项式时间的攻击者能够以不可忽略的概率在上述活动中获胜，则称基于属性的数字签名体制 ABS 在适应性选择消息和选择谓词攻击下是不可伪造的。

6.8.3 使用双线性对技术的 ABS

目前，在基于属性数字签名的相关研究中，大多数方案都是采用双线性对技术设计的，这里给出一个简单的方案作为示例。

1．Setup

Setup 为系统初始化算法。令 $\mathbb{A}$ 为属性空间，$t_{\max}$ 为方案中声称谓词的单调跨度程序的宽度，p 为一个大素数，点 g 为 p 阶循环群 G 的生成元，H 为同阶的循环群，生成元为 $h_0,\cdots,h_{t_{\max}}$，$e:G\times H\to G_T$ 为双线性映射，$\mathcal{H}:\{0,1\}^*\to\mathbb{Z}_p^*$ 为抗碰撞的哈希函数。选择随机数 $a_0,a,b,c\in\mathbb{Z}_p^*$，计算 $C=g^c$，$A_0=h_0^{a_0}$，$A_j=h_j^a$ 及 $B_j=h_j^b(\forall j\in[t_{\max}])$。$\mathrm{MK}=(a_0,a,b)$ 作为主密钥由 AA 秘密保存，系统参数为 $\mathrm{PK}=(G,H,\mathcal{H},g,h_0,\cdots,h_{t_{\max}},A_0,\cdots,A_{t_{\max}},B_1,\cdots,B_{t_{\max}},C)$。

2．Generate

Generate 为私钥生成算法。给定一个属性集 $\mathcal{A}\subseteq\mathbb{A}$，选择随机生成元 $K_{\mathrm{base}}\in G$，AA 根据 MK 计算 $K_0=K_{\mathrm{base}}^{1/a_0}$，$K_u=K_{\mathrm{base}}^{1/(a+bu)}(\forall u\in\mathcal{A})$，并将 $\mathrm{SK}_{\mathcal{A}}=(K_{\mathrm{base}},K_0,\{K_u\mid u\in\mathcal{A}\})$ 秘密发送给属性集为 $\mathcal{A}$ 的用户作为私钥。

3．Sign

Sign 为签名产生算法。给定消息 m 及声称谓词 Υ 使得 $\Upsilon(\mathcal{A})=1$，持有私钥 SK_{A} 的签名人先将 Υ 转换为相应的单调跨度程序 $M\in(\mathbb{Z}_p)^{l\times t}$，行标记为 $u:[l]\to\mathbb{A}$，计算满足 $\mathcal{A}$ 分配的向量 $\vec{v}$ 及 $\mu=\mathcal{H}(m\|\Upsilon)$；然后选择随机数 $r_0\in\mathbb{Z}_p^*,r_1,\cdots,r_l\in\mathbb{Z}_p$，计算 $Y=K_{\mathrm{base}}^{r_0}$，$W=K_0^{r_0}$，$S_i=(K_{u(i)}^{v_i})^{r_0}\cdot(Cg^{\mu})^{r_i}(\forall i\in[l])$，以及 $P_j=\prod_{i=1}^{l}(A_jB_j^{u(i)})^{M_{ij}\cdot r_i}\ (\forall j\in[t])$；最后输出 $\sigma=(Y,W,S_1,\cdots S_l,P_1,\cdots,P_t)$ 作为对消息 m 的签名。

4．Verify

Verify 为签名验证算法。给定声称谓词 Υ 及用户对 m 的签名 $\sigma=(Y,W,S_1,\cdots S_l,P_1,\cdots,P_t)$，任意验证者先将 Υ 转换为相应的单调跨度程序 $M\in(\mathbb{Z}_p)^{l\times t}$，行标记为 $u:[l]\to\mathbb{A}$，计算 $\mu=\mathcal{H}(m\|\Upsilon)$。若 $Y=1$，则拒绝该签名；否则检查下述等式是否成立：

$$e(W,A_0)=e(Y,h_0)$$

$$\prod_{i=1}^{l}e(S_i,(A_jB_j^{u(i)})^{M_{ij}})=\begin{cases}e(Y,h_1)e(Cg^{\mu},P_1), & j=1\\ e(Cg^{\mu},P_j), & j>1\end{cases}\quad(\forall j\in[t])$$

若成立，则输出 1；否则输出 0。

6.9 后量子签名算法

与公钥密码方案依赖单射陷门单向函数不同，签名算法需要的基础假设更弱，因此就有更多技术可以用于后量子签名算法。在后量子密码学中，签名构造经常使用的技术包括基于格、基于编码、基于多变量、基于哈希函数、基于超奇异椭圆曲线和基于安全多方计算等。这些技术在 NIST 后量子密码标准化征集工作的第三轮算法中均有体现。下面就基于格、基于哈希函数和基于安全多方计算这 3 种形式迥异、各有优势的后量子签名算法进行介绍。

6.9.1 基于格的后量子签名算法

格密码学中，常用于方案构造的复杂度假设包括短整数解（Short Integer Solution，SIS）假设和容错学习（Learning with Errors，LWE）假设及其环、模上对应难题。前者是格上短向量问题（Short Vector Problem，SVP）的平均情况版本，后者则是有界距离解码（Bounded Distanceor Decoding，BDD）问题的平均情况版本。其中，后者具有公钥加密所需的单射陷门单向函数结构，因而可以用来构造加密算法。而前者，虽然也有陷门，但不具备一对一的性质，无法用于构造公钥加密，但足以用来构造签名算法。下面介绍两种安全性基于 SIS 问题或 LWE 问题困难性的签名算法，并对 NIST 后量子密码标准化工作中第三轮入选算法之一的基于模上容错学习（Learning with Errors over Module，Module-LWE 或 MLWE）问题的 CRYSTALS-Dilithium 签名算法做简单介绍。

SIS 问题即求解随机齐次线性方程组的较短非零整数解，其中“随机”意味着方程是随机选取的，即方程组中未知数的系数是随机选取的。该问题可以由以下参数描述：①安全参数 n，表示所求解方程组的方程个数；②素数 q，表示方程的求解在 $\mathbb{Z}_q$ 上进行；③正整数 m，表示方程组中未知数的个数；④界值 β，表示要求所求方程组的解向量的最大范数。一般来说，要求 $m \geqslant 2n\log n$，以保证方程一定有解，同时解向量的范数一般为 L_2 范数，要求 $\beta \geqslant \sqrt{m}q^{n/m}$，以保证方程有满足 L_2 范数 $\leqslant \beta$ 的解。形式化地讲，可以定义具有上述参数的 $\mathrm{SIS}_{n,q,m,\beta}$ 问题为：均匀随机选择矩阵 $\boldsymbol{A} \in \mathbb{Z}_q^{n\times m}$，求非零向量 $\boldsymbol{z}$ 满足 $\boldsymbol{Az}=0 \bmod q$ 及 $|z| \leqslant \beta$。

实际上，可以将方程 $\boldsymbol{A}x=0$ 的所有解的集合看作一个格，即

$$\Lambda^{\perp}(\boldsymbol{A}) = \{\boldsymbol{z} \in \mathbb{Z}^m : \boldsymbol{Az} = 0 \bmod q\}$$

这样，要求该方程组满足 $|z| \leqslant \beta$ 的解相当于求解（随机）给定的格 $\Lambda^{\perp}(\boldsymbol{A})$ 上一个满足 $|z| \leqslant \beta$ 的向量 $\boldsymbol{z}$。直观地看，这相当于求格上较短的向量，应该是具有相当难度的。但是因为格 $\Lambda^{\perp}(\boldsymbol{A})$ 是根据随机矩阵 $\boldsymbol{A}$ 给出的，所以该问题是随机版本的 SVP 问题，其具体的困难性需要另行证明。不过，该问题已被广泛研究，问题的困难性可以由 SVP 问题或短线性无关向量组问题（Short Independent Vectors Problem，SIVP）的困难性保证，相关内容可以参见参考文献[13]～[16]。

下面就如何用 SIS 假设（即假设上述 SIS 问题是困难的）来构造签名算法进行详细介绍。这里使用一种数字签名算法的构造范式 Hash-and-Sign Paradigm 的变体版本，称为“带盐”版本。具体地说，就是将消息连同随机生成的随机数（称为“盐”）一起进行哈希，使其值落在某个陷门单向函数的值域中，再用陷门求出一个该哈希值的原像，输出该原像和“盐”作为消息的签名。

在解释陷门前，先将 SIS 问题看作一个单向函数。给定矩阵 $\boldsymbol{A}$，即可以定义一个单向函数

$$f_A(x) = Ax$$

其中，$|x| \leqslant \beta$。

陷门的作用就是给定上述单向函数的像$u \in \mathbb{Z}_q^n$，根据陷门可以高效求出原像，即一个较短的z使得$\boldsymbol{A}z=u$。不能随机生成上述SIS问题的矩阵$\boldsymbol{A}$，否则对于这样得到的SIS实例由于没有其陷门，也就无法完成陷门。因此，要基于SIS问题构造签名算法，还需要能够生成具有陷门的SIS实例。值得一提的是，虽然陷门是在给定任意u的情况下，能够求出对应的原像z使得$\boldsymbol{A}z=u$，但实际构造的签名算法，其安全性还是基于前文提到的SIS问题的困难性。

生成带有陷门的SIS问题实例的算法多种多样，将生成SIS问题陷门的算法记作TrapGen，该算法在收到安全参数1^n后，生成SIS问题实例$\boldsymbol{A}$及其陷门T，即

$$\text{TrapGen}(1^n) \to (\boldsymbol{A}, T)$$

在运行该算法后，将$\boldsymbol{A}$作为签名算法的验证密钥，将T作为签名算法的签名密钥。在持有该陷门时，对于任意的$u \in \mathbb{Z}_q^n$，算法都可以高效求出对应的z使得$\boldsymbol{A}z=u$，其中，根据TrapGen的质量，可以规定$|z| \leqslant \beta$。这里注意到，没有陷门的算法也可以求出方程的解，但是难以保证所求方程的解为一个较短的解。根据上述描述，可以将函数$f_A(x)=u$看作一个陷门单向函数，而T就是该单向函数的陷门。一般会将离散高斯分布作为x的分布，这样有利于归约结论和之后介绍的算法。通过陷门恢复$f_A(x)=u$的某个原像z的算法记作SamplePre，为了简便，略去一些在解释算法原理时用不到的参数，这个过程可简记为

$$\text{SamplePre}(\boldsymbol{A}, T, u) \to z$$

上述算法会生成一个z满足$\boldsymbol{A}z=u$，且以压倒性的概率存在$|z| \leqslant \beta$。此外，z还有一个优点，即其分布为条件$\boldsymbol{A}z=u$下的离散高斯分布。有了上述几个支持的算法，就可以在随机预言机模型下构造一个具有较强安全性的签名算法。在签名和验证时，需要一个哈希函数$H:\{0,1\}^* \times \{0,1\}^{p(n)} \to \mathbb{Z}_q^n$（其中$p$为某个多项式）作为“Hash-and-Sign”中的“Hash”组件；而在安全性证明时，其被视作一个随机预言机。

签名算法Sign的具体流程：在收到待签名的消息μ和签名密钥T后，算法依次执行下述操作。

① 均匀随机产生随机数$r \leftarrow \{0,1\}^{p(n)}$，作为“盐”；

② 将待签名消息μ与“盐”r一同进行哈希：$u = H(r,\mu)$；

③ 使用陷门计算出u对应单向函数f_A的原像：$z \leftarrow \text{SamplePre}(\boldsymbol{A},T,u)$；

④ 输出(z,r)作为消息μ的签名。

在验证签名时，验证者需要先恢复哈希值$u = H(r,\mu)$，根据$\boldsymbol{A}$验证z是对应方程$\boldsymbol{A}x=u$的较短解，具体来说，验证算法Verify在收到消息μ和对应的签名(z,r)后，执行下述流程。

① 验证$|z| \leqslant \beta$，若不成立，则验证不通过，否则继续执行后续步骤；

② 将待验证消息μ与“盐”r一同进行哈希：$u = H(r,\mu)$；

③ 验证$\boldsymbol{A}z=u$，若不成立，则验证不通过，否则验证通过。

如果想将上述算法的安全性归约为SIS问题的安全性，那么对于单向函数f_A有一些额外要求。因为方程$\boldsymbol{A}x=u$的未知数多于方程个数，所以该方程组以压倒性的概率存在多个解，即使将解限定为较短的整向量，这一事实也依旧成立。基于这一性质，就可以将上述签名方案的安全性归约为SIS问题的困难性。

算法归约的思路大致如下：在归约时，挑战者具有随机预言机的控制权，在对手想要对某个值(μ,r)进行哈希时，挑战者会先以离散高斯分布生成一个较短的z，再计算$u=\boldsymbol{A}x$。根

据之前的介绍，这个 u 和均匀随机产生的 u 是统计不可区分的——对手无法察觉到这一点。在对手准备对挑战消息 m^* 进行签名时，首先会产生一个随机数 r^*，这样，当他询问 $H(m^*,r^*)$ 时，挑战者回复 u^* 且同时预先准备好 z 使得 $|z| \leqslant \beta$ 及 $\boldsymbol{A}z=u$。对手在进行伪造时，也必须输出一个 z' 使得 $|z'| \leqslant \beta$ 及 $\boldsymbol{A}z'=u$。根据 f_A 的特点，大概率有 $z \neq z'$，即 $\boldsymbol{A}(z-z')=0$。这样，如果对手能够伪造出签名，己方就成功给出了随机 $\boldsymbol{A}$ 决定的方程组 $\boldsymbol{A}x=0$ 的一个满足 $|z-z'| \leqslant 2\beta$ 的非零整数解 $(z-z')$，也就求解了 $\mathrm{SIS}_{n,q,m,2\beta}$，即将签名算法的安全性建立在 $\mathrm{SIS}_{n,q,m,2\beta}$ 假设上。

读者可以自行验证，上述基于 SIS 假设的签名算法具有对适应性对手的安全性。除此之外，由于上述格的陷门可以扩展为一些其他格的陷门，使得该算法可以轻松扩展为基于身份的签名等具有特殊功能的算法。但是，纵使它具有较强的安全性，验证密钥 $\boldsymbol{A}$ 的尺寸过大限制了其使用范围，因此该算法没有被作为基础签名算法广泛使用。不过，Vadim Lyubashevsky 应用 Fiat-Shamir 转换的基于格的签名改善了上述情况。

Fiat-Shamir 启发式是由 Amos Fiat 和 Adi Shamir 于 1986 年提出的[17]，可以将双方的零知识证明协议转换为非交互协议。其核心技术就是将本应由验证者产生的挑战，转换为由证明者通过随机预言机产生。这样，证明者就可以将初始信息、挑战信息及对挑战的回答一次性发给验证者由其验证。如果将要证明的内容视作“证明者”持有的签名密钥，那么上述协议就是一个签名算法。

在格上应用 Fiat-Shamir 启发式的签名算法中，为了保护签名密钥不被泄露，还需用到拒绝采样技术。拒绝采样技术以一定概率拒绝采样结果转而进行重新采样，可以将一种概率分布的采样结果，转为另一种概率分布的采样结果。具体而言，令 f 和 g 是概率分布函数且 $x \in \mathbb{R}$，使得 $f(x) \leqslant Mg(x)$，那么从 g 代表的概率分布中采样 z，再以 $f(z)/Mg(z)$ 的概率输出，得到 z 的概率分布就是以 f 为分布函数的分布。采用这一分布的好处在于，既可以从 g 的分布中采样得到结果，又可以使得其分布不泄露 g 的参数。

下面，具体阐述格上基于 Fiat-Shamir 启发式的签名算法，该签名算法也需要一个哈希函数 $H:\mathbb{Z}_q^m \times \{0,1\}^*$，在证明中被视作随机预言机。密钥生成算法：签名者均匀随机选择矩阵 $\boldsymbol{A} \leftarrow \mathbb{Z}_q^{n\times m}$，并选择一个随机的较小矩阵 $\boldsymbol{S} \leftarrow \{-d,-(d-1),\cdots,d-1,d\}^{m\times m}$ 来计算 $T=\boldsymbol{AS}$。输出 $(\boldsymbol{A},T)$作为验证密钥，$\boldsymbol{S}$ 作为签名密钥。

在收到待签名的消息 μ 后，签名算法 Sign 执行下述操作。

① 从合适的离散高斯分布中选择一个较小的 $y: y \leftarrow D_{\mathbb{Z}^m,\sigma}$；

② 计算 $c \leftarrow H(\boldsymbol{A}y,\mu)$；

③ 计算 $z \leftarrow \boldsymbol{S}c+y$；

④ 以 $\min\left(\dfrac{D_{\mathbb{Z}^m,\sigma^{(z)}}}{MD_{\mathbb{Z}^m,\boldsymbol{S}c,\sigma^{(z)}}},1\right)$的概率输出$(z,c)$作为签名，否则从步骤②开始重新执行。

注意，第③步中产生的 z 的概率分布函数就是 $D_{\mathbb{Z}^m,\boldsymbol{S}c,\sigma^{(z)}}$，因此最终输出的 z 的概率分布应与分布 $D_{\mathbb{Z}^m,\sigma}$ 是统计不可区分的（因为事件 $\dfrac{D_{\mathbb{Z}^m,\sigma^{(z)}}}{MD_{\mathbb{Z}^m,\boldsymbol{S}c,\sigma^{(z)}}}>1$ 发生的概率小到可以被忽略）。同时，注意到最后一步中的拒绝采样也是必要的，否则在归约证明中无法保证能够产生与 $\boldsymbol{S}$

无关的签名，也就无法得出正确的 SIS 或 LWE 问题的解。

对于验证方而言，验证算法 Verify 如下：

若$|z| \leqslant \eta\sigma\sqrt{m}$ 且 $c = H(\boldsymbol{A}z - Tc, \mu)$，则通过验证；否则不通过。

根据选择参数的不同，该算法的安全性可以归约为 SIS 或 LWE 问题，归约的具体方式根据所依赖的困难问题假设不同而略有不同，具体可见参考文献[20]。

值得一提的是，NIST 后量子密码标准化工作中，第三轮入选算法 CRYSTALS-Dilithium 就是采用上述基于 Fiat-Shamir 启发式及拒绝采样的算法，其经典的安全性是基于模上短整数解（Short Integer Solution over Module，Module-SIS 或 MSIS）问题或 MLWE 问题的困难性的，而 QROM 模型下的安全性则是基于 MLWE 问题的困难性。第三轮提交的报告中显示，Dilithium 算法在最高安全性（至少与穷举密钥搜索攻破 AES-256 算法一样困难）下参数依旧较好，其公钥尺寸为 2592 比特，签名长度为 4595 比特。

6.9.2 基于哈希函数的后量子签名算法

基于哈希函数的签名算法是一种完全绕开公钥密码体制的签名算法构造方式。构造基于哈希函数的签名算法，只需用到一些较为简单的密码学工具（如单向函数），并且可以不用随机预言机。这类组件被广泛认为是抗量子的（但对于量子计算机而言，要达到和经典计算下相同的安全性，其安全参数需要加倍），因此基于哈希函数的签名算法也被认为是可以抗量子的。

最简单的基于哈希函数的签名算法，是 Leslie Lamport 提出的 Lamport 签名算法。它是一种基于单向函数的一次签名安全的签名算法，其安全性可以归约为所用到的单向函数的安全性。假设对一个长度不超过 n 的消息进行签名，首先根据签名的安全性需求选择 m_1, m_2，令 $H:\{0,1\}^{m_1} \to \{0,1\}^{m_2}$ 是一个公开的单向函数，Lamport 签名算法的签名和签证密钥可以按照如下方式构造：

对于 $b \in \{0,1\}, i \in \{1,\cdots,n\}$ 均匀选择随机数: $s_b^i \leftarrow \{0,1\}^{m_1}$；

对于 $b \in \{0,1\}, i \in \{1,\cdots,n\}$ 计算 $r_b^i = H(s_b^i)$；

令 $\{s_b^i\}_{b,i}$ 为签名密钥，$\{r_b^i\}_{b,i}$ 为验证密钥。

如果需要对消息 $\mu \in \{0,1\}^n$ 进行签名，签名方只需挑选出签名密钥中对应 μ 每比特的原像作为签名：$s = \{s_{\mu_i}^i\}$。而在验证时，验证方只需比对每个原像是否对应适当的项，即对于 $i \in \{1,\cdots,n\}$，验证 $H(r_{\mu_i}^i) = H(s_i)$ 是否成立，其中 $s_i = s_{\mu_i}^i$。如果全部成立，则验证通过；否则验证不通过。

Lamport 签名算法虽然具有假设弱、抗量子等优点，但是它只支持一次签名安全性，每次签名都会泄露一半的签名密钥。如果验证者要求签名者同时为两个每个比特位都相反的消息 $\mu, \bar{\mu}$ 签名，就可以获得整个签名密钥，并可以伪造其他任意消息的签名。若需使用 Lamport 签名算法对多个消息进行签名，最简单的方式就是一次性公布多个验证密钥，每次签名都使用一个不用的公钥——这显然不具备可行性。

对多个消息进行签名的另一种方式是使用 Merkle 树来构造验证密钥，即构造一棵由一次性签名的验证密钥为叶子节点的 Merkle 树，并将树的根作为验证密钥。这样，无论要对多少个消息进行签名，验证密钥的大小都是固定的。具体而言，签名者首先须决定自己最多需要对多少个消息进行签名，假设需要签名的消息的个数为 N，记一次性安全的签名算法为 OTSign，并令 G 为抗碰撞哈希函数，那么多个消息安全的签名算法的密钥生成算法如下：

① 找到最小的正整数 L，使得 $N \leqslant 2^L N$；

② 用 OTSign 的密钥生成算法生成 2^L 对签名-验证密钥对 $\{\mathrm{sk}_i, \mathrm{vk}_i\}_{i\in L}$；

③ 以 G 为哈希函数，以 $\{\mathrm{vk}_i\}_{i\in L}$ 为叶子节点，构造 Merkle 树，具体结构如图 6.3 所示（以 $N=2, L=4$ 为例）。

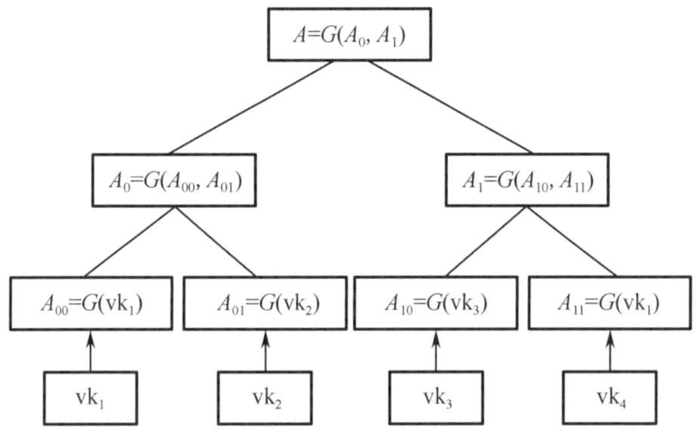

图 6.3　基于哈希函数的签名的 Merkle 树构造

输出 A 作为验证密钥，以 $\{\mathrm{sk}_i\}_{i\in L}$ 及整个 Merkle 树作为签名密钥。

签名方每次签名时，都会使用一个没有用过的 OTSign 的签名密钥 sk_i 来进行签名。为了让验证者可以验证签名的结果，除了需要给出 OTSign 的签名，还需要给出从 vk_i 所代表的叶子节点到根节点过程中所经过的节点的兄弟节点。例如，如果选用 sk_3 对消息 μ 进行签名，那么除了 OTSign 签名结果 s_3，还需要给出 A_{11}, A_0 以便哈希验证，并以 $(3, s_3, A_{11}, A_0)$ 作为签名的结果，如图 6.4 所示。

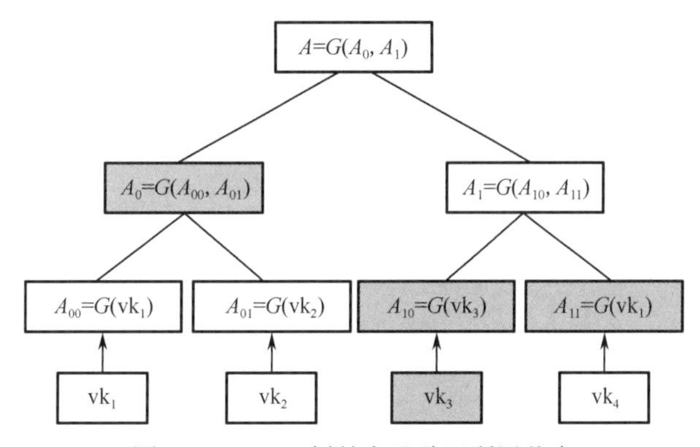

图 6.4　Merkle 树签名及验证所用节点

当验证者在拿到给定消息 μ 的签名 $(3, s_3, A_{11}, A_0)$ 时，首先需要验证 s_3 的有效性，即用 vk_3 验证 s_3 确实为 μ 在 OTSign 算法中的签名。然后，验证者验证 Merkle 树的根确实与收到的签名相匹配。在上述示例中，验证者需先计算验证 $A_1 = G(G(\mathrm{vk}_3), A_{11})$ 是否成立，再验证 $A = G(A_0, A_1)$ 是否成立。在上述验证均通过的情况下，签名验证通过，否则签名验证不通过。

略去具体的证明，仅从直观上解释该算法为何能够有效防止伪造。从直观上讲，每个 OTSign 的签名密钥确实只被使用了一次，因此，OTSign 的签名本身是不容易被伪造的。想要伪造签名，就需要构造新的 OTSign 签名验证密钥，但是G的抗碰撞性会防止对手从这一点进行攻击。

6.9.3 基于安全多方计算的后量子签名算法

基于安全多方计算的后量子签名算法采用 Fiat-Shamir 启发式将一个基于安全多方计算的零知识证明协议转化为一个签名算法，流程如图 6.5 所示。其中，Fiat-Shamir 启发式是密码学的标准转换，已在前文做过介绍，此处不再赘述。下面主要介绍所谓“头脑模拟”（MPC-in-the-Head）转换的构造。

图 6.5 基于安全多方计算的后量子签名算法的技术路线

“头脑模拟”转换最早由 Yuval Ishai 等于 2007 年提出[21]，这一构造提出的初衷是给出基于安全多方计算的高效零知识证明构造。然而除了构造零知识证明协议，后续的工作将这一框架的应用在安全多方计算领域做了进一步扩展，给出一些理论上与现实中的成果[22][23]。下面首先介绍这一框架的基本形式。

“头脑模拟”框架的基本思想可以用下述零知识交互证明协议解释。假设 A 想向 B 证明对于某一个电路C（这里以布尔电路为例，针对算术电路的扩展比较容易），其拥有输入w可满足$C(w)=1$。

首先 A 和 B 商定一个满足双方共谋仍能保证安全性的多方计算协议Π，其中Π的参与方有n个，用$P_1,\cdots,P_n$表示。A 产生随机数$w_1,\cdots,w_n$使得$\oplus_i w_i = w$（即以加法的形式秘密共享w），之后用协议Π计算函数$f:(w_1,\cdots,w_n)\mapsto C(\oplus_i w_i)$。

注意，这里由于 A 自身拥有n个计算方的所有输入信息，这一协议的交互过程可以由 A 自己完全模拟，因此 A 可以得到n个计算方在计算过程中得到的“视图”——输入信息、随机数及接收交互消息。在得到n个“视图”后，A 通过一个比特承诺协议Π_{Com}将承诺信息公开给 B。

多方计算协议Π的正确性可以保证一种情形，即 A 承诺的输入信息不能满足$C(\oplus_i w_i)=1$时，只能存在以下两种可能：①n个“视图”没有表示一次按照协议规定的交互过程，即一些计算方应该发送的信息与接收方实际收到的信息不符；②n个“视图”都是按照协议规定运行的，每个计算方的输出都是 0。

B 此时会随机选择两个下标$i,j\leftarrow[n]i$（其中$i\neq j$），并发送给 A。而 A 在收到下标后，会打开P_i与P_j对应的“视图”。对应上述两种出错的可能，B 将检查：①P_i与P_j的“视图”是否一致；②P_j与P_j是否都输出 1。如果以上两个检查通过则接受，否则拒绝。

零知识证明协议的完备性可以由Π的正确性直接涵盖。对于可靠性，上述分析表明如果x不满足协议要求，则至少有$1/\binom{n}{2}$的概率 B 会拒绝 A。通过顺序重复可以将这一概率降至可忽略的水平。最终，多方计算协议Π在双方合谋情况下的安全性保证了验证方在得到两个计算方的“视图”之后只能获得输入和输出本身所蕴含的信息。

然而，由于 A 使用了随机的秘密分享方法，B 得到的两个“视图”中的输入是与隐私输入 w 均匀独立的随机数，而输出是需要证明的结论，因此也不包含额外的信息。

以上描述的协议比较基础，可以使用更强的多方计算协议或特殊的多方计算结构（如参考文献[24]～[27]）来达到更好的实际效率（如证明长度、验证的计算复杂度等）。但是上述基础协议已经完整地展现了“头脑模拟”框架的思想。下面以 NIST 后量子算法征集备选数字签名方案 Picnic 为例，介绍这一框架下的最新数字签名构造。

Picnic 方案有两种算法，这里只介绍效率更高的 Picnic2 算法，这一算法由 Wang Xiao 等提出[26]。具体来说，该算法使用了预处理模型下的安全计算协议，通过“头脑模拟”框架的转换实现高效的零知识证明协议，进而实现数字签名。因此，理解该协议的重点在于协议起点的预处理模型下的安全多方计算。该协议在 n 个参与方之间使用加法秘密共享的模式进行某个布尔电路的计算，用 $[x]$ 表示布尔值 x 的加法共享，即

$$[x]=(x_1,\cdots,x_n)$$

其中，$x_1+\cdots+x_n=x$。

加法分享的一个性质是当某个 $[x]$ 服从均匀分布时，其任意$(n-1)$个分量服从与 x 取值无关的均匀分布，也就是说任意$(n-1)$个分量并不泄露关于 x 的任何信息。而其另一个性质是加法同态性，即对于任意 x,y，可以通过对于 $[x],[y]$ 的每个维度的独立运算获得 $[x+y]$，即 $[x]+[y]=[x+y]$。

Picnic2 的预处理模型具有的一种功能是下发 Beaver's triple。Beaver's triple 是形如下式的均匀随机三元组，即

$$[a],[b],[c]\text{，使得 }c=a\cdot b$$

其中，a,b,c 均为布尔值。

通过打开 e,d，并消耗一个 Beaver's triple，n 个参与方可以完成 $[x],[y]$ 的乘法，即

$$[z]=e\cdot d+e\cdot[b]+d\cdot[a]+[c]$$

其中，$e=x-a,d=y-b$。

最后，为了在零知识证明协议中实现这个预处理模型，证明方会准备多份同样的 Beaver's triple，验证方随机选择其中一个使用。对于其余的 triple，证明方会提供生成过程中使用的随机数来证明其产生的合理性。假设有 m 份拷贝，那么证明方欺骗成功的概率至多为 $1/m$。另外，“头脑模拟”的构造使得证明方在这一步欺骗成功的概率至多为 $1/n$，这样一来总体的失败概率为 $\varepsilon=\max\left\{\frac{1}{n},\frac{1}{m}\right\}$，通过并行重复 k 次可以将这一概率指数下降为 ε^k。

6.10 SM2 数字签名算法

随着密码技术和计算机技术的发展，越来越多的国际通用密码算法遭到攻击面临严重的安全威胁。长期以来我国在安全级别要求较高的行业多采用国际通用的密码算法和标准，存在大量不可控因素，一旦被攻破将造成巨大损失。国家密码管理局经过研究决定推出自主可控的国产密码算法，其中就包括国家密码管理局于 2010 年 12 月 17 日发布的 SM2 椭圆曲线公钥密码算法。该密码算法包括总则、数字签名算法、密钥交换协议及公钥加密算法，后三

者根据总则来选取有限域和椭圆曲线，并生成密钥对。本节主要介绍数字签名算法，该算法可满足多种密码应用中的身份认证和数据完整性、真实性的安全需求。

6.10.1 相关符号

下列符号适用于本部分。

A,B：使用公钥密码系统的两个用户。

a,b：F_q 中的元素，它们定义 F_q 上的一条椭圆曲线 E。

d_{A}：用户 A 的私钥。

$E(F_q)$：F_q 上椭圆曲线 E 的所有有理点（包括无穷远点 O）组成的集合。

e：密码杂凑函数作用于消息 M 的输出值。

e'：密码杂凑函数作用于消息 M' 的输出值。

F_q：包含 q 个元素的有限域。

G：椭圆曲线的一个基点，其阶为素数。

$H_v()$：消息摘要长度为 v 比特的密码杂凑函数。

$\mathrm{ID_A}$：用户 A 的可辨别标识。

M：待签名消息。

M'：待验证消息。

$\bmod n$：模 n 运算。例如，$23 \bmod 7 = 2$。

n：基点 G 的阶（n 是 $\#E(F_q)$ 的素因子）。

O：椭圆曲线上的一个特殊点，称为无穷远点或零点，是椭圆曲线加法群的单位元。

P_{A}：用户 A 的公钥。

q：有限域 F_q 中元素的数目。

$x \| y$：x 与 y 的拼接，其中 x、y 可以是比特串或字节串。

Z_{A}：关于用户 A 的可辨别标识、部分椭圆曲线系统参数和用户 A 公钥的杂凑值。

(r,s)：发送的签名。

(r',s')：收到的签名。

$[k]P$：椭圆曲线上点 P 的 k 倍点，即 $[k]P = \underbrace{P + P + \cdots + P}_{k个}$，$k$ 是正整数。

$[x,y]$：大于或等于 x 且小于或等于 y 的整数的集合。

$\lceil x \rceil$：顶函数，大于或等于 x 的最小整数。例如，$\lceil 7 \rceil = 7, \lceil 8.3 \rceil = 9$。

$\lfloor x \rfloor$：底函数，小于或等于 x 的最大整数。例如，$\lfloor 7 \rfloor = 7, \lfloor 8.3 \rfloor = 8$。

$\#E(F_q)$：$E(F_q)$ 上点的数目，称为椭圆曲线 $E(F_q)$ 的阶。

$\bar{M}$：包含 Z_{A} 和待签名消息 M。

$\bar{M}'$：包含 Z_{A} 和待验证消息 M'。

6.10.2 数字签名的生成算法及流程

设待签名消息为 M，为了获取 M 的数字签名 (r,s)，作为签名者的用户 A 应实现下述运算步骤。

A1：置 $\bar{M}=Z_{\mathrm{A}}\parallel M$；

A2：计算 $e=H_v(\bar{M})$，并将 e 的数据类型转换为整数；

A3：用随机数发生器产生随机数 $k\in[1,n-1]$；

A4：计算椭圆曲线点 $(x_1,y_1)=[k]G$，并将 x_1 的数据类型转换为整数；

A5：计算 $r=(e+x_1)\bmod n$，若 r=0 或 r+k=n 则返回 A3；

A6：计算 $s=((1+d_{\mathrm{A}})^{-1}\cdot(k-r\cdot d_{\mathrm{A}}))\bmod n$，若 s=0 则返回 A3；

A7：将 r、s 的数据类型转换为字符串，消息 M 的签名为(r，s)。

SM2 数字签名算法的流程如图 6.6 所示。

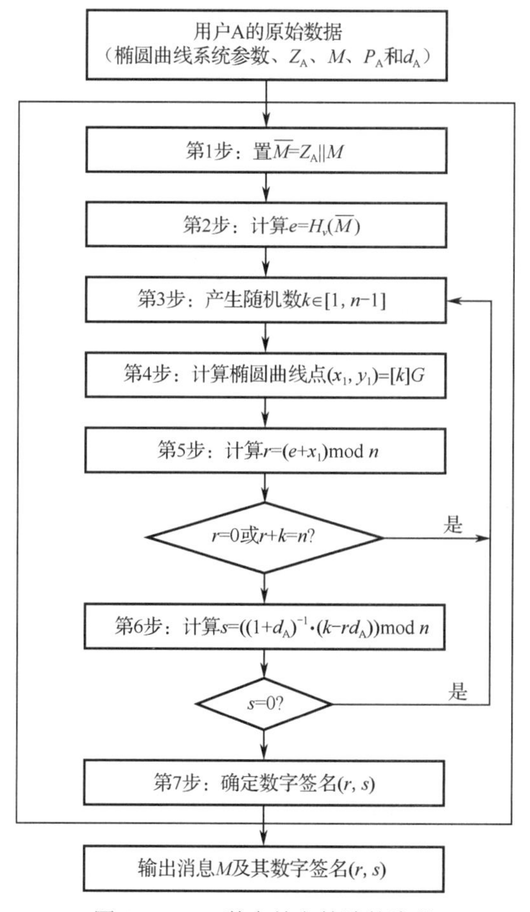

图 6.6　SM2 数字签名算法的流程

6.10.3　数字签名的验证算法及流程

为了检验收到的消息 M' 及其数字签名 (r',s')，作为验证者的用户 B 应实现下述运算步骤。

B1：检验 $r'\in[1,n-1]$ 是否成立，若不成立则验证不通过；

B2：检验 $s'\in[1,n-1]$ 是否成立，若不成立则验证不通过；

B3：置 $\bar{M}'=Z_{\mathrm{A}}\parallel M'$；

B4：计算 $e'=H_v(\bar{M}')$，并将 e' 的数据类型转换为整数；

B5：将 r'、s' 的数据类型转换为整数，计算 $t=(r'+s')\bmod n$，若 $t=0$，则验证不通过；

B6：计算椭圆曲线点 $(x_1',y_1')=[s']G+[t]P_{\mathrm{A}}$；

B7：将 x_1' 的数据类型转换为整数，计算 $R=(e'+x_1')\bmod n$，检验 $R=r'$ 是否成立，若成立则验证通过；否则验证不通过。

注意：如果 Z_{A} 不是用户 A 所对应的杂凑值，验证自然通不过。

SM2 数字签名验证算法的流程如图 6.7 所示。

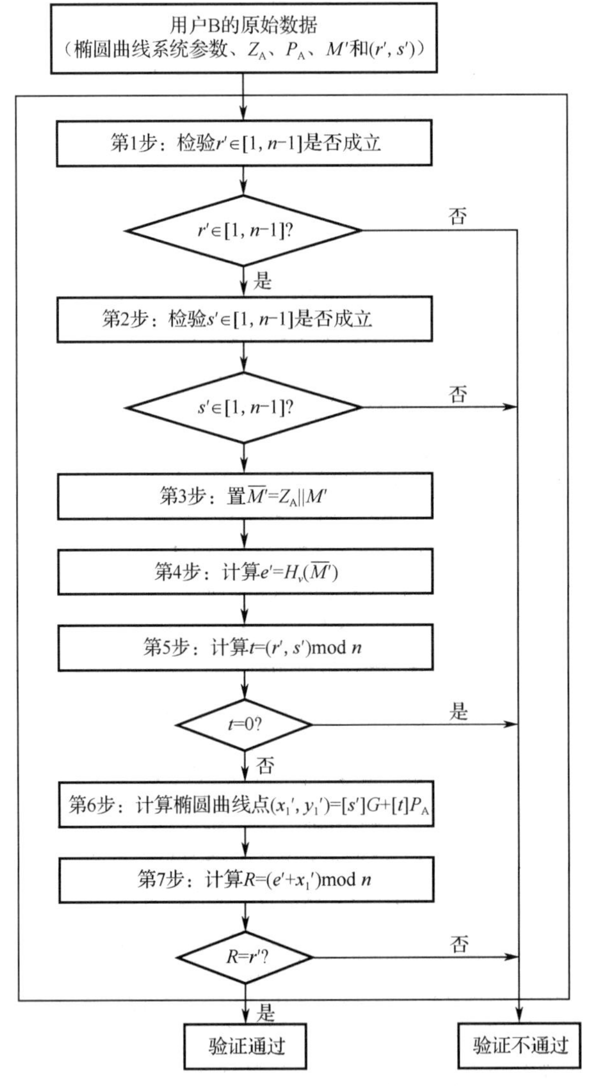

图 6.7　SM2 数字签名验证算法的流程

6.11　SM9 数字签名算法

基于标识的密码算法是一门新兴的且在快速发展的公钥密码算法分支。其目的是简化传统公钥基础设施（Public-Key Infrastructure，PKI）证书体系中复杂的通信过程和密钥管理过程。这种密码算法的设计目标是使通信双方在不需要交换公私钥信息、不需要保存密钥的目录服务等基础设施，以及不需要使用第三方提供认证服务的情况下，保证信息交换的安全性并可以验证相互之间的签名。标识密码算法的设计思想是以实体的有效标识（如电子邮件地址、手机号码及身份证号码等）作为公钥，用户无须申请和交换证书，从而可以大大降低安全系统的复杂性。基于标识的密码算法优势明显，具有很大的发展潜力和应用前景，引起了国内外信息安全管理机构、密码专家学者和应用厂商的高度关注。

我国非常重视标识密码算法的发展和应用，致力于从国家标准层面对其进行支持。SM9 标识密码算法由国家密码管理局于 2016 年 3 月发布，为 GM/T 0044—2016 系列，其安全性基于椭圆曲线双线性映射的性质，当椭圆曲线离散对数问题和扩域离散对数问题的求解难度相当时，可用椭圆曲线对构造出兼顾安全性和实现效率的基于标识的密码算法。该密码算法包含总则、数字签名算法、密钥交换协议、密钥封装机制和公钥加密算法以及参数定义 5 部分。本节主要介绍数字签名算法。

6.11.1 相关符号

下列符号适用于本部分。

A,B：使用标识密码系统的两个用户。

cf：椭圆曲线阶相对于 N 的余因子。

cid：用一个字节表示的曲线的识别符，其中 0x10 表示 F_p（素数 $p>2^{191}$）上常曲线（即非超奇异曲线），0x11 表示 F_p 上超奇异曲线，0x12 表示 F_p 上常曲线及其扭曲线。

ds_{A}：用户 A 的签名私钥。

e：从 $\mathbb{G}_1\times\mathbb{G}_2$ 到 $\mathbb{G}_T$ 的双线性对。

eid：用一个字节表示的双线性对 e 的识别符，其中 0x0 表示 Tate 对，0x02 表示 Weil 对，0x03 表示 Ate 对，0x04 表示 $R-\mathrm{Ate}$ 对。

$\mathbb{G}_T$：阶为素数 N 的乘法循环群。

$\mathbb{G}_1$：阶为素数 N 的加法循环群。

$\mathbb{G}_2$：阶为素数 N 的加法循环群。

g^u：乘法循环群 $\mathbb{G}_T$ 中元素 g 的 u 次幂，即 $g^u=\underbrace{g\cdot g\cdot\cdots\cdot g}_{u个}$，$u$ 是正整数。

$H_v()$：密码杂凑函数。

$H_1(),H_2()$：由密码杂凑函数派生的密码函数。

hid：在本部分中，用一个字节表示的签名私钥生成函数识别符，由 KGC 选择并公开。

(h,s)：发送的签名。

(h',s')：收到的签名。

ID_{A}：用户 A 的表示，可以唯一确定用户 A 的公钥。

M：待签名消息。

M'：待验证消息。

mod$n$：模 n 运算。例如，$23 \bmod 7=2$。

N：循环群 $\mathbb{G}_1$、$\mathbb{G}_2$ 和 $\mathbb{G}_T$ 的阶，为大于 2^{191} 的素数。

$P_{\text{pub-s}}$：签名主公钥。

P_1：群 $\mathbb{G}_1$ 的生成元。

P_2：群 $\mathbb{G}_2$ 的生成元。

ks：签名主私钥。

$\langle P \rangle$：由元素 P 生成的循环群。

$[u]P$：加法群 $\mathbb{G}_1$、$\mathbb{G}_2$ 中元素 P 的 u 倍。

$\lceil x \rceil$：顶函数，不小于 x 的最小整数。例如，$\lceil 7 \rceil = 7$，$\lceil 8.3 \rceil = 9$。

$\lfloor x \rfloor$：底函数，不大于 x 的最大整数。例如，$\lfloor 7 \rfloor = 7$，$\lfloor 8.3 \rfloor = 8$。

$x \| y$：x 与 y 的拼接，x 和 y 是比特串或者字节串。

$[x, y]$：不小于 x 且不大于 y 的整数的集合。

β：扭曲线参数。

6.11.2 数字签名的生成算法及流程

设待签名消息为 M，为了获取 M 的数字签名 (h, s)，作为签名者的用户 A 应实现下述运算步骤。

A1：计算群 $\mathbb{G}_T$ 中的元素 $g = e(P_1, P_{\text{pub-s}})$；

A2：产生随机数 $r \in [1, N-1]$；

A3：计算群 $\mathbb{G}_T$ 中的元素 $w = g^r$，将 w 的数据类型转换为比特串；

A4：计算整数 $h = H_2(M \| w, N)$；

A5：计算整数 $l = (r - h) \bmod N$，若 $l = 0$ 则返回 A2；

A6：计算群 $\mathbb{G}_1$ 中的元素 $S = [l]\text{dS}_\text{A}$；

A7：确定数字签名 (h, S)。

SM9 数字签名算法的流程如图 6.8 所示。

6.11.3 数字签名的验证算法及流程

为了检验收到的 M' 及其数字签名 (h', S')，作为验证者的用户 B 应实现下述运算步骤。

B1：检验 $h' \in [1, N-1]$ 是否成立，若不成立则验证不通过；

B2：将 S' 的数据类型转换为椭圆曲线上的点，检验 $S' \in \mathbb{G}_1$ 是否成立，若不成立则验证不通过；

B3：计算群 $\mathbb{G}_T$ 中的元素 $g = e(P_1, P_{\text{pub-s}})$；

B4：计算群 $\mathbb{G}_T$ 中的元素 $t = g^{h'}$；

B5：计算整数 $h_1 = H_1(\text{ID}_\text{A} \| \text{hid}, N)$；

B6：计算群 $\mathbb{G}_2$ 中的元素 $P = [h_1]P_2 + P_{\text{pub-s}}$；

B7：计算群 $\mathbb{G}_T$ 中的元素 $u = e(S', P)$；

B8：计算群 $\mathbb{G}_T$ 中的元素 $w' = u \cdot t$，将 w' 的数据类型转换为比特串；

B9：计算整数 $h_2 = H_2(M' \| w', N)$，检验 $h_2 = h'$ 是否成立，若成立则验证通过。否则验证不通过。

SM9 数字签名验证算法的流程如图 6.9 所示。

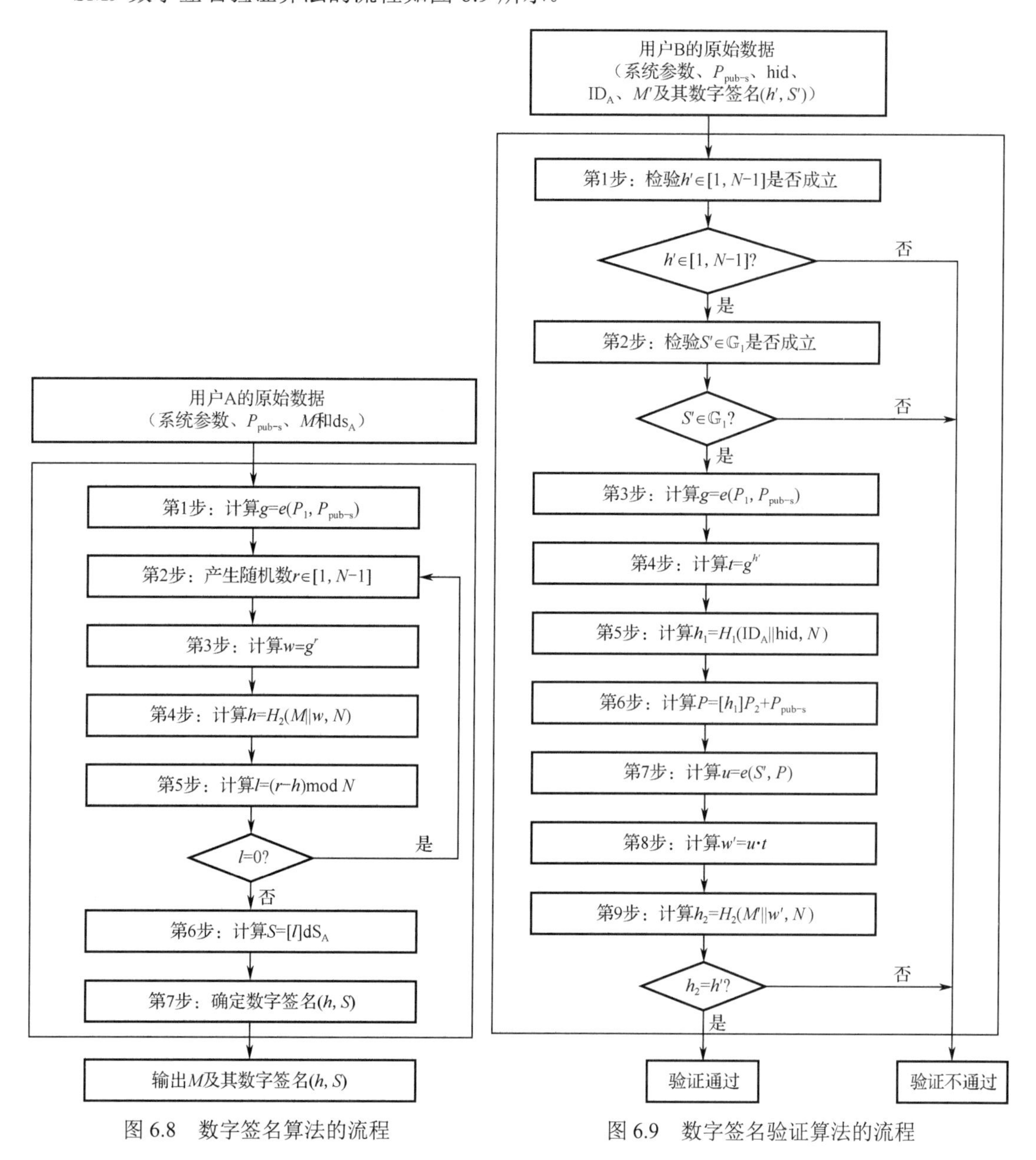

图 6.8　数字签名算法的流程

图 6.9　数字签名验证算法的流程

本 章 小 结

本章主要介绍了基于不同困难问题的数字签名方案。近年来，在数字签名体制的安全性方面出现了一些证明方法，如标准模型下和非标准模型下的相关技术。此外，本章还对后量子签名算法进行了简单介绍。由于篇幅有限，很难介绍这些方案的具体安全性证明，有兴趣的读者可以参见文献[1]或其他相关文献。关于 NTRU 数字签名体制的描述可以参见文献[6]。

参 考 文 献

[1] 毛文波. 现代密码学理论与实践[M]. 北京: 电子工业出版社, 2004.

[2] RABIN M O. Digital Signatures and Public Key Functions as Intractable as Factoring Technical Memo TM - 212.

[3] SCHNORR C P. Efficient Identification and Signatures for Smart Cards[C]// Advances in Cryptology - CRYPTO '89, 9th Annual International Cryptology Conference, Santa Barbara, California, USA, August 20-24, 1989, Proceedings. 1989.

[4] STANDARDSTECHNOLOGY N. Proposed federal information processing standard for digital signature standard (DSS) [J]. Federal Register, 1991, 56.

[5] XINMEI, W. Digital signature scheme based on error-correcting codes [J]. Electronics Letters, 1990, 26(13):898-899.

[6] 王新梅, 马文平, 武传坤. 纠错密码理论[M]. 北京: 人民邮电出版社, 2001.

[7] STD I. IEEE Standard Specifications for Public-Key Cryptography[C]// IEEE Std 1363-2000. IEEE, 2002.

[8] MA X. Cryptography: Theory and Practice. 2008.

[9] PATERSON K G. ID-based signatures from pairings on elliptic curves [J]. Electronics Letters, 2002, 38(18):1025-1026..

[10] HOWGRAVE G N, PIPHER J, SILVERMAN J H, et al. NTRUSign: Digital Signatures Using the NTRU Lattice[C]// Proceedings of the 2003 RSA conference on The cryptographers' track. Springer-Verlag, 2003.

[11] RIVEST R, SHAMIR A, ADLEMAN L. A method for obtaining digital signatures and public-key cryptosystems [J]. MIT Lab for Comp. Sci. Technical Memo LCS/TM82, 1977. 1978. 21(2):120-126.

[12] CHRIS, PEIKERT. A Decade of Lattice Cryptography [J]. Foundations and trends in theoretical computer science, 2014, 10(4):3-a2.

[13] AJTAI M. Generating Hard Instances of Lattice Problems (Extended Abstract). ACM, 1996.

[14] MICCIANCIO D，REGEV O. Worst-case to average-case reductions based on Gaussian measures[C]// IEEE Symposium on Foundations of Computer Science. IEEE Computer Society, 2004.

[15] GENTRY C, PEIKERT C, VAIKUNTANATHAN V. Trapdoors for hard lattices and new cryptographic constructions[C]// Proceedings of the 40th Annual ACM Symposium on Theory of Computing, Victoria, British Columbia, Canada, May 17-20, 2008.

[16] MICCIANCIO D, PEIKERT C. Hardness of SIS and LWE with Small Parameters [J]. Berlin & Heidelberg: Springer-Verlag, 2013.

[17] FIAT A, SHAMIR A. How To Prove Yourself: Practical Solutions to Identification and Signature Problems[C]// Proceedings on Advances in cryptology—CRYPTO' 86. Springer-Verlag, 1999.

[18] SONI D, BASU K, NABEEL M, et al. CRYSTALS-Dilithium[M]. 2020.

[19] KATZ, JONATHAN. Introduction to modern cryptography [M]. Chapman & Hall/CRC, 2007.

[20] LYUBASHEVSKY V. Lattice Signatures Without Trapdoors[C]// Proceedings of the 31st Annual international conference on Theory and Applications of Cryptographic Techniques. Springer-Verlag, 2011.

[21] ISHAI, YUVAL, KUSHILEVITZ, et al. Zero-knowledge proofs from secure multiparty computation.[J]. Siam Journal on Computing, 2009:21-30.

[22] HAZAY C， ISHAI Y，MARCEDONE A，et al. LevioSA: Lightweight Secure Arithmetic Computation[C]// The 2019 ACM SIGSAC Conference. ACM, 2019:327-344.

[23] ISHAI Y, PRABHAKARAN M，SAHAI A. Founding Cryptography on Oblivious Transfer-Efficiently [J]. DBLP, 2008.
[24] AMES S, HAZAY C, ISHAI Y, et al. Ligero: Lightweight Sublinear Arguments Without a Trusted Setup[C]// The 2017 ACM SIGSAC Conference. ACM, 2017:2087-2104.
[25] GIACOMELLI I, MADSEN J, ORLANDI C. ZKBoo: faster zero-knowledge for boolean circuits. 2016: 1069-1083.
[26] KATZ J, KOLESNIKOV V, WANG X. Improved Non-Interactive Zero Knowledge with Applications to Post-Quantum Signatures[C]// The 2018 ACM SIGSAC Conference. ACM, 2018:525-537.
[27] BHADAURIA R, FANG Z, HAZAY C, et al. Ligero++: A New Optimized Sublinear IOP[C]// CCS '20: 2020 ACM SIGSAC Conference on Computer and Communications Security. ACM, 2020:2025-2038.

问题讨论

1．生成 RSA 签名算法的公钥、私钥，选取一个哈希函数及一个消息 m，利用该私钥对此消息做签名，并利用验证算法对签名结果进行验证。

2．比较 RSA 签名算法与 ElGamal 签名算法的效率。

3．在数字签名算法中，如果不用哈希函数，那么会发生什么情况？

4．分类简述基于身份的数字签名算法原理。

5．试述后量子签名算法相较于传统签名算法有何优势和不足。

第7章 密钥管理

内容提要

对于一个密码系统，选择一个足够安全的加密算法并不困难，难的是密钥管理。实际上，直接攻击加密算法本身的案例很少，而由于密钥没有得到妥善管理导致的安全问题却有很多。本章介绍在参与通信的各方中建立密钥并保护密钥的一整套过程和机制，主要包括密钥产生、密钥分发及密钥导出等方面。此外，本章还介绍了基于 SM2 和 SM9 的密钥交换协议。

本章重点

- 密钥的生命周期
- 公钥传输机制
- 密钥传输机制
- 密钥导出机制
- 基于 SM2 的密钥交换协议
- 基于 SM9 的密钥交换协议
- 现实中的密钥管理方案

7.1 概述

现代密码技术的一个特点是密码算法公开，于是在密码系统中密钥成为系统真正的秘密。在任何安全系统中，密钥的安全管理是一个关键的因素。因为如果密钥本身得不到安全保护，那么设计任何好的密码体系都是徒劳的。在现实中，密钥管理是密码应用领域中最困难的部分。

密钥管理是在参与通信的各方中建立密钥并保护密钥的一整套过程和机制。密钥管理包括密钥产生、密钥注册、密钥认证、密钥注销、密钥分发、密钥安装、密钥储存、密钥导出及密钥销毁等。

密钥管理的目的是确保使用中的密钥是安全的，即

- 保护密钥的秘密性；
- 保护密钥的可鉴别性；
- 防止非授权使用密钥。

要想正确地保护密钥，就必须了解需要使用密钥的应用程序类型、密钥面对的威胁及使用密钥所做的一些假定。常用的数据保护方法也可以用于保护密钥。

相关文献中介绍了许多密钥管理的方法，许多标准化组织也提出了一些国际或国内密钥管理技术的标准，如银行系统和网络安全的一些协议。有关密钥管理的一些论题可以参照 ISO 11770-X 和 IEEE 1363。

7.2 基本概念

任何密钥管理系统，其基本要求是能对密钥生命周期的全程进行控制，以避免密钥的泄露、密钥的非授权使用及密钥的窜改和替换。密钥应随机产生，这是为了保证产生密钥的安全性，这些密钥不仅应是物理上安全的，还是被加密过的。为了使产生密钥不被窜改，首先应保证其在物理上是安全的，然后保证其是可鉴别的。鉴别应包括一些时间参数，如时间戳和序列号等，这样可以防止非法密钥的使用、密钥的替换及旧密钥的重放攻击。

7.2.1 密钥分类

现代密码技术可以分为两大类：对称密码技术和公钥密码技术。不同的密码技术使用不同类型的密钥。

对称密码技术使用对称密钥。对称密钥是只能在参与通信的实体中共享的密钥。公钥密码技术使用一对相关联的公钥和私钥。私钥参与一些“私有”处理，如签名和解密；公钥参与一些“公有”处理，如加密和验证。私钥顾名思义是私有的，其他人无权知道；公钥则是公开的。

对于如何选择公钥密码技术和对称密码技术，首先应当知道这两种技术是两种不同的体系，适合解决不同的问题。对称密码技术适合加密数据，因其速度非常快；公钥密码技术可

以完成对称密码技术不能实现的事情，它最适于密钥的分配。对称密码技术与公钥密码技术的比较如图 7.1 所示。

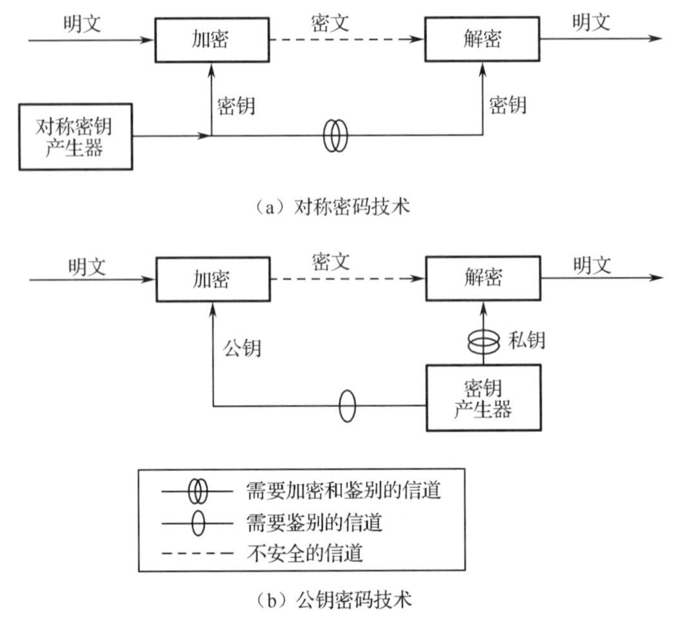

图 7.1　对称密码技术与公钥密码技术的比较

7.2.2　密钥生命周期

如果密钥一直是固定不变的，那么密钥管理就会变得非常简单。但是安全策略要求用户定期或不定期地更换自己的密钥。于是在一个健全的密钥管理系统中，所有的密钥都不应是一成不变的，而是有其自身产生、使用和消亡的过程，这些过程便构成密钥的生命周期。

密钥生命周期中有 4 个主要的状态，分别如下所述。

（1）即将活动状态（Pending Active）。指密钥已经生成，但未投入实际使用。

（2）活动状态（Active）。指密钥在实际的密码系统中使用。

（3）活动后状态（Post Active）。指密钥已不能像在活动状态中一样正常使用了，如只能用于解密和验证。

（4）废弃状态（Obsolete）。指密钥已经不能使用，所有与该密钥有关的记录都应被删除。

图 7.2 显示了一般密钥生命周期中 4 个状态之间的关系。在一个具体的密钥生命周期中还可能存在一些子状态，不同状态之间有一些转换过程。

（1）密钥产生（Key Generation）：按预定的规则产生密钥，此过程中可以包括一个验证密钥是否按预定规则产生的子过程。

（2）密钥激活（Key Activation）：使密钥处于活动状态。

（3）密钥失效（Key Deactivation）：限制密钥的使用。

（4）密钥销毁（Key Destruction）：结束密钥的整个生命周期。密钥销毁意味着所有与该密钥有关的记录都应被删除，与该密钥有关的所有信息也都无法使用。销毁密钥不仅包括逻辑形式上的销毁，还包括物理形式上的销毁，如烧毁。

状态之间的转换可能是由一些事件触发的，如需要新的密钥、密钥的泄露或密钥过期等。

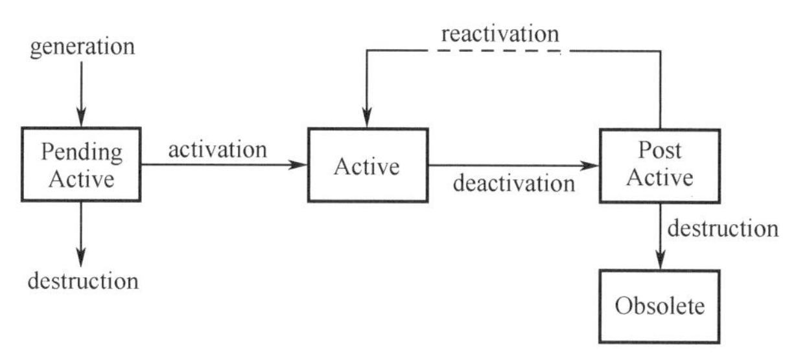

图 7.2　密钥生命周期

7.2.3　密钥产生

安全的密钥产生方法通常是不可控制的随机方法或者用随机数作种子的伪随机方法。好的密钥是指由自动处理设备产生的随机位串。如果密钥长度为 64 比特，那么每一种可能的 64 比特密钥应是等可能的。伪随机方法并非真正随机，它只是具有一些随机的特征，因而对于一些重要的密钥，如主密钥，建议使用真正的随机方法产生。真正的随机方法有抛硬币、测量大气的湍流及随机的噪声等。

许多加密算法都有弱密钥，其安全性比其他密钥低得多。DES 在 256 个密钥中有 16 个弱密钥。在产生密钥的同时应进行弱密钥测试，若测试结果为弱密钥则不宜使用。对于公钥密码而言，产生密钥更困难，此时的密钥往往需要满足某些数学性质。

7.2.4　密钥生命期

密钥被限制在一段有限的时间里用于一些有限的过程，没有哪个密钥能无限期地使用，它应当像身份证、许可证一样能够自动失效。密钥有效期的限制与攻击密钥所需的时间和数据量有关。至少应在能完成对密钥的穷举攻击之前更换密钥，被更换的密钥不能再次使用。

如果怀疑密钥被非法使用过，或者密钥的非法使用已被察觉，那么密钥可能发生了泄露。密钥使用的时间越长，参与的过程越多，其被泄露的可能性就越大，破译它的吸引力也就越大。被泄露的密钥应立即得到更换，同时采取相应措施，如将被泄露的密钥加入黑名单（Black Listing）。

7.2.5　密钥建立

密钥可以通过人工方式或自动方式建立。使用人工方式时，密钥并不通过通信信道进行交换，而是通过一些其他的物理方式，如密封的信封或者面对面的交换。人工方式既能满足机密性的要求，又能满足鉴别的要求。使用对称密码技术时，至少应保证参与通信双方的第一个密钥通过人工方式传递，以使双方能够继续进行保密的通信。

大部分系统都要求密钥与需传输的数据在同一通信信道上传输。传输的数据需要双方用共享的密钥加密保护，但是，在密钥未被传输之前，没有共享的密钥来保护需要传输的密钥。要解决这个“鸡生蛋，蛋生鸡”的问题，只有预先通过其他途径传递一些共享的密钥。

一般需要一个可信第三方（Trusted Third Party，TTP）。在使用对称密码技术的系统中，可信第三方称作密钥分发中心（Key Distribution Center，KDC）。在使用公钥密码技术的系统中，可信第三方称作证书机构（Certification Authority，CA）。

密钥的建立技术需要满足下述性质。

（1）数据保密（Data Confidentiality）：密钥及数据的传输与存储应是保密的。

（2）篡改检测（Modification Detection）：指能侦察到针对系统的主动攻击。

（3）身份的鉴别（Entity Authentication）：在双向通信中，参与通信的双方都能通过身份鉴别得知自己真正的通信对象。

（4）密钥的新鲜度（Key Freshness）：保证所使用的密钥不是过时的。

（5）密钥控制（Key Control）：指选择密钥或选择计算密钥的参数的能力。

（6）密钥的隐式鉴别（Implicit Key Authentication）：保证只有适当的用户才能拥有相应的密钥。

（7）密钥的确信（Key Confirmation）：保证适当的用户一定拥有相应的密钥。

（8）前向的秘密（Perfect Forward Secrecy）：如果某天，长期使用的密钥发生泄露，保证不会泄露以前的会话密钥。

（9）效率（Efficiency）：涉及传输的效率和加密/解密计算的复杂度。

7.2.6 密钥的层次结构

一种有效保护密钥的方法是密钥采用层次结构组织形式。除了处于层次结构底层的密钥，处于其他层次结构的密钥都是为了保护其下层的密钥。只有最底层的密钥用于保护数据通信的安全。在这样的层次结构中，密钥可以分为如下 3 类。

（1）主密钥（Master Key）：处于密钥层次结构的最高层，因为没有其他的密钥来保护主密钥，所以主密钥只能通过人工方式建立。

（2）加密密钥的密钥（Key-encrypting Keys）：在密钥传输协议中加密其他密钥（如会话密钥）。这种密钥用于保护其下层的密钥能够安全传输。

（3）数据密钥（Data Keys）：处于密钥层次结构的底层，用于加密用户的数据，以使数据能够安全传输。

这种使用层次结构的方法限制了密钥的使用，从而减少了密钥暴露的可能，使对密钥的攻击变得更加困难。而且，这种方法显著减少了不能通过自动方式交换的密钥的数量。每个密钥管理系统中都有一个安全核心，主密钥存放其中，且主密钥处于密钥层次结构的最高层。对于这个核心，须保证其物理上的安全。

7.2.7 密钥管理生命周期

除非是在非常小的系统中，密钥是一成不变的，一般的密钥管理要求定期或不定期地更换密钥。密钥的更新涉及一些附加的协议，在公钥密码系统中还涉及与可信第三方的通信。密钥管理中系统所处的一系列不同的状态称为密钥管理生命周期，其应包括下述状态，如图 7.3 所示。

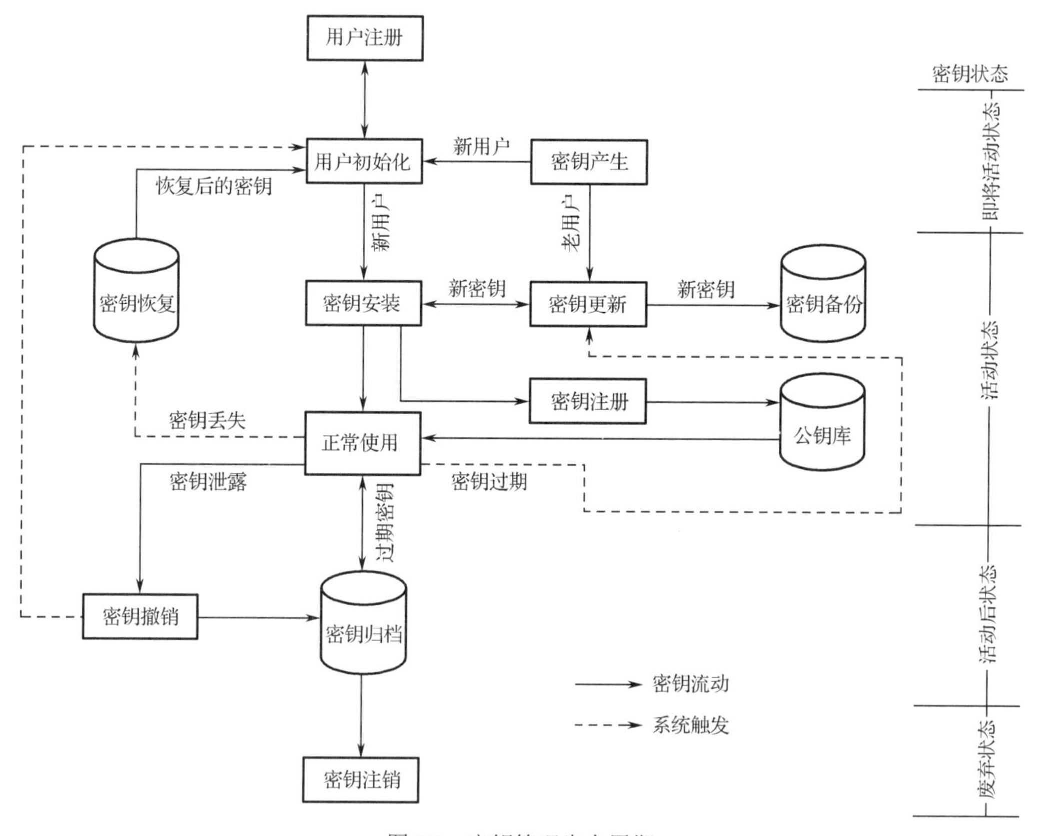

图 7.3　密钥管理生命周期

- 用户注册（User Registration）：用户注册成为本系统管辖域中的合法用户。
- 用户初始化（User Initialization）：用户初始化其密码应用，如安装相应的硬件、软件和在注册时得到的初始化密钥。
- 密钥产生（Key Generation）：根据用户请求的应用类型产生合适的密钥。
- 密钥安装（Key Installation）：将密钥安装到相应的软件、硬件中，以备使用。
- 密钥注册（Key Registration）：与密钥安装过程协同，用户密钥被正式记录下来。在公钥密码系统中，用户的公钥证书在该状态下产生。
- 正常使用（Normal Use）：密钥正常用于各种密码技术中。
- 密钥备份（Key Backup）：备份密钥以便在某些特殊情况下能恢复密钥。
- 密钥的注销和销毁（Key Deregistration and destruction）：当不需要使用某个密钥时，应将其注销，所有与之有关的数据都应销毁。
- 密钥归档（Archival）：不在正常使用状态的密钥都应安全地保存在此，以备日后处理。
- 密钥恢复（Key Recovery）：若密钥丢失，则可以从备份中恢复。
- 密钥撤销（Key Revocation）：在某些情况下，撤销处于正常使用状态的密钥也是很有必要的，如密钥发生泄露的情况。

上述状态，除了密钥恢复和密钥撤销是在特殊情况下出现的，其余状态都属于正常使用范围。

7.3 密钥建立模型

密钥的建立是指参与密码协议的双方都得到可用的共享密钥的过程。密钥建立技术包括对称密钥、公钥和私钥的约定与传输；另外，密钥的更新和密钥的导出也属于密钥建立技术的范畴。

密钥建立是一个复杂的过程，它与传输信道是否可信、参与协议各方的信任关系及使用何种密码技术等因素有关。参与协议的各方可能用直接或间接的方式进行交流，可以属于同一信任域或是不同的信任域，还可能使用可信第三方提供的服务或者不用。下面提出的概念模型显示了上述因素对密钥建立模型的影响。

7.3.1 点对点的密钥建立模型

图 7.4 点对点的密钥建立模型

最常见的密钥建立模型是点对点的密钥建立模型（Point-to-Point Key Establishment），如图 7.4 所示。如果使用对称密码技术，在点对点的密钥建立模型中，要求在建立密钥之前参与协议的双方预先共享一个对称密钥，以便使用该共享对称密钥来保护建立密钥时双方的通信。如果使用公钥密码技术，那么参与协议的双方须先知道对方的公钥。

- 当接收方需要验证数据的完整性或鉴别数据的来源时，接收方需要得到发送方的公钥证书。
- 发送方需要得到接收方的公钥证书以保证数据传输的保密性。

7.3.2 同一信任域中的密钥建立模型

在同一信任域中建立密钥的一个简单方法是使用一个可信第三方（TTP），如 KDC、CA 等，该可信第三方提供密钥的产生、鉴别及分发等服务。

使用公钥密码技术时，如果域中的某个用户希望与另一个用户通信，双方都与 TTP 联系以得到对方的公钥证书。当参与通信的双方都信任对方，且双方都可以相互认证对方的公钥时，TTP 的存在并不是必需的。

如果域中的两个用户使用对称密码技术，发送方和接收方都应分别与 TTP 共享一个密钥。密钥建立包括以下两种途径：

（1）参与协议的一方 A 产生密钥 key，并将产生的密钥用 A 与 TTP 共享的密钥加密后传给 TTP。TTP 用与 A 共享的密钥解密后得到 key，再用与 B 共享的密钥加密 key，并将加密的结果传给 B，或者先传给 A，再由 A 传给 B。

（2）参与协议的一方 A 要求 KDC 产生密钥，并由 KDC 将密钥传给参与协议的双方，或者先传给 A，再由 A 传给 B。

同一信任域中的密钥建立模型如图 7.5 所示。

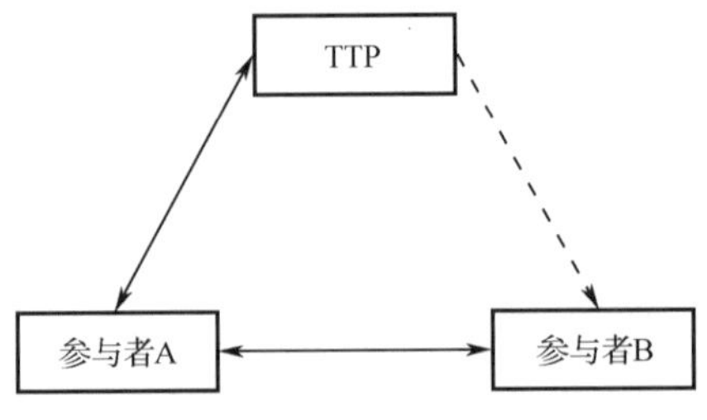

图 7.5 同一信任域中的密钥建立模型

7.3.3 多个信任域中的密钥建立模型

多个信任域中的密钥建立模型描述的是，当参与协议的各方不在同一信任域中时，如何建立密钥。由信任域的定义可知，每个信任域都有各自不同的安全策略。如果通信双方 A 和 B 都信任对方或信任对方信任域中的可信第三方，则可以用上文所讲的两种密钥建立模型来建立密钥。

使用公钥密码技术时，如果参与者 A 和 B 不能得到对方的公钥证书，那么只能向各自信任域中的可信第三方 TA 和 TB 请求对方的公钥证书。为了满足参与者的请求，两个信任域中的可信第三方须利用彼此之间的信任关系来交换对方信任域中用户的公钥证书，并将交换得来的公钥证书传给本域中的参与者。

图 7.6 所示为两个信任域中的密钥建立模型。若在可信第三方 TA 与 TB 之间存在信任关系（如共享某个密钥），则可以使用一系列可信任的通信（A，TA）、（TA，TB）及（TB，B）来建立 A 与 B 之间的可信任通信（A，B）。TA 和 TB 简单地代表 A 和 B 来完成密钥的建立。如果 TA 与 TB 之间不存在信任关系，那么需要寻找一个两者都信任的 TC 来建立 TA 与 TB 之间的信任关系。这个过程与寻找从 A 到 B 的路由有相似之处。

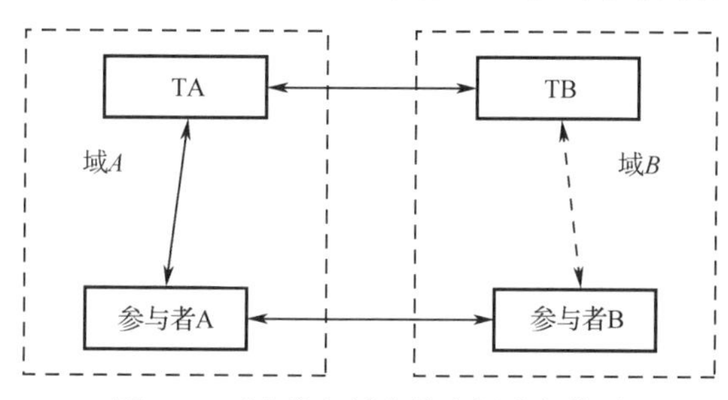

图 7.6 两个信任域中的密钥建立模型

在多个信任域中，可信第三方之间的信任关系也可通过交叉认证来建立。交叉认证是指一个证书机构认证另一个证书机构所颁发的公钥证书。有多种方法来建立证书机构之间的信任关系，证书机构（CA）之间的信任关系称为信任模型或认证拓扑结构。

认证拓扑结构决定了一个证书机构管辖的用户如何使用或鉴别另一个证书机构颁发的公钥证书。在讨论认证拓扑结构之前，先介绍认证链。同一证书机构（CA）管辖的用户可以互相鉴别对方的公钥证书，因为用户知道证书机构的公钥。在多个信任域的交叉认证中，用户可以通过认证链来达到同样的目的。一条认证链对应认证拓扑结构图中的一条路径。这条路径从用户所在的 CA 的管辖域开始，直到用户想要鉴别的公钥所在的 CA 的管辖域结束。例如，假设在 CA_5 的管辖域中有用户 A，A 有 CA_5 的公钥 P_5。A 想鉴别 B 的公钥，但 B 在 CA_3 的管辖域中。认证拓扑结构图中存在一条路径（CA_5, CA_4, CA_3）。假设用 $CA_5\{CA_4\}$表示 CA_5 对 CA_4 的名称及其公钥 P_4 的签名认证，于是 A 便知道了一条认证链（$CA_5\{CA_4\}$, $CA_4\{CA_3\}$），A 当然也知道该认证链的初始化值 P_5，那么 A 就可以使用 P_5 鉴别 $CA_5\{CA_4\}$，从而得到经过鉴别的 CA_4 的公钥 P_4，进一步用 P_4 得到 CA_3 的公钥 P_3，于是 A 便可鉴别 B 的公钥证书了。

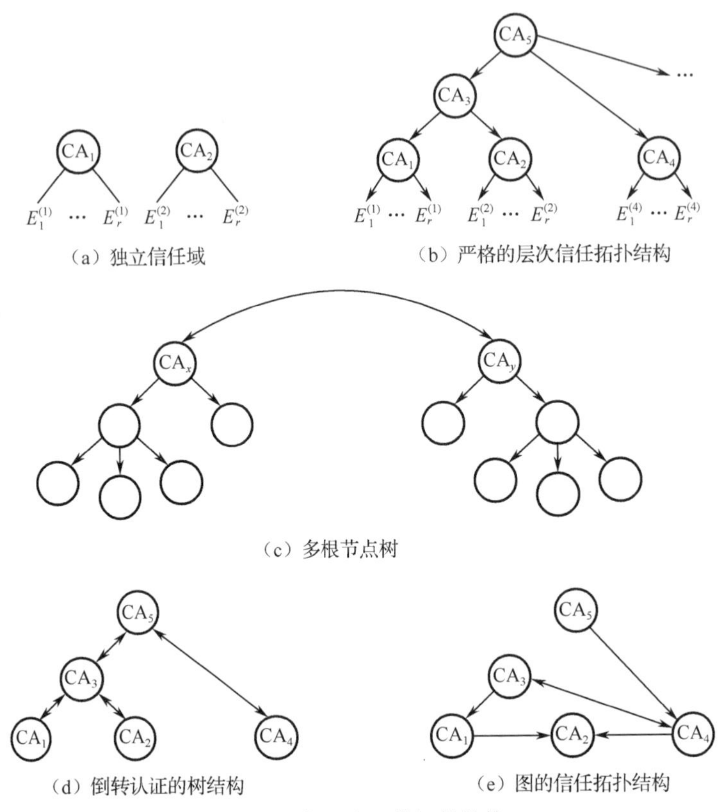

（a）独立信任域　（b）严格的层次信任拓扑结构

（c）多根节点树

（d）倒转认证的树结构　（e）图的信任拓扑结构

图 7.7　交叉认证的拓扑结构

下面介绍一些交叉认证的拓扑结构，如图 7.7 所示。

（1）独立的信任域（Trust with Separate Domains）。如图 7.7（a）所示，独立的两个 CA 之间没有任何信任关系，一个域中的用户不能鉴别另一个域中用户的公钥证书。

（2）严格的层次信任拓扑结构（Strict Hierarchical Trust Model）。如图 7.7（b）所示，每个用户注册到 CA 时，得到根节点 CA 的密钥。例如，用户 $E_1^{(1)}$得到 CA_5 的公钥，注意不是像图 7.7（a）所示的方式得到 CA_1 的公钥。这种模型称为根链模型，因为所有的认证链都必须从根节点开始。多棵这样的树可以构成多根节点树，如图 7.7（c）所示。在这种情况下，每棵树的根节点间存在相互的认证，如图中双向箭头所示。从 CA_x 到 CA_y 的箭头表示 CA_x 认证 CA_y 的公钥。这样，CA_x 中的用户便可以鉴别 CA_y 中用户的公钥证书。注意，虽然用户 $E_1^{(1)}$的公钥证书是由 CA_1 签发的，但是 $E_1^{(1)}$只直接信任根节点 CA_5。对于 CA_1 的信任是通过从 CA_5 到 CA_1 的认证链建立的间接信任。这两种信任拓扑结构都是集中管理的模式。

（3）倒转认证的树结构和图的信任拓扑结构（Reverse Certificates and the General Digraph Trust Model）：倒转认证的树结构与上述严格的层次结构类似，只不过在倒转认证的树结构中，下一层的 CA 也可认证上一层的 CA。在这样的结构中存在两种方向的认证，一种是向前的（Forward Certificate），和层次结构中的认证一样；另一种是倒转的（Reverse Certificate），即下一层的 CA 认证上一层的 CA。该结构中的每个用户在注册到 CA 时得到的 CA 的公钥不再是根节点 CA 的公钥，而是为其颁发公钥证书的 CA 的公钥。如果 CA_x 中的用户想鉴别 CA_y 中用户的公钥证书，最短的认证链是从 CA_x 开始到 CA_x 与 CA_y 的最早共同“祖先”CA_z，再从 CA_z 到 CA_y，如图 7.7（d）所示。这样，CA_x 中的用户如果鉴别 CA_y 中用户的公钥证书，认证链可能会很长，因此希望 CA_x 能直接认证 CA_y，于是产生了另一种信任拓扑结构，即图的信任拓扑结构，如图 7.7（e）所示。图的信任拓扑结构采用分布式管理模式，拓扑结构中没有中心节点，每个 CA 既可以认证自己的用户，也可以认证其他 CA。

7.4 公钥传输机制

基于公钥密码学的协议要求在协议进行前，参与协议的双方能得到对方的公开密钥。公钥传输机制中的关键是对不可靠信道中传输的公钥进行鉴别。公钥传输主要包括以下几种途径，其中有的需要可信第三方（TTP），有的则不需要。

（1）基于可信传输信道的交换：参与协议的双方通过可信的私有信道或使用面对面的方式交换密钥。在规模不大的系统中或交换密钥并不十分频繁的场合，这种方法比较合适。该方法有一种变形，即在不可信任的信道上传输公钥，然后把公钥经单向哈希函数作用所得到的值在可信的低带宽信道上传输。变形的方法适用于可信传输信道的带宽十分有限的场合。

（2）直接使用可信的公开密钥数据库（Public Key Registry）：即有一个由可信机构维护的数据库，该数据库中记录了系统中每个用户的标识及其公钥，任何用户都可以直接访问这个数据库从而得到其他用户的公钥。如果是远程访问数据库，那么其在被动攻击下是安全的，主要防止主动攻击。实现该途径的一个方法是使用公钥鉴别树。

（3）使用在线（On-Line）可信任的服务器：当用户向服务器请求另一个用户的公钥时，服务器在公钥数据库中查找，然后把查找的结果签名后返回给请求的用户。这种途径的缺点是服务器必须在线，而且服务器有可能成为系统的瓶颈。

（4）使用公钥证书：公钥证书是由可信任的机构签发给某人的公钥证明。公钥证书包含比公钥更多的信息，如姓名、地址等。可信任的机构对公钥及相关的信息签名，以证明这些信息的正确性。

（5）使用能隐式鉴别公钥的系统：在这种系统中（如下所述的基于身份认证的系统），通过适当的算法设计，使得对公钥的任何修改都会导致密码协议的失败。

下面对公钥传输机制中的一些具体途径做更为详细的描述。

7.4.1 鉴别树

鉴别树（Authentication Trees）使用公开的树结构和适当的单向哈希函数，从而使用户能访问公开的数据（公钥），并能鉴别这些数据。鉴别树的实际应用包括以下方面：

（1）公钥的鉴别，即公钥证书的另一种形式。由可信任的机构创建并维护的鉴别树中包含用户的公钥，从而提供了对公钥进行鉴别的机制。

（2）可信的时间戳。

（3）用户合法数据的鉴别。在创建鉴别树时，用户可以公开有关自己的经可信任的机构认可的信息。一旦可信任的机构将这些信息加入鉴别树中，这些信息对其他用户就是可鉴别的。

在讨论鉴别树之前，先介绍二叉树。二叉树由节点的有限集合构成，节点分为 3 类：根节点、中间节点和叶子节点。根节点、中间节点与其子节点之间由边相连，如图 7.8 所示的一棵有 4 个叶子节点的二叉树。

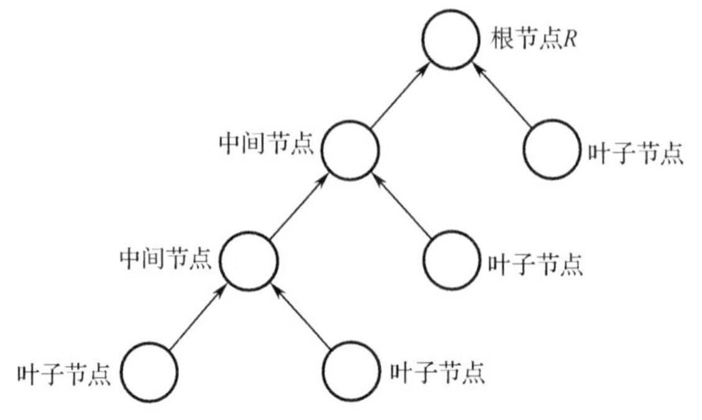

图 7.8　有 4 个叶子节点的二叉树

在二叉树中，从任何节点到根节点都只有一条路径。如果 T 是一个有 t 个叶子节点 $Y_1,\cdots,Y_t$ 的树，h 是单向哈希函数，则通过下述步骤可以构造一棵鉴别树 T^*，T^*可以为 t 个叶子节点 $Y_1,\cdots,Y_t$ 提供鉴别。

① 每个叶子节点赋予一个唯一公开值 Y_i；

② 与叶子相连的边赋值为 $h(Y_i)$；

③ 如果中间节点与左、右节点相连的边的值为 h_1、h_2，则该节点的值为 $h(h_1||h_2)$；

④ 如果与根节点相连的两条边的值为 u_1、u_2，则根节点的值为 $h(u_1||u_2)$。

当一棵树的所有叶子节点都被赋予需要公开的值 $Y_1,\cdots,Y_t$ 时，该鉴别树就是唯一确定的。通过一种适当的方式公开树的根节点，则该树可以为 t 个叶子节点提供鉴别。因为对于每个公开的值 Y_i，都有一条唯一的路径从该叶子节点到根节点。该路径就是对值为 Y_i 的叶子节点提供的鉴别。路径可以用从叶子节点到根节点的一系列边来表示。图 7.9 显示了一棵完整的鉴别树及其各节点和边的值。由该图可以看出，任何对叶子节点值的改变都会导致鉴别的失败。

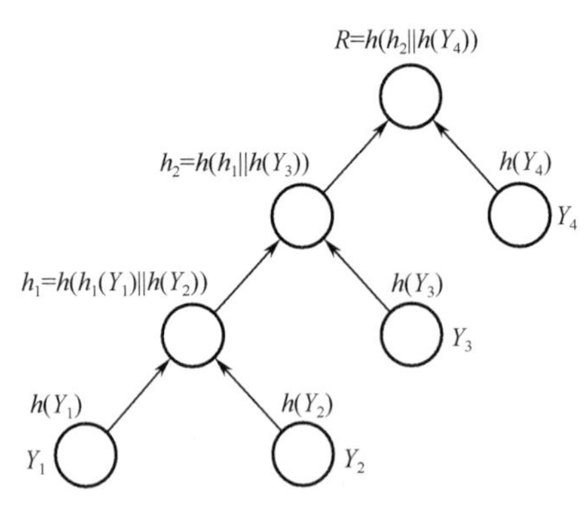

图 7.9　一棵完整的鉴别树

当一个用户 A 需要为自己的 t 个公开数据 $Y_1,\cdots,Y_t$ 提供合法证据时，按照一般的方法，A 需要从可信第三方获得这 t 个公开数据的认证证书，并储存以备日后鉴别使用。如果使用鉴别树，则用户 A 只需从可信第三方得到一个根节点值的认证证书并储存，即可鉴别 t 个公开的数据。但是使用鉴别树进行鉴别，会增加计算量，因为要完成从叶子节点到根节点的鉴别。因此鉴别树是一种时间和空间的权衡。

7.4.2 公钥证书

公钥证书（Public-key Certificate）是由某个可信任的机构，如证书机关（CA），颁发的用户公钥的证明。证书机关通过对用户的公钥及一些相关用户信息进行签名，以证明用户公钥的正确性。其他用户可以使用证书机关的公钥来检验证书机关签名的正确性，进而验证用户公钥的正确性。证书可以用来防范用一个密钥假冒另一个密钥的攻击。

X.509 是国际标准组织 CCITT 建议的使用公钥密码技术的鉴别标准。X.509 规定 CA 颁发的公钥证书应包括如下信息。

（1）版本（Version）：用于区分 X.509 的不同版本。

（2）序列号（Serial Number）：由 CA 颁发的每个证书都有一个编号。

（3）识别算法（Algorithm Identifier）：包括证明文件使用的方法及一些参数，具体如下。

- 发文者（Issuer）：CA 的名字；
- 有效期（Period of Validity）：在指定日期中有效；
- 使用者（Subject）：持有该证书的用户的名字；
- 公钥（Subject's Public Key）：用户的公钥及使用该公钥的算法的名称；
- 签名（Signature）：CA 对其他信息经单向哈希函数作用后的签名。

若所有用户都使用同一个 CA 签发的公钥证书，则这些公钥证书可以放在公开的目录中供用户索取，或者用户本身可以将自己的公钥及公钥证书传给对方。无论采用哪种方式，在用户 B 获得用户 A 的公钥证书后，B 就可以确认使用 A 的公钥加密的消息只有 A 才能解密，同时 B 也可以验证 A 的签名。当用户使用不同 CA 签发的公钥证书时，需要不同的 CA 之间有交叉认证，具体见 7.3 节。

7.4.3 基于身份的系统

基于身份的系统（Identity-based System）与一般的公钥系统相似，也包括公有部分和私有部分，只不过用户并不像在一般公钥系统中那样有显式的公钥。在基于身份的系统中，用户的公钥被一个能唯一标识用户的公开身份的信息（如名字或住址）所取代。任何能唯一标识用户的信息都可以作为用户公开的身份。在这样的系统中有一个可信任的机构 T，它根据用户的公开身份来计算用户的私钥，并将用户的私钥以可靠的方式交给用户。在用户私钥的计算过程中，不仅要包括用户的公开身份信息，而且还应包括一些可信任的机构 T 的秘密信息（如 T 的私钥）。防止密钥的伪造和冒名顶替的关键是：只有可信任的机构 T 才有能力根据用户的公开身份信息来产生合法的用户私钥。

创建基于身份的系统的初衷是免去传输公钥的麻烦，使用用户的身份认证信息作为公钥，建立真正的非交互式协议。例如，建立一个理想的邮件系统，在该系统中，只需输入收信者的姓名（公开身份），邮件即可送到收件人，并且只有收件人能解密邮件中的信息，也只有发件人能产生合适的签名。但是在某些实际的应用中（如 Feige-Fiat-Shamir Identification），系统除了需要用户的公开身份信息 $\mathrm{ID_A}$，还可能需要一些额外的信息，如系统定义的与每个用户相关的信息 D_A。这样，虽然 $\mathrm{ID_A}$ 和 D_A 并不需要显式鉴别，但是这样的系统也不是纯粹的基于身份的系统。图 7.10 所示为一个典型的基于身份的系统，即基于身份的认证系统。

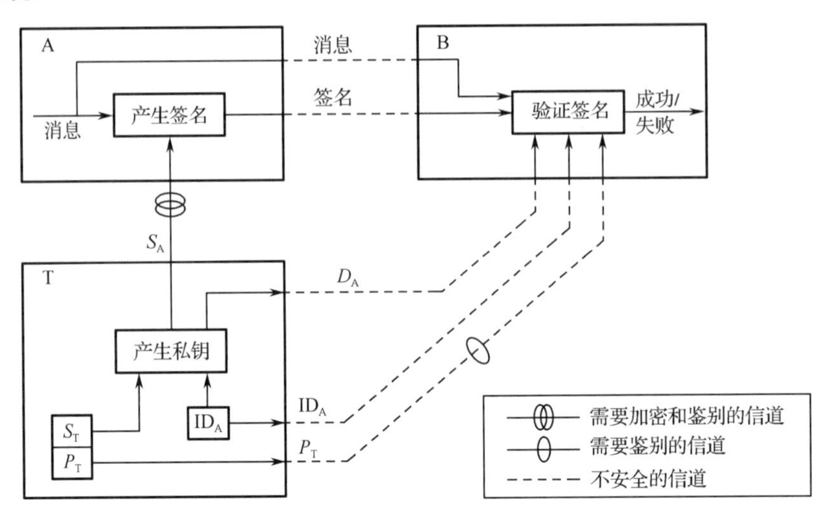

图 7.10　基于身份的认证系统

7.5　密钥传输机制

密钥传输是指将通信双方中一方所掌握的密钥通过保密的方式（通过一些传输协议或通过可信的第三方）传给另一方的过程。使用对称密码技术的传输要求通信双方预先共享一个传输的密钥。ISO/IEC 11770-2 描述了 12 种使用对称密码技术的传输机制，它们的特点比较见表 7.1。前 5 种传输技术是点到点的传输，其他传输技术则需要可信第三方（TTP）提供的服务。

表 7.1　使用对称密码技术的传输机制的特点比较

传输机制	1	2	3	4	5	6	7	8	9	10	11	12
可信第三方	—	—	—	—	—	KDC	KDC	KDC	KDC	KTC	KTC	KTC
传输回合数	1	1	2	2	3	3	3(4)	4(5)	3	3	3(4)	4(5)
密钥控制	A	A	A	A+B	A+B	A	KDC	KDC	KDC	A	A	A
密钥鉴别	A	A+B	A+B	A+B	A+B	A+B	A+B	A+B	A+B	A+B	A+B	A+B
密钥确认	—	—	—	—	—	—	Opt.	Opt.	—	—	Opt.	Opt.
实体鉴别	—	A	A	A+B	A+B	—	Opt.	Opt.	—	—	Opt.	Opt.

注：表中 Opt.表示选择。

使用公钥密码技术的传输要求通信双方预先知道对方的公钥。ISO/IEC 11770-3 描述了 6 种使用公钥密码技术的传输体制，它们的特点比较见表 7.2。

表 7.2　使用公钥密码技术的传输体制的特点比较

传输机制	1	2	3	4	5	6
传输回合数	1	1	1	2	3	3

续表

密钥控制	A	A	A	B	(A+)B	(A+)B
密钥鉴别	A	A	A	B	(A+B)	(A+B)
密钥确认	—	B	B	A	(A+)B	A+B
实体鉴别	—	（A）	（A）	B	A+B	A+B

下面介绍几种典型的密钥传输机制。

7.5.1 使用对称密码技术的密钥传输机制

在图 7.11 所示的基本密钥传输机制中（ISO/IEC 11770-2 中的第 2 种方法），需要传输的密钥由 A 产生。

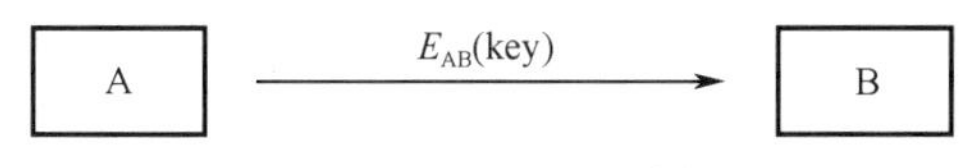

图 7.11 基本密钥传输机制

（1）A 将需要传输的密钥 key 用 A 与 B 共享的密钥 K_{AB} 加密后传给 B。

（2）B 用共享的密钥 K_{AB} 解密后得到 key。

这个简单的传输机制只提供了对 A 的密钥的隐式鉴别，将此方法进行简单的扩展，便可提供 A 的身份的鉴别、密钥的鉴别及密钥以前未使用的鉴别，同时可以防止重放攻击。图 7.12 描述了这种机制，并在这种机制中加入了一些附加数据（ISO/IEC 11770-2 中的第 3 种方法）。

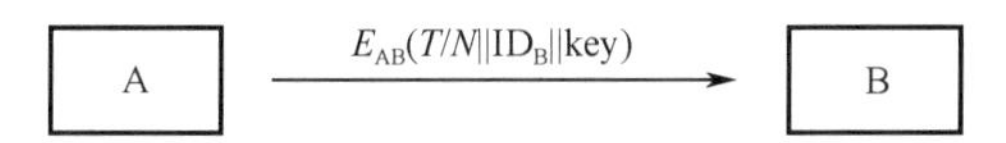

图 7.12 改进的基本密钥传输机制

（1）A 使用与 B 共享的密钥 K_{AB} 加密一个时间戳 T 或一个唯一的序列号 N、B 的唯一标识 ID_B 和 A 要传输的密钥 key，然后将结果传给 B。

（2）B 用与 A 共享的密钥 K_{AB} 解密后，可以验证唯一标识 ID_B、时间戳 T 或序列号 N 是否正确，并可得到密钥 key。

Shamir 设计了一种三次传递协议，使 A 和 B 无须预先交换任何密钥即可进行保密通信。这里假设存在一种可交换的对称密码算法，即存在 $E_A(E_B(P))=E_B(E_A(P))$。如果此方法用于密钥传输，则有如下协议，如图 7.13 所示。

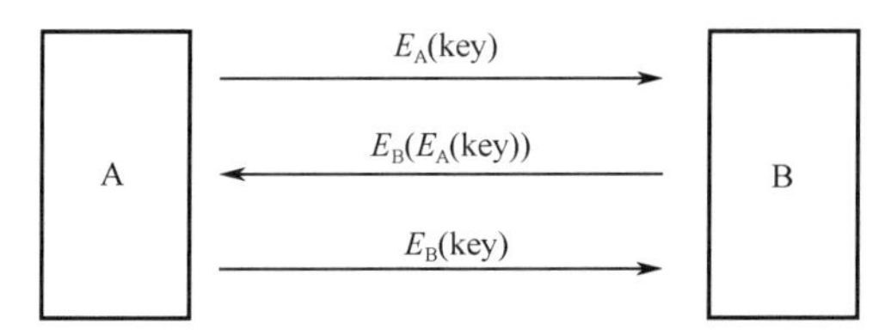

图 7.13 Shamir 的三次传递协议

（1）A 用自己的密钥加密 key，同时将密文传给 B，即

$$C_1=E_A(\text{key})$$

（2）B 用自己的密钥加密 C_1，同时将密文传给 A，即

$$C_2=E_B(E_A(\text{key}))$$

（3）A 用自己的密钥解密 C_2，同时将结果传给 B，即

$$C_3=D_A(E_B(E_A(\text{key})))=D_A(E_A(E_B(\text{key})))=E_B(\text{key})$$

（4）B 用自己的密钥解密 C_3，于是得到 key。

Shamir 的三次传递协议的弱点是不能防止中间人的攻击，也是它不需要预先进行密钥交换的必然结果。

7.5.2 使用对称密码技术和可信第三方的密钥传输机制

使用对称密码技术和可信第三方（TTP）的密钥传输要求参与通信的双方 A 和 B 分别与 TTP 预先共享密钥 K_{AT}、K_{BT}，并且 TTP 至少应与 A 和 B 中的一方是在线的。

在图 7.14 所示的密钥传输机制中（ISO/IEC 11770-2 中的第 8 种方法），需要传输的密钥是由密钥分发中心（KDC）产生的。

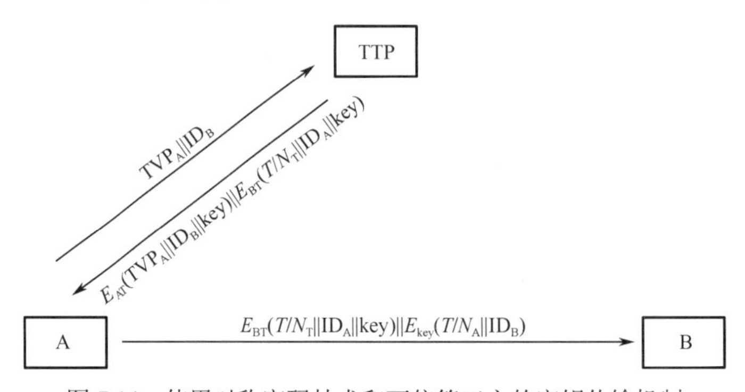

图 7.14　使用对称密码技术和可信第三方的密钥传输机制

（1）A 向 KDC 发送一条请求密钥消息，其中包括一个随时间变化的随机值 TVP_A 和接收方 B 的唯一标识 ID_B。

（2）KDC 将密钥 key 和一些其他信息分别用它与用户共享的密钥加密后传给 A。传给 A 的信息为 $E_{AT}(TVP_A||ID_B||\text{key})\ ||\ E_{BT}(T/N_T||ID_A||\text{key})$，其中，$E_{AT}()$表示用 KDC 与 A 共享的密钥加密。

（3）在 A 收到 KDC 传来的消息后，先解开 $E_{AT}(TVP_A||ID_B||\text{key})$，验证 TVP_A 及 ID_B 是否正确，如果一切检验无误，那么 A 会传给 B 如下信息：$E_{BT}(T/N_T||ID_A||\text{key})||E_{\text{key}}(T/N_A||ID_B)$。其中，$E_{\text{key}}()$表示用 key 进行加密。

（4）B 先解密 A 传来的信息中 $E_{BT}(T/N_T||ID_A||\text{key})$的部分，验证时间戳或序列号是否正确，若一切无误，则 B 得到了 key。然后 B 可以用 key 解开 $E_{\text{key}}(T/N_A||ID_B)$以检验其中所含的参数是否正确。

这种机制为 B 提供了 A 的身份认证和密钥的确认，若再加上第 4 条信息，则可提供双方互相的身份认证和密钥的确认。

7.5.3 使用公钥密码技术的点到点的密钥传输机制

ElGamal 和 RSA 是使用公钥密码技术在一个回合内传输密钥的代表。图 7.15 显示的传输方法即 ISO/IEC 11770-3 中的第一种方法。该方法要求 A 在传输前就知道 B 的公钥，并可

以鉴别 B 的公钥。具体操作步骤如下：

（1）A 用 B 的公钥 BP 加密一条信息，该信息包括时间戳 T 或序列号 N、A 的唯一标识 ID_A 及 A 需传输的密钥 key。A 将加密的信息传给 B。

（2）B 用自己的私钥解密收到的信息，然后检验时间戳 T 或序列号 N 及 A 的唯一标识 ID_A 是否正确，如果一切正确，B 便得到了密钥 key。

图 7.15　一个回合内传输密钥

这种方法不仅可以抵制重放攻击，还提供了隐式的密钥鉴别，因为只有 B 能解密所接收的信息从而得到 key。但是，B 对 key 的来源却一无所知。

为了提供对 A 身份的鉴别，可以将上述方法稍加改进，如图 7.16 所示。具体操作步骤如下：

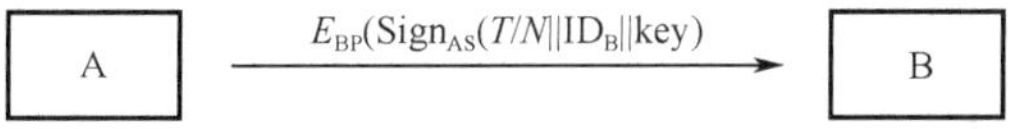

A　$E_{BP}(Sign_{AS}(T/N||ID_B||key))$　B

图 7.16　改进的一个回合内传输密钥

（1）A 生成一条信息，该信息包括时间戳 T 或序列号 N、A 的唯一标识 ID_A 及 A 需传输的密钥 key。A 将该信息用自己的私钥 AS 签名，并将签名后的信息用 B 的公钥 BP 加密后传给 B。

（2）B 用自己的私钥解密收到的信息，然后检验 A 签名后的时间戳 T 或序列号 N 及 A 的唯一标识 ID_A 是否正确，如果一切正确，B 便得到了密钥 key。

该方法要求参与通信的双方预先都知道对方的公钥，它可以提供对 A 身份的鉴别及双方密钥的隐式鉴别。

7.5.4　同时使用公钥密码技术和对称密码技术的密钥传输机制

Steve Bellovin 和 Michael Merritt 设计了加密密钥交换（EKE）协议。它以一种全新的方法，同时使用对称密码技术和公钥密码技术，为密钥的传输提供了安全性和密钥的鉴别机制。该方法使用共享的秘密密钥加密随机产生的公开密钥。

在 EKE 协议中，两个用户 A 和 B 共享一个公共密钥 P，利用这个公共密钥，两个用户可以按下述方式展开协议，如图 7.17 所示。

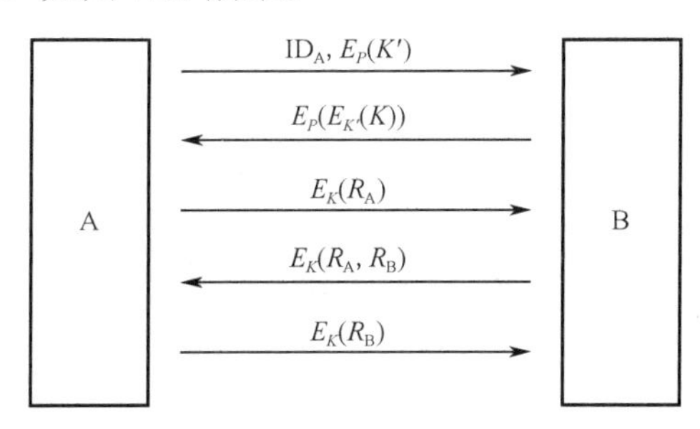

图 7.17　同时使用公钥密码技术和对称密码技术的密钥传输机制

（1）A 产生一个随机的公钥/私钥对，并采用对称算法，以 P 为密钥对公钥 K'进行加密，并将如下结果传给 B：ID_A，$E_P(K')$。

（2）B 知道 P，可以解密 A 传给 B 的信息得到 K'，然后产生一个随机会话密钥 K，并用从 A 处得到的公钥 K'和 P 来加密 K，再把如下结果传给 A：$E_P(E_{K'}(K))$。

（3）A 解密从 B 传来的信息，从而获得 K。随即产生一个随机串 R_A，用 K 加密后发送给 B：$E_K(R_A)$。

（4）B 解密收到的信息可得到 R_A，并产生另一个随机串 R_B，用 K 加密两个随机串 R_A 和 R_B，然后发送给 A：$E_K(R_A，R_B)$。

（5）A 解密收到的信息可得到 R_A 和 R_B，然后验证所得的 R_A 是否与其传给 B 的 R_A 相同。如果相同，就用 K 加密 R_B，再传给 B：$E_K(R_B)$。

（6）B 解密收到的信息可得到 R_B，然后验证所得到的 R_B 是否与其传给 A 的 R_B 相同。如果相同，该协议便完成，A 和 B 就可以用 K 进行通信了。

协议的（3）～（6）是为了证实协议的有效性。从（3）到（5），A 证实了 B 知道 K；从（4）到（6），B 证实了 A 知道 K。EKE 协议对同时使用对称密码技术和公钥密码技术进行了加强。从一般的观点看，EKE 协议充当一种秘密放大器，即当对称的和非对称的系统一起使用时，可增强这两种系统。

7.6 密钥导出机制

密钥导出的作用是根据现有的密钥为每次通信导出会话密钥。

7.6.1 基本密钥导出机制

在基本密钥导出机制（Basic Key Derivation Scheme）中，一个新的会话密钥 K 是由通信双方 A 和 B 共享的密钥 K_{AB} 和一个不用保密的参数 F 通过合适的方式计算得到的。密钥导出机制包括两个步骤：

（1）A 选择密钥导出的参数 F，F 可以是一个随机数或时间戳，然后将 F 传给 B。

（2）A 和 B 都可以根据密钥导出参数 F 和两者的共享密钥 K_{AB} 计算得到导出密钥 K，即

$$K=f(K_{AB},F)$$

如果密钥导出参数 F 是一个 A、B 预先都知道的值（如当前的日期），那么上面的协议可以是非交互式的。

7.6.2 密钥计算函数

密钥计算函数（Key Calculation Functions）是根据一些密钥导出参数产生密钥的函数，这些参数中至少应有一个是保密的。密钥计算函数的一个简单例子是将密钥导出参数都连接起来（如把字符串连在一起），然后作用一个哈希函数，即

$$K=\text{Hash}(K_{AB}||X_1||X_2\cdots)$$

IETF 的文档中介绍了一些密钥计算函数，通过密钥管理协议共享的密钥 K 被用于导出一系列的密钥。导出密钥是导出密钥参数经 MD5 作用，并截取为合适长度后的结果。例如，用于 DES 加密的密钥是按下式产生的：

$$K_{AB}=\text{Truncate}(\text{MD5}('5C5C\cdots5C5C'\|K),64)$$

$$K_{BA}=\text{Truncate}(\text{MD5}('3A3A\cdots3A3A'\|K),64)$$

类似地，传输层安全协议（Transport Layer Security，TLS）使用双方通过握手协议传递的初始化参数来产生 IV_s 和 MAC。密钥导出参数是双方共享的 master_key 和两个分别由客户和服务器产生的随机数 r_c, r_s。这个协议使用两个哈希函数的组合来导出新的密钥，具体如下：

$$\text{MD5}(\text{master\_key})\|\text{SHA}('A'\|\text{master\_key}\|r_s\|r_c)$$

$$\text{MD5}(\text{master\_key})\|\text{SHA}('BB'\|\text{master\_key}\|r_s\|r_c)$$

$$\text{MD5}(\text{master\_key})\|\text{SHA}('CCC'\|\text{master\_key}\|r_s\|r_c)$$

$$\cdots$$

按上述方式计算，直至导出足够的密钥。

7.6.3 可鉴别的密钥导出机制

为了提供可鉴别性，可以在基本密钥导出机制中加入可鉴别机制。一个简单的可鉴别密钥导出（Authenticated Key Derivation）机制的示例如图 7.18 所示，具体包括：

（1）B 生成一个随机数 R_B，并传给 A。

（2）A 和 B 都可以根据密钥导出参数 R_B 和两者的共享密钥 K_{AB} 计算得到导出密钥 K，即

$$K=f(K_{AB},R_B)$$

（3）A 将 $\text{Hash}(K\|R_B\|ID_B)$传给 B，其中 ID_B 是 B 的唯一标识。

（4）B 检验 R_B 和自己的唯一标识 ID_B 是否被正确用于 $\text{Hash}(K\|R_B\|ID_B)$中。

该协议提供了隐式鉴别。

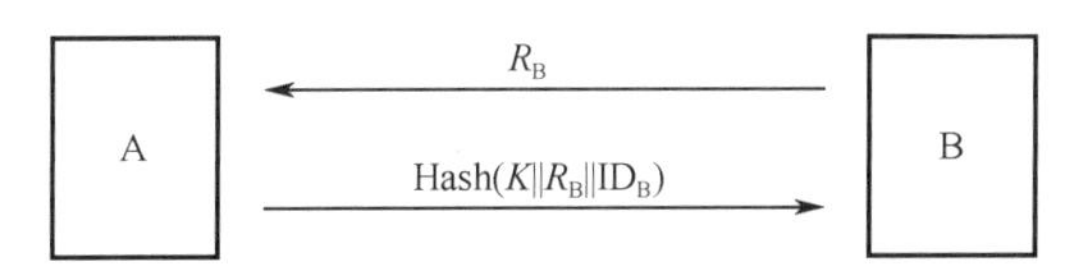

图 7.18　可鉴别密钥导出机制

7.6.4 线性密钥导出机制

线性密钥导出（Linear Key Derivation）常用于动态密钥操作（Dynamic Key Handling，DKH）中，而动态密钥操作常用于同步 ATM 中的安全通信模块（Secure Communication Module，SCM）和系统中心的主机安全模块（Host Security Module，HSM）之间通信的密钥。每个 SCM 都有一个唯一的身份标识 ID_{SCM}，在初始化安装时安装了一个种子密钥（Seed Key）。所有 SCM 的种子密钥都是由 HSM 中的一个主密钥导出的，导出过程使用三重 DES 作为密钥导出函数，使用每个 SCM 的唯一身份标识作为密钥导出参数。从密钥导出函数的单向性可以看出：从任何种子密钥都不可能反向导出主密钥；就算得到了某些 SCM 的种子密钥，也不能得到其他的 SCM 的种子密钥。系统的安全要求 SCM 与 HSM 进行一次通信后，会话密钥应从 SCM 的内存中清除。SCM 中应保留下一次通信要使用的密钥，同时，HSM 也应能计算下一次通信的密钥。这样的要求可以通过简单的线性密钥导出机制来实现，即一个密钥使用后，在此密钥上作用哈希函数，用得到的哈希值作为新密钥，取代原来的密钥，如图 7.19 所示。

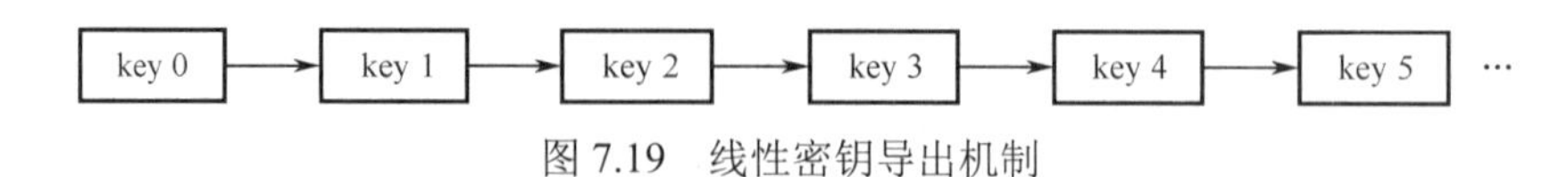

图 7.19　线性密钥导出机制

如果采用这样的解决方案，那么在 SCM 端只需在每次通信后做一次单向变换。对于 HSM 而言，它可以选用以下两种方式：

（1）HSM 可以保存每个 SCM 最近使用的密钥，并用来导出新的会话密钥。

（2）已知种子密钥（可以由主密钥和每个 SCM 的 ID_{SCM} 导出）和通信序列号（从开始通信算起），HSM 便可以从种子密钥开始做适当次数的单向变换导出新的会话密钥。

如果使用第一种方式，HSM 不得不储存大量的 SCM 的密钥。虽然储存这些密钥是可能的，但是，因为存储的不是普通的数据，而是密钥，所以会给密钥管理带来极大不便。如果使用第二种方式，当通信次数增加后，HSM 导出与 SCM 通信密钥的工作将会变得非常繁重，因为它需要做多次单向变换。下面介绍的树状密钥导出机制可以解决上述问题。

7.6.5　树状密钥导出机制

使用不同的参数，一个密钥可以导出多个密钥。如果一个密钥导出两个密钥，那么结果是一棵平衡二叉树：每个节点有两个子节点。图 7.20 给出了树状密钥导出（Tree-Like Key Derivation）机制的一个示例。从图中可以看出，深度为 d 的一棵平衡二叉树可以导出（2^d–1）个密钥。从根节点开始计算一个密钥所要进行的单向变换的次数最多为（d–1）。例如，在一个有一百万个节点的平衡二叉树中，从节点到根节点的最长路径长度为 19，平均路径长度为 16。如果使用线性密钥导出机制，那么最长路径的长度为 999 999，平均路径长度为 500 000。

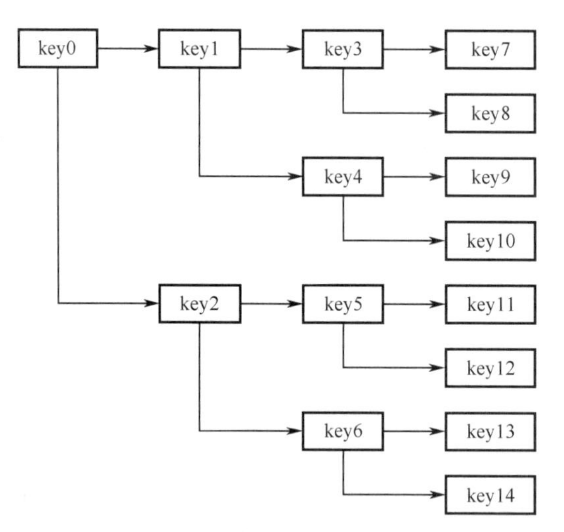

图 7.20　树状密钥导出机制示例

根据系统安全的要求，会话密钥在使用后应从 SCM 的内存中清除。这就意味着下次会话的密钥必须在清除前产生，即在父节点被删除前，其子节点应被导出，并储存在 SCM 中。因为一个父节点要导出两个子节点，所以在 SCM 中应有一个比较大的表来储存这些节点。这样的表中有许多“槽”，每个“槽”只能存储一个节点（即一个密钥）。如果一个“槽”存储了一个节点，那么称这个“槽”被占用了，否则称这个“槽”是可用的。SCM 中所需“槽”的数目与密钥的使用顺序密切相关。

如果密钥按图 7.20 所示的 0,1,2,3,4,…顺序来使用，则 SCM 中需要 8 个槽。这是因为使用 key0 后，要将 key1 和 key2 存储起来；使用 key1 后，要将 key3 和 key4 存储起来，以此类推，在使用了 key6 后，key7～key14 都需要被存储。对于一个深度为 d 的树，需要“槽”的数量是 n^{d-1}。显然，按照这个顺序使用密钥所需要付出的代价是巨大的。

如果换一种顺序：0,1,3,7,8,4,9,10,2,5,11,12,6,13,14，则需要“槽”的数量为 4。对于一个深度为 d 的树，需要“槽”的数量为$(n-1)d+1$，与使用递归先序遍历一棵二叉树时堆栈的长度相当。这就意味着可以使用有限个数的“槽”（对 SCM 来说非常有意义）和有限长度的路径（对 HSM 来说非常有意义）来导出数量巨大的密钥。图 7.21 所示就是这样的密钥发展图，该图中的示例显示了在深度为 5 的树中密钥的发展过程。图 7.21 中密钥使用的顺序是一行中从左到右，各行从上到下。

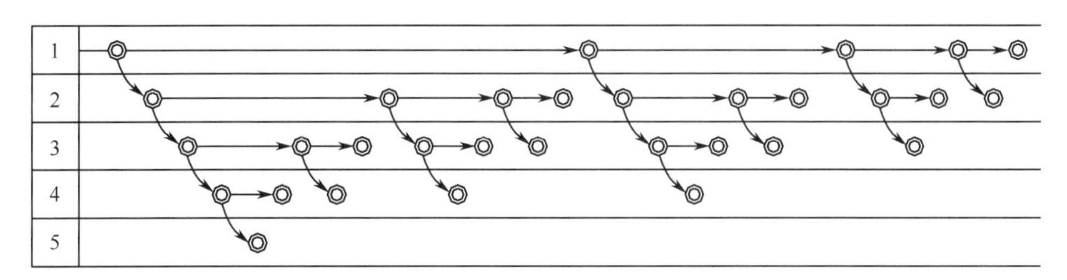

图 7.21　密钥发展图

图 7.21 不是最优的，图 7.22 给出了一个更优的密钥发展图。如图 7.22 所示，每个节点导出 3 个子节点，因而只需 3 个“槽”即可导出 35 个密钥，而在图 7.21 中 5 个“槽”只能导出 31 个密钥。

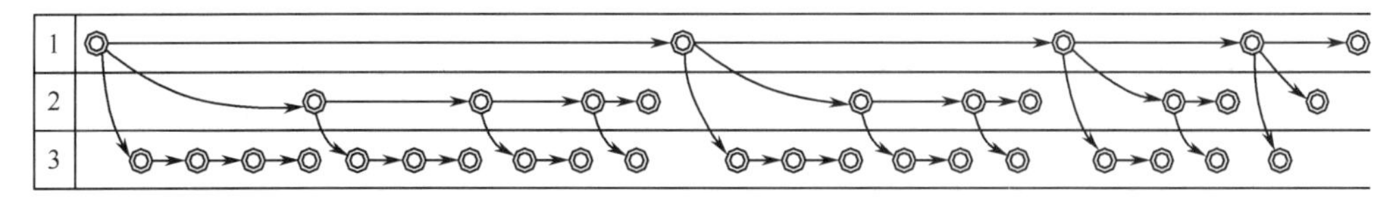

图 7.22　更优的密钥发展图

7.7　密钥协商机制

密钥协商是指在参与通信的双方之间建立共享密钥的过程，在这个过程中，双方中的任意一方都无法预先确定或得知共享密钥的值。密钥协商和密钥传输的不同之处在于：密钥传输是双方中的一方将自己知道的密钥传给对方。密钥协商机制的典型示例是 Diffie-Hellman 协议。

ISO/IEC 11770-3 描述了 7 种使用公钥密码技术的密钥协商机制。表 7.3 列出了这 7 种密钥协商机制的特点。

表 7.3　使用公钥密码技术的密钥协商机制的特点比较

密钥协商机制	1	2	3	4	5	6	7
传输回合数	0	1	1	2	2	2	3

续表

密钥控制	A+B	A+B	A	A+B	A+B	A+B	A+B
密钥鉴别	A+B	B	A+B	—	A+B	A+B	A+B
密钥确认	—	—	B	—	—	—	A+B
实体鉴别	—	—	（A）	—	—	B	A+B

7.7.1　Diffie-Hellman 密钥协商机制

经典的 Diffie-Hellman 协议通过两个回合的传输来建立通信双方之间的共享密钥。协议提供了一种联合的密钥控制，使参与协议的双方谁也不能单独确定生成的密钥。

Diffie-Hellman 协议的安全性源于在有限域中计算离散对数比计算指数更为困难。首先，参加协议的双方 A 和 B 协商一个大的质数 p 和 g，g 是模 p 的原根。这两个整数不必是秘密的，因而 A 和 B 可以通过不安全的途径协商。此外，它们也可在一组用户中公用。Diffie-Hellman 密钥协商（Diffie-Hellman Key Agreement）机制如图 7.23 所示，具体如下所述。

① A 选取一个大的随机整数 x，并发送给 B：$X=g^x \bmod p$；

② B 选取一个大的随机整数 y，并发送给 A：$Y=g^y \bmod p$；

③ A 计算 $k=Y^x \bmod p$；

④ B 计算 $k'=X^y \bmod p$。

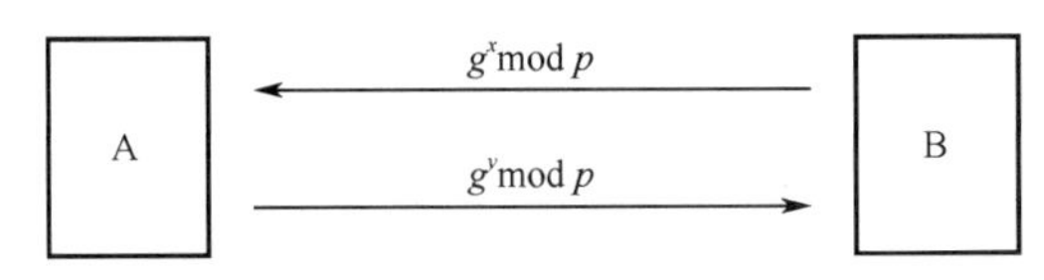

图 7.23　Diffie-Hellman 密钥协商机制

可以看出，k 与 k'都等于 $g^{xy} \bmod p$。即使线路上有窃听者也不可能计算出这个值。窃听者只知道 p, g, X, Y，除非计算离散对数，恢复 x, y，否则一无所获。K 就是 A 和 B 独立计算的密钥。

ElGamal 密钥协商协议是 Diffie-Hellman 协议的一种变形，它只使用一个回合的传输。此协议需要一些额外条件，如 B 是接收方，b 是 B 的私钥，就需要公开 $g^b \bmod p$ 的值。ElGamal 密钥约定如图 7.24 所示，具体如下所述。

（1）A 选取一个大的随机整数 x，并发送给 B：$X=g^x \bmod p$。A 可以通过计算$(g^b)^x$ 而得到共享密钥 $g^{bx} \bmod p$。

（2）B 收到 $g^x \bmod p$ 后，可以利用自己的私钥 b 计算$(g^x)^b \bmod p$，从而也可得到共享密钥 $g^{bx} \bmod p$。

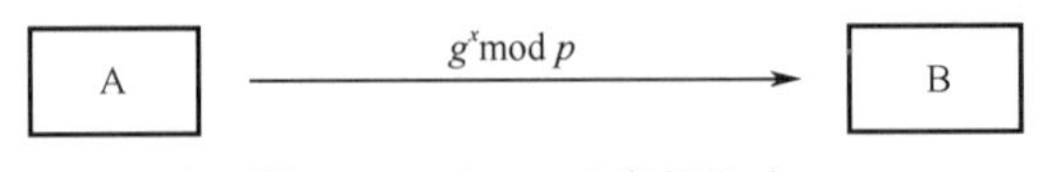

图 7.24　ElGamal 密钥约定

如果 a 是 A 的私钥，再将 $g^a \bmod p$ 公开，那么可以进一步减少传输的回合数，即不用传输了，变成一个非交互式的协议。该协议建立的共享密钥是 $g^{ab} \bmod p$。A 可以通过计算$(g^b)^a \bmod p$ 来得到共享密钥；B 可以通过计算$(g^a)^b \bmod p$ 来达到同样的目的。当然这个协议的弱点在于利用这个协议产生的共享密钥是早就确定了的。

7.7.2 端到端的协议

Diffie-Hellman 密钥协商机制容易遭受中间人攻击。防止这种攻击的一个方法是让 A 和 B 分别对消息签名。

协议假定 A 和 B 同时拥有对方的公钥证书。这些证书由处于协议之外的可信任的机构颁发。下面是端到端的协议（Station-to-Station Protocol）展开的过程，如图 7.25 所示。

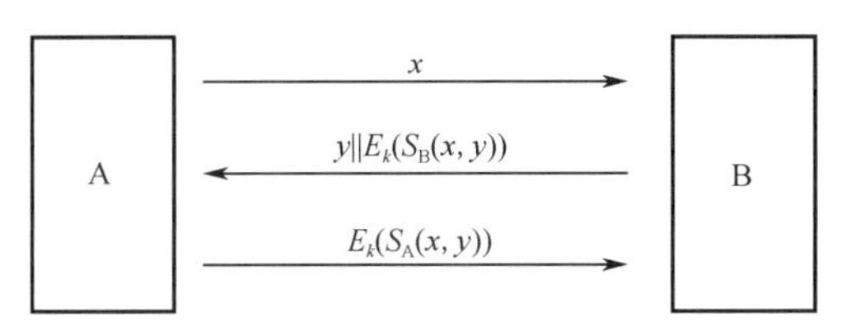

图 7.25 端到端的协议

（1）A 产生随机数 x，并发送给 B。

（2）B 产生随机数 y。根据 Diffie-Hellman 协议，B 计算出 A 与 B 之间基于 x、y 的共享密钥 k。B 对 x 和 y 签名，并且用 k 加密签名，然后将加密的结果和 y 一起发送给 A：

$$y, E_k(S_B(x,y))$$

（3）A 计算 k。A 对 B 发送的消息解密，并验证 B 的签名。如果一切无误，A 把如下信息发送给 B：

$$E_k(S_A(x,y))$$

（4）B 解密信息，并验证 A 的签名。若无误，则协议执行完毕。

一种变形的端到端的协议在 ISO/IEC 11770-2 中得到描述（第 7 种方法）。另一种端到端的协议构成了 IPsec（Internet security protocol）的基础。

7.7.3 使用对称密码技术的密钥协商机制

下面给出的协议使用对称密码技术，它要求参与协议的双方在执行协议前应共享密钥 K_{AB}。这个协议使用随机数来防止重放攻击，并可同时提供双向的密钥及身份的鉴别。使用对称密码技术的密钥协商（Key Agreement Based on Symmetric Techniques）机制如图 7.26 所示，具体如下：

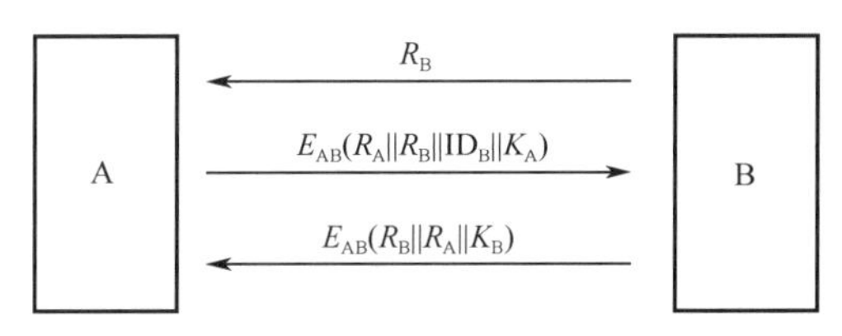

图 7.26 使用对称密码技术的密钥协商机制

（1）B 传给 A 一个随机数 R_B。

（2）A 生成一条信息，其中包括 A 产生的随机数 R_A、A 收到的随机数 R_B、B 的唯一标识 ID_B，以及 A 用于产生共享密钥的数据 K_A。然后 A 用与 B 共享的密钥 K_{AB} 加密此信息，并把加密的结果传给 B。

（3）B 解密收到的信息，再验证自己的唯一标识 ID_B 及传给 A 的随机数 R_B 是否正确。

如果正确，B 将 R_A、R_B 及自己产生共享密钥的数据 K_B 用 K_{AB} 加密后传给 A。

（4）A 解密收到的信息并检验收到的随机数 R_A 是否正确。

（5）假设 $f(a,b)$ 是一个产生密钥的函数，A、B 双方都计算新生成的共享密钥，即

$$\text{key}=f(K_A,K_B)$$

上面这个协议在 ISO/IEC 11770-2 中有所描述（第 6 种方法）。如果协议中双方有一方用于产生共享密钥的数据（K_A 或 K_B）不存在，那么这个协议就变成了密钥传输协议。另一种只用两个回合传输的协议使用时间戳或序列号来代替随机数，此协议在 ISO/IEC 11770-2 中也有描述（第 5 种方法）。

7.8　基于 SM2 的密钥交换协议

在基于 SM2 的密钥交换协议的算法流程中，交互双方——用户 A 和用户 B 首先被告知公开的系统参数，随后各自生成随机数作为私钥。双方各自用私钥计算协商密钥，交换后达成一致。值得注意的是，在该算法中，交互双方 A 和 B 使用 Hash 函数做消息摘要，以保证交互过程中消息的不可窜改，这里的 Hash 函数可以实例化为国密算法 SM3。基于 SM2 的密钥交换协议的具体算法如下所述，其流程如图 7.27 所示。

设用户 A 和用户 B 协商获得密钥数据的长度为 klen 比特，用户 A 为发起方，用户 B 为响应方。A 和 B 为了获得相同的密钥，应执行下述计算步骤。

记 $w=\lceil(\lceil\log_2(n)\rceil/2)\rceil-1$。

1．用户 A

A1：用随机数发生器生成随机数 $r_A\in[1,n-1]$，即 Rand r_A；

A2：计算椭圆曲线点 $R_A=[r_A]G=(x_1,y_1)$；

A3：将 R_A 发送给用户 B；

2．用户 B

B1：用随机数发生器生成随机数 $r_B\in[1,n-1]$，即 Rand r_B；

B2：计算椭圆曲线点 $R_B=[r_B]G=(x_2,y_2)$；

B3：从 R_B 中取出域元素 x_2，并将 x_2 的数据类型转换为整数，计算 $\overline{x}_2=2^w+(x_2\,\&\,(2^w-1))$；

B4：计算 $t_B=(d_B+\overline{x}_2\cdot r_B)\bmod n$；

B5：验证 R_A 是否满足于椭圆曲线方程，若不满足则协商失败，从 R_A 中取出域元素 x_1，并将 x_1 的数据类型转换为整数，计算 $\overline{x}_1=2^w+(x_1\,\&\,(2^w-1))$；

B6：计算椭圆曲线点 $V=[h\times t_B](P_A+[\overline{x}_1]R_A)=(x_V,y_V)$，若 V 为无穷远点，则 B 协商失败，否则将 x_V,y_V 转换为比特串；

B7：计算 $K_B=\text{KDF}(x_V\parallel y_V\parallel Z_A\parallel Z_B,\text{klen})$；

B8：将 R_A 的坐标 (x_1,y_1) 和 R_B 的坐标 (x_2,y_2) 的数据类型转化为比特串，计算 $S_B=\text{Hash}(0\text{x}02\parallel y_V\parallel\text{Hash}(x_V\parallel Z_A\parallel Z_B\parallel x_1\parallel y_1\parallel x_2\parallel y_2))$；

B9：将 R_B，（选项 S_B）发送给用户 A；

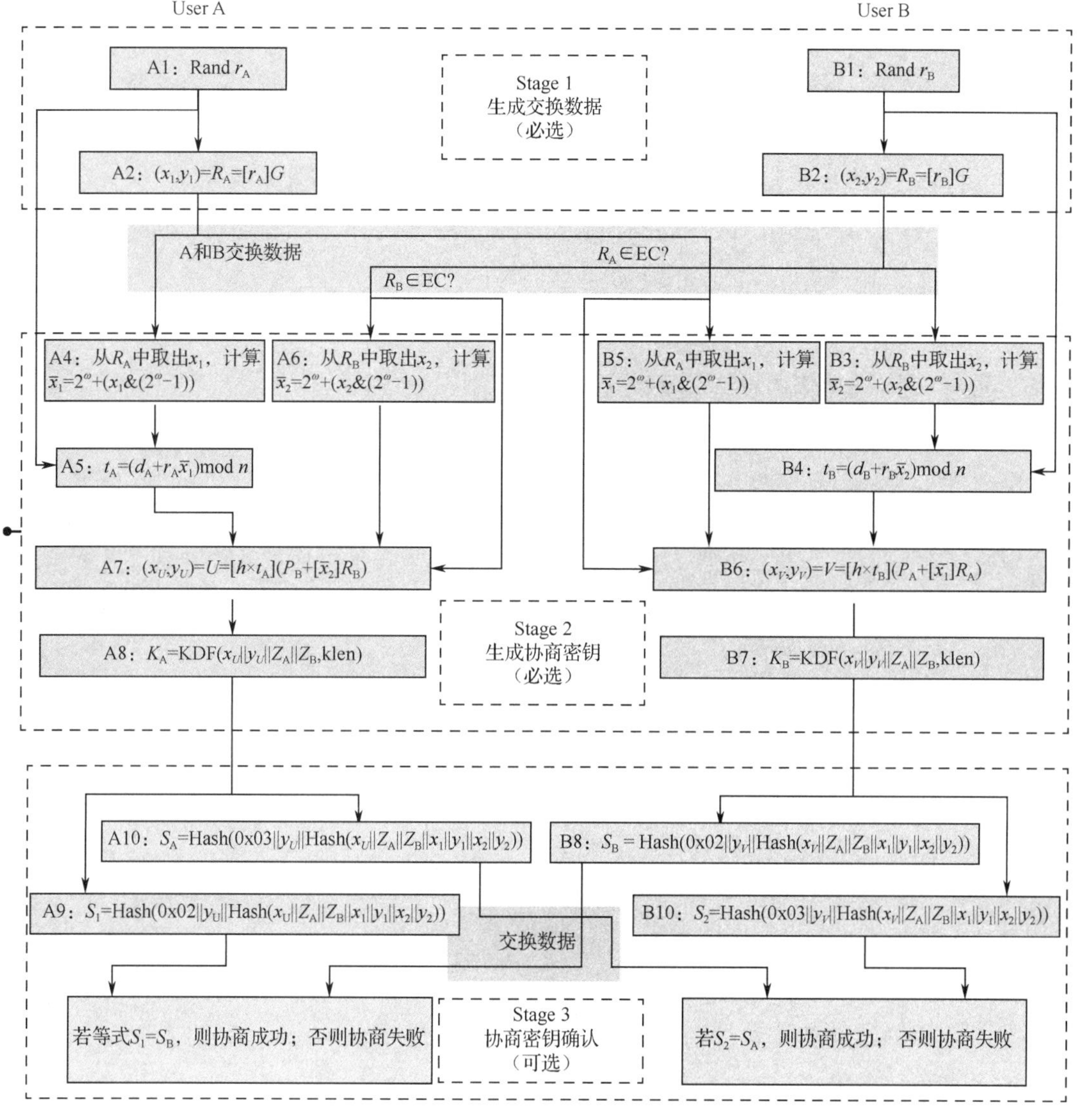

图 7.27　基于 SM2 的密钥交换协议流程

3. 用户 A

A4：从 R_A 中取出域元素 x_1，并将 x_1 的数据类型转换为整数，计算 $\overline{x}_1 = 2^w + (x_1 \& (2^w - 1))$；

A5：计算 $t_A = (d_A + \overline{x}_1 \cdot r_A) \bmod n$；

A6：验证 R_B 是否满足于椭圆曲线方程，若不满足则协商失败，从 R_B 中取出域元素 x_2，并将 x_2 的数据类型转换为整数，计算 $\overline{x}_2 = 2^w + (x_2 \& (2^w - 1))$；

A7：计算椭圆曲线点 $U = [h \times t_A](P_B + [\overline{x}_2]R_B) = (x_U, y_U)$，若 U 为无穷远点，则 A 协商失败，否则将 x_U, y_U 转换为比特串；

A8：计算 $K_A = \text{KDF}(x_U \| y_U \| Z_A \| Z_B, \text{klen})$；

A9：将 R_A 的坐标 (x_1, y_1) 和 R_B 的坐标 (x_2, y_2) 的数据类型转化为比特串，计算 $S_1 = \mathrm{Hash}\ (0x02 \| y_U \| \mathrm{Hash}(x_U \| Z_A \| Z_B \| x_1 \| y_1 \| x_2 \| y_2))$，并检查 $S_1 = S_B$ 是否成立，若不成立则从 B 到 A 的密钥确认失败；

A10：计算 $S_A = \mathrm{Hash}(0x03 \| y_U \| \mathrm{Hash}(x_U \| Z_A \| Z_B \| x_1 \| y_1 \| x_2 \| y_2))$，并将 S_A 发送给用户 B。

4．用户 B

B10：计算 $S_2 = \mathrm{Hash}(0x03 \| y_V \| \mathrm{Hash}(x_V \| Z_A \| Z_B \| x_1 \| y_1 \| x_2 \| y_2))$，并判断 $S_2 = S_A$ 是否成立，若不成立则从 A 到 B 的密钥确认失败。

7.9 基于 SM9 的密钥交换协议

SM9 是一种基于身份的加密算法，设计思路源于 2001 年 Boneh 和 Franklin 提出的基于椭圆曲线双线性对的基于身份加密（Identity-based Encryption，IBE）[5]。SM9 的优势在于它不需要公钥加密证书，可以直接以用户的身份标识（如邮箱、电话及编号等）作为公钥，从而避免了证书生成、管理和撤销的额外开销，并使其更加易于部署。正因如此，它可以应用于诸如基于云技术的密码服务、电子邮件安全、智能终端保护、物联网安全及云存储安全等各类应用场景中。

基于 SM9 的密钥交换协议是一种基于身份（标识）的密钥交换协议，参与者为用户 A 和用户 B。相较于基于 SM2 的密钥交换协议，该密钥交换协议的通信双方大量采用椭圆曲线上的双线性对，同时由于用身份标识作为公钥，其计算操作更加简洁高效。基于 SM9 的密钥交换协议流程可参见图 7.28。

设用户 A 和用户 B 协商获得密钥数据的长度为 klen 比特，用户 A 为发起方，用户 B 为响应方。A 和 B 为了获得相同的密钥，应执行下述计算步骤。

1．用户 A

A1：计算群 G_1 中的元素 $Q_B = [H_1(\mathrm{ID}_B \| \mathrm{hid}, N)]P_1 + P_{\mathrm{pub-e}}$；

A2：产生随机数 $r_A \in [1, N-1]$；

A3：计算群 G_1 中的元素 $R_A = [r_A]Q_B$；

A4：将 R_A 发送给用户 B。

2．用户 B

B1：计算群 G_1 中的元素 $Q_A = [H_1(\mathrm{ID}_A \| \mathrm{hid}, N)]P_1 + P_{\mathrm{pub-e}}$；

B2：产生随机数 $r_B \in [1, N-1]$；

B3：计算群 G_1 中的元素 $R_B = [r_B]Q_A$；

B4：验证 $R_A \in G_1$ 是否成立，若不成立则协商失败；否则计算群 G_T 中的元素 $g_1 = e(R_A, d_B)$，$g_2 = e(P_{\mathrm{pub-e}}, P_2)^{r_B}$，$g_3 = g_1^{r_B}$，并将 g_1, g_2, g_3 的数据类型转换为比特串；

B5：把 R_A 和 R_B 的数据类型转换为比特串，计算 $\mathrm{SK}_B = \mathrm{KDF}(\mathrm{ID}_A \| \mathrm{ID}_B \| R_A \| R_B \| g_1 \| g_2 \| g_3, \mathrm{klen})$；

B6：计算 $S_B = \text{Hash}(0x82 \| g_1 \| \text{Hash}(g_2 \| g_3 \| \text{ID}_A \| \text{ID}_B \| R_A \| R_B))$，并将 S_B 发送给用户 A。

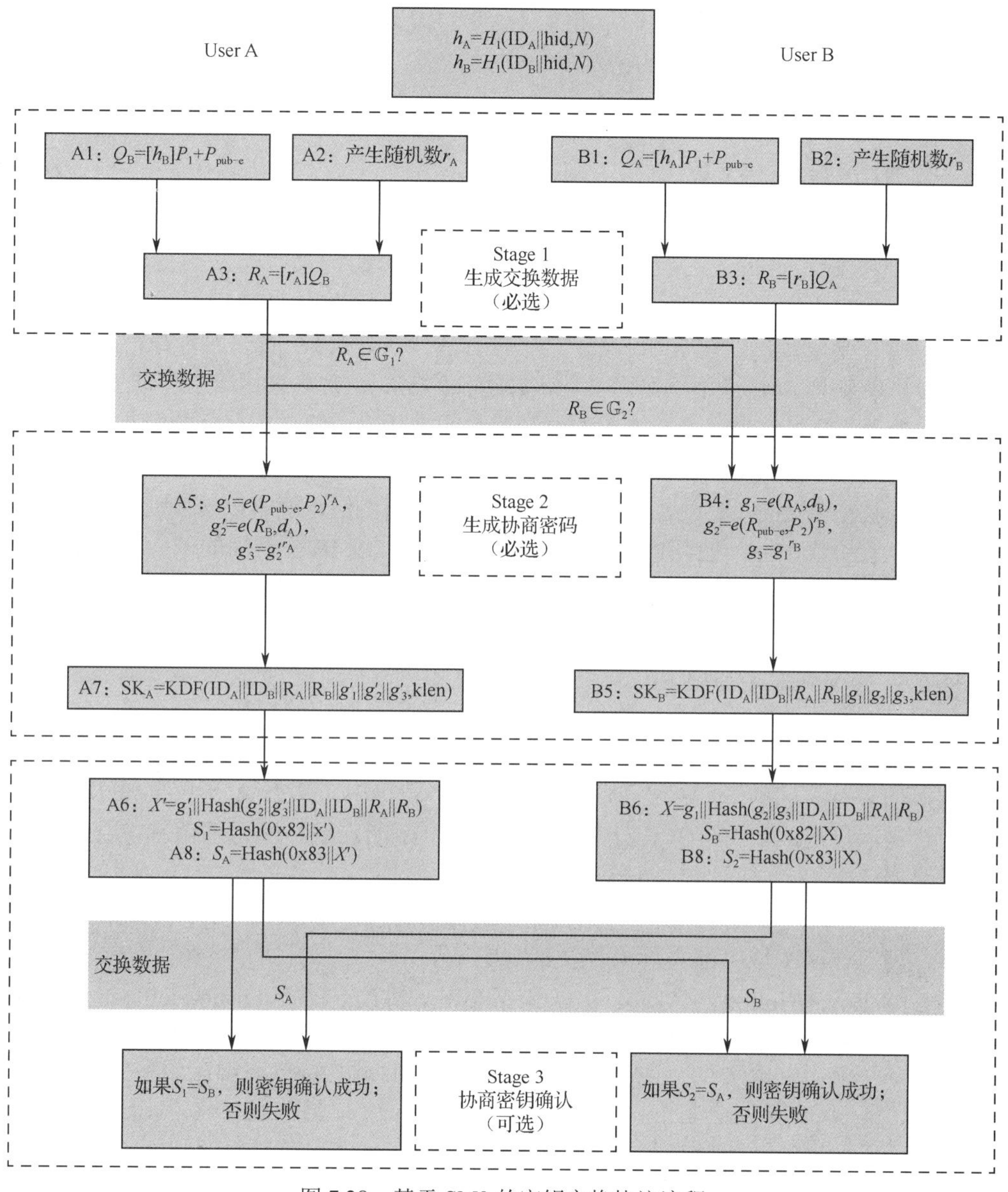

图 7.28　基于 SM9 的密钥交换协议流程

3. 用户 A

A5：验证 $R_B \in G_1$ 是否成立，若不成立则协商失败；否则计算群 G_T 中的元素 $g_1' = e(P_{\text{pub-e}}, P_2)^{r_A}$，$g_2' = e(R_B, d_A)$，$g_3' = (g_2')^{r_A}$，并将 g_1', g_2', g_3' 的数据类型转化为比特串；

A6：把 R_A 和 R_B 的数据类型转换为比特串，计算 $S_1 = \text{Hash}(0x82 \| g_1' \| \text{Hash}(g_2' \| g_3' \| \text{ID}_A \| \text{ID}_B \| R_A \| R_B))$，并判断 $S_1 = S_B$ 是否成立，若等式不成立则从 B 到 A 的密钥验证失败；

A7：计算 $\text{SK}_A = \text{KDF}(\text{ID}_A \| \text{ID}_B \| R_A \| R_B \| g_1' \| g_2' \| g_3', \text{klen})$；

A8：计算 $S_A = \text{Hash}(0x83 \| g_1' \| \text{Hash}(g_2' \| g_3' \| \text{ID}_A \| \text{ID}_B \| R_A \| R_B))$，并将 S_A 发送给用户 B。

4．用户 B

B8：计算 $S_2 = \text{Hash}(0\text{x}83 \| g_1 \| \text{Hash}(g_2 \| g_3 \| \text{ID}_\text{A} \| \text{ID}_\text{B} \| R_\text{A} \| R_\text{B}))$，并验证 $S_2 = S_\text{A}$ 是否成立，若等式不成立则从 A 到 B 的密钥确认失效。

7.10 密钥的托管/恢复

密钥的托管/恢复是指密钥能在一些特殊情况下从密钥的某些形式的备份中恢复出来。密钥托管对用户的意义可通过下述一个简单的示例来反映。设想 A 是某公司的首席官员，他掌管公司的所有秘密，当然他是通过密码学的方式保管这些秘密的，而不是把这些秘密锁在保险柜里。如果某天 A 遭逢不幸，而又无人知道他的密钥，那么公司就有可能失去 A 保管的所有秘密。为避免发生这种事情，简单的办法就是密钥托管，即要求公司的所有人员都把自己的密钥写下来交给公司的安全官。当然，这需有一些机制来防止安全官滥用别人的密钥。这种密钥托管是可以被接受的，另外，可能还有强制密钥托管，但可能难以被接受。

在密钥托管协议中，一般都假定参与通信的双方 A 和 B 在不同的域中，密钥托管协议能在各个域中独立地恢复密钥。典型的密钥托管方案包括以下过程：

（1）发送方准备好发送给接收方的加密信息，为了日后能让可信第三方恢复解密的密钥，发送方还应发送一些其他的信息。

（2）接收方检查收到的信息中所包含的用于恢复解密密钥的参数是否正确，若不正确，则拒绝接收的信息。

例如，如果 A 想将明文 M 用会话密钥 k 加密后传给 B，那么 A 不仅要传送加密后的消息，还要传送用自己域中的可信第三方 TA 的公钥、B 所在域中的可信第三方 TB 的公钥加密 k 后的结果，即

$$E_{\text{TA}}(k) \| E_{\text{TB}}(k) \| E_k(M)$$

这样，便可在两个域中独立地恢复会话密钥 k 了。

下面介绍 Royal-Holloway 协议。Royal-Holloway 协议是基于 Diffie-Hellman 密钥协商机制的一种协议。它的主要思想是：发送方有发送密钥 a，接收方有接收密钥 b，通信中的会话密钥由 a 和 b 导出。p 是一个大的质数，g 是模 p 的原根。协议过程如图 7.29 所示。

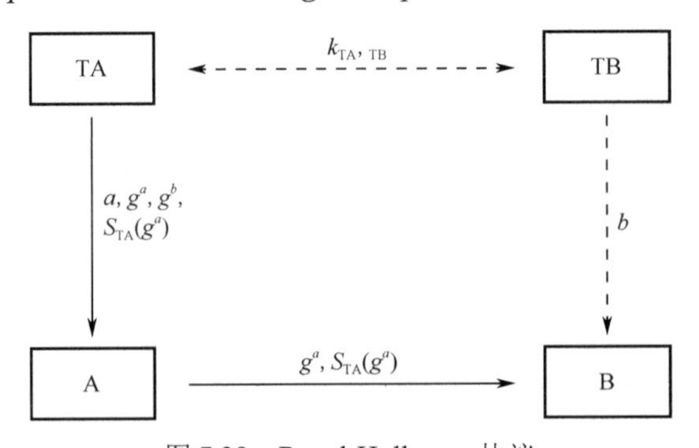

图 7.29 Royal-Holloway 协议

（1）A 向其所在域的可信第三方 TA 发送一条消息，表明自己要与 B 通信。

（2）TA 为 A 生成 A 的发送密钥 a，然后将下述的信息传给 A：a（A 的发送密钥）、g^a、g^b

（b 是 B 的接收密钥，可以由 TA 和 TB 相互交换信息得到）及 $S_{TA}(g^a)$（TA 对 g^a 的签名）。

（3）A 于是可以计算会话密钥 $k=(g^b)^a$，再将 g^a 和 $S_{TA}(g^a)$传给 B。

（4）B 于是可以计算会话密钥 $k=(g^a)^b$。

Royal-Holloway 协议使下述事件成为可能：

（1）TA 可以恢复 A 的发送密钥 a，这样，在密钥 a 的有效期内，所有 A 发送的信息都可以被解密。

（2）TA 和 TB 都可以恢复 B 的接收密钥 b，这样，在密钥 b 的有效期内，所有从 TA 所在域传给 B 的信息都可以被解密。

（3）TA 和 TB 都可以恢复会话密钥 g^{ab}，这样，在会话密钥 g^{ab} 的有效期内，所有从 A 发送给 B 的信息都可以被解密。

7.11 现实中的密钥管理方案

设计协议和算法只是密码学的一个方面，将它们应用于现实世界则是另一方面。本节简要介绍 IBM 的 EMMT 密钥管理方案的框架。EMMT 的一个主要贡献是采用分布式密钥分配方案。EMMT 系统中的密钥根据其用途分为两类：数据加密密钥和密钥加密密钥。

在一个具有 n 个网络节点的系统中，如果所有节点都要求支持加密服务，那么该系统需要 C_n^2 对密钥，即每两个节点之间共享一对密钥，每一个节点需要存储（n−1）个密钥。如果网络较大，那么对密钥的管理是十分困难的。EMMT 使用了域的概念，从而使密钥的分配变得相对简单。每一台终端都与一台主机相连，由一个主机管理的终端和其他节点群被定义为一个域。单台主机的域称为单域；两个或两个以上的主机在逻辑上相连而形成网络时，称为多域。这样，密钥的管理集中在主机之间，在终端域主机之间只需分配一个密钥加密密钥 k 即可（图 7.30）。终端通信时可以向主机发出请求，主机产生数据加密密钥，用 k 加密后再传给终端。在主机之间，每台主机既有接收数据加密密钥，又有发送数据加密密钥，所有两台主机之间共享两个密钥加密密钥 k_1 和 k_2（图 7.30）。

总之，主机与网络中的其他主机之间共享两个密钥加密密钥，主机与终端之间共享一个密钥加密密钥。这样就可以显著减少所需密钥的数量。例如，在图 7.31 所示的系统中有 3 台主机，每台主机有两个终端，系统共需 12 个不同的密钥加密密钥。如果采用以前的方法，则需 $C_9^2=36$ 个密钥。

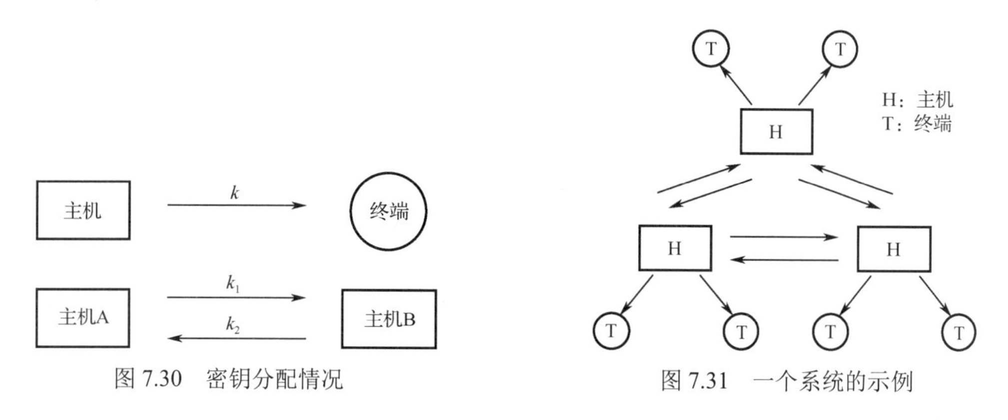

图 7.30 密钥分配情况

图 7.31 一个系统的示例

假设两个终端之间的密钥分配情况如图 7.32 所示，该系统采用下述步骤来建立终端与终端之间的安全信道，如图 7.33 所示。

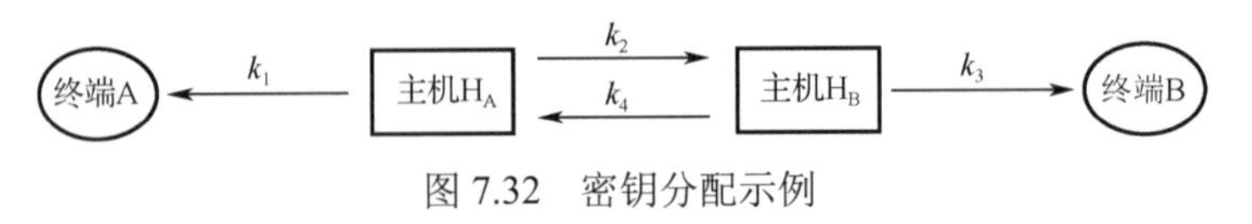

图 7.32　密钥分配示例

（1）终端 A 向主机 H_A 发出与终端 B 通信的请求。

（2）主机 H_A 产生一随机数（数据密钥 key），然后用 k_1 加密后传给终端 A，并将 key 用 k_2 加密后传给主机 H_B。

（3）主机 H_B 解密得到 key，再用 k_3 加密后传给终端 B。

（4）终端 A 和终端 B 分别得到了数据加密密钥 key，这两者之间可以用 key 进行保密通信。

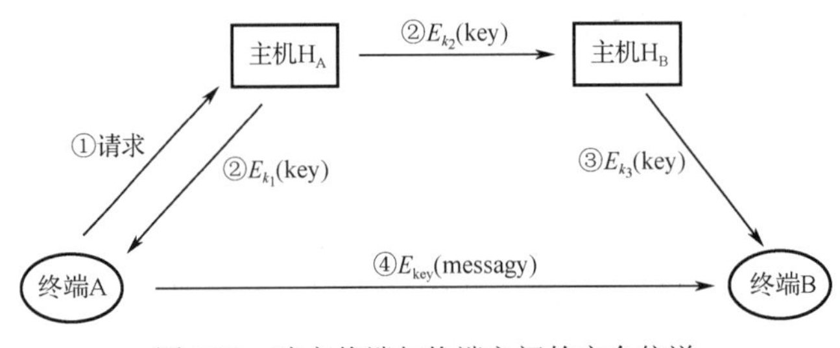

图 7.33　建立终端与终端之间的安全信道

7.12　硬件辅助的密钥管理

在密钥管理系统中，密钥通常储存在计算机或磁盘里，并借助网络、磁盘等方式进行传递。为了安全起见，通常在传递前，必须将所要传递的密钥进行加密处理，接收方收到后再对其进行解密处理。但由于储存和传递环节的影响，其安全性能仍等同于软件加密效果，为此有必要提高储存和传递环节的安全性。

如果既用硬件设备进行加密处理，又用专门的硬件设备来储存和传递密钥，那么就可以有效提高密钥系统的安全性。目前能满足这两种要求且得到业界广泛认可的器件只有 CPU 智能卡。它具有硬件加密结构，可以作为加密器件使用；而其特殊的软件体系——COS（Chip Operation System）又为数据存储和操作提供了较高的安全性，可用于小批量数据的存储。

在基于 CPU 智能卡的密钥管理方案中，一方面，密钥储存在 CPU 智能卡中的受保护存储区域，提高了密钥存储的安全性；另一方面，CPU 智能卡具有加密和解密的计算能力，因而密钥不需要传输，就可以在卡的内部完成加密和解密任务，从而保护密钥不被暴露。因此，基于 CPU 智能卡硬件的密钥管理手段，具有较高安全性。不过 CPU 智能卡的弱点是计算能力较弱，不能处理大量的加密和解密操作。

本 章 小 结

本章讲述了密钥管理系统的基本概念。读者应能深刻理解密钥的生命周期模型，并熟练应用公钥的传输机制和密钥的传输机制，设计合理的密钥管理系统。

参 考 文 献

[1] WILLIAM S. 密码编码学与网络安全: 原理与实践[M]. 杨明，等译. 北京: 电子工业出版社, 2001.

[2] 王育民, 等, 通信网的安全[M]. 西安: 西安电子科技大学出版社, 1997.

[3] 陈克非, 黄征. 信息安全技术导论[M]. 北京: 电子工业出版社, 2007.

[4] TILBORG H C A V. Encyclopedia of Cryptography and Security [M]. Springer US, 2005.

[5] DAN B, FRANKLIN M. Identity-Based Encryption from the Weil Pairing [J]. Annual International Cryptology Conference, 2001: 213-229.

问 题 讨 论

1．使用分层结构管理密钥可以更有效地保护密钥，减小密钥暴露的可能，使对密钥的攻击变得更加困难。试分析在一些常见的计算机系统中，哪些密钥被认为是主密钥，哪些密钥是加密密钥的密钥，哪些密钥是数据密钥。

2．基于身份认证的系统似乎将密钥的建立过程变得简单了，因为用户标识就可以作为用户公钥，所以基于身份认证的系统是目前研究的一个热点。但是，在基于 CA 的公钥系统中，用户需要 CA 对用户的公钥签名，但是 CA 并不知道用户的私钥。而在基于身份认证的系统中，用户的私钥也需要可信的第三方 T 来产生，论述这种差别可能带来的问题。

3．线性密钥导出是定期更换密钥最简单的方法。使用单向哈希函数使线性密钥导出变得易于实现。如果初始密钥为 k_0，则 k_1=Hash(k_0)，k_2=Hash(k_1)，…，k_{n+1}=Hash(k_n)。设初始密钥为 123456，试用 MD5 函数作为单向哈希函数，计算第 10 次线性密钥导出的结果。

4．试述基于 SM2 的密钥交换协议与基于 SM9 的密钥交换协议有何异同。

第8章　高级签名

内容提要

本章介绍 3 类特殊的数字签名体制：盲签名、群签名、环签名，它们在现实中均有广泛的应用，如电子选举、电子现金等。鉴于匿名性和追踪性的重要性，特别介绍了兼具匿名性和签名人追踪性的民主群签名体制。民主群签名和具有门限追踪性的民主群签名是对群签名、环签名的扩展，也是对已有面向群体的数字签名体制的有益补充。此外，本章还介绍了多重签名、聚合签名和数字签密的知识。

本章重点

- 盲签名的安全性
- 盲签名的基本设计思路
- 部分盲签名
- 群签名的安全性
- 群签名体制的成员撤销
- 环签名的安全性
- 民主群签名体制的安全性
- 具有门限追踪性的民主群签名体制的安全性
- 多重签名的安全性
- 聚合签名的安全性
- 数字签密的安全性

8.1 数字签名概述

电子文档包括在计算机上生成或存储的一切文件，如电子邮件、作品、合同及图像等。数字签名（也称电子签名，Digital Signature）是给电子文档进行签名的一种电子方法，也是对现实中手写签名的数字模拟。目前，许多国家都制定了有关数字签名的标准和法律。美国国家标准技术研究院（NIST）对数字签名的定义是：在电子通信中鉴别发送者的身份及该通信中数据的完整性的一种密码学方法。现实中使用最广泛的电子签名依赖于公钥密码学（即公钥/私钥加密）架构。图 8.1 所示为数字签名方案的组成。一个数字签名体制通常包括 3 个算法：密钥生成算法（Keygen）、签名算法（Sign）及验证算法（Verify）。对普通数字签名体制的安全性需求是：攻击者即使知道签名人的公钥和若干有效消息-签名对，也无法伪造该签名人的有效签名。

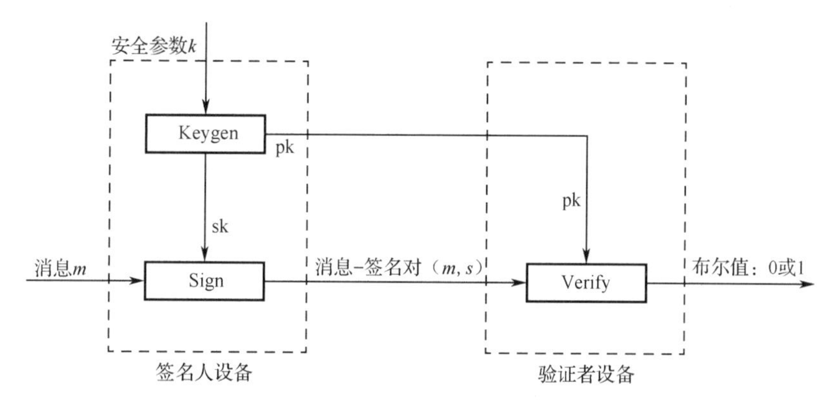

图 8.1 数字签名方案的组成

数字签名技术能够提供认证性、完整性和不可否认性等安全服务，因而成为信息安全的核心技术之一，也是安全电子商务和安全电子政务的关键技术之一。但是随着对数字签名研究的不断深入及电子商务、电子政务的快速发展，简单模拟手写签名的一般数字签名已不能完全满足现实中的应用需要。研究具有特殊性质或特殊功能的数字签名成为数字签名研究的主要方向。目前人们已经设计出多种不同类型的、适用于特定应用场景的数字签名，如 1982 年 Chaum 引入的名为盲签名（Blind Signature）的数字签名，Chaum 和 Heyst 于 1991 年提出的群签名（Group Signature），以及 Rivest 等于 2001 年设计的环签名等。此外，Shamir 于 1984 年提出基于身份（ID-based）的密码系统和基于身份的数字签名的概念；Joux 在 2000 年做出突破性工作，把本来用于密码攻击的双线性对（Bilinear Pairing）成功用于构造基于身份的密码系统，之后许多基于身份的签名方案相继被提出，也形成了数字签名的一个相当重要的研究方向。

另外，在密码学的研究中，还有许多学者提出了其他具有特定性质的数字签名，如多重数字签名（Multisignature）、具有消息自动恢复特性的数字签名（Signature with Message Recovery）、不可否认签名（Undeniable Signature）及指定验证者签名（Designated-verifier Signature）等。这些不同种类的数字签名具有不同的特性，适用于特定的场合。

正是由于数字签名种类繁多，本章只选择其中一部分，即盲签名、群签名、环签名、民主群签名、多重签名、聚合签名及数字签密进行简单介绍。对其他数字签名感兴趣的读者可以自行查阅相关文献。

8.2 盲签名

盲签名的概念是 Chaum 在 1982 年的美国密码学会上提出的。通常来说，一个盲签名体制是用户和签名人之间的一个交互协议。如果协议正确执行，那么持有某个消息 m 的用户 User 最终将获得签名人 Signer 对消息 m 的数字签名 s，而 Signer 却不知道消息 m 的内容，即便以后将（m,s）公开，Signer 也无法追踪消息与自己执行签名过程之间的相互关系。

8.2.1 盲签名的基本概念

在一个盲签名体制中存在两个参与实体：签名人和用户。其中，签名人拥有自己的公钥/私钥，用户有一个消息 m，并希望得到签名人对 m 的签名。一个盲签名体制一般由满足下述条件的 3 个算法：Setup、Sign 和 Verify 构成，具体如下：

（1）Setup 算法是一个概率多项式时间算法，其输出为系统参数 params 和签名人的公钥/私钥对（pk, CT=$\left\langle \mathcal{T}, \widetilde{C} = M\cdot e(g,g)^{\alpha s}, C = h^s, \forall y\in Y: C_y = g^{q_y(0)}, C'_y = H(\mathrm{att}(y))^{q_y(0)} \right\rangle$,sk）。

（2）Sign 算法是一个概率多项式时间的交互协议，公共输入是系统参数和签名人的公钥 pk，签名人的秘密输入为自己的私钥 sk，用户的秘密输入为待签名的消息 m，双方交互执行签名协议，在多项式时间内停止，停止时用户输出签名 s。

（3）Verify 算法是一个多项式时间算法，其输入为系统公开参数 params、签名人的公钥 pk 及待验证的消息-签名对（m,s），输出为“1”（表示签名有效）或“0”（表示签名无效），记作 1 或 $0 \leftarrow \mathrm{Verify}(\mathrm{params}, \mathrm{pk}, m, s)$。

8.2.2 盲签名的安全性需求

通俗地讲，若称一个盲签名体制是安全的，则它至少需要满足以下 3 种性质：

（1）正确性（也称完备性或一致性）。如果 s 是 Sign 算法正确执行后输出的对消息 m 的签名，那么总有 Verify（params,pk,m,s）=1。

（2）不可伪造性。任何不知道签名人私钥 sk 的人都无法有效地计算出一个能够通过签名验证方程的消息-签名对（m^*,s^*）。

（3）盲性。除请求签名的用户外，任何人（包括签名人）都无法将交互协议 Sign 产生的会话信息（签名人与用户在公共信道上交互的信息的集合）与最终的盲签名正确匹配。如果签名人能将其会话信息与最终所得的签名正确匹配，那么他就能够跟踪签名。

8.2.3 盲签名的基本设计思路

假设用户有一个消息 m，并希望得到签名人对该消息的签名。这里介绍一种比较典型的盲签名体制设计方法，具体如下：

（1）在发送消息给签名人之前，用户先引入盲化因子，由消息 m 计算出数据 m'，并发送给签名人，这个过程称为盲化。

（2）签名人对 m' 执行签名操作得到签名 s'，并将其发回用户。

（3）用户从 s' 中计算出消息 m 的签名 s，这个过程称为去盲。

在签名过程中，签名人不知道消息 m 的内容。而在签名后，尽管把签名 s 交给签名人，他也不知道这是何时的签名，以及签名的对象是谁。盲签名的这些良好特性使得它在诸如电子现金、电子拍卖及电子选举等众多同时需要匿名性和认证性的应用场合中发挥关键作用，如可以用来实现不可跟踪电子现金或不记名选举。正是基于这些良好的应用背景，盲签名体制自提出以来得到了广泛研究。与一般的数字签名一样，盲签名也可以分为基于 RSA 问题的盲签名和基于离散对数问题的盲签名。

8.2.4 基于 RSA 问题的盲签名

Chaum 于 1982 年提出盲签名的概念，并用 RSA 方法设计了一个盲签名体制。本节在描述算法时使用电子选举的语言，方案适用于其他应用场景。选举委员会发布候选人名单，投票人在选票上标记自己的意向候选人。为使选票有效，该选票需要经过选举委员会签名确认。既要得到选举委员会对选票的签名，又不能泄露选票内容，此时投票人可以与选举委员会交互执行盲签名协议。

1. Setup

假设选举委员会（即 Signer）选定 p,q,d 为私钥，$n=qp$ 和 e 为公钥。

2. Sign

投票人（即 User）和选举委员会依照下述步骤完成盲签名过程，如图 8.2 所示。

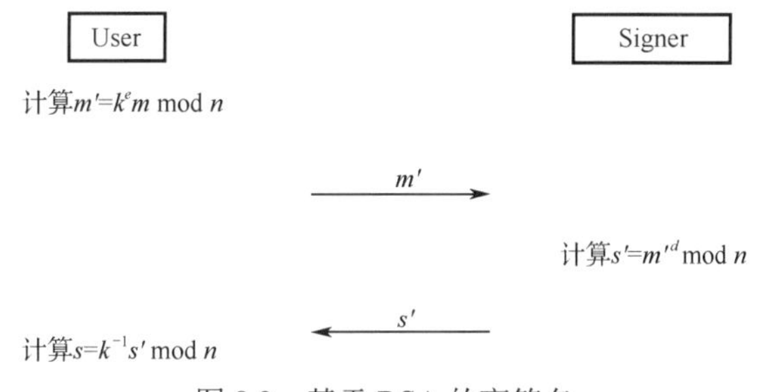

图 8.2 基于 RSA 的盲签名

（1）盲化：投票人依据选票公开格式选定候选人（即消息 m），再任选一随机数 k，计算 $m' = k^e m \bmod n$，并将 m' 发送给选举委员会。

（2）签名：选举委员会计算 $s' = m'^d \bmod n$，并将结果发送给投票人。

（3）去盲：投票人计算 $s = k^{-1}s' \bmod n$，输出消息-签名对（m,s）。

3. Verify

给定选举委员会的公钥（n,e）和消息-签名对（m,s），如果 $s^e \bmod n = m$，则签名验证者相信这是选举委员会产生的有效签名，即选票有效。

显然，如果投票人和选举委员会都正确执行了 Sign 算法，则任何验证者都可以对投票人产生的消息-签名对（m,s）执行验证算法，以确定 s 是选举委员会产生的对选票 m 的有效签名，即验证该选票是合法的。在盲签名过程中，因为投票人使用随机数对选票 m 执行了盲化操作，所以选举委员会在签名时并不知道对应的候选人 m。在公布（m,s）后，选举委员会也无法找出（m,s）与 (m',s') 之间的关系，从而实现了匿名投票。注意：如果选举委员会能够确定两者之间的关系，就破坏了投票的匿名性（投票人易受影响）。

8.2.5 基于离散对数问题的盲签名

设 G 是一个阶为素数 p 的乘法循环群，其上的 CDH（Computational Diffie-Hellman）问题和 DDH（Decisional Diffie-Hellman）问题分别有如下定义。

CDH：给定 G 中的 3 个随机元素 g,u,v，计算 $h=g^{\log_g u \log_g v}$。

DDH：给定 G 中的 4 个元素（g,u,v,h），要么是 G 中的随机元素，要么满足等式 $\log_g u=\log_v h$，且两种情况的概率相等。若是第一种情况，则输出“0”；若是第二种情况，则输出“1”。判断（g,u,v,h）属于哪种情况。

给定一个素数阶群 G，如果存在一个有效的算法 $V_{\mathrm{DDH}}(\cdot)$能够求解其上的 DDH 问题，但不存在有效算法求解其上的 CDH 问题，则将其称为 GDH（Gap Diffie-Hellman）群。2001 年，斯坦福大学的 3 位学者 Boneh、Lynn 及 Shacham 利用 GDH 群设计了一个短签名方案，称为 BLS 体制。该方案的工作流程是：G 为 GDH 群，$|G|=p$，$H:\{0,1\}^*\rightarrow G^*$ 为一个哈希函数，签名人选择 $x\leftarrow_R Z_p^*$ 作为自己的私钥，将 $y\leftarrow g^x$ 公开作为自己的公钥；对于任意消息 m，其数字签名为 $s=H(m)^x$；给定消息-签名对（m,s），如果 $V_{\mathrm{DDH}}(g,y,H(m),s)=1$，那么验证者接受该签名，否则拒绝。

利用 BLS 体制容易得到一个 GDH 群上的盲签名方案。这项工作是由 Boldyreva 于 2002 年完成的，其设计技巧遵循了 8.2.3 节中描述的思路。

1．Setup

设 G 为一个阶为素数 p 的 GDH 群，g 为它的一个任意生成元，$H:\{0,1\}^*\rightarrow G^*$ 为哈希函数，签名人（Signer）的公/私钥为 $(y=g^x,x)$。

2．Sign

持有消息 m 的用户（User）为了获得签名人的签名，与 Signer 执行如下交互，如图 8.3 所示。

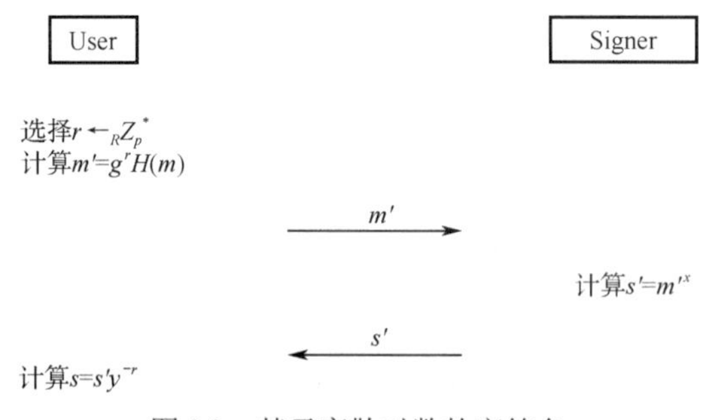

图 8.3　基于离散对数的盲签名

（1）盲化：User 任选一随机数 r，计算 $m'=g^r H(m)$，并将 m' 发送给 Signer。

（2）签名：Signer 计算 $s'=m'^x$，并将结果返回给 User。

（3）去盲：User 计算 $s = s'y^{-r}$，输出消息–签名对（m,s）。

3．Verify

给定 Signer 的公钥 y 和消息–签名对（m,s），如果 $V_{\text{DDH}}(g,y,H(m),s)=1$，那么签名验证者就相信这是 Signer 产生的有效签名。

8.2.6 部分盲签名

在普通的盲签名体制中，被签名的消息完全由用户控制，签名人对此一无所知，也不知道关于最终签名的任何信息。这有可能成为一个缺点——造成签名被非法使用等问题。

基于盲签名潜在的问题，Abe 和 Fujisaki 于 1996 年提出部分盲签名（Partially Blind Signature）的概念。在一个部分盲签名方案中，签名人可以在签名中嵌入一个和用户事先约定的公共信息。例如，在电子现金系统中，银行可以将有效期作为公共信息嵌入电子货币中，有效期过后所有电子货币均失效。在部分盲签名被提出后，学者又构造了许多不同形式的部分盲签名方案。本节以 Zhang 等利用双线性对设计的部分盲签名为例介绍其设计思路。与盲签名体制一样，一个部分盲签名体制同样包含 3 个算法：系统初始化算法 Setup、签名生成算法 Sign 及签名验证算法 Verify。

1．Setup

令 q 为一个大素数，点 P 为 q 阶加法循环群 G_1 的生成元，G_2 为同阶乘法循环群，双线性映射 $e: G_1 \times G_1 \to G_2$，$H:\{0,1\}^* \to Z_q^*$ 和 $H_0:\{0,1\}^* \to G_1$ 为哈希函数，分别将任意比特串映射为 Z_q^* 中的整数和群 G_1 中的点。签名人（Signer）选择 $x \leftarrow_R Z_q^*$ 作为自己的私钥，将 $P_{\text{pub}} \leftarrow xP$ 作为自己的公钥。

2．Sign

若下述交互过程能够正确执行，则持有消息 m 的用户（User）可以获得签名人对 m 的部分盲签名，如图 8.4 所示。

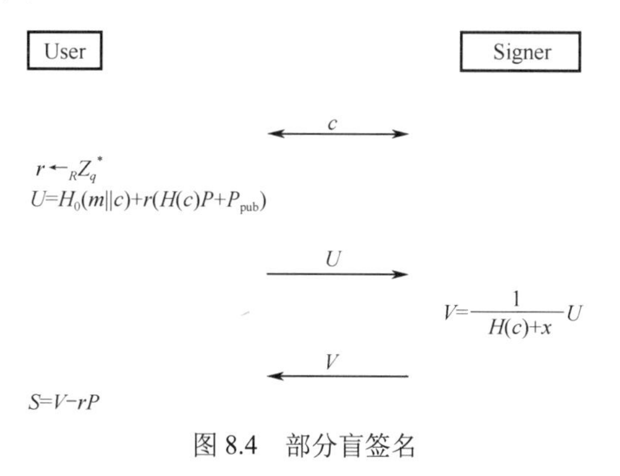

图 8.4 部分盲签名

（1）User 和 Signer 约定一个公共信息 c。

（2）User 选择一个随机数 r，计算 $U = H_0(m \| c) + r(H(c)P + P_{\text{pub}})$（式中"$\|$"表示比特串级联），并将 U 提交给签名人。

（3）Signer 利用自己的私钥 x、公共信息 c 及收到的 U 计算$V=\frac{1}{H(c)+x}U$，并将结果返给 User。

（4）User 计算 $S=V-rP$，输出消息-签名对 $(m\|c,S)$。

3．Verify

给定一个待验证的部分盲签名 $(m\|c,S)$，当且仅当下式成立时验证者接受该签名：

$$e(H(c)P+P_{\text{pub}},S)=e(P,H_0(m\|c))$$

利用双线性对的性质，可以较为容易地证明体制的正确性，即

$$\begin{aligned}
&e(H(c)P+P_{\text{pub}},S)\\
&=e((H(c)+x)P,V-rP)\\
&=e((H(c)+x)P,(H(c)+x)^{-1}U-rP)\\
&=e((H(c)+x)P,(H(c)+x)^{-1}U)e((H(c)+x)P,-rP)\\
&=e(P,H_0(m\|c)+r(H(c)P+P_{\text{pub}}))e(H(c)P+P_{\text{pub}},-rP)\\
&=e(P,H_0(m\|c))e(P,r(H(c)P+P_{\text{pub}}))e(H(c)P+P_{\text{pub}},-rP)\\
&=e(P,H_0(m\|c))
\end{aligned}$$

在产生 U 的过程中，因为 User 使用了随机数 r，所以由此计算得到的 U 是群 G_1 中的一个随机元素，Signer 无法从 U 和公共信息 c 中得到关于消息 m 的任何信息。

另外，给定一个有效的消息-签名对 $(m\|c,S)$，User 也无法私自将公共信息改成对自己有利的其他数据，对此，签名者可以拥有足够的信心。这是因为，如果 User 能够将 $(m\|c,S)$ 改为 $(m\|c',S)$，那么下面两个式子应该同时成立：

$$e(H(c)P+P_{\text{pub}},S)=e(P,H_0(m\|c))$$

$$e(H(c')P+P_{\text{pub}},S)=e(P,H_0(m\|c'))$$

可以得到 $e((H(c')-H(c))P,S)=e(P,H_0(m\|c')-H_0(m\|c))$，即 $(H(c')-H(c))S=H_0(m\|c')-H_0(m\|c)$。但由于 $H(\cdot)$ 和 $H_0(\cdot)$ 都是哈希函数，这在计算上是不可能的。因此，Signer 可以确定用户无法修改公共信息。

8.3　群签名

群签名（Group Signature）的概念是由 Chaum 和 Heyst 于 1991 年联合提出的。在一个群签名体制中，群体（Group）中的成员（Member）可代表整个群体进行匿名签名：一方面，验证者只能确定签名是由群体中的某个成员产生的，但不能确定是哪个成员，此即群签名的匿名性；另一方面，在必要时（如发生争执的情况下）群管理员（Group Manager，GM）可以打开（Open）签名来揭示签名人的身份，使签名人不能否认自己的签名行为，此即群签名的可追踪性。将两者相结合，可以说，群签名是一种同时提供匿名性和可跟踪性的技术，其匿名性为合法用户提供匿名保护，其可跟踪性又使得可信机构能够跟踪非法行为。群签名还具有无关联性（Unlinkability），即在不打开群签名的条件下，任何人都不能确定两个群签名是否由同一成员产生。可撤销匿名性和无关联性使群签名在管理、军事、政治及经

济等多个领域拥有广泛的应用前景，因此引起了研究者的广泛关注。

8.3.1 群签名的基本概念

一个群签名方案一般包含一个群管理员和若干群成员，这些成员构成的集合称为群。群管理员负责产生系统参数、群公钥和群私钥，同时为群成员产生签名私钥或群成员身份证书。群成员用自己掌握的签名私钥代表整个群执行签名操作。在发生争端的情况下，群管理员能够从给定的群签名中识别出产生该签名的成员身份。有的群签名体制中存在两个群管理员，一个负责为群成员颁发群成员私钥或群成员证书；另一个执行追踪功能。通常，一个群签名体制由下列算法组成。

1. 系统初始化算法

该算法用于产生群公钥、群成员的公钥和私钥，以及群管理员用于打开签名的打开私钥。

2. 成员加入

一个新用户通过和群管理员的交互协议请求加入，协议执行结束后，合法的新成员完成身份注册并获得一个私钥（有的方案中还会包含一个成员资格证书）。

3. 签名生成

群签名产生算法，用群成员的私钥和成员资格证书对消息 m 进行签名。

4. 签名验证

签名验证用于验证消息 m 的签名是否为一个合法的群签名。

5. 签名打开

群管理员输入消息、消息的签名和自己的私钥，运行打开算法以揭示签名者的真实身份。

8.3.2 群签名的安全性需求

Chaum 和 Heyst 提出群签名概念时所规定的群签名的安全性包括：①给定一个群签名，签名验证者不能由此识别出产生该签名的签名人的身份，即匿名性问题；②群管理员可以追踪产生该签名的成员的身份，即可追踪性问题。随着对群签名研究的不断深入，要求群签名体制满足的性质逐渐增多。总体来说，一个安全的群签名体制至少应具有下述 7 种性质。

（1）正确性：一个合法的群成员按照群签名产生算法产生的群签名一定能够通过签名验证算法。

（2）不可伪造性（Unforgeability）：非群成员想产生一个通过签名验证算法的群签名在计算上是不可行的。

（3）匿名性（Anonymity）：除群管理员外，任何人想确定一个给定群签名的实际签名人在计算上是不可行的。

（4）无关联性（Unlinkability）：在不打开签名的情况下，确定两个不同的群签名是否为同一签名人所签是不可能的。

（5）可跟踪性（Traceability）：一个正确的签名可以由群管理员揭示签名者的真实身份。

（6）防陷害性（Exculpability）：包括群管理员在内的任何成员都不能以其他群成员的名

义产生合法的群签名。

（7）抗联合攻击（Coalition-resistance）：任意多个群成员勾结或与群管理员勾结都不能伪造其他群成员的签名。

8.3.3 一个简单的群签名体制

Chaum 和 Heyst 在提出群签名概念的同时也描述了几个群签名体制，这里简单介绍其中一个，目的是让读者对群签名有一个直观的认识。假设有 n 个人构成一个群，该群的群管理员是 GM。

1. 系统初始化算法

在该算法中，GM 为群中的每个成员分发一张秘密密钥表，这些表是互不相交的。GM 将各个成员拥有的私钥汇总在一起，再将这些私钥对应的公钥以一种随机的次序排成一张表，并将这个公钥表公开。

2. 签名生成

每个群成员每次从自己的私钥表中选取一个没有用过的私钥，并利用这个私钥对消息签名。

3. 签名验证

如果接收者想对某个群成员产生的群签名执行签名验证，则要用公钥表中的每个公钥去验证，只要发现有一个公钥使签名验证通过，就说明这个签名是该群的合法签名。

4. 签名打开

在发生争端的情况下，由于 GM 知道所有群成员的私钥和公钥之间的对应关系，就可以根据签名、公钥恢复出签名人的身份。

在这个简单的方案中，假设群成员都是在系统初始化时固定加入的，因而没有讨论群成员的动态加入问题。此外，每个群成员的任意一个私钥只能使用一次，否则，如果某个群成员使用自己的某个私钥 x_i 同时对消息 m_1,m_2 执行签名操作，那么验证者就可以利用 x_i 对应的公钥 y_i 验证这两个签名有效，同时验证者可以确定这两个签名是由该群中的同一成员产生的。这将导致方案丧失无关联性。

在这个方案中，因为 GM 知道每个群成员的私钥，所以能够以任意一个群成员的名义产生有效群签名。不过，如果假设 GM 总是可信的，那么可以认为其不会试图假冒群成员伪造群签名。

8.3.4 另一个简单的群签名体制

正如分析的那样，在 8.3.3 节介绍的体制中，群管理员（GM）知道每个群成员的私钥，从而可以伪造群签名。因此可以采取一些机制使 GM 不知道群成员的私钥，下面介绍的简单体制就达成了这个目的。设 p 是一个大素数，在 Z_p 上计算离散对数是不可行的，g 是 Z_p^* 的一个生成元。假设有 n 个人构成一个群，他们的秘密密钥分别为 $s_1,\cdots,s_n$，对应的公钥是 $y_i = g^{s_i} \bmod p, 1 \leqslant i \leqslant n$。

1. 系统初始化

GM 有一张群成员的名字与其公钥相对应的表。GM 为群成员 i 选取随机数 $r_i \in_R Z_p^*(1 \leqslant i \leqslant n)$，并发送给对应的群成员，另将 $y_i^{r_i}(1 \leqslant i \leqslant n)$ 以一种随机的次序排成一张“公钥表”，并将这个表公开。

2. 签名生成

每个群成员将 $r_i s_i \bmod (p-1)$ 作为私钥，利用 ElGamal 型数字签名算法对消息产生群签名。

3. 签名验证

如果接收者想对某个群成员产生的群签名执行签名验证操作，则需用“公钥表”中的每个“公钥”去验证，只要发现有一个“公钥”使签名验证通过，就说明这个签名是该群的合法签名。

4. 签名打开

在发生争端的情况下，由于 GM 知道 $r_i \in Z_p^*(1 \leqslant i \leqslant n)$，也知道所有群成员的公钥 y_i 和其名字之间的对应关系，从而可以根据签名、“公钥”恢复出签名人的身份。

可以看到，在这个体制中，每个群成员的签名私钥只有一个，即 $r_i s_i \bmod (p-1)$，且 GM 不再拥有群成员执行群签名时所使用的签名私钥。此外，GM 可以定期更新颁发给每个群成员的 $r_i \in Z_p^*(1 \leqslant i \leqslant n)$，以使体制具有更大的灵活性。这个体制的一个明显缺点是：一旦有新的群成员加入，所有群成员都不得不改变自己的密钥，否则接收者可以区分旧的群成员和新的群成员。

8.3.5 短的群签名体制

在前面介绍的群签名体制中，群公钥的长度是群成员个数 n 的线性函数，并且每个群成员使用当前的私钥执行签名操作时所能签名的次数都是固定的。因此，前述体制虽然简单，但不能认为是有效的。另外，一个群签名的长度依赖于所使用的签名算法。例如，如果 8.3.4 节介绍的体制中签名者使用的是 $Z_p(|p|=1024)$ 上的 ElGamal 数字签名，那么最终的签名长度为 2048 比特。这样长的签名对某些应用是不合适的。Boneh 等在 2004 年的美国密码学会上提出了一个基于双线性对的短的群签名体制（Short Group Signature）。该体制假设系统中存在两个群管理员，其中一个称为 Issuer，负责为群成员颁发用于执行群签名操作的私钥；另一个群管理员称为 Opener，负责在发生争端的情况下追踪群成员的身份。

1. 系统初始化

令 p 为一个大素数，点 P 为 p 阶加法循环群 G_1 的生成元，H 为 G_1 中的任意非单位元的点，G_2 为同阶的乘法循环群，$e: G_1 \times G_1 \to G_2$ 为双线性映射，$\text{Hash}:\{0,1\}^* \to Z_p$ 为哈希函数，$\xi_1, \xi_2, \gamma \in_R Z_p^*$，令 $U, V \in G_1$ 使得 $\xi_1 U = \xi_2 V = H$，置 $W = \gamma P$。将群公钥 $\text{gpk} \triangleq (P, H, U, V, W)$ 公开；$\text{gmsk} \triangleq (\xi_1, \xi_2)$ 由群管理员 Opener 作为群私钥保密收藏，用于追踪给定群签名的签名人身份；γ 由群管理员 Issuer 持有。

2．成员加入

假设系统中有 n 个群成员。群管理员 Issuer 为第 i 个群成员选取 $x_i \in_R Z_p^{\ *}(1 \leqslant i \leqslant n)$，计算 $A_i = \dfrac{1}{\gamma + x_i}P$，第 i 个群成员的私钥就是 (A_i, x_i)。此外，为便于群管理员 Opener 执行追踪操作，每个群成员需将自己的 A_i 也交给 Opener。这样，Opener 就知道群成员的 A_i 与其身份之间的对应关系。

3．签名生成

给定群公钥 $\text{gpk} = (P, H, U, V, W)$、某群成员的私钥 (A_i, x_i) 及待签名的消息 $m \in \{0,1\}^*$，持有该私钥的群成员执行下述操作：

① 选择 $\alpha, \beta \in_R Z_p^{\ *}$；

② 计算 $\delta_1 = x_i\alpha$£¬$\delta_2 = x_i\beta$£¬$T_1 = \alpha U$£¬$T_2 = \beta V$£¬$T_3 = A_i + (\alpha + \beta)H$；

③ 选择 $r_\alpha, r_\beta, r_x, r_{\delta_1}, r_{\delta_2} \in_R Z_p^{\ *}$；

④ $R_1 = r_\alpha U$，$R_2 = r_\beta V$，$R_3 = e(T_3, P)^{r_x} e(H, W)^{-r_\alpha - r_\beta} e(H, P)^{-r_{\delta_1} - r_{\delta_2}}$，$R_4 = r_x T_1 - r_{\delta_1} U$，$R_5 = r_x T_2 - r_{\delta_2} V$；

⑤ 计算 $c = \text{Hash}(m, T_1, T_2, T_3, R_1, R_2, R_3, R_4, R_5)$；

⑥ $s_\alpha = r_\alpha + c\alpha, s_\beta = r_\beta + c\beta, s_x = r_x + cx_i, s_{\delta_1} = r_{\delta_1} + c\delta_1, s_{\delta_2} = r_{\delta_2} + c\delta_2$；

⑦ 输出 $(T_1, T_2, T_3, c, s_\alpha, s_\beta, s_x, s_{\delta_1}, s_{\delta_2})$ 作为群成员代表该群对消息 m 产生的群签名。

4．签名验证

给定群公钥 $\text{gpk} = (P, H, U, V, W)$、消息 m 和待验证的签名 $(T_1, T_2, T_3, c, s_\alpha, s_\beta, s_x, s_{\delta_1}, s_{\delta_2})$，任意接收者通过执行下述操作来检验该签名是否为合法签名。

（1）计算 $R_1' = s_\alpha U - cT_1, R_2' = s_\beta V - cT_2$，$R_4' = s_x T_1 - s_{\delta_1} U$，$R_5' = s_x T_2 - s_{\delta_2} V$，

$$R_3' = e(T_3, P)^{s_x}\ e(H, W)^{-s_\alpha - s_\beta}\ e(H, P)^{-s_{\delta_1} - s_{\delta_2}} \left(\frac{e(T_3, W)}{e(P, P)}\right)^c。$$

（2）当且仅当下式成立时接受该签名为有效群签名：

$$c = H(m, T_1, T_2, T_3, R_1', R_2', R_3', R_4', R_5')$$

这里，方案的正确性成立：$R_1 = R_1', R_2 = R_2', R_4 = R_4', R_5 = R_5'$ 均易说明，下面主要说明 $R_3 = R_3'$。

事实上，有

$$\begin{aligned} R_3 &= e(T_3, P)^{r_x} e(H, W)^{-r_\alpha - r_\beta} e(H, P)^{-r_{\delta_1} - r_{\delta_2}} \\ &= e(T_3, P)^{s_x - cx_i} e(H, W)^{-s_\alpha - s_\beta + c\alpha + c\beta} e(H, P)^{-s_{\delta_1} - s_{\delta_2} + c\delta_1 + c\delta_2} \\ &= e(T_3, P)^{s_x} e(H, W)^{-s_\alpha - s_\beta} e(H, P)^{-s_{\delta_1} - s_{\delta_2}} e(T_3, P)^{-cx_i} e(H, W)^{c\alpha + c\beta} e(H, P)^{c\delta_1 + c\delta_2} \end{aligned}$$

由此，若能说明 $e(T_3, P)^{-cx_i} e(H, W)^{c\alpha + c\beta} e(H, P)^{c\delta_1 + c\delta_2} = \left(\dfrac{e(T_3, W)}{e(P, P)}\right)^c$，则可证明 $R_3 = R_3'$，这一点由下面的计算过程可以得到：

$$
\begin{aligned}
&e(T_3,P)^{-cx_i}\,e(H,W)^{c\alpha+c\beta}\,e(H,P)^{c\delta_1+c\delta_2}\\
&=\frac{e(H,W)^{c\alpha+c\beta}\,e(H,P)^{c\delta_1+c\delta_2}}{e(T_3,P)^{cx_i}}=\frac{e((\alpha+\beta)H,W)^c\,e(H,P)^{c\delta_1+c\delta_2}}{e(T_3,P)^{cx_i}}\\
&=\frac{e(T_3-A_i,W)^c\,e(H,P)^{c\delta_1+c\delta_2}}{e(T_3,P)^{cx_i}}=\frac{e(T_3,W)^c\,e(-A_i,W)^c\,e(H,P)^{c\delta_1+c\delta_2}}{e(T_3,P)^{cx_i}}\\
&=e(T_3,W)^c\,\frac{e(H,P)^{c\delta_1+c\delta_2}}{e(A_i,W)^c\,e(T_3,P)^{cx_i}}=e(T_3,W)^c\,\frac{e(H,P)^{cx_i(\alpha+\beta)}}{e(A_i,W)^c\,e(T_3,P)^{cx_i}}\\
&=e(T_3,W)^c\,\frac{e((\alpha+\beta)H,P)^{cx_i}}{e(A_i,W)^c\,e(T_3,P)^{cx_i}}=e(T_3,W)^c\,\frac{e((\alpha+\beta)H-T_3,P)^{cx_i}}{e(A_i,W)^c}\\
&=e(T_3,W)^c\,\frac{e(-A_i,P)^{cx_i}}{e(A_i,W)^c}=e(T_3,W)^c\,e(A_i,x_iP+W)^{-c}=e(T_3,W)^c\,e(P,P)^{-c}
\end{aligned}
$$

5. 签名打开

给定群公钥 $\text{gpk}=(P,H,U,V,W)$、消息 m、待追踪的签名 $(T_1,T_2,T_3,c,s_\alpha,s_\beta,s_x,\ s_{\delta_1},s_{\delta_2})$，持有群私钥 $\text{gmsk}=(\xi_1,\xi_2)$ 的群管理员 Opener 执行下述操作即可追踪到产生该签名的群成员的身份。

① 执行签名验证算法，确保该签名是对消息 m 的有效群签名；

② 计算 $A=T_3-(\xi_1T_1+\xi_2T_2)$；

③ 检查自己拥有的 A_i 与群成员身份的对应关系表，从而确定产生该签名的群成员的身份。

至此，就是对 Boneh 等提出的短的群签名体制的完整描述。正如这个体制名称的含义，该体制的最大优点是每个群成员产生的群签名均为固定长度，而与群成员的个数无关。更进一步，每个群签名由 3 个群 G_1 中的元素和 6 个 Z_p 中的元素构成。以 p 为 170 比特的素数、G_1 中的每个元素为 171 比特为例，群签名的长度为 1533 比特，即 192 字节。该体制产生的签名之所以能够达到这个长度，很重要的一点就是利用了椭圆曲线群上点的压缩存储技术。

注意，体制中的许多量，如 $e(H,W),e(H,P),e(P,P)$，都可以预先计算出来，以便执行签名操作或签名验证操作时直接调用。此外，每个群成员都可以预先计算 $e(A_i,P)$，从而在执行签名操作时无须执行双线性配对就可以得到 $e(T_3,P)$ 的值。总体来说，每产生一个群签名需要计算 8 个指数（或多指数，Multi-exponentiation），而不涉及任何双线性对运算。由于 $e(T_3,P)^{s_x}\,e(T_3,W)^c=e(T_3,cW+s_xP)$，在执行签名验证操作时，验证者只需执行 6 个多指数运算和 1 个双线性对运算。

8.3.6 成员撤销

任何一个实用的群签名体制必须考虑群成员动态流动问题，即群成员不仅可以加入，还可以离开或在任何时间被群管理员取消签名权限，后者就是群签名体制中的群成员撤销问题。所谓安全有效地撤销群成员，是指一种机制，它可使某个群成员被撤销后，其拥有的私钥和成员资格证书不能再用于产生有效的群签名。

群成员撤销问题是群签名研究中的一个重要方向，目前已提出了多种群成员撤销方法。

其中一类常用的方法是群管理员发布一个身份撤销列表（Revocation List，RL）给所有群成员和群签名验证者。对于 8.3.5 节中介绍的短的群签名体制，可以给出下述成员撤销方法。

注意，体制中的群公钥为 gpk=(P,H,U,V,W)，其中 H,U,V 为群 G_1 中的随机元素，$W=\gamma P,\gamma\in_R Z_p^*$。群成员的私钥形如$(A_i,x_i)$，其中 $A_i=\dfrac{1}{\gamma+x_i}P$。假设在不影响其他群成员签名能力的前提下撤销群成员 $1,\cdots,r$ 的签名能力。群管理员会公布一个撤销列表 RL，这个列表由所有被撤销成员的私钥构成，即 RL=$\{(A_1,x_1),\cdots,(A_r,x_r)\}$。群管理员将撤销列表发送给所有群成员和系统中的所有群签名验证者，他们便可以根据该列表更新群公钥或签名私钥。下面给出群公钥的更新方法。

不失一般性，假设第一次撤销群成员 1。撤销群成员 1 后的群公钥构造方法是：任何人都可以计算 $P_1'=A_1,W'=P-x_1A_1$，然后将 $\text{gpk}'=(P',H,U,V,W')$ 作为新的群公钥。容易检查 $W'=P-x_1A_1=P-x_1\dfrac{1}{\gamma+x_1}P=\gamma\cdot\dfrac{1}{\gamma+x_1}P=\gamma P'$，即 $\text{gpk}'=(P',H,U,V,W')$ 满足群公钥需要具备的形式。这个过程重复 r 次，即可得到撤销群成员 $1,\cdots,r$ 后的群公钥。

对于群成员$(r+1),\cdots,n$，可按照下述方法更新自己的私钥。假设第一次撤销群成员 1，此时某个合法成员私钥为(A,x)，计算 $A'=\dfrac{1}{x-x_1}A_1-\dfrac{1}{x-x_1}A$，置$(A',x)$为自己的新私钥。此时，$(\gamma+x)A'=(\gamma+x)\dfrac{1}{x-x_1}A_1-(\gamma+x)\dfrac{1}{x-x_1}A=\dfrac{\gamma+x}{x-x_1}\cdot\dfrac{1}{\gamma+x_1}P-\dfrac{\gamma+x}{x-x_1}\cdot\dfrac{1}{\gamma+x}P$，即所得的$(A',x)$满足作为群成员私钥应具备的形式。这个过程重复 r 次，即可得到撤销群成员 $1,\cdots,r$ 后的该合法群成员新的私钥。

容易看到，在这个撤销方法中，每当撤销一个群成员的签名能力，群公钥和剩余群成员的私钥需要相应更新。根据新成员加入或退出时群公钥或群成员私钥是否变化，可以将群签名体制分为动态（Dynamic）群签名和静态（Static）群签名两种。当一个成员加入或撤销时，需要更新群公钥或群成员的私钥，就将这样的群签名体制称为静态群签名；反之，就称为动态群签名。

8.4 环签名

环签名（Ring Signature）的概念是 Rivest 等在 2001 年的亚洲密码学年会上提出的。在一个环签名体制中，签名人可以随意挑选（n–1）个人，这些人连同他自身构成一个含 n 个人的集合，该集合称为环。然后他可以用自己的私钥和其他（n–1）个人的公钥一起对某个消息 m 执行环签名操作，产生签名σ。接到消息-签名对(m,σ)后，任意一个验证者执行环签名验证算法，若签名有效，则可以确信该签名是由这个环中某个签名者产生的，但无法识别该签名人的身份。由此可见，环签名体制能够实现签名人匿名性。与群签名提供的匿名性不同，在环签名体制中不存在一个具有撤销匿名性的管理者，因此，环签名体制提供的是一种不可撤销的匿名性。给定一个环签名，除了签名人，任何人均无法获知产生该签名的签名人身份。

环签名的这一性质在某些场合是适用的。例如一家公司的董事长需要由董事会成员匿名投票产生，而 Bob 作为该公司的董事会成员，需要参与匿名投票，但他不能对这个投票使用普通数字签名，因为这样会暴露自己的身份。普通职员也不能使用自己的私钥参与投票，因为他们没有投票资格。鉴于上述原因，Bob 可以选择所有董事会成员（包括自己）一起构成一个环，然后使用环签名体制，对自己的投票进行环签名，并提交产生的消息-签名对。任何人都可以执行环签名验证算法，之后可以确信这个投票是由董事会中的某个成员提交的，但无从获知其具体的身份，如 Bob 被猜中的概率仅为$\frac{1}{n}$，从而实现了匿名投票的目的。

8.4.1 环签名的基本概念

给定一个环$U=\{U_1,U_2,\cdots,U_n\}$，环中每个用户的公钥-私钥对为$(\mathrm{pk}_i,\mathrm{sk}_i),i=1,\cdots,n$。不失一般性，假设$U_k(1\leqslant k\leqslant n)$是签名人。除密钥生成算法外，一个环签名体制还包含环签名产生算法 ring-sign 和环签名验证算法 ring-verify。

1．ring-sign

环签名产生算法，其输入是待签名的消息 m、环中所有成员的公钥$\mathrm{pk}_i(1\leqslant i\leqslant n)$及真正签名人的私钥 sk_k，该算法的输出就是 U_k 对消息 m 的环签名σ，记作$\sigma\leftarrow\mathrm{ring-sign}(m,\mathrm{pk}_1,\cdots,\mathrm{pk}_n,\mathrm{sk}_k)$。

2．ring-verify

环签名验证算法，其输入是待验证的消息-签名对(m,σ)、环中所有成员的公钥。该算法的输出为 1 或 0，1 表示接受该签名为有效，0 表示签名无效，通常记作 1 或 $0\leftarrow\mathrm{ring-verify}(m,\sigma,\mathrm{pk}_1,\cdots,\mathrm{pk}_n)$。

8.4.2 环签名的安全性需求

认为一个环签名体制是安全的，是指它至少满足下述 4 种性质。

（1）正确性（Consistency）：环中任意一个成员执行环签名产生算法后输出的签名都能通过该体制中的签名验证算法。

（2）匿名性（Anonymity）：给定一个环签名，则任意一个验证者不会以大于$\frac{1}{n}$的概率识别产生该签名的真正签名人，其中 n 为环中成员的个数。

（3）不可伪造性（Unforgeability）：任意不在环$U=\{U_1,\cdots,U_n\}$中的用户不能有效地产生一个消息-签名对(m,σ)使得$\mathrm{ring-verify}(m,\sigma,\mathrm{pk}_1,\cdots,\mathrm{pk}_n)=1$。

如果一个环签名体制满足上述性质，那么称该体制是安全的。自从该概念被提出后，环签名的研究获得了长足的进展，目前已有许多环签名体制被设计出来。随着研究的深入，一些学者进一步提出具有特殊性质的环签名，如可链接（Linkable）的环签名。

（4）可链接性（Linkability）：若环$U=\{U_1,\cdots,U_n\}$中的某个签名人产生了两个消息-签名对$(m_1,\sigma_1),(m_2,\sigma_2)$，则存在有效算法使签名验证者可以确定这两个消息-签名对是由环中同一个签名人产生的（但他仍然不知道这个签名人的身份）。

提供可链接性的环签名体制被称为可链接的环签名。具有可链接性的环签名体制除了包含签名产生算法和签名验证算法，还有一个签名链接算法 link：其输入是环$U=\{U_1,\cdots,U_n\}$

的两个签名σ_1,σ_2，输出为 1 或 0，1 表示签名σ_1,σ_2是由同一个环成员产生的，0 表示σ_1,σ_2不是由同一个环成员产生的，记作 1 或$0 \leftarrow \text{link}(\sigma_1,\sigma_2)$。

在某些场合，可链接性是一个很重要的性质。例如，某个机构要在本机构成员中做一个自愿的、匿名的问卷调查，要求只有本机构的成员才能参与，并且每个成员最多只能提交一份问卷调查结果。使用一般环签名可以满足这种调查的部分要求，即一般环签名可以保证提交有效问卷调查结果的用户都是本机构成员，也能够为成员提供匿名性，但不能检查某两个结果是否由同一个成员提交。如果使用可链接环签名，则上述需求均可以得到满足。下面分别举例说明不具有可链接性的环签名和具有可链接性的环签名。

8.4.3 不具有可链接性的环签名

Boneh 等在 2003 年的欧洲密码学会上提出了一个不具有可链接性的环签名体制。令 q 为一个大素数，点 P 为 q 阶加法循环群 G_1 的生成元，G_2 为同阶乘法循环群，双线性映射 $e: G_1 \times G_1 \rightarrow G_2$，$H: \{0,1\}^* \rightarrow G_1$为哈希函数，将任意比特串映射为群 G_1 中的一个点。不妨设环中有 n 个用户，$U=\{U_1,\cdots,U_n\}$，他们的私钥为$x_i \in_R Z_q$，公钥为$Y_i = x_i P(i), 1 \leqslant i \leqslant n$。设成员$U_k (1 \leqslant k \leqslant n)$要对某消息 m 产生环签名，环签名的产生算法 ring-sign 和验证算法 ring-verify 分别如下所述。

1．ring-sign

通过执行下述步骤，U_k可以产生消息 m 的环签名。

① 计算$H = H(m)$；

② 选择随机数$a_i \in_R Z_q (i = 1,\cdots,k-1,k+1,\cdots,n)$；

③ 计算$\sigma_i = a_i P (i = 1,\cdots,k-1,k+1,\cdots,n)$；

④ 计算$\sigma_k = \dfrac{1}{x_k}\left(H - \sum_{j \neq k} a_j Y_j\right)$；

⑤ 输出$(\sigma_1,\sigma_2,\cdots,\sigma_{k-1},\sigma_k,\sigma_{k+1},\cdots,\sigma_n)$作为对消息 m 的签名。

2．ring-verify

给定一个环$U=\{U_1,\cdots,U_n\}$、消息 m 和待验证的环签名$(\sigma_1,\sigma_2,\cdots,\sigma_{k-1},\sigma_k,\sigma_{k+1},\cdots,\sigma_n)$，任意一个验证者首先计算$H = H(m)$，然后判断下面的等式是否成立：

$$e(H,P) = \prod_{i=1}^{n} e(Y_i,\sigma_i)$$

如果等式成立，则接受该签名有效；否则拒绝该签名。

注意到：

$$\begin{aligned}&\prod_{i=1}^{n} e(Y_i,\sigma_i)\\&= e(x_k P,\sigma_k)\prod_{i \neq k} e(x_i P, a_i P)\end{aligned}$$

$$
\begin{aligned}
&= e(x_k P, \sigma_k)\prod_{i \neq k} e(x_i a_i P, P) \\
&= e(P, x_k \sigma_k) e(\sum_{i \neq k} x_i a_i P, P) \\
&= e(P, x_k \sigma_k + \sum_{i \neq k} x_i a_i P) \\
&= e(P, H)
\end{aligned}
$$

因此，上述体制的正确性显然是成立的。此外，还可以从可证明安全的角度说明该体制具有匿名性和不可伪造性，也就是说，这是一个安全的环签名体制。但如果给定环 $U = \{U_1, \cdots, U_n\}$ 的两个不同的环签名 $(\sigma_1, \sigma_2, \cdots, \sigma_n)$ 和 $(\sigma_1', \sigma_2', \cdots, \sigma_n')$，则无法判断这两个签名究竟是环中同一个成员产生的，还是环中不同成员产生的，即这是一个不可链接的环签名体制。

8.4.4 具有可链接性的环签名

设 q 为素数，G 为 q 阶循环群，g 为生成元，其上的离散对数问题是困难的。函数 $H_1 : \{0,1\}^* \to Z_q$ 和函数 $H_2 : \{0,1\}^* \to G$ 是两个哈希函数。不失一般性，假设环中有 n 个用户，即 $U = \{U_1, \cdots, U_n\}$。每个用户 $U_i (i = 1, \cdots, n)$ 选择随机数 $x_i \in_R Z_q$ 作为自己的私钥，计算并发布 $y_i = g^{x_i}$ 作为自己的公钥。设签名者为 $U_k (1 \leqslant k \leqslant n)$，环签名的产生和验证过程如下所述。

1．ring-sign

给定消息 $m \in \{0,1\}^*$，U_k 执行下述步骤，最终产生对消息 m 的环签名 $(t, s, c_1, \cdots, c_n)$。

① 计算 $h = H_2(y_1, y_2, \cdots, y_n)$，$t = h^{x_k}$；

② 选择随机数 $r, s_i, c_i \in_R Z_q, 1 \leqslant i \leqslant n, i \neq k$；

③ 计算 $u_i = g^{s_i} y_i^{c_i}, v_i = h^{s_i} t^{c_i} (i = 1, \cdots, k-1, k+1, \cdots, n)$；

④ 计算 $u_k = g^r, v_k = h^r$；

⑤ 计算 $c_k = H_1(m, t, u_1, \cdots, u_n, v_1, \cdots, v_n) - \sum_{i \neq k} c_i s_k = r - c_k x_k$；

⑥ 输出 $(t, s_1, \cdots, s_n, c_1, \cdots, c_n)$。

2．ring-verify

给定环 $U = \{U_1, \cdots, U_n\}$、消息 $m \in \{0,1\}^*$ 及待验证的签名 $(t, s_1, \cdots, s_n, c_1, \cdots, c_n)$，任意验证者首先计算 $h = H_2(y_1, \cdots, y_n)$，$u_i = g^{s_i} y_i^{c_i}$，$v_i = h^{s_i} t^{c_i} (i = 1, \cdots, n)$，然后检查下述等式是否成立：

$$
\sum_{i=1}^{n} c_i = H_1(m, t, u_1, \cdots, u_n, v_1, \cdots, v_n)
$$

如果等式成立，则输出 1；否则输出 0。

注意到：

$$
s_k = r - c_k x_k
$$

从而有

$$
u_k = g^r = g^{s_k + c_k x_k} = g^{s_k} y_k^{c_k}, v_k = h^r = h^{s_k + c_k x_k} = h^{s_k} t^{c_k}
$$

因此签名产生算法 ring-sign 产生的签名一定可以通过签名验证算法 ring-verify。

3. link

给定环 $U=\{U_1,\cdots,U_n\}$ 及其上待执行链接操作 link 的两个环签名 $(t,s_1,\cdots,s_n,c_1,\cdots,c_n)$，$(t',s_1',\cdots,s_n',c_1',\cdots,c_n')$，签名接收者首先执行签名验证算法以确保这两个签名都是有效的，然后从两个签名中提取元素 t 和 t'，并检查它们是否相等，如果相等，则输出 1；否则输出 0。

容易看出，如果同一个环 $U=\{U_1,\cdots,U_n\}$ 上的两个有效环签名是由同一个签名人产生的，那么签名的第一个元素一定是利用该签名人的私钥 x_k 作为指数计算得到的。反之，如果不是由同一个签名人产生的，那么这个指数（两个签名中对应的第一个元素）必定不相等。这正是上述 link 算法的思想。

在复杂度意义下可以证明，本节所描述的体制是安全的，即该体制可提供匿名性、不可伪造性和可链接性。

8.5 民主群签名

群签名和环签名是关系比较密切的两个概念，共同点是它们都实现了某个个体代表群体对消息进行签名的操作，但签名的验证者不知道签名是由群体中哪个成员产生的；不同点在于群签名实现的签名人匿名性是可撤销的，而环签名实现的签名人匿名性是不可撤销的。

群签名中的撤销匿名性操作由该群体的群管理员执行，在环签名中不存在这样的特殊成员。由于群管理员是一个集权性（Centralized）的成员，它比普通群成员具有更高的权限。然而，现实中经常希望一个群体中成员的地位都是平等的，不要出现一个凌驾于其他成员之上的特殊个体，环签名中的群体就具有这样的特点。本节的目的就是要在这样的群体中实现可撤销匿名性。民主群签名（Democratic Group Signature）是具有这种性质的一种特殊群体签名，它由 Manulis 于 2006 年提出。在一个民主群签名体制中，群体内的任何成员都可以代表该群体产生群签名，也可以从给定的有效群签名中恢复出产生该签名的群成员的身份。

在具体描述民主群签名定义之前，先介绍一个应用背景。随着经济全球化浪潮的到来，许多企业都希望将自己的业务不断拓展至新兴市场，而与其他企业（特别是新兴市场中的本土企业）一起建立合资公司是扩大市场份额、占领新市场的有效方式。在这种合资公司中，各个企业提供资金、人员与技术，地位平等。合资公司中的人员负责做出资金流向等决策。为公平起见，合资公司中的其他企业应该有能力检查是谁做出了资金发放的决定。民主群签名适用于这样的场合。

8.5.1 民主群签名的定义

一个民主群签名体制 DGS=(Setup, Join, Leave, Sign, Verify, Trace, VerifyTrace)由以下 7 个算法构成。

1. 群体初始化算法 Setup

假设 n 个用户构成一个群体，他们以协作的方式生成群体的初始信息。算法的公共输出为群公钥 $Y_{[0]}$，秘密输出为各成员的签名钥 $x_{i[0]},i=1,\cdots,n$ 和用于撤销签名人匿名性的追踪陷门 $\hat{x}_{[0]}$。

2．成员加入算法 Join

成员加入算法由欲加入该群体的某个用户与构成当前群体的群成员交互执行。令 t 为标记当前群体的计数值（本算法执行之前），t=0 对应的是初始群体，初始群体的群公钥为 $Y_{[0]}$。令 n 为当前群体中成员的个数（本算法执行之前），算法的公开输出为更新后的群公钥 $Y_{[t+1]}$，秘密输出为更新后的各成员签名私钥 $x_{i[t+1]}, i=1,\cdots,(n+1)$ 和用于撤销签名人匿名性的追踪陷门 $\hat{x}_{[t+1]}$。

3．成员退出算法 Leave

如果群体中某个成员退出，则剩余成员需要协作执行本算法以更新群公钥和签名私钥。令 t 为标记当前群体的计数值（本算法执行之前），t=0 对应的是初始群体，初始群体的群公钥为 $Y_{[0]}$。令 n 为当前群体中成员的个数（本算法执行之前），算法的公开输出为更新后的群公钥 $Y_{[t+1]}$，秘密输出为更新后的各成员签名私钥 $x_{i[t+1]}, i=1,\cdots,(n-1)$ 和用于撤销签名人匿名性的追踪陷门 $\hat{x}_{[t+1]}$。

4．签名生成算法 Sign

假设在 t 时刻，签名人要代表当前群体对消息 m 执行数字签名操作，其输入为签名人的签名私钥 $x_{i[t]}$、消息 m 和当前群公钥 $Y_{[t]}$，输出即为签名人代表当前群体产生的民主群签名，记作 $\sigma \leftarrow \mathrm{Sign}(m, Y_{[t]}, x_{i[t]})$。

5．签名验证算法 Verify

在任意 t 时刻，给定待验证的消息-签名对 (m,σ) 和当前群公钥 $Y_{[t]}$，当且仅当 σ 是由某个群成员使用签名私钥执行签名生成算法产生的，该算法输出 1。

6．签名人追踪算法 Trace

在任意 t 时刻，给定消息-签名对 (m,σ)、当前群公钥 $Y_{[t]}$ 和追踪陷门 $\hat{x}_{[t]}$，该算法输出产生签名 σ 的群成员的身份 ID_i 和这一事实的证据 π，记作 $(\mathrm{ID}_i, \pi) \leftarrow \mathrm{Trace}(m, \sigma, Y_{[t]}, \hat{x}_{[t]})$。

7．追踪验证算法 VerifyTrace

在任意 t 时刻，给定消息-签名对 (m,σ)、当前群公钥 $Y_{[t]}$、某一群成员身份 ID_i 和 ID_i 产生 σ 的证据 π，当且仅当 ID_i 和 π 是由签名人追踪算法 Trace 产生的，即 $(\mathrm{ID}_i, \pi) \leftarrow \mathrm{Trace}$ $(m, \sigma, Y_{[t]}, \hat{x}_{[t]})$，该算法输出 1。

由上述定义可以看出，如果当前群体中的某个群成员代表群体产生了一个群签名，那么在发生争端的情况下，群体中的任何成员均可执行签名追踪算法揭示该签名人的身份；为保证群体外的用户不具有这样的能力，要求追踪陷门 $\hat{x}_{[t]}$ 随着成员加入和退出群体的动态变化而更新。总体来说，给定一个所有成员地位平等的群体和该群体的一个签名 σ，有且只有群体中的成员能够恢复出产生签名 σ 的签名人身份。这正是本节开头部分所寻求的结果。根据具体构造方案的不同，群体中群成员的签名私钥可以不随成员加入和退出的动态变化而改变。

8.5.2 民主群签名的安全性需求

给定一个民主群签名体制 DGS= (Setup, Join, Leave, Sign, Verify, Trace, VerifyTrace)，关于其安全性，需要考虑以下几点。

1．正确性

称 DGS 具有正确性是指，在任意 t 时刻，对于算法 Setup、Join 或 Leave 返回的 $Y_{[t]}$、$x_{i[t]}$、$\hat{x}_{[t]}$ 和任意签名 $\sigma = \text{Sign}(m, Y_{[t]}, x_{i[t]})$，下面的等式总成立：

$$\text{Verify}(m, \sigma, Y_{[t]}) = 1$$

$$\text{Trace}(m, \sigma, Y_{[t]}, \hat{x}_{[t]}) = (\text{ID}_i, \pi)$$

$$\text{VerifyTrace}(m, \sigma, Y_{[t]}, \text{ID}_i, \pi) = 1$$

2．不可伪造性

不知道群体中任意一个签名私钥的人无法产生一个能够通过签名验证算法的数字签名。

3．可追踪性

如果群体中的某个成员对一个消息产生群签名，则其必定会被群体中任意一个其他成员通过签名追踪算法追踪出来。任何群成员，如 ID_i，要对某消息产生一个群签名 $\sigma = \text{Sign}(m, Y_{[t]}, x_{i[t]})$，使得 $\text{Trace}(m, \sigma, Y_{[t]}, \hat{x}_{[t]}) = (\text{ID}_j, \pi), i \neq j$ 在计算上是不可行的。另外，任何群成员，如 ID_i，要对某消息产生一个群签名 $\sigma = \text{Sign}(m, Y_{[t]}, x_{i[t]})$，使得算法 Trace $(m, \sigma, Y_{[t]}, \hat{x}_{[t]})$ 的输出为群体外的用户在计算上也是不可行的。

4．匿名性

给定一个民主群签名，不知道追踪陷门的任何验证者都无法确定产生该签名的群成员的身份。

8.5.3 Manulis 民主群签名

下面介绍 Manulis 的民主群签名体制，以便具体了解如何在对等的群体中实现可撤销的匿名性。该体制的主要思想是使用群密钥协商协议来保证群成员动态变化后群公钥、群秘密的相应更新，协商后的群秘密用作追踪陷门，因此当前群体内任何成员均可对群签名执行追踪操作，不在该群体内的任意用户因不知群秘密而无法做到这一点。

为此，假设已经有一个安全的群密钥协商体制 GKA= (S, J, L)，该体制包含 3 个算法：群体初始化算法 S、成员加入算法 J 和成员退出算法 L。算法 S 以当前群成员的公钥/私钥为输入，通过所有群成员的交互生成一个共享的群密钥；现有群成员与欲加入该群的新成员执行交互算法 J：原有群成员的输入包括自己的原签名私钥、全部原有群成员的公钥，新成员的输入包括自己的公钥/私钥，算法输出为更新后的共享群密钥和（可能更新的）各成员的公钥/私钥；算法 L 的输入包括剩余群成员的公钥/私钥、退出成员的公钥，输出为更新后的共享群密钥和（可能更新的）剩余各成员的公钥/私钥。

对这个群密钥协商体制的安全性要求是：协商得到的群密钥只能由群成员掌握，不属于群体内的任何人都不应知道该密钥的值；新加入群体的成员不应知道其加入前群体的群密钥；退出群体后的成员不应知道其退出后群体的群密钥。满足这些条件的任何群密钥协商体制均可用于将要介绍的 Manulis 的民主群签名体制中，因而对具体的群密钥协商体制不做描述，感兴趣的读者可以参见参考文献[12]。

1．系统初始化算法 Setup

假设初始时有 n 个用户要形成一个群体。令 $G=<g>$ 为一个素数 q 阶循环群，其上的离散对数问题是困难的。每个成员令 $t=0$，选取 $x_{i[0]} \in_R Z_q$ 作为自己的签名私钥，并计算对应的签名公钥 $z_{i[0]}=g^{x_{i[0]}}$。n 个用户以自己的公钥/私钥为输入执行一个群密钥协商体制的系统初始化算法，从而得到一个共享的群秘密 $\hat{x}_{[0]} \in_R Z_q$，计算 $\hat{y}_{[0]}=g^{\hat{x}_{[0]}}$，令 $Z_{[0]}=\{z_{1[0]},\cdots,z_{n[0]}\}$，则群公钥为 $Y_{[0]}=\{\hat{y}_{[0]},Z_{[0]}\}$。$Y_{[0]}$ 是算法 Setup 的公共输出，$\hat{x}_{[0]},x_{1[0]},\cdots,x_{n[0]}$ 为秘密输出，群秘密即为追踪陷门。

2．加入算法 Join

假设 t 为标记当前群体的计数值，n 为当前群体含有成员的个数。另有一用户 ID_u 要加入该群体，因此本算法执行结束后群体所含成员个数为（n+1）。ID_u 选取随机数 $x_{u[t+1]} \in_R Z_q$ 作为自己的签名私钥，并计算对应的签名公钥 $z_{u[t+1]}=g^{x_{u[t+1]}}$。新群体的构成可以看成：在原有的 n 个成员中，每人均以自己的签名私钥 $x_{i[t]}$ 和 $Z_{[t]}=\{z_{1[t]},\cdots,z_{n[t]}\}$ 为输入执行群密钥协商协议的加入算法，获得更新后的群秘密 $\hat{x}_{[t+1]}$ 和签名私钥 $x_{i[t+1]}$；ID_u 以自己的签名私钥 $x_{u[t+1]}$ 和公钥 $z_{u[t+1]}$ 为输入执行密钥协商协议的加入算法，获得群秘密 $\hat{x}_{[t+1]}$。令 $\hat{y}_{[t+1]}=g^{\hat{x}_{[t+1]}}$，$Z_{[t+1]}=\{z_{1[t+1]},\cdots,z_{n[t+1]}\}$，则更新后的群公钥为 $Y_{[t+1]}=\{\hat{y}_{[t+1]},Z_{[t+1]}\}$。最后，所有（$n$+1）个成员计算（$t$+1）以更新标记群体的计数值。群秘密即追踪陷门。

3．退出算法 Leave

假设 t 为标记当前群体的计数值，n 为当前群体含有成员的个数。某一群成员 ID_u 欲退出该群体，剩余的（n–1）个成员需要执行下述步骤：每个成员以自己的签名私钥 $x_{i[t]}$、ID_u 的签名公钥 $z_{u[t]}$ 和 $Z_{[t]}$ 为输入执行群密钥协商协议的退出算法，得到更新后的群秘密 $\hat{x}_{[t+1]}$ 和签名私钥 $x_{i[t+1]}$。群秘密就是追踪陷门。令 $\hat{y}_{[t+1]}=g^{\hat{x}_{[t+1]}}$，$Z_{[t+1]}=\{z_{1[t+1]},\cdots,z_{(n-1)[t+1]}\}$，则更新后的群公钥为 $Y_{[t+1]}=\{\hat{y}_{[t+1]},Z_{[t+1]}\}$。最后，所有（$n$–1）个成员计算（$t$+1）以更新标记群体的计数值。

4．签名算法 Sign

假设 $m\in\{0,1\}^*$ 为 t 时刻待签名的消息，算法的输入为 $x_{i[t]}$、m 及 $Y_{[t]}=\{\hat{y}_{[t]},Z_{[t]}\}$，然后执行如下计算：

① 选取随机数 $r\in_R Z_q$，计算 $\tilde{g}=g^r,\tilde{y}=\hat{y}_{[t]}{}^r z_{i[t]}$；

② 选取随机数 $r_{u_1},r_{u_2},\cdots,r_{u_n},r_{v_1},r_{v_2},\cdots,r_{v_n}\in_R Z_q$，$c_1,c_2,\cdots,c_{i-1},c_{i+1},c_n\in_R\{0,1\}^k$；

③ $u_i=\hat{y}_{[t]}{}^{r_{u_i}},v_i=g^{r_{v_i}},w_i=g^{r_{u_i}}$；

④ $j \neq i$ 时，$u_j = \tilde{y}^{c_j} \hat{y}_{[t]}^{r_{u_j}} g^{r_{v_j}}, v_j = z_{j[t]}^{c_j} g^{r_{v_j}}, w_j = \tilde{g}^{c_j} g^{r_{u_j}}$；

⑤ c_i 满足$c_1 \oplus \cdots \oplus c_n = H(g, \hat{y}_{[t]}, \tilde{g}, \tilde{y}, u_1, \cdots, u_{i-1}, u_i v_i, u_{i+1}, \cdots, u_n, v_1, \cdots, v_n, w_1, \cdots, w_n, m)$；

⑥ $s_{u_i} = r_{u_i} - c_i r, s_{v_i} = r_{v_i} - c_i x_{i[t]}$；

⑦ $j \neq i$ 时，$s_{u_j} = r_{u_j}, s_{v_j} = r_{v_j}$；

⑧ 输出$(\tilde{g}, \tilde{y}, c_1, \cdots, c_n, s_{u_1}, \cdots, s_{u_n}, s_{v_1}, \cdots, s_{v_n})$作为对消息 m 的签名。

5. 签名验证算法 Verify

给定 t 时刻待验证的签名$(\tilde{g}, \tilde{y}, c_1, \cdots, c_n, s_{u_1}, \cdots, s_{u_n}, s_{v_1}, \cdots, s_{v_n})$、群公钥$Y_{[t]} = \{\hat{y}_{[t]}, Z_{[t]}\}$和对应的消息 m，通过签名验证算法检查下面的等式是否成立：

$$c_1 \oplus \cdots \oplus c_n$$
$$= H(g, \hat{y}_{[t]}, \tilde{g}, \tilde{y}, \tilde{y}^{c_1} \hat{y}_{[t]}^{s_{u_1}} g^{s_{v_1}}, \cdots, \tilde{y}^{c_n} \hat{y}_{[t]}^{s_{u_n}} g^{s_{v_n}}, z_{1[t]}^{c_1} g^{s_{v_1}}, \cdots, z_{n[t]}^{c_n} g^{s_{v_n}}, \tilde{g}^{c_1} g^{s_{u_1}}, \cdots, \tilde{g}^{c_n} g^{s_{u_n}}, m)$$

如果成立，则接受该签名有效；否则拒绝。

6. 签名追踪算法 Trace

给定 t 时刻待追踪的签名$(\tilde{g}, \tilde{y}, c_1, \cdots, c_n, s_{u_1}, \cdots, s_{u_n}, s_{v_1}, \cdots, s_{v_n})$、群公钥$Y_{[t]} = \{\hat{y}_{[t]}, Z_{[t]}\}$、对应的消息 m 及追踪陷门 $\hat{x}_{[t]}$，签名追踪算法需要完成以下步骤：

① 检查签名为有效，即 $\text{Verify}(m, \sigma, Y_{[t]}) = 1$，若无效则拒绝该签名；

② 计算$V_1 = \tilde{g}^{\hat{x}_{[t]}}$；

③ 计算 $z_{i[t]} = \dfrac{\tilde{y}}{V_1}$；

④ 检查 $z_{i[t]} \in Z_{[t]}$ 是否成立，否则拒绝；

⑤ 输出签名人的签名公钥 $z_{i[t]}$（或其身份 ID_i）和相应的证据$\pi = (V_1, V_2)$，其中 V_2 是指关于两个等式的指数相同的知识证明，即 $\hat{y}_{[t]} = g^{\alpha}$，$V_1 = \tilde{g}^{\alpha}$。

7. 验证追踪算法 VerifyTrace

给定 t 时刻的签名$(\tilde{g}, \tilde{y}, c_1, \cdots, c_n, s_{u_1}, \cdots, s_{u_n}, s_{v_1}, \cdots, s_{v_n})$、消息 m、群公钥$Y_{[t]} = \{\hat{y}_{[t]}, Z_{[t]}\}$、待验证的签名人身份 ID_i 和相应的证据$\pi = (V_1, V_2)$，验证追踪算法首先检查签名为有效，即 $\text{Verify}(m, \sigma, Y_{[t]}) = 1$；然后确认 $\tilde{y} = z_{i[t]} V_1$ 成立；最后检查关于 $\hat{y}_{[t]} = g^{\alpha}$，$V_1 = \tilde{g}^{\alpha}$ 的知识证明 V_2 有效。如果 3 次检查均通过，则表明追踪的签名人身份正确；否则拒绝该身份。

8.6 具有门限追踪性的民主群签名

民主群签名融合了普通群签名和环签名的特点，提供了群体内任意一个成员的签名追踪能力。不过，这种追踪能力有时可能因过于自由而出现不受控制的滥用。例如，在合资公司中，若参与组建该公司的每个企业均要对每笔资金流向进行追踪，并依此对该笔资金决策的正确性做出评断，则与合资公司内每个企业均希望每笔资金流向都能带来利益最大化的动机相违背。因此，如果能够提供一种民主群签名体制，使若干群成员（如 t 个）一起才能进行签名追踪，少于 t 个成员则无法完成该操作，那么这种民主群签名将更适用于合资公司的类似应用场景。这种做法具有较大的灵活性，合资公司可以根据具体需要决定 t 的取值。此即本节所要描述的具有门限追踪性的民主群签名。

Manulis 构造的民主群签名体制使用了群密钥协商协议作为子模块，协商得到的群秘密作为追踪陷门。与 Manulis 的方法不同，这里使用公开可验证秘密分享技术实现门限追踪性。据此设计的体制 DGS=(Setup, KeyGen, Sign, Verify, Trace)包括 5 个算法：群体初始化算法、密钥生成算法、群签名生成算法、群签名验证算法及签名人追踪算法。

8.6.1 群体初始化

在群体初始化算法 Setup 中，可信中心生成系统公开参数，即根据给定的安全参数λ，可信中心生成系统参数G,q,g,h,H。其中，q 是长度为λ比特的素数；G 为 q 阶乘法循环群；g 和 h 为 G 上的任意两个生成元；$H:\{0,1\}^*\to Z_q$ 为密码学意义上安全的哈希函数，$Z_q=\{0,1,\cdots,q-1\}$。

8.6.2 密钥生成

密钥生成算法 KeyGen 负责生成用户的公钥和私钥。假设 n 个用户构成一个群体，群成员 ID_i 选取随机数 $x_i\in Z_q$ 作为私钥，计算 $y_i=h^{x_i}$ 作为公钥，该用户将自己的公钥公开注册于可信中心，以便系统中其他用户可以在可信中心处检索。拥有公钥/私钥$(x_i,y_i),i=1,\cdots,n$ 的 n 个用户构成一个群体$U=\{\mathrm{ID}_1,\mathrm{ID}_2,\cdots,\mathrm{ID}_n\}$，$U$ 中的每个用户均有权以群体的名义对任意消息产生民主群签名。

8.6.3 签名生成

在群签名生成算法 Sign 中，某一群成员 $\mathrm{ID}_k(1\leqslant k\leqslant n)$ 作为签名人代表群体 U 对消息 m 产生民主群签名，具体步骤如下所述。

1. 计算秘密分享

签名人 ID_k 以秘密分发者的身份执行一个公开可验证的秘密分享方案，实现对秘密值 h^s 的(t,n)秘密分发，具体如下：

（1）在集合 Z_q 中选择随机数$s,w_i(1\leqslant i\leqslant n)$和一个 q 元域上常数项为 s 的（t–1）次随机多项式 $p(x)=\sum_{j=0}^{t-1}\alpha_j x^j$，满足条件$\alpha_0=s$。签名人 ID_k 计算并广播自己对该多项式的承诺，即

$\tau=g^{\alpha_0}$，$\tau_j=g^{\alpha_j},1\leqslant j\leqslant t-1$，利用这些承诺值计算$\chi_i=\prod_{j=0}^{t-1}\tau_j^{\,i^j},i=1,2,\cdots,n$，其中$\tau_0=\tau$。

（2）为使群成员最终能够恢复出秘密值 h^s，签名人计算多项式值 $p(i)$并用该值加密第 i 个成员的公钥，即计算并公布$\eta_i=y_i^{\,p(i)},1\leqslant i\leqslant n$。

（3）利用所选择的随机数、所有群成员的公钥及公开参数计算$a_{i1}=g^{w_i},a_{i2}=y_i^{w_i}$，利用所选择的哈希函数计算哈希值$e=H(\chi_1,\cdots,\chi_n,\eta_1,\cdots,\eta_n,a_{11},\cdots,a_{n1},a_{12},\cdots,a_{n2})$并由该哈希值和

多项式值获得响应值 $r_i = w_i - p(i)e, 1 \leqslant i \leqslant n$。

（4）作为秘密分享部分的输出，签名人置 $\text{share} = (\tau, \tau_1, \cdots, \tau_{t-1}, \eta_1, \cdots, \eta_n, e, r_1, \cdots, r_n)$。

这里，签名人在对不同的消息执行民主群签名操作时需要使用不同的随机数 s，以便在群体 U 中分发不同的秘密值 h^s，若分发相同的秘密值，则可能导致意想不到的潜在威胁。

任何人在收到 share 后都能够确信秘密分发者是正确产生了其输出结果，秘密分发者要想欺骗秘密接收者接受一个假秘密值在计算上是不可行的。

2. 计算数字签名

签名者利用所分发的秘密和自己的私钥对消息 m 产生数字签名，具体如下：

（1）计算 $\gamma = g^{x_k}, c = h^s y_k$。

（2）选择 $r_{k1}, r_{k2}, z_{i1}, z_{i2}, \rho_i \in_R Z_q, i = 1, 2, \cdots, n, i \neq k$，计算 $l_{i1} = H\left(m, \tau, \dfrac{c}{y_i}\right)$, $l_{i2} = H(m, \gamma, y_i)$，

$u_{i1} = (g^{l_{i1}} h)^{z_{i1}} \left(\tau^{l_{i1}} \dfrac{c}{y_i}\right)^{\rho_i}$，$u_{i2} = (h^{l_{i2}} g)^{z_{i2}} (y_i^{l_{i2}} \gamma)^{\rho_i}$，$i = 1, 2, \cdots, n, i \neq k$。

（3）$l_{k1} = H(m, \tau, h^s)$, $l_{k2} = H(m, \gamma, y_k)$，$u_{k1} = (g^{l_{k1}} h)^{r_{k1}}, u_{k2} = (h^{l_{k2}} g)^{r_{k2}}$，$\rho_k = H(m, \tau, c, \gamma, u_{11}, \cdots, u_{n1}, u_{12}, \cdots, u_{n2}) - \sum_{j \neq k} \rho_j$, $z_{k1} = r_{k1} - \rho_k s, z_{k2} = r_{k2} - \rho_k x_k$。

（4）输出 $\text{sig} = (\gamma, c, \rho_1, \cdots, \rho_n, z_{11}, \cdots, z_{n1}, z_{12}, \cdots, z_{n2})$。

签名人在群体 U 中分发的秘密值 h^s 及其中的随机数 s 在签名过程中均被用到，对不同的消息执行签名时使用的整数 s 应是随机的，否则公开可验证秘密分享部分与签名人使用自己的私钥计算签名部分就是相互独立的，这容易带来潜在攻击。

签名人以自己的私钥和群体 U 中所有成员的公钥计算出签名部分 sig，这种方法使任意签名接收者获得签名 sig 后都能够确信是群体 U 产生了该签名，但是想精确知晓群体 U 中哪个成员产生了 sig 在计算上是不可行的。因为签名人在计算中使用了自己的私钥，而这个私钥只有他自己才知道，所以不知道该私钥的人无法产生这样的签名。

3. 输出民主群签名

将秘密分享部分和数字签名部分组成一个二元组（share,sig）作为群成员 ID_k 代表群体 U 对消息 m 最终产生的民主群签名。

8.6.4 签名验证

在群签名验证算法 Verify 中，任何人均可以判定给定的民主群签名是否确实由群体 U 中的某个群成员代表整个群体 U 产生，具体方法如下所述。

（1）验证秘密分享部分是否有效：计算 $\chi_i = \prod_{j=0}^{t-1} \tau_j^{i^j}, i = 1, 2, \cdots, n$，其中 $\tau_0 = \tau$，进而重构 $a_{i1} = g^{r_i} \chi_i^{\ e}, a_{i2} = y_i^{r_i} \eta_i^{\ e}$，最后检查等式 $e = H(\chi_1, \cdots, \chi_n, \eta_1, \cdots, \eta_n, a_{11}, \cdots, a_{n1}, a_{12}, \cdots, a_{n2})$ 是否成立，如果不成立，则意味着原签名人对 h^s 的秘密分享不正确，从而拒绝该签名；否则继续执行。

（2）验证数字签名部分是否有效：计算哈希值 $l_{i1} = H\left(m, \tau, \dfrac{c}{y_i}\right)$, $l_{i2} = H(m, \gamma, y_i)$, 进而重

构 $u_{i1}=(g^{l_{i1}}h)^{z_{i1}}\left(\tau^{l_{i1}}\dfrac{c}{y_i}\right)^{\rho_i}$ ，$u_{i2}=(h^{l_{i2}}g)^{z_{i2}}(y_i^{l_{i2}}\gamma)^{\rho_i},i=1,2,\cdots,n$ ，最后检查等式 $\sum_{i=1}^{n}\rho_i=H(m,\tau,c,\gamma,u_{11},\cdots,u_{n1},u_{12},\cdots,u_{n2})$ 是否成立，如果不成立，则拒绝该签名；否则接受该民主群签名为有效。

由于只有群体 U 中所有成员的公钥才能够使得（2）中最后要检查的等式成立，通过这样的计算，验证者能够确信签名来自群体 U。但是，因为在这一验证过程中群体 U 中所有成员的地位都是对等的，所以验证者并不能确切地知道群体 U 中的哪个成员产生了这个签名。这正是本方案能够提供签名者匿名性的原因。

8.6.5 签名人追踪

签名人追踪算法 Trace 是在发生争端的情况下（如一个签名通过了签名验证过程，但是群体 U 中的所有成员均否认自己产生了该签名）由群体 U 中不少于 t 个成员一起执行的步骤，即以成员的私钥为输入，揭晓产生该签名的签名人的真实身份，具体方法如下所述。

（1）验证民主群签名是否有效：t 个成员 $\{\mathrm{ID}_1,\mathrm{ID}_2,\cdots,\mathrm{ID}_t\}$ 以签名验证者的身份验证该签名是否有效，如果该签名无效，则意味着该签名不是群体 U 产生的，因而不需要由群体 U 执行任何追踪计算，否则继续下面的步骤。

（2）重构秘密：群成员 $\mathrm{ID}_i(i=1,\cdots,t)$ 利用自己的私钥作为输入计算 $\xi_i=\eta_i^{x_i^{-1}}$ 并公布；参与运算的群成员根据这些节点广播的数据 ξ_i 执行拉格朗日插值运算，即计算 $\lambda_i=\prod_{j=1,\cdots,t,j\neq i}\dfrac{j}{j-i},i=1,\cdots,t$ ，进而重构由签名人分发的秘密 $\mu=\prod_{i=1}^{t}\xi_i^{\lambda_i}$ 。

（3）恢复签名人身份：利用重构的秘密值执行解密运算并恢复出签名人的身份。解密运算是利用恢复出的秘密值的逆元 μ^{-1} 与密文 c 做乘积运算，即 $y=c\mu^{-1}$ ，并在群体 $U=\{\mathrm{ID}_1,\mathrm{ID}_2,\cdots,\mathrm{ID}_n\}$ 中查找公钥等于 y 的群成员，该成员即为产生签名的真正签名人。

本节介绍的民主群签名体制具有以下优势：①不需要集权式的群管理员，只由所有群成员一起构成一个群体，群体中所有成员之间的地位都是对等的，从而消除了集权式的实体；②群体外的用户无法产生该群体的民主群签名；③避免群体中的任何成员假冒群体中的其他成员产生一个有效的民主群签名；④发生争端时，当且仅当个数不少于 t 的群成员通过协作计算才能恢复出真实签名人的身份，少于 t 个群成员欲执行追踪操作在计算上是不可行的，群体外的用户要执行追踪操作在计算上也是不可行的。

上述内容就是具有门限追踪性的民主群签名体制的完整介绍。读者可以将该体制稍加修改，增加一个追踪验证算法 VerifyTrace，这样任何人都可以利用该算法验证签名人追踪算法 Trace 的输出是否正确。

8.7 多重签名

在一个多重签名（Multisignature，又称为多方签名或多签名）体制中，多个签名人（如 ℓ 个）一起以协作的方式对同一消息 m 产生数字签名 σ。共同产生 σ 所需的计算量远小于产生

$\sigma_1,\sigma_2,\cdots,\sigma_\ell$所需的计算量，且$\sigma$的长度远小于$\sigma_1\|\sigma_2\|\cdots\|\sigma_\ell$的长度，其中$\sigma_1,\sigma_2,\cdots,\sigma_\ell$为这些签名人各自独立地对 m 产生的普通数字签名。多重签名可广泛用于包括蜂窝电话、PDA、RFID及传感器等资源受限环境。

8.7.1 流氓密钥攻击

多重签名的概念最早是由 Itakura 和 Nakamur 提出的。之后，学者对多重数字签名进行了广泛研究。

多重签名方案通常利用公钥密码学中某些具有同态性的密码计算技巧来实现签名的聚合。由于缺乏可证明安全性分析，早期的多重签名方案大多易被攻击，其中最典型的攻击就是流氓密钥攻击（伪造密钥攻击，Rogue Key Attack）。在该种攻击中，对手按照一定的方式选择自己的公钥，进而伪造一个多重签名。通常对手所选的公钥是一个关于其他成员公钥的函数值，并且对手可以不知道所选公钥对应的私钥。

例如，如果某方案采用 PPK 模型而非 KOSK 模型（见 8.8.2 节），则对其可以轻易发起流氓密钥攻击。令第 i 个用户的私钥和公钥分别为$\text{pk}_i = g^{x_i}, \text{sk} = x_i$，消息 m 的多重签名为$h(m)^{\sum x_i}$，则攻击者允许注册公钥$\text{pk} = g^s \cdot \prod \text{pk}_i^{-1} = g^{(s-\sum x_i)}$，并且攻击者知道 s，同时有$\text{pk}\prod \text{pk}_i = g^s$。这样攻击者就可以在无须其他签名者参与的情况下，利用 s 伪造一个由他和已有其他用户一起产生的、任意消息 m 的多重签名 $h(m)^{(x+\sum x_i)} = h(m)^s$。

研究表明，在多重签名中使用的流氓密钥攻击抵抗技术一般也可以直接或稍加改动地用于其他多方认证的方案中。

8.7.2 安全模型

目前已有几种模型用来克服数学同态性带来的流氓密钥攻击问题。

1. DKG 模型

“专用密钥生成”（Dedicated Key Generatation，DKG）协议是由 Micali 等在 2001 年的 ACM CCS 会议上提出的。该协议要求所有成员交互式产生用于签名的公钥、私钥，以确保攻击者不能随意选取以其他成员公钥为输入的函数值作为其公钥，从而避免了流氓密钥攻击。基于 DKG 模型的协议也有缺点：①签名组不能动态更新，新成员的加入都要重新执行“专用密钥生成”协议；②协议产生的公钥等参数复杂、巨大，随签名组大小而改变，计算效率不高。

2. KOSK 模型

2003 年，Boldyreva 在 ROM 模型下设计了一个较为高效的多方签名方案，该方案具有 3 个特点：签名和验证算法高效，公钥相对简单，并且产生的签名较短。为证明该方案的安全性，需要使用“私钥知识”安全模型（KOSK 模型）。该模型在多方签名的安全性论证上引入了一个可信第三方（如传统公钥基础设施的 CA）的信任模型假设。在此模型中，CA 要求注册公钥的用户在申请公钥数字证书时必须提供“私钥知识”的证明（有的模型中甚至要求直接向 CA 提交对应的私钥）。这个安全模型实际上要求所有用户完全信任 CA，否则攻击者可以控制 CA 以实施流氓密钥攻击。因此，该信任模型的假设是很强的。2006 年 Lu 等在

Eurocrypt 会议上提出了该信任模型下无须 RO（随机预言机）的多方签名方案。

3. PoP 模型

针对 KOSK 模型在实际环境中要求过于严格的问题，Ristenpart 和 Yilek 在 2007 年的 Eurocrypt 会议上提出了一个折中模型——“拥有私钥证明”（PoP）模型，并改造了多方签名方案，证明了改造后的两个方案在 PoP 模型中的安全性。Bagherzandi 等在 2008 年提出了 PoP 模型的一种变形——“密钥验证”（KV）模型，并将 PoP 模型称为“密钥注册”（KR）模型。KR 模型要求签名者注册公钥时必须提供“拥有私钥证明”，而 KV 模型则要求所有签名者在产生多方签名后将“拥有私钥证明”附于签名一起进行验证。显然，前者仍依赖于对“可信第三方”CA 的操作，安全性仍建立在信任 CA 的前提下；后者则要求验证者执行一些超出验证多方签名范围的工作[21,23]。

4. PPK 模型

Bellare 和 Neven 在 2006 年提出了一个全新安全模型——“朴素公钥模型”（PPK 模型）[23]，设计了一个交互式多方签名方案，并在 ROM 假设下、PPK 模型中证明其安全性。PPK 模型对可信第三方（CA）没有任何附加要求，即使攻击者胁迫 CA 也无法伪造包含一个合法签名者的多方签名，因而不影响诚实签名者的安全性。PPK 模型适用于现有的 PKI 系统。文献[28]中提及的方案在通信代价等方面存在负载过大的问题。Bagherzandi 等在 2008 年的 ACM CCS 会议上给出了一个两轮的 PPK 模型下可证明安全的多方签名方案[29]。2010 年 Ma 等提出了一个新的 PPK 模型下的多方签名方案[28]，可以提高签名效率、缩短签名长度。2010 年 Qian 和 Xu[29]基于 BLS 短签名方案首次提出了 PPK 模型下的非交互式多方签名方案。

8.7.3 多重签名的不可伪造性

下面用 $s_1\|s_2\|\cdots$表示字符串 s_1、s_2、…的链接；$s\xleftarrow{R}S$ 表示从集合 S 中均匀地选取元素 s；$L=(pk_1,\cdots,pk_\ell)$表示集合 $L=\{pk_1,\cdots,pk_\ell\}$，如果 L 是某个哈希函数的输入，则 L 被认为是有序的。

PPK 模型下交互式多签名的形式化定义最早是由 Bellare 和 Neven 给出的[28]，即签名人通过一个协议以交互的方式输出一个多签名。在有些应用环境中，交互式多签名体制的这种交互可能是极为“昂贵的消费”：传输 1 比特信息所需消耗的能量大于执行一个 32 比特的指令所消耗的能量；此外，有些环境中的通信是不可靠的，因此在这些环境中的通信量应越少越好。相反地，在一个非交互式多签名体制中，每个签名人都不需要与其他人交互即可产生一个部分签名，任何人都可以将这些部分签名汇总成一个最终的多签名。一个非交互式多签名体制 **MS**=（Setup, Gen, MSign, MVf）包含 3 个算法和一个协议。

（1）Setup（1^λ）。该随机算法以安全参数λ为输入，输出一个全局公开参数集合 pp。

（2）Gen(pp)。该随机算法以 pp 为输入，输出第 i 个签名人的私钥/公钥对（sk_i，pk_i）。注意在 PPK 模型下，新的签名人可以随意加入系统，不需要执行与 CA 相关的、认证签名人公钥的协议，也不需要与其他签名人交互以证明具有与自身公钥相对应的私钥。

（3）MSign(pp, $\{\mathrm{sk}_i\}$, M, L)。给定公共参数 pp、消息 M 及签名人集合 $L=(\mathrm{pk}_1,\cdots,\mathrm{pk}_\ell)$（注意在 PPK 模型下，$\mathrm{pk}_i=\mathrm{pk}_j$, $i\neq j$ 是允许的，因为某人可以直接声称别人的公钥是自己的），

签名人 i 使用自己的私钥 sk_i 计算一个部分签名σ_i，并将σ_i公布。给定$\sigma_i(i=1,\cdots,\ell)$，任何人都可以由此计算出一个关于 L 中公钥的多签名σ。

（4）$\text{MVf}(\text{pp}, M, \sigma, L)$。该确定性算法以参数 pp、$L=(\text{pk}_1,\cdots,\text{pk}_\ell)$、消息 M 和待验证签名σ为输入，输出 0 表示拒绝；输出 1 表示接受。

一个多签名体制的正确性是指任意一个从算法 MSign 中部分签名得到的多签名σ总会被接受。

直观上，多签名体制的安全性是对普通数字签名安全性的推广，要求攻击者$\mathcal{A}$无法针对一个新的消息伪造一个多签名，也无法针对一个旧消息和一个不同的签名人集合（其中至少有一个签名人是诚实的）伪造一个多签名。一般地，在 PPK 模型下，假设签名人集合中只有一个诚实的签名人，攻击者$\mathcal{A}$可以胁迫其他签名人并随意选取他们的公钥，甚至可以注册诚实签名人的公钥为自己的公钥。在最终输出伪造前，$\mathcal{A}$也可以与诚实签名人同时在多个签名协议的实例运行过程中交互。表 8.1 所示为多签名体制不可伪造性的形式化定义，攻击者$\mathcal{A}$攻击多签名体制 MS 的优势定义为$\text{Exp}_{\text{uu.cma}}^{\text{MS}}(\mathcal{A})$输出 1 的概率。称$\mathcal{A}$能够（$t,q_s,[q_h],\ell,\varepsilon$）攻破多签名体制 MS，是指在时间 t 内，在 q_s 次签名询问和 q_h 次 RO 询问（可选择）后，$\mathcal{A}$能够以至少ε的概率伪造一个由ℓ个签名人产生的多签名，即 $\Pr(\text{Exp}_{\text{uu.cma}}^{\text{MS}}(\mathcal{A})=1)\geqslant\varepsilon$。如果不存在这样的攻击者，就称 MS 是（$t,q_s,[q_h],\ell,\varepsilon$）安全的。

表 8.1　多签名体制不可伪造性的形式化定义

$\text{Exp}_{\text{uu.cma}}^{\text{MS}}(\mathcal{A})$：
（1）$\text{pp}\leftarrow\text{Setup};(\text{pk}^*,\text{sk}^*)\leftarrow\text{Gen}(\text{pp});\mathcal{M}\leftarrow\Phi$。
（2）以下述方式运行$\mathcal{A}(\text{pp},\text{pk}^*)$，即
① $\mathcal{A}$可任意选择除诚实签名人外的其他签名人的公钥，所选的公钥可以是诚实签名人公钥 pk^*的函数。
② $\mathcal{A}$通过提交消息 M 和集合 $L=(\text{pk}_1,\cdots,\text{pk}_n)$获得算法 MSign 的输出，其中 n 为任意正整数，且 pk^*在 L 中至少出现一次。
③ 如果 MS 中使用了被看作 RO 的哈希函数，则$\mathcal{A}$可以提交消息串，从而获得相应的哈希值。
④ $\mathcal{A}$最终输出关于消息 M^*和 $L^*=(\text{pk}_1^*,\cdots,\text{pk}_\ell^*)$的多重签名$\sigma^*$。
（3）令$\mathcal{M}$为$\mathcal{A}$询问过签名的（M,L）构成的集合。如果 $\text{MVf}(\text{pp},M^*,\sigma^*,L^*)=1$，$\text{pk}^*\in L^*$，且$(M^*,L^*)\notin\mathcal{M}$，则输出 1；否则输出 0。

8.7.4　一种多签名体制

下面介绍一个多签名体制[30]，并将该体制与现有的多签名体制进行比较。

1. 一种抵抗流氓密钥攻击的方法

如前所述，目前在多签名中采用的抵抗流氓密钥攻击的方法要求用户或把自己的私钥交给 CA，或向 CA 证明自己知道私钥，又或向验证者证明自己知道私钥。与这些方法不同的是，文献[30]给出了以下可抵抗流氓密钥攻击的方法：多签名验证密钥不使用$\prod_{i=1}^{\ell}\text{pk}_i$，而使用 $\text{pk}=\prod_{i=1}^{\ell}\text{pk}_i^{c_i}$ 作为多签名验证密钥，其中 $c_i=H(\text{pk}_i\|L)$, $L=(\text{pk}_1,\cdots,\text{pk}_\ell)$。因为这些 c_i 是不同的且在确定 $\text{pk}_1,\cdots,\text{pk}_\ell$前无法确定其值，所以这种多签名验证密钥可以抵抗攻击者利用群结构的同构性质发起的流氓密钥攻击。注意：这里哈希函数的输入仅含有签名人的公钥，而不包括待签名的消息，因此，对于给定的 L，多签名验证密钥可以通过预计算完成，并且在所有多签名的验证过程中只需计算一次。

2. QX 多签名体制

文献[29]使用上述多签名验证密钥的方法设计了一个多签名体制，称为 QX 体制。令 G_1,G_2,G_T 为 3 个阶为素数 p 的乘法循环群，g 为 G_2 的生成元，$e:G_1\times G_2\rightarrow G_T$ 为双线性映射（配对）。QX 体制的安全性依赖于下述 co-CDH 问题的困难性。

定义 8.1（co-CDH 问题）：给定$(g, g^a, d)\in G_2\times G_2\times G_1$，其中 $a\xleftarrow{r}Z_p$，$d\xleftarrow{r}G_1$，计算 $d^a\in G_1$。将算法 $\mathcal{A}$ 求解 co-CDH 问题时的优势定义为 $\mathcal{A}\mathrm{dv}_{\mathcal{A}}^{\mathrm{cocdh}}=\Pr[d^a\leftarrow\mathcal{A}(g,g^a,d):g\in_R G_2$，$a\in_R Z_p$，$d\in_R G_1]$。如果在 t 时间内有 $\mathcal{A}\mathrm{dv}_{\mathcal{A}}^{\mathrm{coodh}}\geqslant\varepsilon$，则称算法$\mathcal{A}$能够（$t,\varepsilon$）-求解 co-CDH 问题。

QX 体制的基本思想是：给定一个消息，每个签名人计算一个部分签名，这些部分签名的乘积就是最终要输出的多签名。具体来说，该方案包含以下 4 个算法。

（1）Setup（1^λ）：给定安全参数λ，选取全局参数 pp=(G_1, G_2, G_T, p, g, e, H, H_m)，其中 H_m:$\{0,1\}^*\rightarrow G_1$ 和 H:$\{0,1\}^*\rightarrow Z_p$ 是安全的哈希函数。

（2）Gen(pp)：诚实的签名人 i 根据输入 pp 选择 $x_i\in Z_p$，其私钥/公钥对即为（$\mathrm{sk}_i=x_i$，$\mathrm{pk}_i=g^{x_i}$）。

（3）MSign(pp,{sk_i},M,L)：给定输入 pp、M 和 $L=(\mathrm{pk}_1,\cdots,\mathrm{pk}_\ell)$，用户 i（$1\leqslant i\leqslant\ell$）计算 $c_i=H(\mathrm{pk}_i\|L)$和部分签名$\sigma_i=H_m(M\|L)^{c_ix_i}$，并将$\sigma_i$公布。给定部分签名$\sigma_1,\sigma_2,\cdots,\sigma_\ell$，可得最终的多签名为$\sigma=\prod_{1\leqslant j\leqslant\sigma_j}$。

（4）MVf（pp,M,σ,L）：给定 pp、$L=(\mathrm{pk}_1,\cdots,\mathrm{pk}_\ell)$、消息 M 和待验证签名σ，当且仅当 $e(H_m(M\|L)$，$\prod_{\mathrm{pk}_i\in L}\mathrm{pk}_i^{c_i}$)=$e(\sigma,g)$时验证者接受$\sigma$为有效签名，其中，$c_i=H(\mathrm{pk}_i\|L)$。

关于该方案的安全性，有下述结论[29]。

定理 8.1：如果存在攻击者能够（$t,q_s,q_h+q_H,\ell,\varepsilon$）攻破 QX 体制，则存在算法能够（$t',\varepsilon'$）求解 co-CDH 问题，其中 $t'=2t+2O(q_h+q_s+1)T_e$，$\varepsilon'=\dfrac{1}{q_H}\left(\dfrac{\varepsilon}{e(q_s+1)}\right)^2-\dfrac{1}{p}$，$T_e$ 为群 G_1 中的指数运算时间，q_h, q_H, q_s 分别为对函数 H_m 和 H 的哈希询问和签名询问次数。

3. 多签名体制比较

在比较不同多签名体制时，通常关注以下几方面。

（1）体制所依赖的密码学假设——体制是否使用了标准的或得到充分研究的密码假设。

（2）在现实中使用该体制的可操作性——体制是在 KOSK 模型、PoP 模型、KV 模型还是 PPK 模型下是安全的。

（3）签署消息所需要的通信轮数——体制是交互式的还是非交互式的。在非交互式多签名体制中，每个签名人只需提供一个部分签名，并且不需要与其他签名人交互，因此每个签名人均可独立地以离线方式准备自己的部分签名，从而能够抵抗同时执行签名协议的多个实体进行攻击。

（4）签署消息所需要的通信量——优秀的多签名体制应保证每个签名人所需要的通信量尽可能小，特别是在能量受限的环境中。

（5）签署消息所需要的时间复杂度——在优秀的多签名体制中，每个签名人签署消息所需要的时间复杂度应与该签名人使用普通数字签名体制对消息产生普通数字签名所需的时间复杂度相当。

（6）验证一个多签名所需的时间复杂度——在理想情况下，验证一个多签名所需的时间复杂度（特别是验证算法中的配对运算、大指数运算等耗时操作）应不依赖于签名人的个数。

（7）所产生多签名的长度——除签名人的公钥外，一个多签名的长度应与普通数字签名的长度相当，而不依赖于签名人的数量。

同时满足上述所有特性的多签名体制需要灵活的设计技巧。在现实使用中，一个较好的多签名体制首先应是非交互式的，且在 PPK 模型下是安全的。

8.7.5 具有更紧归约的多重签名体制

8.7.4 节介绍的多签名体制的安全性归约效果极其松散，甚至不如 BN 体制的归约效果。直观上，体制的紧安全性归约意味着破解它几乎与求解相对应的密码学问题一样困难。因此，一个自然的问题是：能否构造具有较紧安全归约效果的非交互式多签名体制。

文献[30]中描述了一个使用 Waters 签名构造的多签名体制，称为 ZQL 多签名体制。该体制的一个显著优势是其安全性较紧地依赖于 CDH 问题。

定义 8.2（CDH 问题）：假设 g 是阶为素数 p 的乘法循环群 G 的生成元，群 G 中的 CDH 问题定义为给定 $a,b \xleftarrow{R} Z_p$，计算 g^{ab}。将一个算法$\mathcal{A}$在求解群 G 中的 CDH 问题时的优势定义为 $\mathcal{A}\mathrm{dv}_{\mathcal{A}}^{\mathrm{cdh}} = \Pr[\mathcal{A}(g,g^a,g^b) = g^{ab} : a,b \in_R Z_p]$。如果 t 时间内有 $\mathcal{A}\mathrm{dv}_{\mathcal{A}}^{\mathrm{cdh}} \geqslant \varepsilon$，则称算法$\mathcal{A}(t,\varepsilon)$-求解 CDH 问题。若不存在算法$(t,\varepsilon)$-求解 CDH 问题，则称 CDH 问题是（$t,\varepsilon$）安全的。

ZQL 多签名体制包含以下 4 个算法。

（1）Setup（1^λ）：给定安全参数λ，选取全局参数 pp=(G, G_T, p, g, e, H, H_m)，其中 G 和 G_T 是阶为素数 p 的乘法循环群，g 为 G 的生成元，e: $G\times G\to G_T$ 为双线性映射，H_m:$\{0,1\}^*\to G$ 和 H:$G\to G$ 是安全的哈希函数。

（2）Gen(pp)：诚实的用户 i 根据输入 pp 选择 $x_i\in Z_p$，其私钥/公钥对为（$\mathrm{sk}_i = H(\mathrm{pk}_i)^{x_i}$，$\mathrm{pk}_i = g^{x_i}$）。

（3）MSign(pp,{sk_i},M,L)：给定输入 pp、M 和 L=($\mathrm{pk}_1,\cdots,\mathrm{pk}_\ell$)，用户 i ($1\leqslant i\leqslant \ell$) 执行运算：选择 r_i；计算 $s_i \leftarrow \mathrm{sk}_i \cdot H_m(M \| L)^{r_i}$，$t_i \leftarrow g^{r_i}$；公布$\sigma_i=(s_i,t_i)$作为对消息 M 的部分签名。给定部分签名$\sigma_1,\sigma_2,\cdots,\sigma_\ell$，由此得到最终的多签名为$\sigma=(\Pi_{1\leqslant j\leqslant \ell}\, s_j,\ \Pi_{1\leqslant j\leqslant \ell}\, t_j)$。

（4）MVf(pp,M,σ,L)：给定 pp、L=($\mathrm{pk}_1,\cdots,\mathrm{pk}_\ell$)、消息 M 和待验证签名$\sigma=(s,t)$，验证者接受σ为有效签名当且仅当 $e(H_m(M\|L),t) \cdot \prod_{\mathrm{pk}_i \in L} A_i = e(s,g)$，其中 $A_i = e(H(\mathrm{pk}_i),\mathrm{pk}_i)$。

关于 ZQL 多签名体制的安全性，有下述结论[30]。

定理 8.2：如果存在攻击者能够（$t,q_s,q_h,\ell,\varepsilon$）攻破 ZQL 多签名体制，则存在算法能够（$t',\varepsilon'$）求解 CDH 问题，其中 $t'=t+O(q_h+3q_s+\ell+2)T_e$，$\varepsilon' = \dfrac{\varepsilon}{\mathrm{e}(q_s+1)}$，$T_e$ 为群 G 中的指数运算时间，q_h 和 q_s 分别为对函数 H_m 和 H 的哈希询问和签名询问次数，e 为自然对数基底。

与 QX 体制相比，ZQL 体制具有更紧的安全性归约效果。换言之，为了获得相同级别的安全性，该体制仅需较小的安全参数。如果求解 CDH 问题的概率为ε，则成功伪造 ZQL 多签名的概率约为 $q_s\varepsilon$，成功伪造 BN 多签名的概率为 $\sqrt{q_h\varepsilon}$。以 $q_h=2^{60}$,$q_s=2^{30}$,$\varepsilon=2^{-80}$ 为例，ZQL

多签名体制可以提供 50 比特的安全性，而 QX 体制仅提供 10 比特的安全性。

8.8 聚合签名

聚合签名是一种具有聚合性质的数字签名技术，即 n 个用户对 n 个消息分别签署的 n 个签名能够合成一个短签名，而验证者只需对聚合后的短签名进行验证，便可以确信 n 个消息是否被 n 个用户分别进行了签名，因而大大提高了签名验证者的效率。在欧洲密码学会 2003 年年度会议上，聚合签名由 Boneh 等[31]首次提出。此外，聚合签名也可用于设计可验证加密签名、环签名及公平交易协议等安全技术中。Boneh 等最初提出的聚合签名限制于不同用户签名不同的消息。对于消息内容相同时，他们建议签名者附加各自的公钥到消息中。

8.8.1 聚合签名的定义

聚合签名方案包含 6 个算法组：Setu（系统建立算法）、KeyG（密钥生成算法）、Sign（签名算法）、Veri（验证算法）、Aggr（聚合算法）及 Aggv（聚合验证算法），分别如下所述。

（1）Setu：输入安全参数 k，由系统建立算法输出系统参数 params 并公开。

（2）KeyG：对于每个用户，随机选取自己的私钥 x 后,由密钥生成算法 KeyG 生成自己的公钥 $Q \leftarrow \text{KeyG}(\text{params}, x)$，经密钥认证中心认证后，颁发相应的公钥证书并公布。

（3）Sign:对于消息 $M \in (0,1)^*$，签名用户使用自己的私钥和签名算法计算出相应的签名 S，即有 $S \leftarrow \text{Sign}(M, Q, x, \text{params})$。

（4）Veri：对于消息 M 和相应的签名 S，验证者使用验证算法和签名者的公钥进行验证，即

$$\text{Veri}(M, S, Q, \text{params}) = \begin{cases} 1, & S = \text{Sign}(M, Q, x, \text{params}) \\ 0, & S \neq \text{Sign}(M, Q, x, \text{params}) \end{cases}$$

式中，“1”表示签名有效，“0”表示签名无效。

（5）Aggr：对于用户集 U，分别给每个用户一个标号 i，范围包括 1 到 $k(=|U|)$。设用户 $u_i \in U$ 对于消息 M_i 的签名为 S_i，由聚合算法计算出的聚合签名为 V，即 $V \leftarrow \text{Aggr}(S_i, M_i, Q_i, \text{params})$。

（6）AggV：已知用户集 U 中每个用户 $u_i \in U$ 的公钥 Q_i、各自的消息 M_i 和聚合签名 V，则有

$$\text{AggV}(M_1, M_2, \cdots, M_k, V, Q_1, Q_2, \cdots, Q_k, \text{params}) = \begin{cases} 1, & S_i = \text{Sign}(M_i, Q_i, x_i, \text{params}) \\ 0, & \text{其他} \end{cases}$$

式中，“1”表示聚合签名有效，即聚合前的每个签名都是有效的；“0”表示聚合签名无效，即聚合前的签名中至少有一个是无效的。

基于身份的聚合签名方案的形式化定义是完全类似的。

8.8.2 复杂度假设

设 G 是 q 阶加法循环群，T 是 q 阶乘法循环群，这里 q 是一个素数。又设 P 是 G 的一个

生成元，即$<P>=G$。令$G^*=G\setminus\{O\}$。

可接受的双线性对（Admissible Bilinear Pairing）一个函数$\hat{e}:G\times G\rightarrow T$称为一个可接受的双线性对，如果它满足以下条件：

① 双线性性（Bilinear），即$\forall a,b\in Z_q^*,\hat{e}(aP,bP)=\hat{e}(P,P)^{ab}$；

② 非退化性（Non-degenerate），即$\hat{e}(P,P)\neq 1_T$；

③ 可计算性（Computability），即$\forall(aP,bP)\in G\times G,\hat{e}(aP,bP)$是可有效计算的。

CDH（Computational Diffie-Hellman）问题是已知$P,aP,bP\in G$，计算$abP\in G$。

DDH（Decision Diffe-Hellman）问题是已知$P,aP,bP,cP\in G$，判定$c=ab$是否成立。如果成立，则称(P,aP,bP,cP)是G中的一个 Diffie-Hellman 组。

定义群G中算法A解决 CDH 问题的优势为

$$\mathrm{Adv}_{\mathrm{A}}^{\mathrm{CDH}}=\Pr[A(P,aP,bP)=abP:a,b\in Z_q^*]$$

式中，a和b是Z_q^*中的两个随机数。

如果算法A至多运行 t 时间，并且以至少δ的优势解决群G的 CDH 问题，就称算法$A(t,\delta)-$攻破群G中的 CDH 问题。

如果存在一个可接受的双线性映射$\hat{e}:G\times G\rightarrow T$但是没有算法$(t,\delta)-$攻破群$G$的 CDH 问题，两个素数$q$阶群构成的二元组$(G,T)$称为$(\hat{e},t,\delta)$-GDH 双线性群（Gap Diffe-Hellman Bilinear Group）。

有时简称 GDH 群或 GDH 双线性群而不具体指明$\hat{e},t$或δ。一个可有效计算的双线性对的存在，可使得群G中的 DDH 问题变得容易。因为，对于(P,aP,bP,cP)，有$c=ab\bmod q$，$\hat{e}(P,cP)=\hat{e}(aP,bP)$。

8.8.3 具有指定验证者的聚合签名方案

设(G,T)是如上定义的$(\hat{e},t,\delta)-$GDH 双线性群。具有指定验证者的聚合签名方案包含 5 个算法组：KeyG（密钥生成算法）、Sign（签名算法）、Veri（验证算法）、Aggr（聚合算法）及 AggV（聚合验证算法）。$h:\{0,1\}^*\rightarrow G^*$是一个安全哈希函数。在安全分析时，$h$被当作随机预言机。系统的公开参数是$(G,T,q,\hat{e},P,h)$。算法具体如下所述。

（1）KeyG：对于签名者 A，随机选取$x_{\mathrm{A}}\leftarrow Z_q^*$，并计算$Q_{\mathrm{A}}\leftarrow x_{\mathrm{A}}P$。A 的公钥是$Q_{\mathrm{A}}\in G$，对应的为私钥$x_{\mathrm{A}}$。对于接收者 B，随机选取$x_{\mathrm{B}}\leftarrow Z_q^*$，并计算$Q_{\mathrm{B}}\leftarrow x_{\mathrm{B}}P$，那么 B 的公钥是$Q_{\mathrm{B}}\in G$，其私钥是$x_{\mathrm{B}}$。

（2）Sign：对于给定的消息$M\in\{0,1\}^*$，A 首先计算$H\leftarrow h(x_{\mathrm{A}}Q_{\mathrm{B}}\parallel M)$和$V\leftarrow x_{\mathrm{A}}H$，则签名是$V\in G^*$。

（3）Veri：对于消息$M\in\{0,1\}^*$和相应的签名V，B 先计算$H\leftarrow h(x_{\mathrm{A}}Q_{\mathrm{B}}\parallel M)$，并验证等式$\hat{e}(V,P)=\hat{e}(H,Q_{\mathrm{A}})$是否成立。如果成立，则签名有效；否则签名无效。

（4）Aggr：对于用户集$U\in\cup$，分别给每个用户一个标号i，范围包括1到$k(=|U|)$。设用户$u_i\in U$对于消息$M_i\in\{0,1\}^*$的签名为V_i，计算$V\leftarrow\sum_{i=1}^{k}V_i$，则聚合签名是$V$。

（5）AggV：已知用户集 U 中每个用户$u_i\in U$的公钥$Q_i\in G$、各自的消息$M_i\in\{0,1\}^*$和

聚合签名V，指定验证者B对每个$i(1 \leqslant i \leqslant k(=|U|))$，计算$H_i \leftarrow h(x_B Q_i \| M_i)$。如果$\hat{e}(V,P) = \prod_{i=1}^{k} \hat{e}(H_i, Q_i)$成立，则接受此聚合签名。

利用双线性对的性质，容易证明上述聚合签名方案的正确性。该方案的安全性证明略。

8.8.4 具有常数个双线性对运算的聚合签名方案

设(G,T)是如上定义的$(\hat{e},t,\delta)$-GDH 双线性群。具有常数个双线性对运算的聚合签名方案包含 5 个算法组：KeyG（密钥生成算法）、Sign（签名算法）、Veri（验证算法）、Aggr（聚合算法）及 AggV（聚合验证算法）。另外，还需要两个全局哈希函数$\hat{H}:\{0,1\}^* \to Z_q^*$和$H:\{0,1\}^* \to Z_q^*$。在安全分析时，两个安全哈希函数被当作随机预言机。此外，还需要群G的另一个不同的生成元$P'(\neq P), <P'>=G=<P>$。系统的公开参数是$(G,T,q,\hat{e},P,P',\hat{H},H)$。算法具体如下所述。

（1）KeyG：对于每个用户，随机选取$s \leftarrow Z_q^*$，并计算$Q_A \leftarrow sP$。公钥是$Q \in G$，对应的私钥为s。

（2）Sign：对于给定的消息$M \in \{0,1\}^*$和私钥 s，首先计算$\hat{h} \leftarrow \hat{H}(M \| s), h \leftarrow H(M)$和$R \leftarrow \hat{h}P, V \leftarrow (\hat{h} + hs)P'$，则签名是$(R,V) \in G \times G$。

（3）Veri：对于消息$M \in \{0,1\}^*$、公钥$Q \in G$和相应的签名(R,V)，计算$h \leftarrow H(M)$并验证等式$\hat{e}(V,P) = \hat{e}(P', R + hQ)$是否成立。如果成立，则签名有效；否则签名无效。

（4）Aggr：对于用户集$U \in \cup$，分别给每个用户一个标号i，范围包括1到$k(=|U|)$。设用户$u_i \in U$对于消息$M_i \in \{0,1\}^*$的签名为(R_i, V_i)，计算$V \leftarrow \sum_{i=1}^{k} V_i$，$R \leftarrow \sum_{i=1}^{k} R_i$，则聚合签名是$(R,V)$。

（5）AggV：已知用户集U中每个用户$u_i \in U$的公钥$Q_i \in G$、各自的消息$M_i \in \{0,1\}^*$和聚合签名(R,V)，对于每个$i(1 \leqslant i \leqslant k(=|U|))$，计算$h_i \leftarrow H(M_i)$，如果$\hat{e}(V,P) = \hat{e}\left(P', R + \sum_{i=1}^{k} h_i Q_i\right)$成立，则接受该聚合签名。

利用双线性对的性质，容易证明上述聚合签名方案的正确性。该方案的安全性证明略。

8.8.5 基于身份的聚合签名方案

基于身份的聚合签名方案包含 6 个算法：Setu（系统建立算法）、KeyG（密钥生成算法）、Sign（签名算法）、Veri（验证算法）、Aggr（聚合算法）及 AggV（聚合验证算法），详述如下。

（1）Setu：设(G,T)是 GDH 双线性群，$\hat{e}: G \times G \to T$是可计算的双线性映射。$H_1:\{0,1\}^* \times G \to Z_q^*$和$H_2:\{0,1\}^* \to G$是两个安全哈希函数。私钥生成中心（PKG）随机选取$s \in Z_q^*$，计算$P_{Pub} = sP$。系统的公开参数是(G,P,P_{Pub},H_1,H_2)，s是系统的主密钥。

（2）KeyG：每个用户把自己的身份ID_i发送给 PKG，并索取自己的签名密钥。PKG 确认ID_i的身份后，计算$Q_{ID_i} = H_2(ID_i), D_{ID_i} = sQ_{ID_i}, D_{ID_i}$即为第$i$个用户的签名密钥。

（3）Sign：设 ID_i 要签名的消息为 M_i。ID_i 随机选取 $r_i \in Z_q^*$，并计算 $U_i = r_i P_{\mathrm{Pub}}$，$h_i = H_1(M_i, U_i)$ 和 $V_i = (r_i + h_i) D_{\mathrm{ID}_i}$。$\mathrm{ID}_i$ 输出消息 M_i 的签名是 $\sigma_i = (U_i, V_i)(i = 1, 2, \cdots, n)$。

（4）Veri：验证者收到签名后，计算 $h_i = H_1(M_i, U_i)$，并验证 $\hat{e}(P, V_i)$ 和 $\hat{e}(U_i + h_i P_{\mathrm{Pub}}, Q_{\mathrm{ID}_i})$ 是否相等。

（5）Aggr：计算 $V = \sum_{i=1}^{n} V_i$，则 $\sigma = (U_1, U_2, \cdots, U_n, V)$ 就是 $\mathrm{ID}_1, \mathrm{ID}_2, \cdots, \mathrm{ID}_n$ 对消息 $M_1, M_2, \cdots, M_n$ 的聚合签名。

（6）AggV：当验证者收到消息和聚合签名时，先计算 $h_i = H_1(M_i, U_i)$，$Q_{\mathrm{ID}_i} = H_2(\mathrm{ID}_i)$，$\sigma$ 是正确的聚合签名当且仅当 $\hat{e}(P, V) = \prod_{i=1}^{n} \hat{e}(U_i + h_i P_{\mathrm{Pub}}, Q_{\mathrm{ID}_i})$。因为 $\hat{e}(P, V) = \hat{e}(P, \sum_{i=1}^{n} V_i) = \hat{e}(P, \sum_{i=1}^{n} (r_i + h_i) D_{\mathrm{ID}_i}) = \prod_{i=1}^{n} \hat{e}(P, (r_i + h_i) D_{\mathrm{ID}_i}) = \prod_{i=1}^{n} \hat{e}(U_i + h_i P_{\mathrm{Pub}}, Q_{\mathrm{ID}_i})$。

该方案的安全性证明略。

8.9 数字签密

作为一项用于数据保护的国际标准，数字签密（Signcryption）的概念是 Zheng[30]于 1997 年提出的，以便在一个合理的逻辑步骤内同时实现签名和加密两项功能，且所花费的代价（包括计算时间和消息扩展率两方面）均远低于传统的“先签名后加密”或“签名+加密”的方法，它是实现既保密又认证地传输及存储消息的较理想技术。

8.9.1 研究现状

Zheng 的签密概念和具体方案一经提出，就以其高效性、安全性吸引了众多学者的关注，推动了签密研究的不断深入。一方面，出现了许多具有优良性质的签密体制，如 Bao 和 Deng[32]提出的签密体制具有公开可验证性；Libert 和 Quisquater[33]提出的签密体制提供前向安全性；Chow 等[34]提出的签密体制同时提供公开可验证性和前向安全性；Boyen[35]提出的签密体制能同时提供密文不关联性和密文匿名性等；另一方面，签密体制的安全模型也在不断完善，主要涵盖保密性和不可伪造性。例如，2002 年 Baek 等[36]首次给出了签密的形式化安全模型，并证明了 Zheng 的签密体制 SCS[30]在该定义下是安全的；同年，Malone 和 Lee[37]定义了基于身份的签密体制安全模型。之后，关于签密安全性（保密性、不可伪造性）模型的研究不断深入[38]。在签密的形式化模型研究过程中可以看到一个非常清晰的路线图，即外部安全性（Outsider Security）、内部安全性（Insider Security）和完全内部安全性（Full Insider Security）3 个模型逐步增强。外部安全性仅考虑除发送者和接收者外的第三方为潜在攻击者的情形，内部安全性进一步考虑了发送者或接收者之一为潜在攻击者的情形，完全内部安全性则考虑了发送者和接收者均为潜在攻击者的情形。

与公钥加密类似，数字签密如果直接用于处理现实应用中的长消息，则效率较低。受到传统混合加密技术的启发，Dent 将密钥封装机制 KEM 推广到数字签密环境中[39,40]，提出了术语签密 KEM（Signcryption KEM，SC-KEM），以便在 KEM 中提供认证服务，并定义了

SC-KEM 的安全性准则和具体构造方案。SC-KEM 能够兼具签密的安全性和对称密码的高效性。应用 SC-KEM 时，先利用 SC-KEM 封装一个随机会话密钥得到密文 C_1，然后用该会话密钥加密待传输的明文，得到密文 C_2，最后将两个密文 C_1 和 C_2 一起通过不安全的信道发送出去。

2005 年，Abe 提出了 tag-KEM(tKEM)的概念以在 KEM 中嵌入一个额外的输入τ作为标签[41]。随后，Bjorstad 和 Dent 提出了签密 tag-KEM（Signcryption tag-KEM，SC-tKEM）的概念，以在 tKEM 中加入认证服务[42]。

本节主要关注 SC-KEM 和 SC-tKEM 的安全模型与具体方案设计。

8.9.2 SC-KEM 与 SC-tKEM

一个 SC-KEM 体制包含以下 3 个算法。

（1）KeyGen（1^λ）：密钥生成算法。它以安全参数λ为输入，输出发送者公钥/私钥对（$\mathrm{pk_s,sk_s}$）和接收者公钥/私钥对（$\mathrm{pk_r,sk_r}$）。

（2）KeyEnc（$\mathrm{sk_s,pk_r}$）：密钥封装算法。它以发送者私钥 $\mathrm{sk_s}$ 和接收者公钥 $\mathrm{pk_r}$ 为输入，输出一个可用于数据封装机制的对称密钥 K 和关于密钥 K 的封装密文 C，记作$(K,C)=$ KeyEnc（$\mathrm{sk_s,pk_r}$）。

（3）KeyDec（$\mathrm{pk_s,sk_r},C$）：密钥解封装算法。它以发送者公钥 $\mathrm{pk_s}$、接收者私钥 $\mathrm{sk_r}$ 和某个对称密钥 K 的封装密文 C 为输入，输出对称密钥 K 或错误标记$\perp$（如果 C 不是有效密文），记作 $K=$ KeyDec（$\mathrm{pk_s,sk_r},C$）。

称一个 SC-KEM 体制是正确的，是指对于所有的公钥/私钥对（$\mathrm{pk_s,sk_s}$）、（$\mathrm{pk_r,sk_r}$），如果$(K,C)=$ KeyEnc（$\mathrm{sk_s,pk_r}$），则 $K=$ KeyDec ($\mathrm{pk_s,sk_r},C$)一定成立。

类似地，一个 SC-tKEM 体制也包含 3 个算法。

（1）tKeyGen（1^λ）：密钥生成算法。它以安全参数λ为输入，输出发送者公钥/私钥对（$\mathrm{pk_s,sk_s}$）和接收者公钥/私钥对（$\mathrm{pk_r,sk_r}$）。

（2）tKeyEnc（$\mathrm{sk_s,pk_r},\tau$）：密钥封装算法。它以发送者私钥 $\mathrm{sk_s}$、接收者公钥 $\mathrm{pk_r}$ 和一个标签τ为输入，输出一个可用于数据封装机制的对称密钥 K 和关于密钥 K 的封装密文 C，记作$(K,C)=$ tKeyEnc($\mathrm{sk_s,pk_r},\tau$)。

（3）tKeyDec（$\mathrm{pk_s,sk_r},C,\tau$）：密钥解封装算法。它以发送者公钥 $\mathrm{pk_s}$、接收者私钥 $\mathrm{sk_r}$、某个对称密钥 K 的封装密文 C 和标签τ为输入，输出对称密钥 K 或错误标记$\perp$（如果 C 不是有效密文），记作 $K=$ tKeyDec($\mathrm{pk_s,sk_r},C,\tau$)。

称一个 SC-tKEM 体制是正确的，是指对于所有的公钥/私钥对（$\mathrm{pk_s,sk_s}$）、（$\mathrm{pk_r,sk_r}$），如果$(K,C)=$ tKeyEnc（$\mathrm{sk_s,pk_r},\tau$），则 $K=$ tKeyDec（$\mathrm{pk_s,sk_r},C,\tau$）一定成立。

8.9.3 SC-KEM 与 SC-tKEM 的保密性模型

首先考虑 SC-KEM 体制。通俗地讲，其保密性要求攻击者不能区分一个随机密钥和一个由密钥封装算法输出的密钥。下面是关于保密性的基本定义（以下称为基本保密性）。

定义 8.3（基本保密性）：给定一个 SC-KEM 体制（KeyGen,KeyEnc,KeyDec），其保密性的攻击模型是通过一个被称为 bIND-CCA2-SCKEM 的游戏（Game）给出的。给定一个安全参数λ，该游戏在挑战者$\mathcal{C}$和攻击者$\mathcal{A}$之间交互完成，见表 8.2。

表 8.2　SC-KEM 的基本保密性

bIND-CCA2-SCKEM 的游戏	
Setup（初始化阶段）	给定安全参数λ，挑战者$\mathcal{C}$运行密钥生成算法 KeyGen（1^λ）生成发送者公钥/私钥对（pk_s^*, sk_s^*）和接收者公钥/私钥对（pk_r^*, sk_r^*），并将（pk_s^*, sk_s^*）和 pk_r^* 发送给攻击者$\mathcal{A}$，将 sk_r^* 秘密保存
Phase 1（第一阶段）	攻击者$\mathcal{A}$可以在该阶段提交多项式个密钥解封装查询。在每个查询中，$\mathcal{A}$提交一个密文和相应的发送者公钥 pk_s 给挑战者$\mathcal{C}$。这里公钥 pk_s 可以由$\mathcal{A}$按照自身需要产生。挑战者随后使用私钥 sk_r^* 执行密钥解封装操作，并将结果 K 或错误标记⊥（如果 C 是无效密文）返回给$\mathcal{A}$
Challenge（挑战阶段）	挑战者$\mathcal{C}$在第一阶段结束后使用挑战私钥 sk_s^* 和挑战公钥 pk_r^* 执行密钥封装算法，得到（K_0^*, C^*）=KeyEnc(sk_s^*, pk_r^*)，再选择一个随机比特 b 和一个与 K_0^* 一样长的随机对称密钥 K_1^*，并将（K_b^*, C^*）发送给攻击者$\mathcal{A}$作为挑战
Phase 2（第二阶段）	攻击者$\mathcal{A}$可以在该阶段提交多项式个密钥解封装查询，如同第一阶段的工作。唯一的区别是，$\mathcal{A}$不能提交密文 C^*和相应的发送者公钥 pk_s^* 给挑战者$\mathcal{C}$做密钥解封装查询
Guess（猜测）	$\mathcal{A}$输出一个比特 b'，如果 $b=b'$，则称$\mathcal{A}$在该游戏中获胜

$\mathcal{A}$在上述游戏中的优势定义为$|2\Pr[b=b']-1|$。如果在时间 t 内提交了 q_d 个密钥解封装查询后，$\mathcal{A}$以ε的优势赢得了 bIND-CCA2-SCKEM 游戏，则称$\mathcal{A}$（t,q_d,ε）攻破了 SC-KEM 的基本保性。一个 SC-KEM 体制具有基本保密性，是指不存在多项式时间的攻击者能够以不可忽略的优势赢得 bIND-CCA2-SCKEM 游戏。

下面考虑 SC-tKEM 体制的保密性。与 SC-KEM 体制类似，先描述其基本保密性。

定义 8.4（基本保密性）：给定一个 SC-tKEM 体制（tKeyGen，tKeyEnc，tKeyDec），其保密性的攻击模型通过一个被称为 bIND-CCA2-SCtKEM 的游戏给出。给定一个安全参数λ，该游戏在挑战者$\mathcal{C}$和攻击者$\mathcal{A}$之间交互完成，见表 8.3。

表 8.3　SC-tKEM 的基本保密性

bIND-CCA2-SCtKEM 游戏	
Setup（初始化阶段）	给定安全参数λ，挑战者$\mathcal{C}$运行密钥生成算法 tKeyGen（1^λ）生成发送者公钥/私钥对（pk_s^*, sk_s^*）和接收者公钥/私钥对（pk_r^*, sk_r^*），并将（pk_s^*, sk_s^*）和 pk_r^* 发送给攻击者$\mathcal{A}$，将 sk_r^* 秘密保存
Phase 1（第一阶段）	攻击者$\mathcal{A}$可以在该阶段提交多项式个密钥解封装查询。在每个查询中，$\mathcal{A}$提交一个标签τ、一个密文 C 和相应的发送者公钥 pk_s 给挑战者$\mathcal{C}$。这里公钥 pk_s 和标签τ由$\mathcal{A}$按照自身需要产生。挑战者随后使用私钥 sk_r^* 执行密钥解封装操作，并将结果 K 或错误标记⊥（如果 C 是无效密文）返回给$\mathcal{A}$
Challenge（挑战阶段）	攻击者$\mathcal{A}$在第一阶段结束后生成一个标签τ^*，并将该标签发送给挑战者$\mathcal{C}$。$\mathcal{C}$使用挑战私钥 sk_s^*、挑战公钥 pk_r^* 和标签τ^*执行密钥封装算法，得到 $(K_0^*, C^*) = \text{tKeyEnc}(sk_s^*, pk_r^*, \tau^*)$。$\mathcal{C}$也选择一个随机比特 b 和一个与 K_0^* 一样长的随机对称密钥 K_1^*，并将（K_b^*, C^*）发送给攻击者$\mathcal{A}$作为挑战
Phase 2（第二阶段）	攻击者$\mathcal{A}$可以在该阶段提交多项式个密钥解封装查询，如同第一阶段的工作。唯一的区别是，$\mathcal{A}$不能提交密文C^*、相应的发送者公钥 pk_s^* 和标签τ^*给挑战者$\mathcal{C}$做密钥解封装查询。不过，$\mathcal{A}$可以提交密文C^*和不同于 pk_s^* 的发送者公钥或不同于τ^*的标签给挑战者$\mathcal{C}$做密钥解封装查询
Guess（猜测）	$\mathcal{A}$输出一个比特 b'，如果 $b=b'$，则称$\mathcal{A}$在该游戏中获胜

$\mathcal{A}$在上述游戏中的优势定义为$|2\Pr[b=b']-1|$。如果在时间 t 内提交了 q_d 个密钥解封装查询后，$\mathcal{A}$以ε的优势赢得了 bIND-CCA2-SCtKEM 游戏，则称$\mathcal{A}(t,q_d,\varepsilon)$攻破了 SC-tKEM 的基本保密性。一个 SC-tKEM 体制具有基本保密性，是指不存在多项式时间的攻击者能够以不可忽略的优势赢得 bIND-CCA2-SCtKEM 游戏。

8.9.4 新的 SC-KEM 与 SC-tKEM 保密性模型

在使用可证明安全的方法证明密码学原语的安全性时，建立合理的形式化安全模型是极其重要的。SC-KEM 和 SC-tKEM 均有保密性和认证性的安全需求，但上述安全性模型仍有完善空间。

首先是完全内部安全（Full Insider Security）。Dent 在文献[39]、[40]和[42]中仅赋予攻击者有限能力，并且仅针对认证性考虑内部安全性，而没有考虑保密性的内部安全问题。这与学界广为接受的签密体制的内部安全性是有偏差的：内部安全性保证了对方（发送方或接收方）私钥泄露情况下的安全性，即具有内部安全性的签密体制既能保证在接收者私钥泄露情况下的发送者认证性，又能保证在发送者私钥泄露情况下的接收者保密性。

其次是攻击者选择挑战密钥问题。以 SC-tKEM 为例（SC-KEM 也存在类似问题），在其基本保密性模型中，挑战者生成挑战密钥对——发送者的公钥/私钥对和接收者的公钥/私钥对，并将发送者的密钥对和接收者的公钥交给攻击者$\mathcal{A}$。在选择一个标签τ后，攻击者$\mathcal{A}$会得到一个关于该标签和某个对称密钥的封装密文。如果$\mathcal{A}$作出一个正确的比特猜测，那么称$\mathcal{A}$获胜。由此可以看到基本保密性模型仅考虑了发送者的挑战密钥是被诚实选择的情形。但在现实应用中，用户的密钥通常是由用户自己选择生成的。因此，在基本保密性模型中应该允许攻击者自由选择、生成自己的密钥对以与现实情形相吻合。进一步应允许攻击者能自适应地选择自己的密钥对，即攻击者可以提交一系列密钥解封装查询，这种查询包含一个发送者公钥、一个标签及某个密文。在这些查询中，下一个查询（特别是挑战查询）可以依赖先前查询的结果。

SC-KEM 的上述基本保密性安全模型没有考虑以下情境：攻击者以自己的方式生成发送者的挑战密钥，该挑战密钥可以依赖之前提交过的密钥解封装查询中的公钥；随后，攻击者收到的挑战封装基于精心选取过的发送者公钥。bIND-CCA2-SCKEM 游戏中缺失了对这种情境的安全性保护。注意，在现实情况下通常是由用户自己选择其密钥对的，因此这里提到的情境是具有现实意义的。正是基于这样的安全性缺失，考虑下述基于恶意选择密钥的保密性模型。

定义 8.5（基于恶意选择密钥的 SC-KEM 保密性）：给定一个 SC-KEM 体制（KeyGen，KeyEnc，KeyDec），该体制的基于恶意选择密钥的保密性安全模型是通过一个被称为 IND-CCA2-SCKEM 的游戏给出的。给定一个安全参数λ，该游戏在挑战者$\mathcal{C}$和攻击者$\mathcal{A}$之间交互完成，见表 8.4。

表 8.4 SC-KEM 基于恶意选择密钥的保密性

IND-CCA2-SCKEM 游戏	
Setup （初始化阶段）	给定安全参数λ，挑战者$\mathcal{C}$运行密钥生成算法 KeyGen(1^λ)生成接收者公钥/私钥对（pk_r^*, sk_r^*），并将 pk_r^* 发送给攻击者$\mathcal{A}$，将 sk_r^* 秘密保存

续表

IND-CCA2-SCKEM 游戏	
Phase 1 （第一阶段）	攻击者$\mathcal{A}$可以在该阶段提交多项式个密钥解封装查询。在每个查询中，$\mathcal{A}$提交一个密文和相应的发送者公钥 $\mathrm{pk_s}$ 给挑战$\mathcal{C}$。这里公钥 $\mathrm{pk_s}$ 可以由$\mathcal{A}$按照自身需要产生。挑战者随后使用私钥 $\mathrm{sk_r^*}$ 执行密钥解封装操作，并将结果 K 或错误标记⊥（如果 C 是无效密文）返回给$\mathcal{A}$
Challenge （挑战阶段）	攻击者$\mathcal{A}$在第一阶段结束后生成一个发送者公钥/私钥对（$\mathrm{pk_s^*}, \mathrm{sk_s^*}$），并将该密钥对发送给挑战者$\mathcal{C}$。$\mathcal{C}$使用挑战私钥 $\mathrm{sk_s^*}$ 和挑战公钥 $\mathrm{pk_r^*}$ 执行密钥封装算法，得到 $(K_0^*, C^*) = \mathrm{KeyEnc}(\mathrm{sk_s^*}, \mathrm{pk_r^*})$，再选择一个随机比特 b 和一个与 K_0^* 一样长的随机对称密钥 K_1^*，并将（K_b^*, C^*）发送给攻击者$\mathcal{A}$作为挑战
Phase 2 （第二阶段）	攻击者$\mathcal{A}$可以在该阶段提交多项式个密钥解封装查询，如同第一阶段的工作。唯一的区别是，$\mathcal{A}$不能提交密文 C^*和相应的发送者公钥 $\mathrm{pk_s^*}$ 给挑战者$\mathcal{C}$做密钥解封装查询。但$\mathcal{A}$可以提交密文 C^*和不同于 $\mathrm{pk_s^*}$ 的其他发送者公钥给挑战者$\mathcal{C}$做密钥解封装查询
Guess （猜测）	$\mathcal{A}$输出一个比特 b'，如果 $b=b'$，则称$\mathcal{A}$在该游戏中获胜

$\mathcal{A}$在上述游戏中的优势定义为 $\mathcal{A}dv_{\mathcal{A},\mathrm{SC-KEM}}^{\mathrm{IND}} \stackrel{\mathrm{det}}{=} |2\Pr[b=b']-1|$。如果在时间 t 内提交了 q_d 个密钥解封装查询后，$\mathcal{A}$以优势ε赢得了 IND-CCA2-SCKEM 游戏，则称$\mathcal{A}$（t,q_d,ε）攻破了 SC-KEM 的基于恶意选择密钥的保密性。一个 SC-KEM 体制具有基于恶意选择密钥的保密性，是指不存在多项式时间的攻击者能够以不可忽略的优势赢得 IND-CCA2-SCKEM 游戏。

同样地，为了体现在现实情况下通常是由用户自己选择其密钥对这一实际情况，给出 SC-tKEM 的基于恶意选择密钥的保密性模型。

定义 8.6（基于恶意选择密钥的 SC-tKEM 保密性）：给定一个 SC-tKEM 体制（tKeyGen，tKeyEnc，tKeyDec），该体制的基于恶意选择密钥的保密性安全模型是通过一个被称为 IND-CCA2-SCtKEM 的游戏给出的。给定一个安全参数λ，该游戏在挑战者$\mathcal{C}$和攻击者$\mathcal{A}$之间交互完成，见表 8.5。

表 8.5　SC-tKEM 基于恶意选择密钥的保密性

IND-CCA2-SCtKEM 游戏	
Setup （初始化阶段）	给定安全参数λ，挑战者$\mathcal{C}$运行密钥生成算法 tKeyGen（1^λ）生成接收者公钥/私钥对（$\mathrm{pk_r^*}, \mathrm{sk_r^*}$），并将 $\mathrm{pk_r^*}$ 发送给攻击者$\mathcal{C}$，将 $\mathrm{sk_r^*}$ 秘密保存
Phase 1 （第一阶段）	攻击者$\mathcal{A}$可以在该阶段提交多项式个密钥解封装查询。在每个查询中，$\mathcal{A}$提交一个标签τ、一个密文 C 和相应的发送者公钥 $\mathrm{pk_s}$ 给挑战者$\mathcal{C}$。这里公钥 $\mathrm{pk_s}$ 和标签τ可以由$\mathcal{A}$按照自身需要产生。挑战者随后使用私钥 $\mathrm{sk_r^*}$ 执行密钥解封装操作，并将结果 K 或错误标记⊥（如果 C 是无效密文）返回给$\mathcal{A}$
Challenge （挑战阶段）	攻击者$\mathcal{A}$在第一阶段结束后生成一个发送者公钥/私钥对（$\mathrm{pk_s^*}, \mathrm{sk_s^*}$）和一个标签$\tau^*$，并将该密钥对和标签发送给挑战者$\mathcal{C}$。$\mathcal{C}$使用挑战私钥 $\mathrm{sk_s^*}$、挑战公钥 $\mathrm{pk_r^*}$ 和标签 τ^* 执行密钥封装算法，得到 $(K_0^*, C^*) = \mathrm{tKeyEnc}(\mathrm{sk_s^*}, \mathrm{pk_r^*}, \tau^*)$，再选择一个随机比特 b 和一个与 K_0^* 一样长的随机对称密钥 K_1^*，并将 (K_b^*, C^*) 发送给攻击者作为挑战
Phase 2 （第二阶段）	攻击者$\mathcal{A}$可以在该阶段提交多项式个密钥解封装查询，如同第一阶段的工作。唯一的区别是，$\mathcal{A}$不能提交密文 C^*、相应的发送者公钥 $\mathrm{pk_s^*}$ 和标签τ^*给挑战者$\mathcal{C}$做密钥解封装查询。但$\mathcal{A}$可以提交密文 C^*和不同于 $\mathrm{pk_s^*}$ 的其他发送者公钥或不同于τ^*的其他标签给挑战者$\mathcal{C}$做密钥解封装查询
Guess （猜测）	$\mathcal{A}$输出一个比特 b'，如果 $b=b'$，则称$\mathcal{A}$在该游戏中获胜

$\mathcal{A}$在上述游戏中的优势定义为$\mathcal{A}\mathrm{dv}_{\mathcal{A},\mathrm{SC-tKEM}}^{\mathrm{IND}} \stackrel{\mathrm{def}}{=} |2\Pr[b=b']-1|$。如果在时间 t 内提交了 q_d 个密钥解封装查询后，$\mathcal{A}$以ε的优势赢得了 IND-CCA2-SCtKEM 游戏，则称$\mathcal{A}$（t,q_d,ε）攻破了 SC-tKEM 的基于恶意选择密钥的保密性。一个 SC-tKEM 体制具有基于恶意选择密钥的保密性，是指不存在多项式时间的攻击者能够以不可忽略的优势赢得 IND-CCA2-SCtKEM 游戏。

8.9.5 SC-KEM 与 SC-tKEM 的不可伪造性模型

与其保密性模型类似，下述基于恶意选择密钥的不可伪造性模型赋予了攻击者选择自己的挑战密钥的能力。

定义 8.7（基于恶意选择密钥的 SC-KEM 不可伪造性）：给定一个 SC-KEM 体制（KeyGen，KeyEnc，KeyDec），该体制的基于恶意选择密钥的不可伪造性安全模型是通过一个被称为 SUF-SCKEM 的游戏给出的。给定一个安全参数λ，该游戏在挑战者$\mathcal{C}$和攻击者$\mathcal{F}$之间交互完成，见表 8.6。

表 8.6 SC-KEM 基于恶意选择密钥的不可伪造性

SUF-SCKEM 游戏	
Setup（初始化阶段）	给定安全参数λ，挑战者$\mathcal{C}$运行密钥生成算法 KeyGen（1^λ）生成发送者公钥/私钥对（$\mathrm{pk}_\mathrm{s}^*,\mathrm{sk}_\mathrm{s}^*$），并将 pk_s^* 发送给攻击者$\mathcal{F}$，将 sk_s^* 秘密保存
Query（查询阶段）	攻击者$\mathcal{F}$可以在该阶段提交多项式个密钥封装查询。在每个查询中，$\mathcal{F}$提交一个接收者密钥对（$\mathrm{pk}_\mathrm{r},\mathrm{sk}_\mathrm{r}$），将公钥 pk_r 发送给挑战者$\mathcal{C}$。挑战者随后使用私钥 sk_s^* 和公钥 pk_r 执行密钥封装操作，得到$(K,C)=\mathrm{KeyEnc}(\mathrm{sk}_\mathrm{s}^*,\mathrm{pk}_\mathrm{r})$，并将 C 返回给$\mathcal{F}$，将（C,pk_r）添加到列表Σ中（该列表初始为空）
Output（输出阶段）	攻击者$\mathcal{F}$输出一个接收者公钥/私钥对（$\mathrm{pk}_\mathrm{r}^*,\mathrm{sk}_\mathrm{r}^*$）和一个密文 C^*。如果（$C^*,\mathrm{pk}_\mathrm{r}^*$）$\notin\Sigma$且 $\mathrm{KeyDec}(\mathrm{pk}_\mathrm{s}^*,\mathrm{sk}_\mathrm{r}^*,C^*)\neq\perp$，则称$\mathcal{F}$在该游戏中获胜

$\mathcal{F}$在上述游戏中的优势定义为$\mathcal{A}\mathrm{dv}_{\mathcal{F},\mathrm{SC-KEM}}^{\mathrm{SUF}} \stackrel{\mathrm{def}}{=} \Pr[\mathcal{F}\text{获胜}]$。如果在时间 t 内提交了 q_e 个密钥封装查询后，$\mathcal{F}$以优势ε赢得了 SUF-SCKEM 游戏，则称$\mathcal{F}$（t,q_e,ε）攻破了 SC-KEM 的基于恶意选择密钥的不可伪造性模型。一个 SC-KEM 体制具有基于恶意选择密钥的不可伪造性，是指不存在多项式时间的攻击者能够以不可忽略的优势赢得 SUF-SCKEM 游戏。对具有公开可验证性的 SC-KEM 体制来说，在该游戏的输出阶段攻击者$\mathcal{F}$只需要输出 pk_r^*，而不用输出 sk_r^*，这是因为在验证该密文的有效性时不需要使用接收者私钥 sk_r^*。

定义 8.8（基于恶意选择密钥的 SC-tKEM 不可伪造性）：给定一个 SC-tKEM 体制（tKeyGen，tKeyEnc，tKeyDec），该体制的基于恶意选择密钥的不可伪造性安全模型是通过一个被称为 SUF-SCtKEM 的游戏给出的。给定一个安全参数λ，该游戏在挑战者$\mathcal{C}$和攻击者$\mathcal{F}$之间交互完成，见表 8.7。

表 8.7 SC-tKEM 基于恶意选择密钥的不可伪造性

SUF-SCtKEM 游戏	
Setup（初始化阶段）	给定安全参数λ，挑战者$\mathcal{C}$运行密钥生成算法 tKeyGen（1^λ）生成发送者公钥/私钥对（$\mathrm{pk}_\mathrm{s}^*,\mathrm{sk}_\mathrm{s}^*$），并将 pk_s^* 发送给攻击者$\mathcal{F}$，将 sk_s^* 秘密保存

续表

SUF-SCtKEM 游戏	
Query（查询阶段）	攻击者$\mathcal{F}$可以在该阶段提交多项式个密钥封装查询。在每个查询中，$\mathcal{F}$提交一个接收者密钥对（pk_r,sk_r）和一个标签τ，将公钥 pk_r 和标签τ发送给挑战者$\mathcal{C}$。挑战者随后使用私钥sk_s^*、公钥 pk_r 和标签τ执行密钥封装操作，得到(K,C)=tKeyEnc（sk_s^*, pk_r, τ），并将 C 返回给$\mathcal{F}$，将（C,pk_r,τ）添加到列表Σ中（该列表初始为空）
Output（输出阶段）	攻击者$\mathcal{F}$输出一个接收者密钥对（pk_r^*, sk_r^*）、标签τ^*和一个密文 C^*。如果（C^*, pk_r^*, τ^*）$\notin\Sigma$且 tKeyDec（pk_s^*, sk_r^*, C^*, τ^*）$\neq\perp$，则称$\mathcal{F}$在该游戏中获胜

$\mathcal{F}$在上述游戏中的优势定义为$\mathcal{A}dv_{\mathcal{F},SC-tKEM}^{SUF} \stackrel{def}{=} \Pr[\mathcal{F}获胜]$。如果在时间 t 内提交了 q_e 个密钥封装查询后，$\mathcal{F}$以优势ε赢得了 SUF-SCtKEM 游戏，则称$\mathcal{F}$（t,q_e,ε）攻破了 SC-tKEM 的基于恶意选择密钥的不可伪造性模型。一个 SC-tKEM 体制具有基于恶意选择密钥的不可伪造性，是指不存在多项式时间的攻击者能够以不可忽略的优势赢得 SUF-SCtKEM 游戏。对具有公开可验证性的 SC-tKEM 体制来说，在该游戏的输出阶段攻击者$\mathcal{F}$只需要输出pk_r^*，而不用输出sk_r^*。

8.9.6 具体方案设计

本节描述一个 SC-tKEM 体制，可以证明该体制满足基于恶意选择密钥的保密性模型和基于恶意选择密钥的不可伪造性模型。该体制的安全性依赖于 CDH 假设、DBDH 假设和哈希函数的抗碰撞性。

定义 8.9（DBDH 问题）：假设 $a,b,c, z\in_R Z_p$，g 是阶为素数 p 的乘法循环群 G 的生成元。（t,ε）-DBDH 假设是说不存在算法$\mathcal{A}$能够在 t 时间内以优势ε将 4 元组（$g^a,g^b,g^c,e(g,g)^{abc}$）与 4 元组（$g^a,g^b,g^c,e(g,g)^z$）区分开来，其中$\mathcal{A}$优势定义为

$$\mathcal{A}dv_{\mathcal{A}}^{DBDH} = |\Pr[\mathcal{A}(g^a,g^b,g^c,e(g,g)^{abc})=1]-Pr[\mathcal{A}(g^a,g^b,g^c,e(g,g)^z)=1]|$$

定义 8.10（抗碰撞性）：令$\ell,\ell':\mathbb{N}\to\mathbb{N}$且$\ell(n)>\ell'(n)$，集合 $I\subseteq\{0,1\}^*$。一个函数集$\{H_s:\{0,1\}^{\ell(n)}\to\{0,1\}^{\ell'(n)}\}_{s\in I}$称为是抗碰撞的前提是：

① 存在概率多项式时间的算法以 $x\in\{0,1\}^{\ell(n)}, s\in I$ 为输入，输出 $H_s(x)$；

② 抗碰撞是难计算的。称 x, x'关于函数 H_s 是碰撞的是指 $H_s(x)=H_s(x')$，且 $x\neq x'$。抗碰撞性是指给定输入 s，任一概率多项式时间的算法能够找到 H_s 的碰撞的概率是可以忽略的。

如果不存在概率多项式的算法$\mathcal{A}$能够在 t 时间内以概率ε_{cr} 输出 x,x'使得 $H_s(x)=H_s(x')$, $x\neq x'$，则称$\{H_s\}_{s\in I}$是（t,ε_{cr}）抗碰撞哈希函数，即

$$\Pr[H_s(x)=H_s(x')\wedge x\neq x':s\in I;(x,x')\leftarrow\mathcal{A}(H_s)]<\varepsilon_{cr}$$

1. SC-tKEM 体制描述

令 G 和 G_T为阶为素数 p 的乘法循环群，g 为 G 的生成元，$e:G\times G\to G_T$为双线性映射，在群 G 中随机选取元素 $u',u_1,\cdots,u_n,f,h,v,w,z$，令 $G:\{0,1\}^*\to\{0,1\}^n$ 和 $H:\{0,1\}^*\to Z_p$ 为两个抗碰撞哈希函数。SC-tKEM 体制的具体描述如下。

（1）tKeyGen（1^λ）：密钥生成算法。选择 $x_s,x_r\in Z_p$，设发送者的私钥为 $sk_s=x_s$，公钥为

$pk_s=g^{x_s}$；接收者的私钥为 $sk_r=x_r$，公钥为 $pk_r=g^{x_r}$。

（2）tKeyEnc（sk_s,pk_r,τ）：密钥封装算法。它以发送者私钥 sk_s、接收者公钥 pk_r 和一个标签 τ 为输入，输出一个可用于数据封装机制的对称密钥 K 及关于密钥 K 和标签 τ 的封装密文 $C=(\sigma_1,\sigma_2,\sigma_3,\sigma_4)$。

① 随机选择 $k,r,\ell\in Z_p$，令 $\sigma_4=\ell$；

② 计算 $K=e(h,pk_r)^k,\sigma_1=g^k,\sigma_2=g^r,t_1=G(\sigma_1,\tau,\ell,pk_s,pk_r),t_2=H(\sigma_1,\sigma_2,\tau,pk_s,pk_r),\sigma_3=f^{x_s}(u'\Pi_{i\in T}u_i)^r\cdot(zv^{t_2}w^{\ell})^k$，其中 $T\subset\{1,2,\cdots,n\}$ 是使得 t_1 的第 i 个比特 $t_1[i]=1$ 的索引集合；

③ 令 $C=(\sigma_1,\sigma_2,\sigma_3,\sigma_4)$，输出（$K,C$）。

（3）tKeyDec(pk_s,sk_r,C,τ)：密钥解封装算法。它以发送者公钥 pk_s、接收者私钥 sk_r、封装密文 $C=(\sigma_1,\sigma_2,\sigma_3,\sigma_4)$ 和标签 τ 为输入，输出对称密钥 K 或错误标记⊥。

① 计算 $t_1=G(\sigma_1,\tau,\sigma_4,pk_s,pk_r)$, $t_2=H(\sigma_1,\sigma_2,\tau,pk_s,pk_r)$;

② 如果 $e(g,\sigma_3)=e(f,pk_s)\cdot e(\sigma_2,u'\Pi_{i\in T}u_i)\cdot e(\sigma_1,zv^{t_2}w^{\sigma_4})$，则输出 $K=e(\sigma_1,h^{x_r})$；否则输出⊥。

该体制的正确性容易验证，不再详述。体制中的 f^{x_s} 和 h^{x_r} 可由发送者和接收者分别通过预计算完成。此外，在密钥生成阶段也可以完成 $e(pk_r,h)$ 和 $e(f,pk_s)$ 的预计算。因此，密钥解封装时仅需 4 个配对运算。关于该体制的安全性有下述结论（具体证明略）。

（1）定理 8.3：设哈希函数 H 是（t,ε_{cr}）抗碰撞的。如果存在攻击者 $\mathcal{A}$ 能（t,q_d,ε）攻破该体制的基于恶意选择密钥的保密性，则存在算法 $\mathcal{B}$ 能够（t',ε'）求解 DBDH 问题，其中 $\varepsilon'\geqslant\frac{\varepsilon}{2}-\varepsilon_{cr}-\frac{q_d}{p}$，$t'\leqslant t+O(6q_d+n+12)T_e+O(6q_d)T_p$，$T_e$ 和 T_p 分别为 G 中的指数运算和配对运算的运行时间。

（2）定理 8.4：在基于恶意选择密钥的不可伪造性模型下，该体制是（t,q_s,ε）强不可伪造的，如果 Waters 数字签名是（$t+O(q_s),q_s,\frac{\varepsilon}{2}$）不可伪造的，哈希函数 H 是（t,ε_{cr}）抗碰撞的，且群 G 中的 CDH 假设是（$t+O(q_s),\frac{\varepsilon-\varepsilon_{cr}}{2q_s}$）成立的。

2. SC-tKEM 体制转换至 SC-KEM 体制

SC-tKEM 体制可以转换为 SC-KEM 体制，并且可以证明转换后的体制满足基于恶意选择密钥的保密性模型和基于恶意选择密钥的不可伪造性模型。

令 G 和 G_T 为阶为素数 p 的乘法循环群，g 为 G 的生成元，$e:G\times G\rightarrow G_T$ 为双线性映射，在群 G 中随机选取元素 $u',u_1,\cdots,u_n,f,h,v,w,z$，令 $G:\{0,1\}^*\rightarrow\{0,1\}^n$ 和 $H:\{0,1\}^*\rightarrow Z_p$ 为两个抗碰撞哈希函数。方案具体描述如下。

（1）KeyGen（1^{λ}）：密钥生成算法。选择 $x_s,x_r\in Z_p$，设发送者的私钥为 $sk_s=x_s$，公钥为 $pk_s=g^{x_s}$；接收者的私钥为 sk_r，公钥为 $pk_r=g^{x_r}$。

（2）KeyEnc（sk_s,pk_r）：密钥封装算法。它以发送者私钥 sk_s 和接收者公钥 pk_r 为输入，输出一个可用于数据封装机制的对称密钥 K 和关于密钥 K 的封装密文 $C=(\sigma_1,\sigma_2,\sigma_3,\sigma_4)$。

① 随机选择 $k,r,\ell\in Z_p$，令 $\sigma_4=\ell$；

② 计算 $K=e(h,pk_r)^k,\sigma_1=g^k,\sigma_2=g^r,t_1=G(\sigma_1,\ell,pk_s,pk_r)$, $t_2=H(\sigma_1,\sigma_2,pk_s,pk_r)$, $\sigma_3=f^{x_s}(u'\Pi_{i\in T}u_i)^r\cdot(zv^{t_2}w^{\ell})^k$，其中 $T\subset\{1,2,\cdots,n\}$ 是使得 t_1 的第 i 个比特 $t_1[i]=1$ 的索引集合；

③ 令 $C=(\sigma_1,\sigma_2,\sigma_3,\sigma_4)$，输出（$K,C$）。

（3）KeyDec（$\mathrm{pk_s},\mathrm{sk_r},C$）：密钥解封装算法。它以发送者公钥 $\mathrm{pk_s}$、接收者私钥 $\mathrm{sk_r}$ 和封装密文 $C=$（$\sigma_1,\sigma_2,\sigma_3,\sigma_4$）为输入，输出对称密钥 K 或错误标记⊥。

① 计算 $t_1=G(\sigma_1,\sigma_4,\mathrm{pk_s},\mathrm{pk_r})$, $t_2=H(\sigma_1,\sigma_2,\mathrm{pk_s},\mathrm{pk_r})$;

② 如果 $e(g,\sigma_3)=e(f,\mathrm{pk_s})\cdot e(\sigma_2,u'\Pi_{i\in T}u_i)\cdot e(\sigma_1,zv^{t_2}w^{\sigma_4})$，则输出 $K=e(\sigma_1,h^{x_r})$；否则输出⊥。

该体制的正确性容易验证，不再详述。关于该体制的安全性有下述结论（具体证明略）。

（1）定理 8.5：假设哈希函数 H 是（$t,\varepsilon_{\mathrm{cr}}$）抗碰撞的。如果存在攻击者 $\mathcal{A}$ 能（t,q_d,ε）攻破该体制的基于恶意选择密钥的保密性，则存在一个算法 $\mathcal{B}$ 能够（t',ε'）求解 DBDH 问题，其中 $\varepsilon'\geqslant\frac{\varepsilon}{2}-\varepsilon_{\mathrm{cr}}-\frac{q_d}{p}$，$t'\leqslant t+\mathrm{O}(6q_d+n+12)T_e+O(6q_d)T_p$，$T_e$ 和 T_p 分别为 G 中的指数运算和配对运算的运行时间。

（2）定理 8.6：在基于恶意选择密钥的不可伪造性模型下，该体制是（t,q_s,ε）强不可伪造的，如果 Waters 数字签名是（$t+O(q_s),q_s,\frac{\varepsilon}{2}$）不可伪造的，哈希函数 H 是（$t,\varepsilon_{\mathrm{cr}}$）抗碰撞的，且群 G 中的 CDH 困难假设是（$t+O(q_s),\frac{\varepsilon-\varepsilon_{\mathrm{cr}}}{2q_s}$）成立的。

本章小结

本章介绍了几类典型的具有特殊性质、特别应用背景的数字签名体制，描述了其设计技巧、定义及安全性需求。特别针对群签名和环签名的不足，介绍了面向群体的数字签名体制的最新进展：民主群签名和具有门限追踪性的民主群签名。本章还介绍了多重签名、数字签密及聚合签名的研究现状。

参考文献

[1] 毛文波. 现代密码学理论与实践[M]. 王继林, 等译. 北京: 电子工业出版社, 2004.

[2] ABE M, FUJISAKI E. How to date blind signatures[C]//International Conference on the Theory and Application of Cryptology and Information Security. Berlin & Heidelberg：Springer-Verlag, 1996: 56-71.

[3] BOLDYREVA A. Threshold signatures, multisignatures and blind signatures based on the gap-Diffie-Hellman-group signature scheme[C]//International Workshop on Public Key Cryptography. Berlin & Heidelberg：Springer-Verlag, 2003: 31-46.

[4] BONEH D, BOYEN X, SHACHAM H. Short group signatures[C]//Annual international cryptology conference. Berlin & Heidelberg: Springer-Verlag, 2004: 41-55.

[5] MICCIANCIO D, PETRANK E. Simulatable commitments and efficient concurrent zero-knowledge[C]// International Conference on the Theory and Applications of Cryptographic Techniques. Berlin & Heidelberg: Springer-Verlag, 2003: 140-159.

[6] BONEH D, HALEVI S, HOWGRAVE-GRAHAM N. The modular inversion hidden number problem[C]//

International Conference on the Theory and Application of Cryptology and Information Security. Berlin & Heidelberg: Springer-Verlag, 2001: 36-51.

[7] CHOON J C, CHEON J H. An identity-based signature from gap Diffie-Hellman groups[C]//International workshop on public key cryptography. Berlin & Heidelberg: Springer-Verlag, 2003: 18-30.

[8] CHAUM D, RIVEST R L, SHERMAN A T. Advances in Cryptology: Proceedings of Crypto 82[M]. Plenum Press, 1983.

[9] OKAMOTO T, CHAUM D, OHTA K. Direct zero knowledge proofs of computational power in five rounds[C] // Workshop on the Theory and Application of of Cryptographic Techniques. Berlin & Heidelberg: Springer-Verlag, 1991: 96-105.

[10] CHEN L, PEDERSEN T. New Group Signature Schemes (Extended Abstract) [C]//Advances in cryptology: proceedings of Eurocrypt 1994. Berlin & Heidelberg: Springer-Verlag, 1995: 1-12.

[11] JOUX A. A one round protocol for tripartite Diffie-Hellman[C]// Proc. Algorithmic Number Theory Symposium (ANTS-IV), 2000: 107-116.

[12] KIM Y, PERRIG A, TSUDIK G. Communication-Efficient Group Key Agreement[C]// Information Systems Security: proceedings of the 17th International Information Security Conference, Paris: Kluwer, 2001: 201-219.

[13] LIU J, WEI V, WONG D. Linkable Spontaneous Anonymous Group Signature for Ad Hoc Groups[C] // Australasian Conference on Information Security and Privacy. Berlin & Heidelberg: Springer-Verlag, 2004: 1-9.

[14] YOUN J I, EUN H J, KIM Y S. Fuzzy clustering for documents based on optimization of classifier using the genetic algorithm[C]//International Conference on Computational Science and Its Applications. Berlin & Heidelberg: Springer-Verlag, 2005: 10-20.

[15] NGUYEN P Q, SHPARLINSKI I E. On the insecurity of a server-aided RSA protocol[C]//International Conference on the Theory and Application of Cryptology and Information Security. Berlin & Heidelberg: Springer-Verlag, 2001: 21-35.

[16] ZHANG F, SAFAVI-NAINI R, SUSILO W. Efficient verifiably encrypted signature and partially blind signature from bilinear pairings[C]//International Conference on Cryptology in India. Berlin & Heidelberg: Springer-Verlag, 2003: 191-204.

[17] ZHENG D, LI X, MA C, ET AL. Democratic Group Signatures with Threshold Traceability [J]. IACR Cryptol. ePrint Arch., 2008: 1-15.

[18] LI X, ZHENG D, CHEN K, ET AL. Democratic group signatures with collective traceability[J]. Computers & Electrical Engineering, 2009, 35(5): 664-672.

[19] K. ITAKURA, K. NAKAMURA. A public-key cryptosystem suitable for digital multisignatures[J]. NEC Research and Development, 1983, 71: 1-8.

[20] BAGHERZANDI A, CHEON J H, JARECKI S. Multisignatures secure under the discrete logarithm assumption and a generalized forking lemma[C]//Proceedings of the 15th ACM conference on Computer and communications security, 2008: 449-458.

[21] ZHOU Y, QIAN H, LI X. Non-interactive CDH-based multisignature scheme in the plain public key model with tighter security[C]//International Conference on Information Security. Berlin & Heidelberg: Springer-Verlag, 2011: 341-354.

[22] BELLARE M, NEVEN G. Multi-signatures in the plain public-key model and a general forking lemma[C] // Proceedings of the 13th ACM conference on Computer and communications security, 2006: 390-399.

[23] QIAN H, XU S. Non-interactive multisignatures in the plain public-key model with efficient verification[J]. Information Processing Letters, 2010, 111(2): 82-89.

[24] MICALI S, OHTA K, REYZIN L. Accountable-subgroup multisignatures[C]//Proceedings of the 8th ACM

Conference on Computer and Communications Security, 2001: 245-254.
[25] BOLDYREVA A. Threshold signatures, multisignatures and blind signatures based on the gap-Diffie-Hellman-group signature scheme[C]//International Workshop on Public Key Cryptography. Berlin & Heidelberg: Springer-Verlag, 2003: 31-46.
[26] LU S, OSTROVSKY R, SAHAI A, ET AL. Sequential aggregate signatures and multisignatures without random oracles[C]//Annual International Conference on the Theory and Applications of Cryptographic Techniques. Berlin & Heidelberg: Springer-Verlag, 2006: 465-485.
[27] MA C, WENG J, LI Y, ET AL. Efficient discrete logarithm based multi-signature scheme in the plain public key model[J]. Designs, Codes and Cryptography, 2010, 54(2): 121-133.
[28] RISTENPART T, YILEK S. The power of proofs-of-possession: Securing multiparty signatures against rogue-key attacks[C]//Annual International Conference on the Theory and Applications of Cryptographic Techniques. Berlin & Heidelberg: Springer-Verlag, 2007: 228-245.
[29] BAGHERZANDI A, JARECKI S. Multisignatures using proofs of secret key possession, as secure as the Diffie-Hellman problem[C]//International Conference on Security and Cryptography for Networks. Berlin & Heidelberg: Springer-Verlag, 2008: 218-235.
[30] ZHENG Y. Digital signcryption or how to achieve cost (signature & encryption)+ cost (signature)+ cost (encryption)[C]//Annual international cryptology conference. Berlin & Heidelberg: Springer-Verlag, 1997: 165-179.
[31] 文毅玲. 聚合签名与数字签密技术研究[D]. 西安:西安电子科技大学.
[32] BAO F, DENG R H. A signcryption scheme with signature directly verifiable by public key[C]//International workshop on public key cryptography. Berlin & Heidelberg: Springer-Verlag, 1998: 55-59.
[33] LIBERT B, QUISQUATER J J. A new identity based signcryption scheme from pairings[C]//Proceedings 2003 IEEE Information Theory Workshop (Cat. No. 03EX674). IEEE, 2003: 155-158.
[34] CHOW S S M, YIU S M, HUI L C K, et al. Efficient forward and provably secure ID-based signcryption scheme with public verifiability and public ciphertext authenticity[C]// International conference on information security and cryptology. Berlin & Heidelberg: Springer-Verlag, 2003: 352-369.
[35] X. BOYEN. Multi-purpose identity based signcryption: a swiss army knife for identity-based cryptography[C]// Procedings of Advances in Cryptology-Crypto. Berlin & Heidelberg: Springer-Verlag, 2003: 383-399.
[36] BAEK J, STEINFELD R, ZHENG Y. Formal proofs for the security of signcryption[C]//International Workshop on Public Key Cryptography. Berlin & Heidelberg: Springer-Verlag, 2002: 80-98.
[37] MALONE-LEE J. Identity-based signcryption[J]. IACR Cryptol. ePrint Arch., 2002(98): 1-13.
[38] PATERSON K G, SCHULDT J C N, STAM M, et al. On the joint security of encryption and signature, revisited[C]//International Conference on the Theory and Application of Cryptology and Information Security. Berlin & Heidelberg: Springer-Verlag, 2011: 161-178.
[39] BENNETT C H, BRASSARD G, BREIDBART S, et al. Advances in Cryptology: Proceedings of Crypto'84[J]. Lecture Notes in Computer Science, 1982, 196: 475-483.
[40] DENT A W. Hybrid signcryption schemes with insider security[C]//Australasian Conference on Information Security and Privacy. Berlin & Heidelberg: Springer-Verlag, 2005: 253-266.
[41] ABE M, GENNARO R, KUROSAWA K, et al. Tag-KEM/DEM: A new framework for hybrid encryption and a new analysis of Kurosawa-Desmedt KEM[C]//Annual international conference on the theory and applications of cryptographic techniques. Berlin & Heidelberg: Springer-Verlag, 2005: 128-146.
[42] BJØRSTAD T E, DENT A W. Building better signcryption schemes with tag-KEMs[C]//International Workshop on Public Key Cryptography. Berlin & Heidelberg: Springer-Verlag, 2006: 491-507.

[43] LI X, QIAN H, YU Y, et al. Constructing practical signcryption KEM from standard assumptions without random oracles[C]//International Conference on Applied Cryptography and Network Security. Berlin & Heidelberg：Springer-Verlag, 2013: 186-201.
[44] LI X, QIAN H, YU Y, et al. Direct Construction of Signcryption Tag-KEM from Standard Assumptions in the Standard Model[C]//International Conference on Information and Communications Security. Berlin & Heidelberg: Springer-Verlag, Cham, 2013: 167-184.
[45] BONEH D, GENTRY C, LYNN B, et al. Aggregate and verifiably encrypted signatures from bilinear maps[C]//International conference on the theory and applications of cryptographic techniques. Berlin & Heidelberg: Springer-Verlag, 2003: 416-432.

问题讨论

1．试使用盲签名设计一个电子选举系统。

2．试使用部分盲签名设计一个电子支付系统。

3．试阐述动态群签名的含义。

4．举例说明可链接环签名的用途。

5．试对具有门限追踪性的民主群签名体制加以修改，增加一个追踪验证算法。

6．比较现有多重签名体制的安全模型和计算代价、签名长度。

7．试说明 SC-KEM（及 SC-tKEM）体制的保密性模型的强弱、不可伪造性模型的强弱。

8．尝试给聚合签名方案建立一个安全模型，并解释该模型的合理性。

第 9 章　抗泄露对称密码

内容提要

本章介绍密码学一个新兴的重要发展方向：抗泄露密码。传统的密码可证明安全性主要针对只看到密码算法输入/输出的攻击者，忽略了算法硬件实现时出现的物理信息泄露，这将导致很多理论上“固若金汤”的密码算法（如 AES、RSA 等）在现实生活中被轻易破解。本章主要以对称密码为例，介绍如何在理论和算法层面抵御和对抗以旁路攻击为代表的利用物理信息泄露的攻击，以及如何进一步获得可证明安全性。首先介绍抗泄露密码的一些基本概念与基础理论，系统综述和回顾了 2008 年以来出现的流密码算法的理论创新和证明关键技术与方法，同时剖析这些设计存在的缺陷与不足及其根本原因，并指出部分已发表的证明中存在的错误，以及这个方向上目前急待解决的重要公开问题；然后介绍了典型的旁路攻击方法，以及通用的掩码防护技术；最后，展望抗泄露对称密码算法的未来发展方向。

本章重点

- 熵的概念及其链式规则
- FOCS 2008/Eurocrypt 2009 抗泄露流密码
- CCS 2010/CHES 2012/CT-RSA 2013 抗泄露流密码
- 旁路攻击
- 掩码防护方法
- CRYPTO 2003 掩码方案

9.1 概述

旁路攻击[1,2,3]（Side-channel Attacks）是密码芯片当前面临最严重的安全威胁，它泛指绕过传统的可证明安全的攻击模型，转而有效利用密码芯片的物理泄露信息进行分析的攻击方法，这类方法通常在效率上会远远超越传统的密码分析方法。因此，从 20 世纪 90 年代开始，许多密码学家和电路工程师一直致力于研究在电路设计和实现层面能够有效抵御旁路攻击的措施，包括利用掩码、随机化指令执行顺序及专门的电路逻辑等方法，而评价这些措施的有效性往往需要进行大量的模拟性攻击试验。即便如此，也无法保证这些措施针对现有和未来可能出现的攻击方法的有效性，因而工业界更亲睐采取"不公开即安全"（Security-through-obscurity）的策略，这虽然在一定时间内可能起到保护作用，但与密码学"除密钥以外都不应保密"的 Kerckhoff 原则背道而驰，往往无法保证持续的（特别是在保护措施被公开以后）安全性。

2003 年，密码学家 Micali 和 Reyzin[4]提出了"物理可观察密码学"（Physically Observable Cryptography）的概念，其中归纳了旁路攻击中物理信息泄露所遵循的一些特征，他们建议将这些特征作为公理，运用于抵御旁路攻击的可证明安全算法的设计中。虽然文献[4]没有被当年的 CHES 会议所接受，而发表在隔年的 TCC 会议上，但事实证明，其中的一些公理，如"仅计算泄露"（Only Computation Leaks）为后来出现的抗泄露密码理论奠定了理论基础。

在 AsiaCCS 2008 年的年会上，Petite 等[5]首次提出了抵御旁路攻击的流密码算法，该算法的设计简洁高效，主要针对功耗分析等一些常见的旁路攻击手段，并且论证了在汉明重量和高噪声泄露等泄露模型下的安全性。然而，设计者没有给出标准模型（Standard Model）下可证明安全性的论证，其安全性无法推广到其他泄露模型和更一般的旁路攻击。

在 FOCS 2008 年的年会上，Dziembowski 与 Pietrzak[6]提出了"抗泄露密码"（Leakage-resilient Cryptography）的概念，后被用来泛指设计能够容忍或抵抗一定程度信息泄露的可证明安全的密码学算法与协议，它是对传统的黑盒模式可证明安全性的扩展。抗泄露密码将物理泄露方式抽象为信息论意义上的泄露函数，并在此基础上设计可证明安全的密码算法和协议，使得算法和协议的安全性独立于底层的硬件实现工艺和对手的旁路攻击手段，因而具有更高的安全性。然而，文献[6]中实际给出的可证明安全的抗泄露流密码算法存在某些函数（如随机数提取器）的规范未明确、密钥长度效率低，以及可证明安全紧致性差等问题，使该文献的实际应用价值大大低于其理论创新价值。同时，该文献也被指出在 FOCS 2008 论文集版本中存在一些问题。在 Eurocrypt 2009 年的年会上，Pietrzak[7]对流密码算法做了进一步简化，去除了 FOCS 2008 设计中的关键部件——随机数提取器，因此解决了函数规范未明确的问题，但仍未解决密钥长度效率低和可证明安全紧致性差的问题，其证明也被指出存在部分错误，会使以上存在的问题在一定程度上进一步恶化。

在 CCS 2010 年的年会上，郁等[8]提出了进一步简化和高效的抗泄露流密码设计，其在效率上与现实生活中采用基于 AES 等分组密码的流密码算法接近，具有很好的实际应用价值，然而该设计的可证明安全性是在随机预言（Random Oracle）模型下获得的，安全保障和说服力弱于标准模型下的结果，后来 Faust 等[9]在 CHES 2012 年的年会上证明了该设计在公共随机串（Common Random String，即公共参考串的一种特例情况）模型下也成立。换言之，该设计的可证明安全性在标准模型下也成立，但前提是要有（对手无法篡改的）公共随机数源。

在 CT-RSA 2013 年的年会上，郁和 Standaert[10]提出了一个新的抗泄露流密码算法，取消了之前设计中对公共随机数源的依赖，并给出了标准模型下的安全证明。该证明不同于常规的规约手段，而是采取双赢的证明策略，即证明如果该设计不成立，将导致如“单向函数蕴含公钥加密”等一些已知在黑盒模型下不可能成立的结论[11]，进而形成悖论，间接论证了算法的安全性，因此该证明同时具有较好的理论价值。

本章介绍抗泄露密码中的一些重要的概念、引理和定理；详细论述比较 FOCS 2008、Eurocrypt 2009、CCS 2010、CHES 2012 和 CT-RSA 2013 等抗泄露流密码的理论创新和设计缺陷；提出抗泄露流密码中一些尚未解决的公开问题、已经出现的新的发展趋势和未来的发展方向。

9.2 抗泄露密码的基本概念、定义与引理

在介绍具体的抗泄露密码算法之前，先介绍一些在抗泄露密码中常用的概念和函数，如各种熵的定义，以及能够从熵中提取接近均匀分布随机数的函数等，它们是抗泄露密码学可证明安全性的基础理论工具。

9.2.1 最小熵、Metric 熵、HILL 熵与不可预测熵

抗泄露密码中经常用到许多信息论中的概念及其推广，包括最小熵（Min-entropy）、Metric 熵（Metric Entropy）[12]、HILL 熵（HILL Entropy）[13]和不可预测熵（Unpredictability Entropy）[14]。其中除了最小熵是在信息论意义下的，其他熵都是在计算受限环境（Computational Setting）下被定义的，通常也被归类为计算熵（Computational Entropy）或伪熵（Pseudo-Entropy）。以下是这些熵的定义及其在抗泄露密码学中所表示的意义。

定义 9.1（最小熵）：随机变量 X 的最小熵定义为 $H_\infty(X) \stackrel{\text{def}}{=} -\log(\max_x \Pr[X = x])$。

首先，强调信息论中的香农熵（Shannon Entropy）在密码学中的应用价值不大，其物理意义是描述一个消息随机变量所携带的信息量的大小，而不是被对手成功预测概率的大小。例如，对于某个 n 比特随机变量 X，如果它取全零的概率为 1/2，而取其他值的概率都是 $1/(2^{n+1}-2)$，那么 X 仍具有约 $n/2$ 比特的香农熵，但这并不意味着 X 具有很高的不可预测性，因为聪明的对手可以选择可能性最大（即全零）的字符串就能获得 1/2 的成功率。这也是最小熵要对最大概率值取负对数而不是平均所有概率值的原因。

抗泄露密码中，应用最多的是平均意义下的最小熵。例如，一个随机均匀选取的 n 比特密钥 X，由于某种原因泄露了 t 比特（$t<n$）的信息，记作 $f(X)$。如果攻击者能够看到 $f(X)$，那么问题就是 X 还平均具有多少比特的最小熵（或是对手预测 X 的最大成功概率是多少）。这种情况下关于 X 的最小熵必须对所有 $f(X)$可能的取值按概率进行加权平均，因此被称为平均最小熵（Average Min-entropy），参考文献[15]对此给出了严格的定义。

定义 9.2（平均最小熵[15]）：对于联合随机变量（X, Z），X 关于 Z 的平均最小熵定义为

$H_\infty(X \mid Z) \stackrel{\text{def}}{=} -\log(E_{z \leftarrow Z} 2^{-H_\infty(X|Z=z)})$，其中符号 E 代表数学期望。

绝大多数抗泄露密码算法只要求对于计算受限的攻击者安全，因此有必要对熵的定义进行弱化，以得到更简单有效的抗泄露密码算法。对于最小熵，在计算受限环境下最常用的对应定义包括 Metric 熵与 HILL 熵。这两种熵的定义都用到两个随机变量相对于某个电路（或图灵机）的不可区分性（Indistinguishability），这里的电路只有一比特的输出（二进制 0 或 1），称为区分器（Distinguisher）。可以理解为当区分器觉得当前的输入来自第一个随机变量时输出 0，否则（如果它觉得输入来自第二个随机变量）输出 1。

定义 9.3（不可区分性）：随机变量 X 和 Y 被电路区分器（Circuit Distinguisher）D 区分的优势（Advantage）不超过ε，即满足$|\Pr[D(X)=1]-\Pr[D(Y)=1]| \leqslant \varepsilon$，记作 $\delta^D(X,Y) \leqslant \varepsilon$。

定义 9.4（Metric 熵[12]）：对于随机变量 X，如果对于任何大小不超过 s 的电路区分器 D，总存在一个最小熵≥n 比特的随机变量 Y，使 $\delta^D(X,Y) \leqslant \varepsilon$，那么称 X 具有 n 比特的 Metric 熵，记作 $H_{\varepsilon,s}^{\mathrm{M}}(X)=n$。

定义 9.5（HILL 熵[13]）：对于随机变量 X，如果存在一个最小熵≥n 比特的随机变量 Y，使得对于任何大小不超过 s 的电路区分器 D 都满足 $\delta^D(X,Y) \leqslant \varepsilon$，那么称 X 具有 n 比特的 HILL 熵，记作 $H_{\varepsilon,s}^{\mathrm{H}}(X)=n$。

从定义可以看出 Metric 熵与 HILL 熵的不同之处在于全称量词（Universal Quantifier）与存在量词（Existential Quantifier）之间的顺序做了调换，Barak 等在文献[12]中利用 min-max 定理证明了这两种熵的等价性，后者蕴含前者是显而易见的，但值得一提的是，将前者转换为后者，必须付出一定的代价。

引理 9.1（Metric 熵蕴含 HILL 熵[12]）：对于定义在 $\{0,1\}^n$ 上的随机变量 X，对于任意ε和 k，如果有 $H_{\varepsilon,s}^{\mathrm{M}}(X) \geqslant k$，则有 $H_{2\varepsilon,s'}^{\mathrm{H}}(X) \geqslant k$，其中，$s' \in \Omega(\varepsilon^2 s/n)$。

定义 9.6（不可预测熵[14]）：对于联合随机变量（X, Z），如果对于任何大小不超过 s 的电路 A 都满足 $\Pr[A(Z)=X] \leqslant 2^{-n}$，那么称 X 关于 Z 具有 n 比特的不可预测熵，记作 $H_s^{\mathrm{U}}(X)=n$。

如果把 X 看作密钥，把 Z 看作关于 X 的信息泄露，即 $Z=f(X)$，那么使用不可预测熵的定义可以比 Metric 熵和 HILL 熵涵盖更多的泄露函数 f，其原因是：一方面，如果 X 关于 Z 具有 n 比特的 Metric 熵或 HILL 熵，那么 X 关于 Z 也具有同样数量的不可预测熵（证明见参考文献[14]）；另一方面，可以构造一些反例使得 X 关于 Z 具有很高的不可预测熵，但 HILL 熵几乎为零，如当 X 是一个均匀分布且 $Z=f(X)$中的 f 是一个指数级困难的单向置换时。

9.2.2 最小熵的链式规则与密集模型定理

在抗泄露密码学中，常考虑的一个问题是：对于一个具有 n 比特熵的随机变量 X，在 X 泄露 t 比特的任意信息 $Z=f(X)$后，当攻击者看到 Z 时，X 剩余的熵有多少。解决该问题的引理通常称为链式规则（Chain Rule）。

如果以上问题中的熵指的是最小熵，那么答案是在给定 Z 的情况下，Z 仍具有$(n-t)$比特的平均最小熵，因此熵损失是理想的。

引理 9.2（最小熵的链式规则[15]）：对于联合随机变量（X, Z），其中 Z 可能的取值不超

过 2^t，那么它们之间的最小熵满足 $H_\infty(X|Z) \geqslant H_\infty(X,Z)-t \geqslant H_\infty(X)-t$ 的关系。

对于不可预测熵，熵损失也是理想的，其证明比较容易：在泄露 t 比特后，其不可预测性最多降低 t 比特，因为攻击者随机选取这 t 比特就有 2^{-t} 猜中的概率。

引理 9.3（不可预测熵的链式规则）：对于联合随机变量 (X,Z_1,Z_2)，其中 Z_2 可能的取值不超过 2^t，那么它们之间的不可预测熵满足 $H_s^{\mathrm{U}}(X|Z_1,Z_2) \geqslant H_s^{\mathrm{U}}(X|Z_1)-t$ 的关系。

关于 HILL 熵与 Metric 熵的链式规则，其证明的难度大大超出了不可预测熵与最小熵的情况。在 FOCS 2008 年的年会上，有两篇文章[6,16]独立地对这两种熵的链式规则做了证明，其结果被 Fuller 与 Reyzin[17]合并和优化。由于 HILL 熵与 Metric 熵的等价性，这里只给出 Metric 熵的链式规则，该定理也称为密集模型定理（Dense Model Theorem）。

引理 9.4（Metric 熵的链式规则）[6,16,17]：对于联合随机变量（X, Z），其中 Z 可能的取值不超过 2^t，那么它们之间的 Metric 熵满足 $H_{\varepsilon\cdot 2^t,s}^{\mathrm{M}}(X|Z) \geqslant H_{\varepsilon,s}^{\mathrm{M}}(X)-t$ 的关系。

9.2.3 随机数提取器、通用哈希函数族及剩余哈希引理

由熵的链式规则与密集模型定理可知：对于某个随机变量 X（如密钥），当 X 由于某种情况泄露了 t 比特信息后，X 的熵最多降低 t 比特信息。虽然熵的损失是理想的，但泄露后的 X 已不再是统计或计算意义上的随机均匀分布，因此需要使用函数从 X 中提取接近均匀分布的随机数，这种函数称为随机数提取器（Randomness Extractor）[15]。在给出随机数提取器的定义之前，先给出统计距离（Statistical Distance）与计算距离（Computational Distance）的定义。

定义 9.7（统计距离、计算距离）：X 与 Y 之间的统计距离是所有区分器 D 从它们之间得到的最大优势，即

$$\mathrm{SD}(X,Y) \stackrel{\text{def}}{=} \max_D \left|\Pr[D(X)=1]-\Pr[D(Y)=1]\right|$$

X 与 Y 之间在电路大小 s 上的计算距离，是所有大小不超过 s 的区分器能够从它们之间得到的最大优势，即

$$\mathrm{CD}_s(X,Y) \stackrel{\text{def}}{=} \max\mathrm{size}(D) \leqslant s \left|\Pr[D(X)=1]-\Pr[D(Y)=1]\right|$$

统计距离可看作一种特殊的计算距离，即 $\mathrm{SD}(X,Y)=\mathrm{CD}_\infty(X,Y)$。通常把 $\mathrm{CD}_s(X,Y) \leqslant \varepsilon$ 叫作 X 是 $(\varepsilon,s)-$接近 Y。

定义 9.8（强随机数提取器[15,18]）：对于函数 Ext，如果对任何满足 $H_\infty(X|Z) \geqslant k$ 的联合随机变量（X, Z）和独立均匀分布的种子 S，都能满足在给出 Z 的条件下（Conditioned on Z），（Ext(X,S), S）是 $(\varepsilon,\infty)-$接近均匀分布，那么称函数 Ext 是一个 $(\varepsilon,k)-$强平均随机数提取器（Strong Average-case Randomness Extractor）。

根据定义，可以利用随机数提取器从具有较高最小熵的随机变量中提取接近均匀分布的随机数。同时，根据 HILL 熵（及 Metric 熵）与最小熵在计算意义下的不可区分性，强随机数提取器也可用于含有较高 HILL 熵（或 Metric 熵）的随机源。以下引理可以通过简单的三角不等式得到证明。

引理 9.5（从 Metric 熵源中提取随机数[17]）：对于 $(\varepsilon_1,k)-$强平均随机数提取器 Ext，以及满足 $H_{\varepsilon_2,s}^{\mathrm{M}}(X|Z) \geqslant k$ 的联合随机变量（X,Z）和独立均匀分布的随机种子 S，在给出 Z 的条

件下，必然有（Ext(*X*,*S*), *S*）是$(\varepsilon_1+\varepsilon_2, s-s_{\text{ext}})$－接近均匀分布，其中$s_{\text{ext}}$是函数 Ext 的电路大小。

虽然有很多构造随机数提取器的方法，但在实际应用中，最高效的构造方法是通过通用哈希函数族（Universal Hash Function Family）实现的，其定义如下所述。

定义 9.9（通用哈希函数族[19]）：用 Ext(·, *S*)表示一族函数，其中不同的 *S* 值对应不同的函数，且对于每个固定的 *S* 值，Ext·, *S*)都是一个$\{0,1\}^n \to \{0,1\}^m$的函数映射。如果对于任意两个 $x_1 \neq x_2$，都满足$\Pr_S[\text{Ext}(x_1,S)=\text{Ext}(x_2,S)]=2^{-m}$，其中概率空间是在均匀分布的 *S* 上取值，那么称 Ext(·, *S*)是一个通用哈希函数族。

下面介绍剩余哈希引理，它大致说明哈希函数族是一个强随机数提取器。

引理 9.6（剩余哈希引理，Leftover Hash Lemma[13]）：如果 Ext(·, *S*)是一个输出长度为 *m* 的通用哈希函数族，那么 Ext 是(ε,k)－强平均随机数提取器，其中ε, m, k满足关系$\varepsilon \leqslant 2^{(m-k)/2}$。

如果要从不可预测熵中提取计算意义上接近均匀分布的随机数，就必须使用可重建随机数提取器（Reconstructive Extractor），这里的证明需要用到 Goldreich-Levin 定理[20]。实际上某些函数（如向量与 Toeplitz 矩阵相乘）既是通用哈希函数族，又是可重建随机数提取器。

9.3 抗泄露流密码算法的设计

在介绍了抗泄露密码学的基础概念与理论后，下面介绍如何构造抗泄露流密码算法。简而言之，流密码（Stream Cipher）就是将一个短（如长度为 128 比特）密钥 *K* 扩展为与消息长度相同（甚至任意长度）的密钥流的确定性函数，这样加密（或解密）就可以通过消息（密文）流与密钥流之间的比特位异或（Bitwise XOR）实现，类似一次一密，是对称密码中常用的一种算法。

在介绍抗泄露流密码算法前，先介绍在无泄露情况下流密码的安全定义。图 9.1 所示为两种流密码算法。其中，图 9.1（a）所示为基于分组加密算法，图 9.1（b）所示为基于双倍长度伪随机产生器（Length-doubling Pseudorandom Generator）。

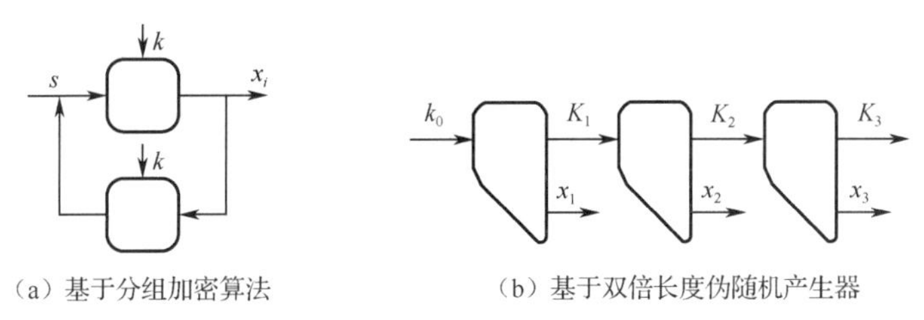

（a）基于分组加密算法　　（b）基于双倍长度伪随机产生器

图 9.1　两种流密码算法

定义 9.10（伪随机产生器）：如果确定性函数$g:\{0,1\}^n \to \{0,1\}^m (n<m)$是多项式时间可计算的，且计算距离满足条件$\text{CD}_s(g(U_n),U_m) \leqslant \varepsilon$，其中$U_n$和$U_m$分别代表长度为 *n* 和 *m* 比特长度为的均匀分布，那么称 *g* 是(ε,s)安全的伪随机产生器。当$m=2n$时，称 *g* 是双倍长度伪随机产生器。标准定义下的伪随机产生器要求以上计算距离对于某超多项式 *s* 和可忽略函数ε成立。

为了便于描述，通常将流密码周而复始的计算按“轮”（Round）进行划分，如图 9.1 所示的流密码算法在第 1, 2, 3,⋯, i 轮分别进行计算并输出 $x_1,x_2,x_3,\cdots,x_i$ 。在此基础之上，可以给出流密码算法的黑盒（即无泄露下的）安全定义。

定义 9.11（流密码黑盒安全性）：称流密码算法 $\mathrm{SC}(k)=(x_1,x_2,x_3,\cdots,x_i,\cdots)$ 是 (i,ε_i,s_i) 安全的，当且仅当密钥 k 是均匀分布时，所产生的前 i 轮的输出分布 $(X_1,X_2,\cdots,X_i)$ 满足 $\mathrm{CD}_{s_i}((X_1,\cdots,X_i),U_{\mathrm{in}})\leqslant\varepsilon_i$ ，其中 U_{in} 代表长度为 in 比特的均匀分布。同样地，标准定义下的安全性要求对于任意多项式大小的 i（即 $i\in\mathrm{poly}(n)$，其中 n 为安全参数），都存在一个超多项式 s_i 和可忽略函数 ε_i ，使得以上计算距离不等式成立。

显然，在黑盒模型下很容易证明流密码算法的安全性，以图 9.1（b）中的流密码算法为例，可以运用混合证明（Hybrid Argument）的技巧得到如下定理。同样，也可以证明图 9.1（a）的流密码算法的安全性。

定理 9.1（图 9.1（b）中流密码算法的黑盒安全性）：如果图 9.1（b）中的双倍长度伪随机产生器是 (i,ε,s) 安全的，那么由它构成的流密码算法是 $(i,i\cdot\varepsilon,s-(i-1)\cdot s_g)$ 安全的，其中 s_g 是计算一次伪随机产生器所需的电路大小。

在旁路攻击等泄露环境下，以上两种流密码算法的安全性就没那么显而易见了。特别是在图 9.1（a）中，每一轮中分组加密算法都使用相同密钥对不同明文进行加密操作，这很容易导致对手使用差分功耗分析（DPA）等手段有效恢复出密钥。而图 9.1（b）中的每一轮都对当前的状态（密钥）进行更新，似乎对泄露具有一定的抵抗能力，但如何给出其抗泄露的证明似乎也不容易。因此，有必要进一步研究如何在泄露环境下给出安全性的严格定义并提供证明。

9.3.1 FOCS 2008/Eurocrypt 2009 抗泄露流密码

在 FOCS 2008 年的年会上，Dziembowski 与 Pietrzak[6]提出了第一个抗泄露流密码算法，之后 Pietrzak 又在 Eurocrypt 2009 年的年会[7]上提出了简化方案。图 9.2 对这两种算法做了统一描述和比较，首先这两种算法都采取“轮流提取”（Alternating Extraction）的结构，不同之处在于盒子中函数的实现，前者使用一个伪随机产生器（图中标记为 prg）加上一个强随机数提取器（图中标记为 Ext），后者将该函数简化为弱伪随机函数（图中标记为 wPRF）。初始密钥被分成大小相同的 k_0 与 k_1，它们与公共随机数（随机的初始向量）x_0 一起构成初始状态，流密码的计算同样以轮为单位，在每一轮（不妨设为第 i+1 轮）中，状态 (k_i,k_{i+1},x_i) 被更新至 $(k_{i+1},k_{i+2},x_{i+1})$ ，并且将 x_{i+1} 作为流密码在这一轮的输出，如此循环往复，输出密钥流 $x_1,x_2,\cdots,x_i,\cdots$ 。

上述两种流密码算法同时采用了“仅计算泄露”“有限泄露”“连续泄露”3 个模型，并且泄露函数是攻击者“可适应性（Adaptive）选取”的。下面逐一介绍这 3 个模型。首先，仍然以第 i+1 轮为例，注意到 k_{i+1} 在这一轮计算中没有被用到，按照 Micali 和 Reyzin 的“仅计算泄露”原则，电路某一时段（或某一轮）内的泄露只依赖于该时段内被访问和使用的数据，因此假设这一轮中的泄露仅依赖于另一半的秘密状态 k_i 和其他的一些公共信息（如 x_i 等）。其次，进一步将泄露方式抽象为一个以 k_i 为输入的任意（多项式时间内可计算）泄露函数，但要求函数的输出长度必须小于 k_i 的长度（如果输出长度可以与密钥长度相等，那么攻击者可以让函数输出密钥本身），这就是“有限泄露”。最后，虽然每一轮中的泄露长度是有限的，但泄露可以持续在每一轮中发生，称为“连续泄露”。并且在每一轮开始前，攻击者可以自由选取泄露函数，只要满足有限泄露的长度限制，称为“自适应性泄露”。

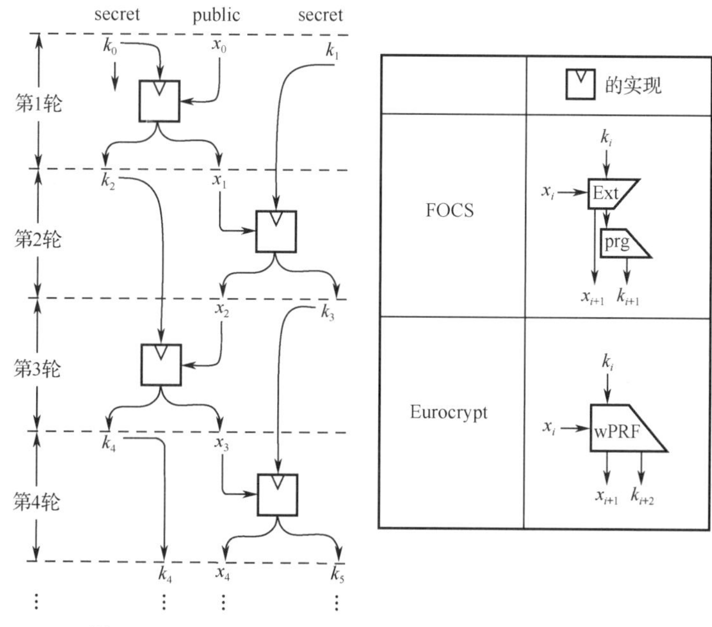

图 9.2　FOCS 2008 / Eurocrypt 2009 抗泄露流密码算法

下面介绍抗泄露安全性的定义，与黑盒无泄露条件下不同，在攻击者看到泄露的情况下，不能再要求整个输出与均匀分布不可区分，因为某一轮泄露可能刻画了该轮输出的一些特征（如某比特，或是某字节的汉明重量），攻击者很容易利用这些特征将其与均匀分布的随机数区别开来。Dziembowski 和 Pietrzak 给出了抗泄露安全性定义，即对于任意多项式大小 i，在攻击者观察了 i–1 轮的连续泄露（注意第 i 轮的泄露不包括在内）后，任何计算受限的攻击者都无法将第 i 轮的输出 X_i 与随机均匀分布进行区分。

定义 9.12（流密码抗泄露安全性）：以图 9.2 中的流密码算法$\mathrm{SC}(k_0,k_1,x_0)=(x_1,x_2,\cdots,x_i,\cdots)$为例，称该算法是$(i,\varepsilon_i,s_i)$安全的，当且仅当密钥$(k_0,k_1)$是均匀分布时，所产生的前 i 轮的输出和泄露，记为随机变量$(X_1,\cdots,X_i,L_1,\cdots,L_i)$，其计算距离满足条件为$\mathrm{CD}_{s_i}((L_1,\cdots,L_{i-1},X_1,\cdots,X_{i-1},X_i),(L_1,\cdots,L_{i-1},X_1,\cdots,X_{i-1},U_n))\leqslant\varepsilon_i$，其中$U_n$代表长度为 n 比特的均匀分布。同样地，标准定义下的安全性要求对于任意多项式大小 i（即$i\in\mathrm{poly}(n)$，其中 n 为安全参数），都存在一个超多项式s_i和可忽略函数ε_i，使得以上计算距离不等式成立。

Dziembowski 与 Pietrzak 提出的构造存在一些问题，首先他们没有明确应该使用何种 Ext 函数。Standaert 在文献[21]中指出，引入 Ext 函数不仅造成效率上的降低，而且其本身也可能变成新的泄露源和攻击者的目标。此外，文献[6]的 FOCS 论文集版本中也存在一些错误，即其 Theorem 5.2（对应本文的引理 9.1）中的区分器不能是确定性地输出 0 或 1，而必须是确定性地输出在实数[0,1]范围内的或是概率性输出为 0 或 1 的，目前已做出修正。

接下来着重介绍 Pietrzak 在 Eurocrypt 2009 年的年会上给出的简化构造，他将 FOCS 2008 中的复杂函数模块简化为弱伪随机函数 wPRF。简而言之，弱伪随机函数是一种特别的伪随机函数，它只要求在均匀随机选取输入（而非让攻击者任意选取）的情况下，函数相对应的输出与均匀随机数计算不可区分。

定义 9.13（弱伪随机函数）：对函数 $F:\{0,1\}^n \times \{0,1\}^n \to \{0,1\}^{2n}$，其中函数的第一个输入为密钥 K，第二个输入为 X，即 $F(K,X)$。如果 F 对于均匀随机选取的密钥 K 和输入 $(X_1,\cdots,X_q)$，其输出满足 $\mathrm{CD}_s((X_1,\cdots,X_q,F(K,X_1),\cdots,F(K,X_q)),(X_1,\cdots,X_q,U_{nq}))\leqslant \varepsilon$，那么称 F 为 (ε,s,q) 安全的。标准定义下的安全性要求 s 和 ε 分别是关于安全参数的超多项式函数和可忽略函数。

定理 9.2（Eurocrypt 2009 抗泄露流密码算法）：在图 9.2 所示的 Eurocrypt 2009 抗泄露流密码算法中，假设其使用了 $(\varepsilon,s,n/\varepsilon)$ 安全的弱伪随机函数 F，并满足 $\varepsilon \geqslant n\cdot 2^{-n/3}$ 和 $n\geqslant 20$，且假设每轮的泄露比特数量 $\lambda \leqslant \lg(1/\varepsilon)/6$，那么该流密码是 (i,ε_i,s_i) 安全的，其中 $s_i = s\varepsilon^2/2^{\lambda+5}n^3$，$\varepsilon_i \leqslant 8i\cdot \varepsilon^{1/12}$。

实际给出的证明较为复杂，这里具体以某一轮为例来阐述其证明思路。以第 4 轮为例，其使用的秘密状态 k_3 由于在第 2 轮中存在部分泄露（注意第 3 轮中 k_3 没有被使用，因此也没有相应于 k_3 的泄露），对于攻击者来说 k_3 不再具有与随机均匀分布之间的不可区分性。然而，由于每一轮的泄露最多只有 λ 比特，根据 Metric 熵的链式规则（见引理 9.4），k_3 仍具有至少 $(n-\lambda)$ 比特的 Metric 熵。根据引理 9.5，FOCS 2008 构造中使用强随机数提取器 Ext（将 x_3 作为随机种子）作用于具有很高 Metric 熵的 k_3 可以获得计算意义上接近均匀分布的输出 (x_5,k_5)，从而论证了第 4 轮的抗泄露安全性 $(4,\varepsilon_4,s_4)$，并且可以将证明推广到轮数为 i 的一般情况。Pietrzak 在文献[7]中给出的流密码算法并未使用强随机数提取器，而是采用弱伪随机函数，他的一个重要贡献在于证明了弱伪随机函数是计算意义上的随机数提取器，其严格表述如下。

引理 9.7（文献[7]中的 Lemma 2）：对于任意 $\alpha > 0$，如果函数 F 是一个密钥长度为 n 比特的 (ε,s,q) 安全的弱伪随机函数，那么当密钥是从任意最小熵不少于 $n-\alpha$ 的随机变量中选取时，F 仍具有 (ε',s',q') 的安全性，其中参数满足

$$q \geqslant q'\cdot t;\quad 2^{\alpha+1}\cdot\left(\varepsilon + 2\exp\left(-\frac{t\cdot\varepsilon'^2}{8}\right)\right)\leqslant \varepsilon';\quad s\geqslant s'\cdot t，\text{其中 } t \text{ 是任意自然数。}$$

以上引理的错误之处在于 $\exp\left(-\dfrac{t^2\cdot\varepsilon'^2}{8}\right)$，正确的结果是 $\exp\left(-\dfrac{t\cdot\varepsilon'^2}{8}\right)$，错误源于文献[7]的证明中对 Hoeffding 不等式的不正确运用，同样的错误也出现在该文献的引理 9.7 中，这里不再赘述。目前指出的这个错误已经获得作者承认，但作者尚未给出修复后的结果。以下是 Dodis 和郁在文献[22]中给出的更优结果。

引理 9.8[22]：在假设与引理 9.7 相同的情况下，F 仍具有 (ε',s',q') 的安全性，且这些参数只需满足以下两者之一（其中 t 是任意自然数），即

- $q\geqslant q'\cdot 2$；$2^{\alpha}\cdot\varepsilon \leqslant \varepsilon'^2$；$s\geqslant s'\cdot 3$；
- $q\geqslant q'\cdot t$；$2^{\alpha+1}\cdot\varepsilon\leqslant\varepsilon'\cdot\left(1-\exp\left(-\dfrac{t\cdot\varepsilon'^2}{8}\right)\right)$；$s\geqslant s'\cdot(2t-1)$。

上面介绍了 FOCS 2008 和 Eurocrypt 2009 两种具有开创性的抗泄露流密码算法，并在仅计算泄露、有限泄露、连续泄露和自适应泄露结合的泄露模型下，给出了算法对抗泄露的可

证明安全性。当然，这些算法也存在一些缺陷，如密钥长度效率差、安全紧致性差等。以文献[7]为例（见定理 9.2），假设密钥长度为 128 比特，那么弱伪随机函数最多可以具有的不可区分性 $\varepsilon \geqslant 2^{-64}$，而所得到的抗泄露流密码的安全性最多只有 $\varepsilon_i \approx 2^{-64/12} = 2^{-5.3}$，并且由于在引理 9.7 中指出的错误，这个值实际上还达不到，因此它的可证明安全性对于一般的密钥长度是没有实际意义的。另一个问题是有限泄露模型与实际的旁路攻击中的泄露模型还有一定的差距。

9.3.2 CCS 2010/CHES 2012/CT-RSA 2013 抗泄露流密码

郁等人在 CCS 2010 的文献[8]中构造出一个简化的更接近自然的抗泄露流密码，如图 9.3 所示，它在随机预言模型下的构造实际等同于图 9.1（b）所示的算法。该算法通过反复调用双倍长度的伪随机产生器 $G(k_i) = (k_{i+1}, x_{i+1})$ 生成密钥流 $x_1, x_2, \cdots$。因为这里没有将密钥一分为二，所以每轮泄露 L_i 都是当前状态 k_i 的函数，即没必要使用“仅计算泄露”假设。并且这里假设 G 是一个随机预言（见定义 9.14），使得每一轮中的泄露不仅可以让攻击者自适应选取，还没有长度限制，只需满足对于任意多项式大小的电路攻击者，在得到 L_i 为输入的情况下，其成功恢复 k_i 的概率是可忽略的，这个泄露假设被称为“辅助输入泄露”（Auxiliary Input Leakage）。可以看出这个假设是泄露的最弱假设（Minimum Assumption），即对于任何能够有效恢复 k_i 的攻击者都无法保障安全性。证明也比较容易，即根据随机预言的定义，在看到之前的泄露 $L_1, \cdots, L_{i-1}$ 的情况下，某一轮的输出 x_i 是均匀分布的，除非攻击者能够从 $L_1, \cdots, L_{i-1}$ 中恢复出 $k_0, k_1, \cdots, k_{i-1}$ 中的任何一项。

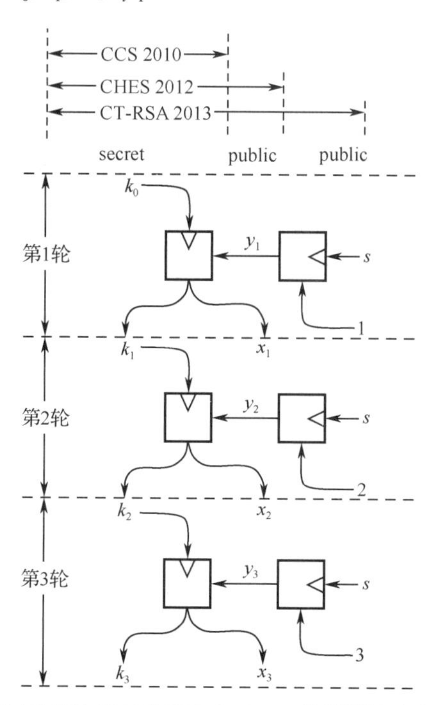

图 9.3 CCS 2010 / CHES 2010 / CT-RSA 2013 抗泄露流密码算法的统一描述

定义 9.14（随机预言）：G 是一个随机预言，当且仅当对于不同的输入，其输出都是相互无关且均匀分布的随机数，而对任意两次相同的输入，其输出总是相同的。

定理 9.3（CCS 2010 抗泄露流密码算法[8]）：在图 9.3 所示的 CCS 2010 抗泄露流密码算法 $\mathrm{SC}(k_0)$ 中，假设使用的函数 G 是一个随机预言，且对于任何电路大小为 s 的攻击者在观察每轮泄露 L_i 后成功恢复 k_{i-1} 的概率都不超过ε，则认为该流密码是 $(i, i\cdot\varepsilon, s)$ 安全的。

以上流密码算法不仅可以抵抗攻击者自适应选取的泄露，而且没有长度限制，证明紧致性也高，但不足之处是可证明安全性是在随机预言模型（Random Oracle Model，ROM）下获得的，安全保障和说服力弱于标准模型下的结果。实际上，文献[8]还蕴含了另一个在公共随机串模型下的可证明安全性，这在 CHES 2012 年的年会上也得到了 Faust 等[9]的证明，这里的公共随机串是指设计的算法本身可以使用一串长的公共随机数（图 9.3 中的 $y_1, y_2, \cdots$）作为输入。但泄露模型做了调整，每一轮泄露必须是有限泄露（不超过 λ 比特），且是非自适应的，即泄露函数的选取必须事先固定。以第 i 轮为例，其泄露 L_i 可以是关于 k_{i-1} 和 y_i 的任意（输出长度不超过λ比特）函数，但不能依赖于任何未被使用的公共随机数 $y_{i+1}, y_{i+2}, \cdots$，这也是合乎现实的。

定理 9.4（CHES 2012 抗泄露流密码算法[9]）：在图 9.3 所示的 CHES 2012 抗泄露流密码算法 $\mathrm{SC}(k_0, y_1, y_2, \cdots)$ 中，假设其使用 $(\varepsilon, s, 2)$ 安全的弱伪随机函数 F 来反复更新状态 $(k_{i+1}, x_{i+1}) := F(k_i, y_{i+1})$，且每轮的泄露数量不超过$\lambda$比特，则认为该流密码是 (i, ε_i, s_i) 安全的，其中 $s_i \in \Omega(2^{3\lambda}\varepsilon\cdot s/n)$，$\varepsilon_i \leqslant i\cdot\sqrt{2^{3\lambda}\varepsilon}$。

以上定理的证明与 FOCS 2008 和 Eurocrypt 2009 抗泄露流密码的算法类似。以第 i 轮为例，其秘密状态 k_{i-1} 由于在前一轮中泄露了λ比特，根据 Metric 熵的链式规则，k_{i-1} 仍具有至少 $(n-\lambda)$ 比特的 Metric 熵。根据引理 9.8，使用弱伪随机函数 F（将 y_i 作为随机种子）作用于 k_{i-1} 可以获得计算意义上接近均匀分布的输出 (x_i, k_i)，从而论证了第 i 轮的抗泄露安全性 (i, ε_i, s_i)。

CHES 2012 抗泄露流密码的缺点在于要求使用很长的（与需要产生的密钥流长度相同）公共随机串，这在很多实际应用中是不现实的。针对这个问题，郁与 Standaert[10]在 CT-RSA 2013 年的年会上提出了一个改进的算法。其主要思想是：利用伪随机函数 F_2，以随机种子 s 为密钥，作用于不同的输入 $1,2,3,\cdots$,以获得相应的伪随机数替代 CHES 2012 中的随机数 $y_1, y_2, y_3, \cdots$。由于伪随机函数 F_2 的输出与均匀分布随机数之间的计算不可区分性，不难在定理 9.4 的基础上证明该算法的安全性，然而，条件是 s 必须保密。这显然在泄露环境中是无法保证的，文献[10]的创新在于证明了即使完全公开 s 也不会影响抗泄露密码算法的安全性。

定理 9.5（CT-RSA 2013 抗泄露流密码算法[10]）：在图 9.3 所示的 CT-RSA 2013 抗泄露流密码算法 $\mathrm{SC}(k_0, s)$ 中，假设其使用 $(\varepsilon, s, 2)$ 安全的弱伪随机函数 F 来反复更新状态 $(k_{i+1}, x_{i+1}) := F(k_i, y_{i+1})$，并使用 (ε, s, i) 安全的伪随机函数 F_2 来产生 $(y_1, y_2, \cdots, y_i) := (F_2(s,1), F_2(s,2), \cdots, F_2(s,i))$，且每轮关于 k_i 的泄露信息不超过λ比特，那么即使在公开 s 的情况下，该流密码也是 (i, ε_i, s_i) 安全的，其中 $s_i \in \Omega(2^{3\lambda}\varepsilon\cdot s/n)$，$\varepsilon_i \leqslant i\cdot\sqrt{2^{3\lambda}\varepsilon}$。

下面给出定理 9.5 的主要证明思路。首先不难从定理 9.4 推出在 s 保密的条件下定理 9.5 的结论成立，即在攻击者看到 $\sigma = (y_1, \cdots y_i, L_1, \cdots L_{i-1}, x_i, \cdots x_{i-1})$ 的情况下 (k_i, x_i) 与长度为 $2n$ 比特的均匀随机分布（记为 U_{2n}）是计算不可区分的。然后采取反证法，假设在 s 公开后该计算不可区分性不成立，即存在常数 c 和多项式可计算的区分器 D 使得以下不等式成立：

$$\Pr[D(\sigma, (k_i, x_i)) = 1] - \Pr[D(\sigma, r) = 1] \geqslant n^{-c}$$

那么可以利用区分器D构造一个 A 与 B 之间的单比特公钥加密算法，如图 9.4 所示。首先，A 随机选取私钥$\mathrm{sk}=s$，并将对应的公钥$\mathrm{pk}=(y_1,\cdots,y_i)$发给 B；然后，B 随机选取消息 b，并根据 b 的不同取值计算相应的密文(σ,r)，再发给 A；最后，A 利用区分器 D 对(σ,r)进行解密得到明文b'。注意信道上的安全性是由s保密时(k_i,x_i)与均匀随机数的计算不可区分性来保证的，而 A 能够成功解密消息的概率为

$$\begin{aligned}
&\Pr[b=b'] \\
&=\underbrace{\Pr[b=1]}_{1/2}\cdot\Pr[b'=1\,|\,b=1]+\underbrace{\Pr[b=0]}_{1/2}\cdot\underbrace{\Pr[b'=0\,|\,b=0]}_{1-\Pr[b'=0|b=0]} \\
&=\frac{1}{2}(1+\Pr[b'=1\,|\,b=1]-\Pr[b'=1\,|\,b=0]) \\
&=\frac{1}{2}(1+\Pr[D(\sigma,(k_i,x_i))=1]-\Pr[D(\sigma,r)=1]) \\
&\geqslant\frac{1}{2}(1+n^{-c})
\end{aligned}$$

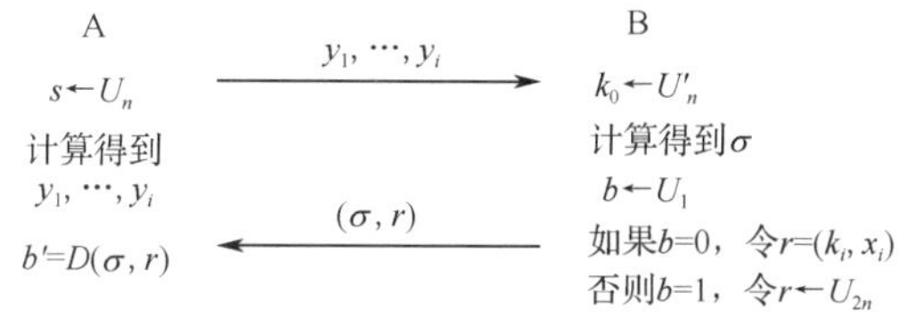

A B

$s\leftarrow U_n$ $\xrightarrow{y_1,\cdots,y_i}$ $k_0\leftarrow U'_n$

计算得到 $y_1,\cdots,y_i$

计算得到σ

$b\leftarrow U_1$

$b'=D(\sigma,r)$ $\xleftarrow{(\sigma,r)}$

如果$b=0$，令$r=(k_i,x_i)$

否则$b=1$，令$r\leftarrow U_{2n}$

图 9.4 如何基于区分器D构选 A 和 B 之间的单比特公钥加密算法

上述成功率可以进一步通过并行重复（Parallel Repetition）增加到无限接近 1。这意味着可以从伪随机函数构造公钥加密算法，但与文献[11]中的从单向函数（伪随机函数与单向函数是等价的）到公钥加密算法的黑盒不可能性相矛盾，从而得出了证明。

9.4 旁路攻击

本节主要介绍两种典型的旁路攻击方法——简单功耗分析（Simple Power Analysis，SPA）和差分功耗分析（Differential Power Analysis，DPA）。以上两种方法都利用密码算法运行中的功耗泄露进行攻击。首先以 RSA 签名方案为例来介绍简单功耗分析。虽然 RSA 签名方案不属于对称密码，但它可以较为直观地帮助读者初步理解旁路攻击并认识简单功耗分析的局限性，从而进一步了解入本节的重点：差分功耗分析。

9.4.1 简单功耗分析

数字签名的目的是保证消息的真实性和完整性。签名属于非对称密码算法，整个方案至少包含两个密钥：私有的签名密钥d和公共的验证密钥e。RSA 签名方案包括下述 3 个过程。

（1）密钥生成。随机产生两个大素数p和q，计算$N\leftarrow pq$和$\varphi(N)\leftarrow(p-1)(q-1)$，先选取一个整数$e$作为公共的验证密钥，满足$\gcd(e,\varphi(N))=1$，再选择一个整数$d$作为私有的签名密钥，满足$de \bmod \varphi(N)=1$。

（2）签名。RSA 签名方案使用先哈希再签名的形式，对于一个待签名的消息 message，

首先利用安全哈希算法 hash(·) 计算消息的散列值 $m \leftarrow \text{hash(message)}$，然后计算签名 $t \leftarrow m^d \bmod N$。

（3）验签。若 $t^e \bmod N = 1$，则验证通过。

在上述运算中，签名过程使用了保密的签名密钥 d，而签名过程最重要的组成部分则是模幂运算，即计算 $m^d \bmod N$。为了保证安全性，签名密钥 d 通常是一个比较大的数，常用的长度包括 1024 比特到 4096 比特，因而不能直接采用底数连乘的方式来实现（即连续计算 d 个 m 的模乘）模幂。一个比较经典的高效模幂 $t \leftarrow m^d \bmod N$ 计算方法如下所示：

① 令 n 为签名密钥 d 的二进制长度；

② 初始化 t 为 1；

③ i 从 n 到 1 依次循环；

④ 计算 $t \leftarrow t^2 \bmod N$；

⑤ 如果 d 的第 i 位为 1，则计算 $t \leftarrow mt \bmod N$；

⑥ 输出 t。

该方法循环 n 次并依次检测 d 的每一位，每次循环调用模平方和模乘操作——第 j 次循环时，若 d 的第 j 位为 1，则产生一个模平方和模乘运算；若该位为 0，则只产生一个模乘运算。由于模平方和模乘在功耗上的表现往往是不同的，攻击者可以利用此特点来区分这两个运算，并依次识别签名密钥 d 的各个比特值。

如图 9.5 所示，将密码算法一次运行所产生的功耗信息表示为一条功耗曲线，曲线的横坐标为时间，纵坐标为功耗值，则曲线上的某一点即为某个时刻的瞬时功耗值。功耗曲线中的低电平可以识别为平方（Square）操作，高电平则对应乘法（Multiply）操作。一个低电平和一个高电平在一起表示 d 的某一位比特为 1；而两个连续的低电平则说明前一个低电平对应的比特为 0。上述攻击方法对椭圆曲线上的签名算法也同样适用。

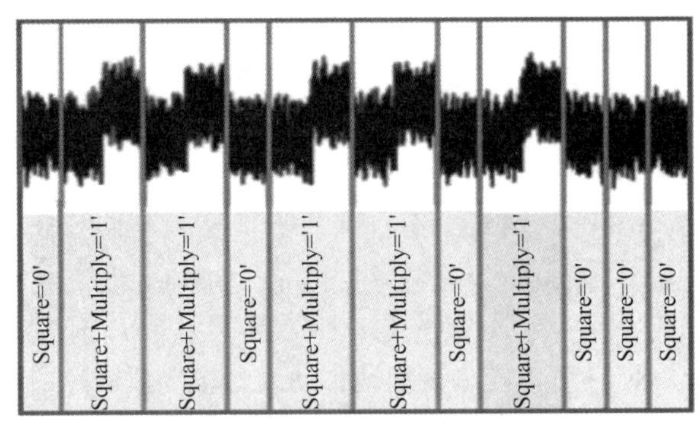

图 9.5　通过功耗曲线区分乘法和平方操作

（图片来自文献[22]）

简单功耗分析也能对对称密码体制产生威胁，典型的简单功耗分析可以针对密钥扩展阶段来进行。但是，对称密码算法的运行速度通常较快，与密钥相关的运算中间值往往在功耗上的表现不太明显。因此，对于对称密码算法的简单功耗分析，一般只有对低端处理器（如 8 位 AVR 处理器等）才有比较大的成功概率。因为低端处理器运行速度较慢，旁路噪声相对较小。

由以上分析可以看出，简单功耗分析要求功耗泄露与密码算法中的操作过程或中间值有直接（甚至一一对应）的联系，并且旁路噪声不能过大。而在更多情况下，功耗泄露信息往往混杂着大量噪声，导致功耗泄露和操作过程（或中间值）几乎没有直接的联系。因此，简单功耗分析就不能满足分析的要求了，下面介绍攻击能力更强的差分功耗分析。

9.4.2 差分功耗分析

差分功耗分析是最常用、最有效的旁路攻击方法之一。即使功耗曲线中存在大量的噪声，差分功耗分析也可以利用统计学的方法进行密钥恢复攻击。差分功耗分析首先利用分而治之的思想将被攻击的（轮）密钥分为若干子密钥（Partial Key），然后穷举各个子密钥的值，通过功耗信息来验证并找到正确的子密钥。因为子密钥的穷举空间远远小于整个密钥空间，所以穷举子密钥一般在计算上是可行的。例如，当一个子密钥为 8 比特时，它只有 256 种可能性。因此，如何通过功耗信息来找到正确的子密钥成为一个需要解决的问题。

具体来说，可以多次运行密码算法，记录明/密文和功耗曲线，然后根据猜测的子密钥和明/密文将功耗曲线分为两类，只需比较两类功耗曲线的均值，即可判断猜测是否正确。因此，如何根据猜测的密钥和明/密文来分类功耗曲线成为关键。

一般情况下，需要选择一个密码运算过程的中间比特，根据这个比特是 0 或 1 来对功耗曲线进行分类。为了保障攻击的有效性，选择的中间比特的值应至少满足以下两个特点：

① 由子密钥和密码算法的输入或输出决定；

② 影响功耗泄露。

显然，如果子密钥猜测正确，那么功耗曲线的分类就可以正确对应中间比特的 0 或 1 可能性。

下面介绍软件（在微处理器上）实现的 AES-128 加密的典型中间比特选取策略。AES-128 第一轮的轮密钥就是其主密钥，因而只需恢复第一轮轮密钥。根据 AES-128 的计算过程，容易按照 S 盒的对应关系将第一轮的轮密钥分为 16 个子密钥，其中每一个子密钥与相应的明文异或后进入 S 盒。此时，对于某个子密钥来说，可以选择对应 S 盒输出的最高（或最低）比特，这个比特中间值具备以下特点：

① 只由子密钥和明文决定；

② 由于处理器的特性，对于总线或寄存器中的值，其最高（或最低）比特对功耗影响往往是最大的。

那么，就可以选择该中间比特值作为差分功耗分析的中间值，并根据它来对功耗曲线进行分类。

最后，还需注意，在实际的攻击中，直接采集到的功耗曲线往往不能直接用于差分功耗分析。主要有两个原因：曲线对齐问题和曲线中泄露信息的质量问题，下面分别进行说明。

① 曲线对齐问题。根据上述分析，可以知道差分功耗分析需要计算每个曲线分类的均值曲线，其前提条件是中间比特在曲线的固定位置泄露。而在实际的旁路攻击中，由于密码实现时序的随机性及旁路采集触发误差，中间比特在曲线上泄露位置的分布也有一定随机性。这就要求在采集到功耗曲线后，应想办法对曲线进行对齐操作——左右平移每一条曲线，使得中间比特的泄露位置对应到一起。典型的对齐方法往往利用曲线上一些比较明显有规则的功耗模式，如明/密文进入/离开加密模块所产生的高电压信号等。当然，这需要假设在对齐这些功耗模式后，相应的泄露位置也能够（在一定程度上）对齐。

② 曲线中泄露信息的质量问题。直接采集到的功耗曲线中一般存在大量“不必要”的噪声，之所以称为“不必要”，是因为可以利用一些信号处理技术来消除它们。例如，可以直接利用数字低通的方式过滤高频噪声。这就要求在采集到功耗曲线后，应对曲线进行降噪处理，从而保证较好的攻击效果。当然，该阶段很难消除所有的旁路噪声，只能期望噪声尽可能少，从而有助于后续使用更少的曲线进行分析，以提高攻击效率。

差分功耗分析使用多条功耗曲线进行密钥恢复攻击，可以把l条功耗曲线表示为一个$l \times n$矩阵 $\boldsymbol{T}$，其中矩阵的第i行$T(i,:)$代表第i条功耗曲线，第j列$T(:,j)$代表多条曲线上第j时刻的功耗值。将功耗曲线对应的输入（明/密文）记为向量$\boldsymbol{x}$。根据以上思路，差分功耗分析包括如下步骤：

（1）采集多条功耗曲线 $\boldsymbol{T}$，每条曲线对应一次加/解密算法的运行，并使用不同的明/密文x。

（2）进行各种预处理操作，如曲线对齐、低通及主成分提取等。为了简化符号，预处理后的功耗曲线仍记为$\boldsymbol{T}$。

（3）根据密码算法的结构，把密钥分为若干子密钥，对于第j个子密钥，执行下述流程。

① 根据密码算法的结构，选择某个计算过程中的中间比特值作为攻击目标。一般情况下，这个目标中间比特值应由子密钥和明文决定。例如，对于 AES-128 来说，其中间值可以选择第一轮某个S盒输出的最高或最低比特，它是由 8 比特的轮密钥和 8 比特的明文共同决定的。把计算中间比特的函数表示为$f(x(i),k_j)$,其中$x(i)$为第i条功耗曲线对应的输入，k_j为子密钥。

② 穷举子密钥k_j的所有情况，对于一个密钥猜测，执行下述流程。

首先，计算不同曲线对应的中间比特$f(x(i),k_j)$，并依据该比特值将功耗曲线分为两个集合。然后，对分类后的曲线在集合内分别计算均值，得到两条均值曲线（对应中间比特 0 或 1 可能）$\hat{t}_0^{k_j}$和$\hat{t}_1^{k_j}$，并计算其差值$\hat{t}^{k_j} = \left|\hat{t}_0^{k_j} - \hat{t}_1^{k_j}\right|$，找到差值曲线上最大的点$m^{k_j} = \arg\max_m \hat{t}^{k_j}(m)$。

差值最大时，相应的子密钥取值即为攻击所得到的密钥，即

$$k_{\text{guess}_j} = \arg\max_{k_j} \hat{t}^{k_j}(m^{k_j})$$

差分功耗分析很好地弥补了简单功耗分析易受噪声影响的问题。但是，由上述分析可以发现，差分功耗分析在攻击过程中实际只使用了一比特的泄露，不能有效地利用多比特中间值的泄露，如 AES-128 第一轮S盒输出的 8 比特。显然，同单比特相比，多比特中间值的攻击效果往往更加显著，所用的功耗曲线也相对较少。为了能够使用多个中间比特，Eric Brier 等[24]在 2004 年提出了相关功耗分析（Correlation Power Analysis，CPA）方法。他们在差分功耗分析的框架下，利用功耗模型（如汉明重量）将中间值映射到相应的功耗估计值，再用皮尔森相关系数代替均值差来判断猜测子密钥的正确性。

9.5 掩码防护技术

掩码技术，又称保密电路，是旁路攻击防护的核心手段，也是抗泄露密码学的重要组成部分。掩码技术也可以看作秘密共享和安全多方计算在抗泄露领域的发展与延伸。令d为正整

数，非正式地讲，掩码技术通过一个随机编码算法Enc(·)将每个与密钥相关的信息（设为x）随机编码为$(d+1)$个掩码：$\{x_1,x_2,\cdots,x_{d+1}\}\leftarrow \mathrm{Enc}(x)$，并保证任意$d$个掩码的泄露与真实的秘密信息$x$无关。本节先介绍掩码技术的基本定义和安全模型，再介绍典型的掩码方案。

9.5.1 基本定义

本节中的电路是指广义上计算模型中的电路，与狭义的电子电路有所不同。电路包括确定性电路和随机电路，一个确定性电路对应一个多输出布尔函数$h:\{0,1\}^l \rightarrow \{0,1\}^{l'}$，并表示为一个有向无环图。有向无环图的每个节点称为门（Gate），它是一个基本比特操作（如与、或、异或等）；每个边传输单比特，称为线（Wire）。对于一个确定性电路C和输入x，从输入开始依次计算各个门，并通过线来传输计算的中间值，最终可以得到这个确定性电路的输出，记为$C(x)$。

随机电路在确定性电路的基础上引入了一种特殊的门，称为随机门。随机门的特征是输入线的数量为0（即没有任何输入），输出一个服从$\{0,1\}$上均匀分布的比特。类似地，随机电路对应了多输出随机布尔函数。综上所述，确定性电路和随机电路统称为电路，对于同一个输入，确定性电路的输出是确定不变的，而随机电路每次运行的输出则可能不同。

一个电路的复杂程度通常用下述两个量化指标来衡量。

（1）规模（Size）：电路中门的数量。

（2）深度（Depth）：输入到输出所经过最多的门数。深度可以衡量计算一个电路所需的最短时间。

基于以上定义，任意多输出（随机）布尔函数$h:\{0,1\}^l \rightarrow \{0,1\}^{l'}$，总可以被一个规模为$O(l'2^l)$、深度为$O(l)$的电路$C$所计算。

一个电路在计算中往往会出现旁路泄露，导致其中的一个或多个中间量被攻击者获得。泄露的位置可以是（一个或多个）门或线。

- 线泄露：一个线上传输的比特。
- 门泄露：一个门对应的输入输出线上传输的比特。

因此，一个门泄露可以看成是连接到这个门的多个线的泄露。在本节中，为了简化模型，只考虑线泄露，即只在线上传输的中间比特值泄露。

显然，当电路的输入不同时，线中传输的比特值可能也不同。并且，由于随机门的存在，当电路是随机电路时，即便输入相同，线中传输的比特值也不一定是固定的。因此，需要对线和线上的值进行区分。本质上，一个线对应了一个随机变量，每次电路运行时线上的值对应了这个随机变量的取值。基于此，对于一个电路C，记$C_P(x)$为电路中的一个线的集合P在输入为x时的取值的随机变量。易知，若电路C是确定性的，则$C_P(x)$可以看作x的一个多输出布尔函数；若电路C是随机的，则$C_P(x)$可以看作x的一个多输出随机布尔函数。

由于旁路信息的特殊性，几乎无法阻止电路在计算过程中的泄露。但是，可以限定攻击者最多获得d比特的中间值。那么d就可以看作一种安全参数——d越大，允许泄露的比特中间值越多，也就越安全。这种思路形成了一种名为探针模型（Probing Model）的旁路泄露模型。在该模型下，假设攻击者可以利用极其精细的探针来“刺探”电路在运行过程中的某（些）比特，刺探的比特越多，攻击的成本越高。实际上，各种其他的旁路攻击，如功耗攻击、电磁分析等，都可以在理论上规约为探针攻击——在探针模型下安全的电路，可以被证明也具备一定抵抗其他旁路攻击的能力。

掩码就是一种把任何电路转换成在探针模型下安全的随机电路的技术。以下给出其正式的定义。

定义 9.15（掩码编译器）：对输入l比特，输出l'比特的电路 C，一个掩码编译器是一个三元组$(\mathrm{Enc}, T, \mathrm{Dec})$。

- 编码器$\mathrm{Enc}: \mathrm{GF}(2) \to \mathrm{GF}(2)^{d+1}$是一个掩码编码过程，它把$C$的每个输入比特随机编码成一组掩码，每组包含$(d+1)$个掩码，其中$d$为一个称为安全阶数的正整数。
- 电路编译器T：它是一个电路编译过程，其输入是电路 C，输出是一个随机电路$\hat{C}$。其中$\hat{C}$的输入是l组掩码，输出是l'组掩码，每组包括$(d+1)$个掩码。
- 解码器$\mathrm{Dec}: \mathrm{GF}(2)^{d+1} \to \mathrm{GF}(2)$是一个掩码解码过程，它把$\hat{C}$输出的每一组掩码解码到对应的比特输出中。

如果以下条件满足，就称$(\mathrm{Enc}, T, \mathrm{Dec})$是一个保密电路编译器，且$\hat{C}$是一个$d$阶保密电路，或称$\hat{C}$在探针模型下是$d$阶安全的。

- 正确性：对于任何输入$x \in \mathrm{GF}(2)^l$，有$\mathrm{Dec}(\hat{C}(\mathrm{Enc}(x))) = C(x)$。
- 保密性：对于任何输入$x \in \mathrm{GF}(2)^l$和一个中间值集合 P 满足$|P| \leqslant d$，总有$\hat{C}_p(\mathrm{Enc}(x))$的分布与输入$x$无关。

下面讨论如何设计满足以上定义的掩码编译器。

9.5.2 掩码方案

本节介绍由 Yuval Ishai，Amit Sahai 和 David A. Wagner[25]在 CRYPTO 2003 年的年会上提出的最基本的掩码方案——ISW 方案（根据 3 个发明人姓氏首字母命名）。ISW 方案采用如下编码器 Enc 和解码器 Dec。

- 编码器$\mathrm{Enc}: \mathrm{GF}(2) \to \mathrm{GF}(2)^{d+1}$。对于任意$x \in \mathrm{GF}(2)$，$(x_1 \cdots x_{d+1}) \leftarrow \mathrm{Enc}(x)$，满足$x = x_1 \oplus \cdots \oplus x_{d+1}$且$(x_1 \cdots x_{d+1}) \in (\mathrm{GF}(2) \cdots \mathrm{GF}(2))$。Enc 的构造方式可以是选择$d$个独立且均匀分布的随机比特$r_1 \cdots r_d$，令$(x_1 \cdots x_d) = (r_1 \cdots r_d)$，然后令$r_{d+1} = x \oplus r_1 \oplus \cdots \oplus r_d$。将采用这种编码器的掩码方案称为布尔掩码。
- 解码器$\mathrm{Dec}: \mathrm{GF}(2)^{d+1} \to \mathrm{GF}(2)$计算$x \leftarrow x_1 \oplus \cdots \oplus x_{d+1}$。

下面介绍 ISW 方案中电路编译器T的构造，它采用“分而治之”的方法把密码算法 C 转到探针模型下d阶安全的$\hat{C}$。密码算法可以表示为一个只包含与（AND）和异或（XOR）操作的电路，那么只要把 AND 和 XOR 转化到相应的d阶安全的掩码操作$\widehat{\mathrm{AND}}$和$\widehat{\mathrm{XOR}}$，再组合多个掩码操作即可得到$\hat{C}$。$\widehat{\mathrm{AND}}$和$\widehat{\mathrm{XOR}}$的定义如下所述。

- $\widehat{\mathrm{XOR}}$：$\mathrm{GF}(2)^{d+1} \times \mathrm{GF}(2)^{d+1} \to \mathrm{GF}(2)^{d+1}$。对于任意$(x_1 \cdots x_{d+1}) \in (\mathrm{GF}(2) \cdots \mathrm{GF}(2))$，$(y_1 \cdots y_{d+1}) \in (\mathrm{GF}(2) \cdots \mathrm{GF}(2))$，产生$z_1 \cdots z_{d+1}$，满足$(x_1 \oplus \cdots \oplus x_{d+1}) \oplus (y_1 \oplus \cdots \oplus y_{d+1}) = z_1 \oplus \cdots \oplus z_{d+1}$。
- $\widehat{\mathrm{AND}}$：$\mathrm{GF}(2)^{d+1} \times \mathrm{GF}(2)^{d+1} \to \mathrm{GF}(2)^{d+1}$。对于任意$(x_1 \cdots x_{d+1}) \in (\mathrm{GF}(2) \cdots \mathrm{GF}(2))$，$(y_1 \cdots y_{d+1}) \in (\mathrm{GF}(2) \cdots \mathrm{GF}(2))$，产生$z_1 \cdots z_{d+1}$，满足$(x_1 \oplus \cdots \oplus x_{d+1})(y_1 \oplus \cdots \oplus y_{d+1}) = z_1 \oplus \cdots \oplus z_{d+1}$。

另外，为了保障组合之后的 d 阶安全性，不同的掩码操作之间需要插入多个掩码刷新操作 Refresh。

- Refresh： $GF(2)^{d+1} \to GF(2)^{d+1}$ 。对于任意 $(x_1 \cdots x_{d+1}) \in (GF(2) \cdots GF(2))$，随机产生 $y_1 \cdots y_{d+1}$，满足 $x_1 \oplus \cdots \oplus x_{d+1} = y_1 \oplus \cdots \oplus y_{d+1}$。

下面介绍 $\widehat{AND}$ 及 Refresh 的构造。首先编码器 Enc 对应的 $(d+1)$ 个掩码对于 XOR 是同态的，因而 $\widehat{XOR}$ 可以转化为针对各个掩码的 XOR。具体来说，对任意 $1 \leqslant i \leqslant d+1$，有 $z_i = x_i \oplus y_i$。

同 XOR 相比，$\widehat{AND}$ 相对复杂，因为编码器 Enc 对应的 $(d+1)$ 个掩码对于 AND 操作不是同态的。ISW 方案中的 $\widehat{AND}$ 如下：

对于 $1 \leqslant i < j \leqslant d+1$，随机采用一个均匀分布的比特 $r_{i,j}$；

对于 $1 \leqslant i < j \leqslant d+1$，计算 $r_{j,i} \leftarrow (r_{i,j} \oplus x_i y_i) \oplus x_j y_i$；

对于 $1 \leqslant i \leqslant d+1$，计算 $z_i \leftarrow x_i y_i \oplus \sum_{i \neq j} r_{i,j}$ 。

而掩码刷新操作 Refresh 可以采用如下方式：

对于 $1 \leqslant i < d+1$，随机采用一个均匀分布的比特 r_i；

对于 $1 \leqslant i < d+1$，令 $z_i \leftarrow r_i$；

计算 $z_{d+1} \leftarrow x_{d+1} \oplus \sum_{i=1}^{d} (x_i \oplus r_i)$ 。

可以证明，以上的 $\widehat{AND}$、$\widehat{XOR}$ 及 Refresh 都是在探针模型下 d 阶安全的。详细证明过程可以参考 Yuval Ishai, Amit Sahai 及 David A. Wagner 的论文[25]。虽然 ISW 方案在理论上给出了一个通用的抗泄露防护方案，但在实用性上主要存在以下两个需要改进的方向。

① 把密码算法拆分成 AND 和 XOR 再进行掩码转换的方式代价较高。例如一个 AES S 盒就可以拆分成 100 多个 AND 和 XOR 操作，如果简单地逐一进行掩码转化，相应的软件实现代价将是不带掩码实现的几百倍（后者只需要一次查表即可）。在 2010 年，Matthieu Rivain 等[26]提出，AND 操作的带掩码实现同样可以扩展到有限域上，从而可以大大提高某些密码算法（如 AES 等）的掩码实现效率。

② 掩码硬件实现的安全问题。组合逻辑电路的一个特点是无法保证其内部运算的次序。例如对于计算 $y \leftarrow (x_1 \oplus x_2) \oplus x_3$ 的组合逻辑实现，其硬件实现结构如图 9.6 所示。图中首先计算 $x_1 \oplus x_2$，然后把结果和 x_3 进行异或，得到 y。但在实际运行中，x_1、x_2 和 x_3 的信号有可能不是同时到达的，这时如果 x_2 和 x_3 的信号先到达，而 x_1 仍为 0，则会导致结果 y 的值首先是 $0 \oplus x_2 \oplus x_3$，然后当 x_1 信号到达时，结果 y 的值再变为 $y \leftarrow x_1 \oplus x_2 \oplus x_3$，而这个短暂出现 $y \leftarrow 0 \oplus x_2 \oplus x_3$ 的过程称为 Glitch。Glitch 会导致组合逻辑中掩码运算次序出现预想不到的错误，一个解决的办法是在每一步运算后加入寄存器，以保证运算的次序，但会降低实现效率。

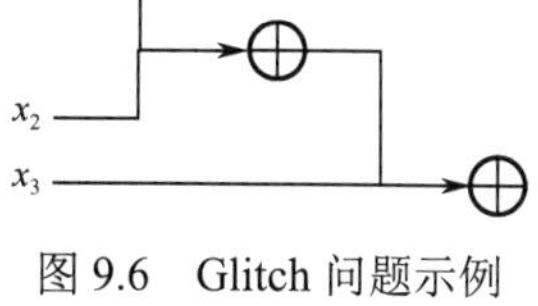

x_1 x_2 x_3

图 9.6　Glitch 问题示例

9.6 抗泄露密码的未来发展趋势

综观目前所有出现的标准模型下的可证明安全抗泄露流密码算法，除了随机预言模型下的流密码算法，其他普遍存在证明紧致性差的问题。通过对该问题的深入研究，发现其根源在于泄露的假设模型本身而并非证明的技巧。简而言之，在密钥信息部分泄露的假设下，目前已知的唯一证明手段是通过运用 Metric 熵或 HILL 熵的链式规则（即密集模型定理），该定理具有一定的局限性，如无可避免的安全损失、必须量化的密钥泄露上界和只是在非均匀复杂度（Non-uniform Complexity）模型下成立的证明。针对这些问题，Standaert，Pereira 和郁[27]在 CRYPTO 2013 年的年会上给出了一个新的密码泄露假设，该假设的创新是避免使用复杂的链式规则，而采用可模拟泄露的手段，去除对泄露数量上界的限制，使得证明的安全性与模拟泄露的不可区分性直接相关，大大减少了规约中的安全损失，并且该结果在均匀复杂度模型下也成立。该假设的不足之处是仅局限于分组密码算法和（基于分组密码算法的）流密码算法，且如何高效构造泄露模拟器也是密码研究工作者需要进一步探索的问题。

目前，抗泄露流密码的一大挑战是如何构造辅助输入泄露和连续泄露相结合模型下的可证明安全的流密码算法。“有限泄露”模型的现实性一直是有争议的，因为在一个典型的旁路攻击（如功耗分析）中，攻击者获得的泄露的长度往往不受限，而是与密钥长度相等甚至更长（如芯片的功耗波形需要巨大的存储空间），唯一的要求是在得到泄露的情况下攻击者无法逆推出密钥，这被称为辅助输入泄露模型，并且应当允许算法在多轮运算中连续泄露每一轮不同的密钥状态。这是抗泄露流密码尚未解决的一个公开问题。

展望未来，抗泄露流密码的发展方向是设计简洁的、能够在硬件（特别是 IC 芯片）上高效实现的、具有符合现实意义的泄露模型的、在标准模型下（特别是均匀复杂度模型下）可证明紧安全的且安全性可以通过试验验证（Empirically Verifiable）的抗泄露流密码算法。

本 章 小 结

本章介绍了 2008 年以来出现的主要抗泄露流密码算法，包括其泄露模型、基础概念和安全性定义、理论创新和证明技巧，以及不足与缺陷，分析了不足的本质原因及现有模型的缺点，并介绍了旁路攻击及掩码防护技术，最后介绍了未解决的公开问题及未来的发展方向。

参 考 文 献

[1] KOCHER P. Timing attacks on implementations of Diffie-Hellman, RSA, DSS, and other systems. In: Proceedings of Advances in Cryptology-Crypto 1996: 104-113, Springer.

[2] KOCHER P, JAFFE J, JUN B. Differential power analysis. In: Proceedings of Advances in Cryptology-Crypto 1999: 388-397, Springer.

[3] QUISQUATER J, SAMYDE D. ElectroMagnetic Analysis (EMA): measures and counter-measures for smart cards. In: Proceedings of Smart Card Programming and Security, International Conference on Research in Smart Cards, E-smart 2001: 200-210, Springer.

[4] MICALI S, REYZIN L. Physically observable cryptography. In: Proceedings of Theory of Cryptography Conference-TCC 2004: 278-296, Springer.

[5] PETIT C, STANDAERT L, PEREIRA O, MALKIN T, YUNG M. A block cipher based pseudo random number generator secure against side-channel key recovery. In: Proceedings of ACM Symposium on Information,

Computer and Communications Security-ASIACCS 2008: 56-65, ACM Press.
[6] DZIEMBOWSKI S, PIETRZAK K. Leakage-resilient cryptography. In: Proceedings of Symposium on Foundations of Computer Science-FOCS 2008: 293-302, IEEE Press.
[7] PIETRZAK K. A leakage-resilient mode of operation. In: Procedings of Advances in Cryptology-Eurocrypt 2009: 462-482, Springer.
[8] YU Y, STANDAERT F, PEREIRA O, YUNG M. Practical leakage-resilient pseudorandom generators. In: Proceedings of ACM Conference on Computer and Communications Security- ACM CCS 2010: 141-151, ACM Press.
[9] FAUST S, PIETRZAK K, SCHIPPER J. Practical Leakage-Resilient Symmetric Cryptography. In: Proceedings of Cryptographic Hardware and Embedded Systems-CHES 2012: 213-232, Springer.
[10] YU Y, STANDAERT F. Practical leakage-resilient pseudorandom objects with minimum public randomness. In: Proceedings of the Cryptographers' Track at the RSA Conference- CT-RSA 2013: 223-238, Springer.
[11] IMPAGLIAZZO R, RUDICH S. Limits on the provable consequences of one-way permutations. In: Proceedings of ACM Symposium on Theory of Computing-STOC 1989: 44-61, ACM Press.
[12] BARAK B, SHALTIEL R, WIGDERSON A. Computational analogues of entropy. In: Proceedings of International Workshop on Randomization and Approximation Techniques in Computer Science-RANDOM 2003: 200-215, Springer.
[13] HÅSTAD J, IMPAGLIAZZO R, LEVIN L, LUBY M. A pseudorandom generator from any one-way function. SIAM Journal on Computing, 1999, 28(4): 1364-1396.
[14] HSIAO C, LU C, REYZIN L. Conditional computational entropy, or toward separating pseudoentropy from compressibility. In: Proceedings of Advances in Cryptology-Eurocrypt 2007: 169-186, Springer.
[15] DODIS Y, OSTROVSKY R, REYZIN L, SMITH A. Fuzzy extractors: how to generate strong keys from biometrics and other noisy data. SIAM Journal on computing, 2008, 38(1): 97-139.
[16] REINGOLD O, TREVISAN L, TULSIANI M, VADHAN S. Dense subsets of pseudorandom sets. In: Proceedings of Symposium on Foundations of Computer Science-FOCS 2008:76-85, IEEE Press.
[17] FULLER B, O'NEILL A, REYZIN L. A unified approach to deterministic encryption: new constructions and a connection to computational entropy. In: Theory of Cryptography Conference-TCC 2012: 582-599, Springer.
[18] NISAN N, ZUCKERMAN D. Randomness is linear in space. Journal of Computer and System Sciences, 1996, 52(1): 43-52.
[19] CARTER J, WEGMAN M. Universal classes of hash functions. Journal of Computer and System Sciences, 1979, 18:143-154.
[20] GOLDREICH O, LEVIN L. A hard-core predicate for all one-way functions. In: Proceedings of ACM Symposium on Theory of Computing-STOC 1989: 25-32, ACM Press.
[21] STANDAERT F. How Leaky Is an Extractor? In: Proceedings of International Conference on Cryptology and Information Security in Latin America -LATINCRYPT 2010: 294-304, Springer.
[22] DODIS F, YU Y. Overcoming weak expectations. In: Theory of Cryptography Conference-TCC 2013: 1-22, Springer.
[23] RANDOLPH M, DIEHL W. Power Side-Channel Attack Analysis: A Review of 20 Years of Study for the Layman. Cryptogr., 2020, 4(2): 15.
[24] BRIER E, CLAVIER C, OLIVIER F. Correlation Power Analysis with a Leakage Model. In: Cryptographic Hardware and Embedded Systems-CHES 2004: 16-29, Springer.
[25] ISHAI Y, SAHAI A, WAGNER D. A. Private Circuits: Securing Hardware against Probing Attacks. In: Proceedings of Advances in Cryptology-Crypto 2003: 463-481, Springer.

[26] RIVAIN M, PROUFF E. Provably Secure Higher-Order Masking of AES. In: Cryptographic Hardware and Embedded Systems-CHES 2010: 413-427, Springer.
[27] STANDAERT F, PEREIRA F, YU Y. Leakage resilient cryptography in practice. In: Procedings of Advances in Cryptology-Crypto 2013: 335-352, Springer.

问题讨论

1. 试阐述何为抗泄露密码，以及它与传统密码算法的不同之处。
2. 试阐述为什么旁路攻击能有效破解理论上安全的 AES 算法。
3. 试列举常用的几种泄露模型并阐述其现实意义。
4. 试讨论差分功耗分析方法有什么可以改进的地方。
5. 试证明 CRYPTO 2003 掩码方案在 d 阶探针模型下的安全性。
6. 试证明 FOCS 2008 流密码在随机预言模型下的抗泄露安全性。
7. 试证明 CCS 2010 流密码在随机预言模型下的抗泄露安全性。
8. 试证明 CHES 2012 流密码在随机字符串模型下的抗泄露安全性。
9. 试证明 CT-RSA 2013 流密码在标准模型下的抗泄露安全性。

第10章　OpenSSL与其他相关密码库

内容提要

OpenSSL 是一个针对 SSL 和 TLS 协议的跨平台开源实现，其核心库使用 C 代码编写，实现了密码学中绝大多数基础的工具函数。本章主要介绍 OpenSSL 及其他相关密码库的使用。

本章重点

- OpenSSL 安装
- OpenSSL 密码算法库
- OpenSSL 协议库
- NTL 及 GmSSL
- 全同态运算密码库
- 双线性对运算密码库

10.1 OpenSSL 背景

10.1.1 SSL/TLS 协议背景

TLS 及其旧版本 SSL（Secure Socket Layer，安全套接层）协议都是用于在 Internet 上提供秘密性传输的协议。该协议最初是由 Netscape 公司于 1994—1996 年提出的。在 Netscape 公司当年新版本的浏览器中添加了 HTTPS 协议，即添加了 SSL 加密的 HTTP。SSL 协议最大的特点是与应用层无关，它在会话层初始化并在表示层工作，这样应用层的各个会话如 Telnet、HTTP、FTP 等均可以透明地建立于 SSL/TLS 协议之上。

10.1.2 OpenSSL 开源项目

SSL/TLS 协议被认为是现有的最佳网络传输加密协议，被广泛用于各大银行、电子商务及电子邮箱服务网站中。由于 SSL/TLS 协议的重要性，开源服务提供者 Apache 基金会设立了 OpenSSL 开源项目，旨在实现一个开源的 SSL/TLS 协议和基本的加密函数，为网站开发者和维护者提供便利。

OpenSSL 开源项目在大多数操作系统上都可以使用（包括 Solaris、Linux、Mac OS X 和不少开源 BSD 操作系统，以及微软的 Windows 等），整个非官方的项目于 1998 年 12 月接近尾声。其历史版本见表 10.1。

表 10.1　OpenSSL 历史版本

版　本　号	日　　期	备　　注
0.9.1c	1998 年 12 月 23 日	—
0.9.2c	1999 年 3 月 22 日	接替 0.9.1c
0.9.3	1999 年 5 月 25 日	接替 0.9.2b
0.9.4	1999 年 8 月 9 日	接替 0.9.3a
0.9.5	2000 年 2 月 28 日	接替 0.9.4
0.9.6	2000 年 9 月 25 日	接替 0.9.5a
0.9.7	2002 年 12 月 31 日	接替 0.9.6h
0.9.8	2005 年 7 月 5 日	接替 0.9.7h
1.0.0	2010 年 3 月 29 日	接替 0.9.8x
1.0.1	2012 年 3 月 14 日	接替 1.0.0e 支持 TLS v1.2 支持 SRP
1.0.1e	2013 年 2 月 11 日	最新版本 1

OpenSSL 作为一个基于密码学的安全开发包，可提供强大、全面的功能，包括主要密码及协议算法、SSL 协议的实现和丰富的测试应用程序。图 10.1 展示了 OpenSSL 按照功能划分的结构。其实际的目录结构也是大致围绕这 3 个功能部分进行规划的。本章将从这 3 个部分详细介绍 OpenSSL。

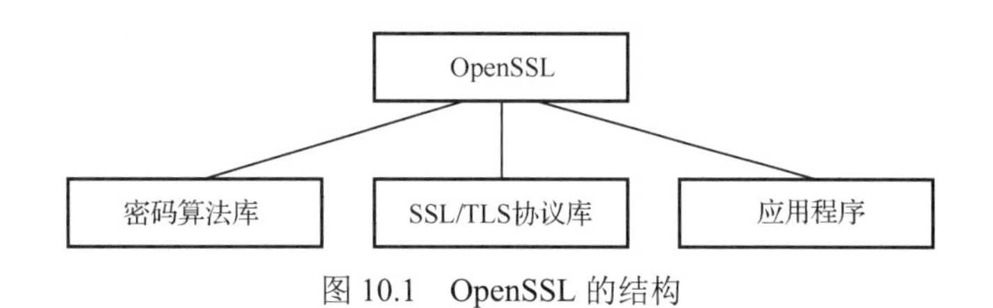

图 10.1　OpenSSL 的结构

OpenSSL 的目录与功能对照见表 10.2。

表 10.2　OpenSSL 的目录与功能对照

目　录　名	功 能 描 述
Crypto	存放 OpenSSL 所有加密算法源码文件和相关标注（如 X.509 源码文件），是 OpenSSL 中最重要的目录，包含 OpenSSL 密码算法库的所有内容
SSL	存放 OpenSSL 中 SSL 协议的各个版本和 TLS 1.0 协议源码文件，包含 OpenSSL 协议库的所有内容
Apps	存放 OpenSSL 中的所有应用程序源码文件，如 CA、X509 等应用程序的源文件
Doc	存放 OpenSSL 中的所有使用说明文档，包含 3 部分：应用程序说明文档、加密算法库 API 说明文档及 SSL 协议 API 说明文档
Demos	存放一些基于 OpenSSL 的应用程序示例，这些示例一般都很简单，用于演示如何使用 OpenSSL 中的一个功能
Include	存放使用 OpenSSL 库时需要的头文件
Test	存放 OpenSSL 自身功能测试程序的源码文件

10.2　OpenSSL 在 Linux 平台上的快速安装

因为是基于 C 语言开发的，所以 OpenSSL 具有优秀的跨平台性能，可在许多平台上安装和编译，但是 OpenSSL 的主要支持平台仍是 Linux。

在 www.openssl.org 网站下载 OpenSSL 源码后，在安装前应先确保安装了以下程序：

① 安装了 make 程序；

② 安装了 Perl5；

③ 安装了一个 ANSI C 编译器，默认是 gcc；

④ 具备开发环境，包括具备必需的静态函数库和头文件；

⑤ 所用的 UNIX 系统是 OpenSSL 支持的。

当然，如果是主流的 Linux 或 UNIX 系统，这些条件一般都是满足的。对于 OpenSSL 的新用户，只需执行以下步骤：

① ./config；

② make；

③ make test；

④ sudo make install。

执行结束后，进入/apps 子目录，出现一个 openssl 可执行文件，运行下面的程序：

```
./openssl
```

如果出现了下面的提示符：

```
OpenSSL>
```

那么表示 OpenSSL 已经安装成功。事实上，OpenSSL 使用的所有文件都在默认路径/usr/local/ssl 目录下，进入该目录，首先会发现一个 openssl.cnf 文件，这就是以后经常用到的 openssl 配置文件，主要用于证书生成和管理。Bin 子目录存放 OpenSSL 的可执行程序，也就是指令；Include 目录存放使用 OpenSSL 开发时所需要的头文件；Lib 目录存放 libcrypto.a 和 libssl.a 两个库文件；Man 目录是 OpenSSL 的使用文档。

10.3 OpenSSL 密码算法库

密码算法库位于/crypto 目录下，实现了大多数常用的密码算法及摘要算法。

10.3.1 对称加密算法

OpenSSL 提供 8 种对称加密算法，其中除 RC4 是流加密算法外，其余 7 组均是分组加密算法，见表 10.3。

表 10.3 对称加密算法

算法名称	类型
AES	对称加密
Blowfish	对称加密
CAST	对称加密
DES	对称加密
IDEA	对称加密
RC2	对称加密
RC4	流加密
RC5	对称加密

10.3.2 非对称加密算法

OpenSSL 提供 4 种非对称加密算法（表 10.4），包括 DH（Diffie-Hellman）算法、RSA 算法、DSA 算法和椭圆曲线（EC）算法。DH 算法一般用于用户密钥交换；RSA 算法一般用于密钥交换或者数字签名；DSA 算法一般只用于数字签名。

表 10.4 非对称加密算法

算法名称	类型
DH	非对称加密
RSA	非对称加密
DSA	非对称加密
EC	非对称加密

10.3.3 摘要算法

OpenSSL 提供的摘要算法包括 HMAC、MD2、MD5、MDC2、SHA 和 RIPEMD。其中，SHA 又包含了 SHA 和 SHA1 两种摘要算法。此外，OpenSSL 还附带 HMAC（消息认证码）函数。表 10.5 总结了这几种摘要算法和 HMAC。

表 10.5 摘要算法及 HMAC

算法名称	摘要长度
MD2	128 比特
MD5	128 比特
MDC2	128 比特
SHA(SHA1)	160 比特
RIPEMD	128/160/256/320 比特
HMAC	消息认证码

10.3.4 密钥分发和有关 PKI 的编码算法

PKI 的一个重要组成部分是密钥和证书管理，OpenSSL 为其提供了丰富的功能，支持多种标准。

首先，OpenSSL 实现了 ASN.1 的证书和密钥相关标准，提供了对证书、公钥、私钥、证书请求及 CRL 等数据对象的 DER、PEM 和 BASE64 的编解码功能。此外，OpenSSL 还提供了产生各种公开密钥和对称密钥的方法，以及对公钥和私钥的 DER 编解码功能，并实现了 PKCS#12 和 PKCS#8 的编解码功能。OpenSSL 在标准中提供了对私钥的加密保护功能，使得密钥可以安全地进行存储和分发。

该部分 OpenSSL 提供的证书签发和管理算法见表 10.6。

表 10.6 证书签发和管理算法

算法名称	描述
ASN1	ASN.1 标准实现源码
OCSP	在线证书服务协议实现源码
PEM	PEM 的编解码功能
PKCS7	PKCS#7 实现加密信息封装的标准，包括证书的封装标准和加密数据标准
PKCS12	一种常用的证书和密钥封装格式
X509	X.509 的实现源码
X509v3	X.509 第三版扩展功能的实现源码

10.3.5 其他自定义功能

除基础加密编码函数外，OpenSSL 还提供了一些辅助功能，见表 10.7。

表 10.7 其他自定义功能

函数名称	简单描述
err()	错误信息
Threads()	用于多线程处理
rand()	产生随机数
OPENSSL_VERSION_NUMBER	返回版本号
Buffer	自定义的缓冲区结构体
Conf	自定义的管理配置结构
Dso	自定义的加载动态链接库的管理函数接口。如使用 Engine 机制就会用到这些函数提供的功能
Engine	自定义的 Engine 机制，相当于 Windows 平台的 CSP 机制
Evp	一组高层算法封装函数
Objects	OpenSSL 管理各种数据对象的定义和函数
Stack	OpenSSL 中 stack 结构的相关函数
Ui	用户接口交换函数
Txt_db	文本证书库的管理机制
Perlasm	编译时用到的一些 Perl 辅助配置文件
Bio	自定义的一种 I/O 接口，几乎封装了各种平台的所有 I/O 接口，如文件、内存、缓存、标准输入/输出和 Socket 等
Bn	OpenSSL 实现大数管理的结构及其函数

10.4 SSL/TLS 协议库

SSL/TLS 协议库位于/ssl 目录下，实现了 SSL 协议。最新的 OpenSSL 实现了 SSL v2 和 SSL v3，支持绝大部分算法协议。2012 年 3 月的 1.0.1 版本也实现了 TLS v1.0，TLS 是 SSL v3 的标准化版本，虽然区别不大，但有许多细节是不同的。

OpenSSL 中的 SSL/TLS 协议库提供了 214 个丰富的 API，按照用途不同可分为与协议方式相关的、与加密相关的、与协议文本相关的、与绘画相关的及与连接相关的等。

SSL 协议库的 API 列表见表 10.8。

表 10.8 SSL 协议库的 API 列表

类型	函数列表

SSL_METHOD	const SSL_METHOD *SSLv2_client_method(void);
	const SSL_METHOD *SSLv2_server_method(void);
	const SSL_METHOD *SSLv2_method(void);
	const SSL_METHOD *SSLv3_client_method(void);
	const SSL_METHOD *SSLv3_server_method(void);

续表

类　型	函 数 列 表

SSL_METHOD	const SSL_METHOD *SSLv3_method(void);
	const SSL_METHOD *TLSv1_client_method(void);
	const SSL_METHOD *TLSv1_server_method(void);
	const SSL_METHOD *TLSv1_method(void);

SSL_CIPHER	char *SSL_CIPHER_description(SSL_CIPHER *cipher, char *buf, int len);
	int SSL_CIPHER_get_bits(SSL_CIPHER *cipher, int *alg_bits);
	const char *SSL_CIPHER_get_name(SSL_CIPHER *cipher);
	char *SSL_CIPHER_get_version(SSL_CIPHER *cipher);

SSL_CTX	int SSL_CTX_add_client_CA(SSL_CTX *ctx, X509 *x);
	long SSL_CTX_add_extra_chain_cert(SSL_CTX *ctx, X509 *x509);
	int SSL_CTX_add_session(SSL_CTX *ctx, SSL_SESSION *c);
	int SSL_CTX_check_private_key(const SSL_CTX *ctx);
	long SSL_CTX_ctrl(SSL_CTX *ctx, int cmd, long larg, char *parg);
	void SSL_CTX_flush_sessions(SSL_CTX *s, long t);
	void SSL_CTX_free(SSL_CTX *a);
	char *SSL_CTX_get_app_data(SSL_CTX *ctx);
	X509_STORE *SSL_CTX_get_cert_store(SSL_CTX *ctx);
	STACK *SSL_CTX_get_client_CA_list(const SSL_CTX *ctx);
	int (*SSL_CTX_get_client_cert_cb(SSL_CTX *ctx))(SSL *ssl, X509 **x509, EVP_PKEY **pkey);
	char *SSL_CTX_get_ex_data(const SSL_CTX *s, int idx);
	int SSL_CTX_get_ex_new_index(long argl, char *argp, int (*new_func);(void), int (*dup_func)(void), void (*free_func)(void))
	void (*SSL_CTX_get_info_callback(SSL_CTX *ctx))(SSL *ssl, int cb, int ret);
	int SSL_CTX_get_quiet_shutdown(const SSL_CTX *ctx);
	int SSL_CTX_get_session_cache_mode(SSL_CTX *ctx);
	long SSL_CTX_get_timeout(const SSL_CTX *ctx);
	int (*SSL_CTX_get_verify_callback(const SSL_CTX *ctx))(int ok, X509_STORE_CTX *ctx);
	int SSL_CTX_get_verify_mode(SSL_CTX *ctx);
	int SSL_CTX_load_verify_locations(SSL_CTX *ctx, char *CAfile, char *CApath);
	long SSL_CTX_need_tmp_RSA(SSL_CTX *ctx);
	SSL_CTX *SSL_CTX_new(const SSL_METHOD *meth);
	int SSL_CTX_remove_session(SSL_CTX *ctx, SSL_SESSION *c);
	int SSL_CTX_sess_accept(SSL_CTX *ctx);
	int SSL_CTX_sess_accept_good(SSL_CTX *ctx);
	int SSL_CTX_sess_accept_renegotiate(SSL_CTX *ctx);
	int SSL_CTX_sess_cache_full(SSL_CTX *ctx);
	int SSL_CTX_sess_cb_hits(SSL_CTX *ctx);
	int SSL_CTX_sess_connect(SSL_CTX *ctx);
	int SSL_CTX_sess_connect_good(SSL_CTX *ctx);
	int SSL_CTX_sess_connect_renegotiate(SSL_CTX *ctx);
	int SSL_CTX_sess_get_cache_size(SSL_CTX *ctx);
	SSL_SESSION *(*SSL_CTX_sess_get_get_cb(SSL_CTX *ctx))(SSL *ssl, unsigned char *data, int len, int *copy);
	int (*SSL_CTX_sess_get_new_cb(SSL_CTX *ctx)(SSL *ssl, SSL_SESSION *sess);

续表

类　型	函 数 列 表

SSL_CTX	void (*SSL_CTX_sess_get_remove_cb(SSL_CTX *ctx)(SSL_CTX *ctx, SSL_SESSION *sess));
	int SSL_CTX_sess_hits(SSL_CTX *ctx);
	int SSL_CTX_sess_misses(SSL_CTX *ctx);
	int SSL_CTX_sess_number(SSL_CTX *ctx);
	void SSL_CTX_sess_set_cache_size(SSL_CTX *ctx,t);
	void SSL_CTX_sess_set_get_cb(SSL_CTX *ctx, SSL_SESSION *(*cb)(SSL *ssl, unsigned char *data, int len, int *copy));
	void SSL_CTX_sess_set_new_cb(SSL_CTX *ctx, int (*cb)(SSL *ssl, SSL_SESSION *sess));
	void SSL_CTX_sess_set_remove_cb(SSL_CTX *ctx, void (*cb)(SSL_CTX *ctx, SSL_SESSION *sess));
	int SSL_CTX_sess_timeouts(SSL_CTX *ctx);
	LHASH *SSL_CTX_sessions(SSL_CTX *ctx);
	void SSL_CTX_set_app_data(SSL_CTX *ctx, void *arg);
	void SSL_CTX_set_cert_store(SSL_CTX *ctx, X509_STORE *cs);
	void SSL_CTX_set_cert_verify_cb(SSL_CTX *ctx, int (*cb)(), char *arg)
	int SSL_CTX_set_cipher_list(SSL_CTX *ctx, char *str);
	void SSL_CTX_set_client_CA_list(SSL_CTX *ctx, STACK *list);
	void SSL_CTX_set_client_cert_cb(SSL_CTX *ctx, int (*cb)(SSL *ssl, X509 **x509, EVP_PKEY **pkey));
	void SSL_CTX_set_default_passwd_cb(SSL_CTX *ctx, int (*cb);(void))
	void SSL_CTX_set_default_read_ahead(SSL_CTX *ctx, int m);
	int SSL_CTX_set_default_verify_paths(SSL_CTX *ctx);
	int SSL_CTX_set_ex_data(SSL_CTX *s, int idx, char *arg);
	void SSL_CTX_set_info_callback(SSL_CTX *ctx, void (*cb)(SSL *ssl, int cb, int ret));
	void SSL_CTX_set_msg_callback(SSL_CTX *ctx, void (*cb)(int write_p, int version, int content_type, const void *buf, size_t len, SSL *ssl, void *arg));
	void SSL_CTX_set_msg_callback_arg(SSL_CTX *ctx, void *arg);
	void SSL_CTX_set_options(SSL_CTX *ctx, unsigned long op);
	void SSL_CTX_set_quiet_shutdown(SSL_CTX *ctx, int mode);
	void SSL_CTX_set_session_cache_mode(SSL_CTX *ctx, int mode);
	int SSL_CTX_set_ssl_version(SSL_CTX *ctx, const SSL_METHOD *meth);
	void SSL_CTX_set_timeout(SSL_CTX *ctx, long t);
	long SSL_CTX_set_tmp_dh(SSL_CTX* ctx, DH *dh);
	long SSL_CTX_set_tmp_dh_callback(SSL_CTX *ctx, DH *(*cb)(void));
	long SSL_CTX_set_tmp_rsa(SSL_CTX *ctx, RSA *rsa);
	SSL_set_tmp_rsa_callback
	void SSL_CTX_set_verify(SSL_CTX *ctx, int mode, int (*cb);(void))
	int SSL_CTX_use_PrivateKey(SSL_CTX *ctx, EVP_PKEY *pkey);
	int SSL_CTX_use_PrivateKey_ASN1(int type, SSL_CTX *ctx, unsigned char *d, long len);
	int SSL_CTX_use_PrivateKey_file(SSL_CTX *ctx, char *file, int type);
	int SSL_CTX_use_RSAPrivateKey(SSL_CTX *ctx, RSA *rsa);
	int SSL_CTX_use_RSAPrivateKey_ASN1(SSL_CTX *ctx, unsigned char *d, long len);
	int SSL_CTX_use_RSAPrivateKey_file(SSL_CTX *ctx, char *file, int type);
	int SSL_CTX_use_certificate(SSL_CTX *ctx, X509 *x);
	int SSL_CTX_use_certificate_ASN1(SSL_CTX *ctx, int len, unsigned char *d);
	int SSL_CTX_use_certificate_file(SSL_CTX *ctx, char *file, int type);

续表

类　型	函 数 列 表

SSL_CTX	void SSL_CTX_set_psk_client_callback(SSL_CTX *ctx, unsigned int (*callback)(SSL *ssl, const char *hint, char *identity, unsigned int max_identity_len, unsigned char *psk, unsigned int max_psk_len));
	int SSL_CTX_use_psk_identity_hint(SSL_CTX *ctx, const char *hint);
	void SSL_CTX_set_psk_server_callback(SSL_CTX *ctx, unsigned int (*callback)(SSL *ssl, const char *identity, unsigned char *psk, int max_psk_len));

SSL_SESSION	int SSL_SESSION_cmp(const SSL_SESSION *a, const SSL_SESSION *b);
	void SSL_SESSION_free(SSL_SESSION *ss);
	char *SSL_SESSION_get_app_data(SSL_SESSION *s);
	char *SSL_SESSION_get_ex_data(const SSL_SESSION *s, int idx);
	int SSL_SESSION_get_ex_new_index(long argl, char *argp, int (*new_func);(void), int (*dup_func)(void), void (*free_func)(void))
	long SSL_SESSION_get_time(const SSL_SESSION *s);
	long SSL_SESSION_get_timeout(const SSL_SESSION *s);
	unsigned long SSL_SESSION_hash(const SSL_SESSION *a);
	SSL_SESSION *SSL_SESSION_new(void);
	int SSL_SESSION_print(BIO *bp, const SSL_SESSION *x);
	int SSL_SESSION_print_fp(FILE *fp, const SSL_SESSION *x);
	void SSL_SESSION_set_app_data(SSL_SESSION *s, char *a);
	int SSL_SESSION_set_ex_data(SSL_SESSION *s, int idx, char *arg);
	long SSL_SESSION_set_time(SSL_SESSION *s, long t);
	long SSL_SESSION_set_timeout(SSL_SESSION *s, long t);

SSL	int SSL_accept(SSL *ssl);
	int SSL_add_dir_cert_subjects_to_stack(STACK *stack, const char *dir);
	int SSL_add_file_cert_subjects_to_stack(STACK *stack, const char *file);
	int SSL_add_client_CA(SSL *ssl, X509 *x);
	char *SSL_alert_desc_string(int value);
	char *SSL_alert_desc_string_long(int value);
	char *SSL_alert_type_string(int value);
	char *SSL_alert_type_string_long(int value);
	int SSL_check_private_key(const SSL *ssl);
	void SSL_clear(SSL *ssl);
	long SSL_clear_num_renegotiations(SSL *ssl);
	int SSL_connect(SSL *ssl);
	void SSL_copy_session_id(SSL *t, const SSL *f);
	long SSL_ctrl(SSL *ssl, int cmd, long larg, char *parg);
	int SSL_do_handshake(SSL *ssl);
	SSL *SSL_dup(SSL *ssl);
	STACK *SSL_dup_CA_list(STACK *sk);
	void SSL_free(SSL *ssl);
	SSL_CTX *SSL_get_SSL_CTX(const SSL *ssl);
	char *SSL_get_app_data(SSL *ssl);
	X509 *SSL_get_certificate(const SSL *ssl);
	const char *SSL_get_cipher(const SSL *ssl);
	int SSL_get_cipher_bits(const SSL *ssl, int *alg_bits);

续表

类　型	函 数 列 表

SSL	char *SSL_get_cipher_list(const SSL *ssl, int n);
	char *SSL_get_cipher_name(const SSL *ssl);
	char *SSL_get_cipher_version(const SSL *ssl);
	STACK *SSL_get_ciphers(const SSL *ssl);
	STACK *SSL_get_client_CA_list(const SSL *ssl);
	SSL_CIPHER *SSL_get_current_cipher(SSL *ssl);
	long SSL_get_default_timeout(const SSL *ssl);
	int SSL_get_error(const SSL *ssl, int i);
	char *SSL_get_ex_data(const SSL *ssl, int idx);
	int SSL_get_ex_data_X509_STORE_CTX_idx(void);
	int SSL_get_ex_new_index(long argl, char *argp, int (*new_func);(void), int (*dup_func)(void), void (*free_func)(void))
	int SSL_get_fd(const SSL *ssl);
	void (*SSL_get_info_callback(const SSL *ssl);)()
	STACK *SSL_get_peer_cert_chain(const SSL *ssl);
	X509 *SSL_get_peer_certificate(const SSL *ssl);
	EVP_PKEY *SSL_get_privatekey(SSL *ssl);
	int SSL_get_quiet_shutdown(const SSL *ssl);
	BIO *SSL_get_rbio(const SSL *ssl);
	int SSL_get_read_ahead(const SSL *ssl);
	SSL_SESSION *SSL_get_session(const SSL *ssl);
	char *SSL_get_shared_ciphers(const SSL *ssl, char *buf, int len);
	int SSL_get_shutdown(const SSL *ssl);
	const SSL_METHOD *SSL_get_ssl_method(SSL *ssl);
	int SSL_get_state(const SSL *ssl);
	long SSL_get_time(const SSL *ssl);
	long SSL_get_timeout(const SSL *ssl);
	int (*SSL_get_verify_callback(const SSL *ssl))(int,X509_STORE_CTX *)
	int SSL_get_verify_mode(const SSL *ssl);
	long SSL_get_verify_result(const SSL *ssl);
	char *SSL_get_version(const SSL *ssl);
	BIO *SSL_get_wbio(const SSL *ssl);
	int SSL_in_accept_init(SSL *ssl);
	int SSL_in_before(SSL *ssl);
	int SSL_in_connect_init(SSL *ssl);
	int SSL_in_init(SSL *ssl);
	int SSL_is_init_finished(SSL *ssl);
	STACK *SSL_load_client_CA_file(char *file);
	void SSL_load_error_strings(void);
	SSL *SSL_new(SSL_CTX *ctx);
	long SSL_num_renegotiations(SSL *ssl);
	int SSL_peek(SSL *ssl, void *buf, int num);
	int SSL_pending(const SSL *ssl);
	int SSL_read(SSL *ssl, void *buf, int num);

续表

类　型	函 数 列 表

SSL	int SSL_renegotiate(SSL *ssl);
	char *SSL_rstate_string(SSL *ssl);
	char *SSL_rstate_string_long(SSL *ssl);
	long SSL_session_reused(SSL *ssl);
	void SSL_set_accept_state(SSL *ssl);
	void SSL_set_app_data(SSL *ssl, char *arg);
	void SSL_set_bio(SSL *ssl, BIO *rbio, BIO *wbio);
	int SSL_set_cipher_list(SSL *ssl, char *str);
	void SSL_set_client_CA_list(SSL *ssl, STACK *list);
	void SSL_set_connect_state(SSL *ssl);
	int SSL_set_ex_data(SSL *ssl, int idx, char *arg);
	int SSL_set_fd(SSL *ssl, int fd);
	void SSL_set_info_callback(SSL *ssl, void (*cb);(void))
	void SSL_set_msg_callback(SSL *ctx, void (*cb)(int write_p, int version, int content_type, const void *buf, size_t len, SSL *ssl, void *arg));
	void SSL_set_msg_callback_arg(SSL *ctx, void *arg);
	void SSL_set_options(SSL *ssl, unsigned long op);
	void SSL_set_quiet_shutdown(SSL *ssl, int mode);
	void SSL_set_read_ahead(SSL *ssl, int yes);
	int SSL_set_rfd(SSL *ssl, int fd);
	int SSL_set_session(SSL *ssl, SSL_SESSION *session);
	void SSL_set_shutdown(SSL *ssl, int mode);
	int SSL_set_ssl_method(SSL *ssl, const SSL_METHOD *meth);
	void SSL_set_time(SSL *ssl, long t);
	void SSL_set_timeout(SSL *ssl, long t);
	void SSL_set_verify(SSL *ssl, int mode, int (*callback);(void))
	void SSL_set_verify_result(SSL *ssl, long arg);
	int SSL_set_wfd(SSL *ssl, int fd);
	int SSL_shutdown(SSL *ssl);
	int SSL_state(const SSL *ssl);
	char *SSL_state_string(const SSL *ssl);
	char *SSL_state_string_long(const SSL *ssl);
	long SSL_total_renegotiations(SSL *ssl);
	int SSL_use_PrivateKey(SSL *ssl, EVP_PKEY *pkey);
	int SSL_use_PrivateKey_ASN1(int type, SSL *ssl, unsigned char *d, long len);
	int SSL_use_PrivateKey_file(SSL *ssl, char *file, int type);
	int SSL_use_RSAPrivateKey(SSL *ssl, RSA *rsa);
	int SSL_use_RSAPrivateKey_ASN1(SSL *ssl, unsigned char *d, long len);
	int SSL_use_RSAPrivateKey_file(SSL *ssl, char *file, int type);
	int SSL_use_certificate(SSL *ssl, X509 *x);
	int SSL_use_certificate_ASN1(SSL *ssl, int len, unsigned char *d);
	int SSL_use_certificate_file(SSL *ssl, char *file, int type);
	int SSL_version(const SSL *ssl);
	int SSL_want(const SSL *ssl);

续表

类 型	函数列表

SSL	int SSL_want_nothing(const SSL *ssl);
	int SSL_want_read(const SSL *ssl);
	int SSL_want_write(const SSL *ssl);
	int SSL_want_x509_lookup(const SSL *ssl);
	int SSL_write(SSL *ssl, const void *buf, int num);
	void SSL_set_psk_client_callback(SSL *ssl, unsigned int (*callback)(SSL *ssl, const char *hint, char *identity, unsigned int max_identity_len, unsigned char *psk, unsigned int max_psk_len));
	int SSL_use_psk_identity_hint(SSL *ssl, const char *hint);
	void SSL_set_psk_server_callback(SSL *ssl, unsigned int (*callback)(SSL *ssl, const char *identity, unsigned char *psk, int max_psk_len));
	const char *SSL_get_psk_identity_hint(SSL *ssl);
	const char *SSL_get_psk_identity(SSL *ssl);

注：此表来源于 OpenSSL 项目官方网站 www.openssl.org/docs/。由于项目唯一来源官方网站的信息尚不完全，故在此只列出 API 列表而未做进一步说明。若想具体了解 API 的使用，可自行登录 OpenSSL 官方网站下载源代码并予以实践。

10.5 OpenSSL 中的应用程序

OpenSSL 中的应用一般可以分为两种不同的方式——基于指令的应用和基于 OpenSSL 加密库和协议库的应用，前者更容易一些。然而这些应用不一定是完全分开的，如使用 SSL 协议的 API，但证书可以使用 OpenSSL 的指令签发。本节先介绍 OpenSSL 中提供的指令，然后介绍基于指令的应用及基于 OpenSSL 加密库和协议库的应用。

10.5.1 指令

OpenSSL 的应用程序是 OpenSSL 的一个重要组成部分。OpenCA 就是完全使用 OpenSSL 的应用程序搭建而成的。OpenSSL 的应用程序是基于 OpenSSL 的密码算法库和 SSL 协议库编写的，因而也是优秀的 OpenSSL 的 API 使用范例。

OpenSSL 的应用程序主要包括密钥生成、证书管理、格式转换、数据加密和签名、SSL 测试及其他辅助配置功能。OpenSSL 提供了不同种类的指令以操作这些应用程序，见表 10.9。

表 10.9 OpenSSL-1.0.1e 指令列表

指 令	类 型	描 述
asn1pase	其他	对 ASN.1 编码文件或字符串进行解析
ca	证书签发和管理	模拟一个小型 CA 的功能，并与 OpenSSL 提供的文本数据库联系起来作为证书数据库。该指令具有证书签发、验证及吊销等功能
ciphers	其他	列出不同协议支持的算法体系
crl	证书签发和管理	对吊销证书列表（crl）文件进行文本解析和验证
crl2pkcs7	格式转换	将 CRL 和多个证书一起封装成一个 PKCS7 证书文件

续表

指　令	类　型	描　述
dgst	信息摘要和签名	用不同摘要算法对信息进行摘要并签名或验证
dhparam	非对称密钥	用于生成 DH 密钥参数文件、解析 DH 密钥参数文件及格式转换等。在新版本中，已被 genpkey 和 pkeyparam 取代
dsa	非对称密钥	用于对 DSA 密钥的格式转换及信息输出处理，可以对 DSA 密钥进行加密
dsaparam	非对称密钥	用于生成和处理 DSA 文件、生成 DSA 密钥
ec	非对称密钥	椭圆曲线算法和密钥处理
ecparam	非对称密钥	椭圆曲线算法操作和生成
enc	对称密钥	使用各种对称加密算法对给定数据或文件进行加密或解密
engine	其他	显示 OpenSSL 支持的 Engine 接口列表，并测试 OpenSSL 支持的 Engine 接口是否有效
errstr	其他	根据给定错误代码显示相应的错误信息
genpkey	非对称密钥	产生非对称算法中的私钥或参数。该指令整合了老版本中的 gendh、gendsa 和 genrsa 三个指令
nseq	格式转换	普通 X.509 格式的证书与 Netscape 格式的证书互相转换
ocsp	其他	实现一个在线证书状态协议的指令工具，可以进行证书有效性验证等任务操作
passwd	其他	根据给定口令通过 HASH 算法生成密钥
pkcs12	格式转换	x.509 格式的证书和 PEM 编码的私钥与 PKCS#12 格式证书的互相转换
pkcs7	格式转换	x.509 格式的证书和 PEM 编码的私钥与 PKCS#7 格式证书的互相转换
pkcs8	格式转换	将私钥加密转换成 PKCS#8 格式或将 PKCS#8 格式的私钥转换成普通的 PEM 或者 DER 编码机制
pkey	非对称密钥	公/私钥管理，主要用于签名
pkeyparam	非对称密钥	用任何一种公钥算法生成私钥
pkeyutl	非对称密钥	采用任何一种公钥算法对输入数据进行签名、加/解密等操作
rand	其他	产生一系列伪随机数，并保存在文件中
req	证书签发和管理	生成证书标准的请求文件，并且可以生成自签名的根证书
rsa	非对称密钥	该指令对 RSA 密钥进行格式转换和文本解析输出等处理，进行格式转换时可以对密钥加密
rsautl	非对称密钥	采用 RSA 算法对输入数据进行签名、验证及加/解密等操作
s_client	SSL 测试	模拟一个 SSL 客户端，可以对支持 SSL 的服务器进行测试和链接操作
s_server	SSL 测试	模拟一个 SSL 服务器，可以对支持 SSL 的浏览器进行测试和链接操作
s_time	SSL 测试	测试建立一个 SSL 连接的时间
sess_id	SSL 测试	处理经编码保存下来的 SSL Session 结构并可以根据选项打印其中的信息
smime	其他	对 S/MIME 邮件进行加/解密、签名等操作
speed	其他	测试算法的速度
spkac	其他	用来处理 Netscape 的签名公钥和挑战文件（SPKAC），可以验证 SPKAC 的签名，打印信息，也可以用来生成 SPKAC 文件
verify	证书签发和管理	用来验证证书或证书链的合法性

续表

指　　令	类　　型	描　　述
version	其他	用来输出 OpenSSL 的版本信息
x509	证书签发和管理	用来显示证书内容及签发新的证书

在上述列出的指令中，有些指令（如 dgst）实际包括了许多指令，如 sha、md5 等，直接使用这些算法名字作为指令也有同样的效果，如下面两个指令的执行效果是一样的。

采用 dgst 指令进行摘要操作：

```
OpenSSL>dgst –md5 x509.o
MD5(x509.o) = 079a8fe71c51fe606d58d0c8117ac1f6
```

采用 md5 指令进行摘要操作：

```
OpenSSL>md5 x509.o
MD5(x509.o) = 079a8fe71c51fe606d58d0c8117ac1f6
```

同样地，上述结论对于对称加密的 enc 指令也成立。

10.5.2　基于指令的应用

只要安装了 OpenSSL 就可以使用基于指令的应用，如使用 req、ca 及 x509 来签发一个证书，就属于最简单的应用。很多 Apache 服务器就使用 OpenSSL 的指令生成的证书作为服务器证书。

例如，用以下指令生成一个新的证书请求文件，因为没有私钥，所以要求指令直接生成一个新的 1024 比特私钥用于该证书请求，证书请求输出到 req.pem 文件中，而私钥则输出到 privkey.pem 文件中，私钥的加密口令采用“12345678”。具体指令如下：

```
OpenSSL>req –new –newkey rsa:1024 –keyout privkey.pem –passout pass:12345678 –out req.pem
```

10.5.3　基于函数的应用

与基于指令的应用相比，基于函数的应用的工作量会大得多，但不意味着基于函数的指令比较少。事实上，基于 OpenSSL 的应用大部分是基于函数的指令的，这种方式使得开发者不必受 OpenSSL 有限的指令限制。

Mod_ssl 是一个基于 OpenSSL 函数应用的范例，该例中的 Apache 和 mod_ssl 通过结合来实现 HTTPS 服务，成功地在 Linux 和 Windows 平台上运行。Stunnel 是另外一个成功应用 OpenSSL 函数库的程序，该程序提供一种包含客户端和服务器的安全代理服务器功能，实际就是在客户端和服务器使用 OpenSSL 建立一条安全的 SSL 信道。

10.6　NTL

NTL（a library for doing numbery theory）是一种高性能、可移植的 C++数论库，它使得用户可以实现基于任意长度整数、有限域上的矢量、矩阵、多项式数据结构和算法。

NTL 本身已经为一些经典的数论算法提供了高质量的实现接口：

① 任意长度整数算法和任意精度浮点算法；

② 整数和有限域上的多项式算法，包括基本算术、多项式因式分解、不可约性测试、最小多项式的计算、范数及中国剩余定理等；

③ Lattice 格基约减，包括 Schnorr-Euchner 的快速实现；

④ 任意精度浮点数域上的的基本代数算法。

NTL 库还可以配合 GMP（GNU Multi-Precision）库一同优化构建，以增强计算性能。NTL 为了实现较好的可移植性，它保证不使用任何的汇编代码。由于计算机体系结构在不断变化和发展，维护汇编代码的代价会非常昂贵，因此不使用汇编代码是非常合理的。通过不使用汇编代码，NTL 能保持可用状态多年，几乎不用维护。

NTL 的主要模块包括下述几种。

① BasicThreadPool：一个简单的线程池，包括线程增加功能。

② HNF、LLL 算法模块：计算格的埃尔米特范式（Hermite Normal Form)、格基归约算法。

③ GF2、GF2E、GF2X、GF2EX：Galois 二元域、环及多项式等。

④ ZZ：大整数。

⑤ RR：大实数模块。

⑥ ZZ_p、ZZ_pX、ZZ_pE、ZZ_pEX：分别指 Zp 域、Zp[X]多项式、Zp 环、Zp[X]环。

⑦ mat、mat_GF2、mat_ZZ、mat_ZZ_p、mat_ZZ_pX、mat_ZZ_pE、mat_ZZ_pEX：即动态大小的二维数组的类模板，Galois 域，大整数 ZZ，Zp 域，Zp[X]多项式域，Zp 环，Zp[X]环上的矩阵。

⑧ vec、vec_GF2、vec_ZZ、vec_ZZ_p、vec_ZZ_pX、vec_ZZ_pE、vec_ZZ_pEX：即动态大小向量的类模板，Galois 域，大整数 ZZ，Zp 域，Zp[X]多项式域，Zp 环，Zp[X]环上的 vector 向量。

10.7 GmSSL

GmSSL 是一个支持国密 SM2/SM3/SM4/SM9/ZUC/SSL 的密码工具库，它和 OpenSSL 有许多功能重合的部分，如 SSL 协议、密钥管理、基本加密/解密及签名算法等，因此 GmSSL 和 OpenSSL 具有一定的兼容性。我国公开的国产商用密码算法包括 SM1、SM2、SM3、SM4、SM7、SM9 及祖冲之算法，其中 SM2、SM3、SM4 最为常用，用于对应替代 RSA、DES、3DES、SHA 等国际通用密码算法体系。

GmSSL 可实现下述算法。

① SM1 算法：分组密码算法。

② SM2 算法：ECC 椭圆曲线密码算法。

③ SM3 密码杂凑（哈希、散列）算法。

④ SM4 算法：分组加密算法。

⑤ SM9 算法：基于身份的加密算法。

⑥ ZUC 算法：流密码加密算法。

GmSSL 支持的语言接口：Java、Go、C++。

GmSSL 的具体安装步骤、算法实现和接口调用方法可以参考其官网。

10.8 全同态运算密码库

同态加密是一种支持在密文上进行计算的加密方式，在计算过程中不需要进行解密。简单来说，就是对密文通过一系列计算得到的结果进行解密后得到的内容，与直接在对应明文上做一系列计算得到的结果完全相同。

典型的应用有安全外包计算和云端的隐私数据保护。用户可以通过同态加密技术将自己的隐私输入加密后托付给云端，再由云端对加密后的数据上进行一定程度的计算，并得到加密后的计算结果，最后返还给用户。用户通过自己的私密密钥解密得到结果。整个过程云端系统无法得到任何用户上传的隐私数据信息，从而保护了用户的数据隐私。

10.8.1 SEAL 密码库简介

SEAL（Simple Encrypted Arithmetic Library）是由微软密码与隐私研究团队维护的同态加密库，基于 C++语言编写，代码已开源，目前已经更新到版本 3.6，支持多个平台，额外依赖较少，下载到本地编译安装就能使用。3.6 版本较之前的版本有个较大的不同是，在编译安装 C++编写的源码时，对于多个平台的编译方式使用 Cmake 工具进行了整合，不再单独提供 Windows 系统下 Visual Studio 的解决方案编译方式。但如果使用.Net 编译安装，仍然可以通过 Visual Studio 解决方案编译安装。

SEAL 实现了两种同态加密方案——BFV 和 CKKS，方案名称结合了几位创作者名字的首字母，这两种方案都是基于 RLWE 困难问题构造的。LWE 是 Learning With Error 的缩写，中文一般译为容错学习。所谓 RLWE，是指多项式环上的 LWE 问题，即 Ring-LWE 问题。

BFV 可以对加密整数进行模数运算，而 CKKS 可以用于实数和复数的近似计算，只产生大致结果。浮点数的编码，需要放大一定的倍数，将浮点数转换成整数。在现实应用中，通常选择 CKKS 方案，但在需要精确值时可选择 BFV 方案。SEAL 采用的同态加密算法基于多项式环，其中有几个重要的参数：

- poly_modulus_degree
- coeff_modulus
- plain_modulus（只在 BFV 方案中）

密文可以看作噪声掩盖的明文，在对密文进行运算的过程中，同样会对噪声进行运算，特别是乘法运算，当噪声预算达到 0 时，解密得到的结果就会出错。

poly_modulus_degree 表示多项式的阶，即最高次数，为了计算方便（如 NTT 算法），该参数一定是 2 的某次方，值越大则密文的 size 越大（密文的 size 是从另外一个角度看待密文，即把密文看作用户私钥的一个多项式），运算速度下降。

第二个参数的比特数受到第一个参数的限制，可以通过调用 CoeffModulus::MaxBitCount（poly_modulus_degree）获取第二个参数的最大比特数。对于入门的开发人员，可调用帮助函数 CoeffModulus::BFVDefault（poly_modulus_degree）来设置该参数。

coeff_modulus 的值越大，就可以容纳更多的计算次数。该参数是一系列不同素数的乘积，这些不同素数的二进制位数之和，就是该参数的比特数。如果 poly_modulus_degree 的值为 4096，对应的 coeff_modulus 最大值为 109，可以容纳 3 个 36 比特的素数。

在 CKKS 方案中，对浮点数放大（scale）一定的倍数后进行计算。在进行乘法时，scale 也会参与乘法，因而会有一个 rescale 操作，稳定倍数扩张。rescale 操作是一种模数转换操作，这就用到了上面所说的一系列不同的素数，每操作一次，就移出最后一个素数。这样 N 个素数就有 N 组参数，每一组参数比上一组参数少一个素数。最后一组参数只有一个素数，而且每一组参数都有一个 parms_id，其值为参数的哈希值，通过 parms_id 也可以找到对应的参数。因此在 CKKS 方案中，素数须小心选取，素数的个数决定了 rescale 操作的次数，也决定了乘法的深度。密文之间要进行计算，须处于同一个缩放的 level 才行，要时刻注意密文的 level。随着模数转换中素数的使用，密文的 level 是不断降低的，level 不可升高。对于这些素数的选取，参数设置策略是：选取一个 60 比特的素数作为第一个素数，这将在解密时提供最高的精度；选取一个 60 比特的素数作为最后一个素数（实际上第一个被用掉），以保证最后一个素数与最大的素数相差不多，该素数是一个特殊的素数，不参与 rescale 操作；中间素数的大小应尽可能相近，如均为 40 比特。

第 3 个参数 plain_modulus 最好也是 2 的幂次方，它决定了明文数据的大小和乘法中的噪声预算消耗。

SEAL 库中提供了参数检查，可以通过调用 context.parameter_error_message()来输出参数设置不当产生的错误信息。

10.8.2 BFV 方案的使用

从一个最简单的例子入手理解 BFV 方案，第 1 步是设置参数。

```
EncryptionParameters parms(scheme_type::bfv);
size_t poly_modulus_degree = 4096;              //多项式阶
parms.set_poly_modulus_degree(poly_modulus_degree);
parms.set_coeff_modulus(CoeffModulus::BFVDefault(poly_modulus_degree));
parms.set_plain_modulus(1024);                  //明文模数
SEALContext context(parms);
```

第 2 步是生成公/私钥，加/解密及密文计算的示例。

```
KeyGenerator keygen(context);
SecretKey secret_key = keygen.secret_key();
PublicKey public_key;
keygen.create_public_key(public_key);
Encryptor encryptor(context, public_key);
Decryptor decryptor(context, secret_key);
Evaluator evaluator(context);
```

第 3 步是对明文多项式 $x=6$ 进行加密，结果在 x_encrypted 中，之后计算 $4x^4+8x^3+8x^2+8x+4$ 的值，验证同态计算的正确性。在每次乘法计算后，可以使用重线性化密钥降低密文的维度，优化后续的运算过程。由明文加密而来的新密文的 size 是 2，两个 size 为 2 的密文相乘后得到一个 size 为 3 的密文，重线性化就是用来将 size 为 3 的密文变为 size 为 2 的密文，重线性化密钥可以视为一种公钥。在计算以上多项式的过程中，为了降低乘法运算次数，将该多项式分解为 $4x^4+8x^3+8x^2+8x+4=4(x+1)^2(x^2+1)$ 再进行计算。噪声预算的消耗和乘法的深度成比例，乘法次数的减少可以降低噪声预算的消耗。该例程序对重线性化前后输出密文的 size 进行对比，同时也直观地输出了噪声预算。这里将数据加密成明文并生成重线性化密钥。

```
    int x = 6;                              //这里的 x=6 视为多项式，6
    Plaintext x_plain(to_string(x));
    Ciphertext x_encrypted;
    encryptor.encrypt(x_plain, x_encrypted);

      //变量定义
    Ciphertext x_sq_plus_one;               //x^2+1
    Plaintext plain_one("1");               //1
    Plaintext plain_four("4");              //4
    Ciphertext encrypted_result;            //加密结果
    Plaintext decrypted_result;             //解密结果
    Ciphertext x_plus_one_sq;               //(x+1)^2

    //生成重线性化密钥
    RelinKeys relin_keys;
    keygen.create_relin_keys(relin_keys);
```

开始计算，先计算 (x^2+1)，再计算 $(x+1)^2$，最后再乘 4。

```
  //计算 x^2+1
    Ciphertext x_squared;
    evaluator.square(x_encrypted, x_squared);
    cout << "size of x_squared: " << x_squared.size() << endl;
    evaluator.relinearize_inplace(x_squared, relin_keys);//所谓 inplace 表示结果仍存放于原变量中
    cout << "size of x_squared (after relinearization): " << x_squared.size() << endl;
    evaluator.add_plain(x_squared, plain_one, x_sq_plus_one);//+1
    cout << "noise budget in x_sq_plus_one: " << decryptor.invariant_noise_budget(x_sq_plus_one) << " bits"<
< endl;

    //计算(x+1)^2
    Ciphertext x_plus_one;
    evaluator.add_plain(x_encrypted, plain_one, x_plus_one);//+1
    evaluator.square(x_plus_one, x_plus_one_sq);
    cout<< "size of x_plus_one_sq:"<<x_plus_one_sq.size()<<endl;
    evaluator.relinearize_inplace(x_plus_one_sq, relin_keys);
    cout << "noise budget in x_plus_one_sq: " << decryptor.invariant_noise_budget(x_plus_one_sq) << " bits"<
< endl;

    //计算最终结果
    evaluator.multiply_plain_inplace(x_sq_plus_one, plain_four);
    evaluator.multiply(x_sq_plus_one, x_plus_one_sq, encrypted_result);
```

```
    cout << "size of encrypted_result: " << encrypted_result.size() << endl;
    evaluator.relinearize_inplace(encrypted_result, relin_keys);
    cout << "size of encrypted_result (after relinearization): " << encrypted_result.size() << endl;
    cout << "noise budget in encrypted_result: " << decryptor.invariant_noise_budget(encrypted_result) << " bit
s"<< endl;
```

最后解密验证正确性。

```
    decryptor.decrypt(encrypted_result, decrypted_result);
  cout << "decryption of 4(x^2+1)(x+1)^2 = 0x" << decrypted_result.to_string() << endl;
```

上述示例只是在一个最简单的“6”这一明文多项式上进行的同态计算，下面将从更实用的角度来批量编码明文数据生成明文多项式，并加密验证同态正确性，第 1 步依旧是设置参数，为方便查看进行了输出展示。

```
  EncryptionParameters parms(scheme_type::bfv);
    size_t poly_modulus_degree = 8192;
    parms.set_poly_modulus_degree(poly_modulus_degree);
    parms.set_coeff_modulus(CoeffModulus::BFVDefault(poly_modulus_degree));
    parms.set_plain_modulus(PlainModulus::Batching(poly_modulus_degree, 20));
    SEALContext context(parms);
    print_parameters(context);
    cout << endl;
```

第 2 步是设置批量编码，随后生成公/私钥、重线性化密钥及批量编码示例。

```
  auto qualifiers = context.first_context_data()->qualifiers();
  cout << "Batching enabled: " << boolalpha << qualifiers.using_batching << endl;
  KeyGenerator keygen(context);
  SecretKey secret_key = keygen.secret_key();
  PublicKey public_key;
  keygen.create_public_key(public_key);
  RelinKeys relin_keys;
  keygen.create_relin_keys(relin_keys);
  Encryptor encryptor(context, public_key);
  Evaluator evaluator(context);
  Decryptor decryptor(context, secret_key);
  BatchEncoder batch_encoder(context);
```

一个 slot 就是一个数据槽位，在 BFV 方案中，共有 N=poly_modulus_degree 个槽位，形成一个 2 行 N 列的矩阵，每个槽位都是一个模 plain_modulus 的整数。这一步，输入明文矩阵，编码成明文多项式并进行加密。

```
    size_t slot_count = batch_encoder.slot_count();
    size_t row_size = slot_count / 2;
    //[ 0,  1,  2,  3,  0,  0, ...,  0 ]
  //[ 4,  5,  6,  7,  0,  0, ...,  0 ]
  //ULL 表示无符号长整型
    vector<uint64_t> pod_matrix(slot_count, 0ULL);
    pod_matrix[0] = 0ULL;
```

```
    pod_matrix[1] = 1ULL;
    pod_matrix[2] = 2ULL;
    pod_matrix[3] = 3ULL;
    pod_matrix[row_size] = 4ULL;
    pod_matrix[row_size + 1] = 5ULL;
    pod_matrix[row_size + 2] = 6ULL;
    pod_matrix[row_size + 3] = 7ULL;

  Plaintext plain_matrix;
  vector<uint64_t> pod_result;
    batch_encoder.encode(pod_matrix, plain_matrix);

    Ciphertext encrypted_matrix;
    encryptor.encrypt(plain_matrix, encrypted_matrix);
  cout << "Noise budget in encrypted_matrix: " << decryptor.invariant_noise_budget(encrypted_matrix) << " bit
s"<< endl;
```

第 3 步是输入第 2 个明文矩阵，编码后与第一个矩阵相加，再取每一个元素的平方，最后再进行一次重线性化。

```
  //[ 1,  2,  1,  2,  1,  2, ..., 2 ]
  //[ 1,  2,  1,  2,  1,  2, ..., 2 ]
  vector<uint64_t> pod_matrix2;
  for (size_t i = 0; i < slot_count; i++)
  {
    pod_matrix2.push_back((i & size_t(0x1)) + 1);
  }
  Plaintext plain_matrix2;
  batch_encoder.encode(pod_matrix2, plain_matrix2);

  evaluator.add_plain_inplace(encrypted_matrix, plain_matrix2);
  evaluator.square_inplace(encrypted_matrix);
  evaluator.relinearize_inplace(encrypted_matrix, relin_keys);
  cout << "Noise budget in result: " << decryptor.invariant_noise_budget(encrypted_matrix) << " bits" << endl;
```

最后解密，验证同态操作的正确性。

```
    Plaintext plain_result;
    decryptor.decrypt(encrypted_matrix, plain_result);
    batch_encoder.decode(plain_result, pod_result);
    print_matrix(pod_result, row_size);
    //[  1,  9,  9, 25,  1, ...,  4,  1,  4,  1,  4 ]
  //[ 25, 49, 49, 81,  1, ...,  4,  1,  4,  1,  4 ]
```

10.8.3 CKKS 方案的使用

首先设置参数（其中包含缩放参数 scale），生成密钥，创建加密/解密运算及编码示例。

```
EncryptionParameters parms(scheme_type::ckks);
size_t poly_modulus_degree = 8192;
parms.set_poly_modulus_degree(poly_modulus_degree);
parms.set_coeff_modulus(CoeffModulus::Create(poly_modulus_degree, { 60, 40, 40, 60 }));
double scale = pow(2.0, 40);
SEALContext context(parms);

KeyGenerator keygen(context);
auto secret_key = keygen.secret_key();
PublicKey public_key;
keygen.create_public_key(public_key);
RelinKeys relin_keys;
keygen.create_relin_keys(relin_keys);
Encryptor encryptor(context, public_key);
Evaluator evaluator(context);
Decryptor decryptor(context, secret_key);
CKKSEncoder encoder(context);
size_t slot_count = encoder.slot_count();
```

在 0～1 之间均匀选取 4096 个数据作为输入数据。

```
vector<double> input;
input.reserve(slot_count);
double curr_point = 0;
double step_size = 1.0 / (static_cast<double>(slot_count) - 1);
for (size_t i = 0; i < slot_count; i++)
{
    input.push_back(curr_point);
    curr_point += step_size;
}
//[0.0000000,0.0002442,0.0004884, ...,0.9995116,0.9997558,1.0000000]
```

要计算 $\pi x^3 + 0.4x + 1$，须先对 $\pi, 0.4, 1$ 三个数字编码到 scale 倍数，再对数据进行编码加密，同样是 scale 倍数。

```
Plaintext plain_coeff3, plain_coeff1, plain_coeff0;
encoder.encode(3.14159265, scale, plain_coeff3);
encoder.encode(0.4, scale, plain_coeff1);
encoder.encode(1.0, scale, plain_coeff0);

Plaintext x_plain;
encoder.encode(input, scale, x_plain);
Ciphertext x1_encrypted;
encryptor.encrypt(x_plain, x1_encrypted);
```

在计算 x^2 后，先进行重线性化及 rescale 操作；然后计算 πx，进行 rescale 操作，不需要重线性化是因为 π 只是个数字，并不是密文，不能视为密钥的多项式；最后将以上两步的结果相乘，重线性化并 rescale，即可得到 πx^3。再以同样的方式计算 $0.4x$。

```
Ciphertext x3_encrypted;
evaluator.square(x1_encrypted, x3_encrypted);//x^2
evaluator.relinearize_inplace(x3_encrypted, relin_keys);
evaluator.rescale_to_next_inplace(x3_encrypted);

Ciphertext x1_encrypted_coeff3;
evaluator.multiply_plain(x1_encrypted, plain_coeff3, x1_encrypted_coeff3); //πx
evaluator.rescale_to_next_inplace(x1_encrypted_coeff3);

evaluator.multiply_inplace(x3_encrypted, x1_encrypted_coeff3);
evaluator.relinearize_inplace(x3_encrypted, relin_keys);
evaluator.rescale_to_next_inplace(x3_encrypted);

evaluator.multiply_plain_inplace(x1_encrypted,plain_coeff1);//0.4x
evaluator.rescale_to_next_inplace(x1_encrypted);
```

但是，$\pi x^3, 0.4x, 1$ 这 3 个密文不处于同一 level，假设 4 个素数为 P_0, P_1, P_2, P_3，P_2 是特殊素数，不参与 rescale 操作，以上计算的密文的 level 如下：

$x^2, \pi x$ 的 scale 是 2^{80}，处于 level 2；

使用 P_2 进行 rescale 后，$x^2, \pi x$ 的 scale 是 $\frac{2^{80}}{P_2}$，处于 level 1；

πx^3 的 scale 是 $\left(\frac{2^{80}}{P_2}\right)^2$，使用 P_1 进行 rescale 后 scale 降为 $\frac{\left(\frac{2^{80}}{P_2}\right)^2}{P_1}$，处于 level 0；

$0.4x$ 的 scale 是 2^{80}，rescale 后的 scale 是 $\frac{2^{80}}{P_2}$，处于 level 1；

1 的 scale 是 2^{40}，处于 level 2。

以上密文的 scale 是不同的，但是都接近 2^{40}，可以直接将 πx^3 和 $0.4x$ 的 scale 修改为 2^{40}，并将 1 和 $0.4x$ 的参数转换为与 πx^3 一样的参数（πx^3 的参数中素数最少，level 只能降低不能升高），具体的做法是普通的模数转换，这里不涉及 rescale 操作。

```
x3_encrypted.scale() = pow(2.0, 40);
x1_encrypted.scale() = pow(2.0, 40);

parms_id_type last_parms_id = x3_encrypted.parms_id();
evaluator.mod_switch_to_inplace(x1_encrypted, last_parms_id);
evaluator.mod_switch_to_inplace(plain_coeff0, last_parms_id);
```

密文都处于同一 level 后，就可以计算 $\pi x^3 + 0.4x + 1$ 的值。

```
Ciphertext encrypted_result;
evaluator.add(x3_encrypted, x1_encrypted, encrypted_result);
evaluator.add_plain_inplace(encrypted_result, plain_coeff0);
```

最后将期望得到的结果和同态计算得到的结果都输出，进行对比即可验证正确性。

```
    Plaintext plain_result;
    vector<double> true_result;
    for (size_t i = 0; i < input.size(); i++)
    {
        double x = input[i];
        true_result.push_back((3.14159265 * x * x + 0.4) * x + 1);
    }
    print_vector(true_result, 3, 7);
    //再输出解密的结果
    decryptor.decrypt(encrypted_result, plain_result);
    vector<double> result;
    encoder.decode(plain_result, result);
print_vector(result, 3, 7);
```

当然，最终的数据存在一定的误差，毕竟 CKKS 得到的只是一个近似的结果。另外，SEAL 还提供对密文的移位（rotation）操作，如果可以理解以上的内容，移位操作就非常容易理解，这里不再赘述。

10.9 双线性对运算密码库

10.9.1 JPBC 库简介

JPBC 库是 Angelo De Caro 和 Vincenzo Iovino 在 2011 年对 PBC 库的一个 Java 封装，最后一次更新是在 2013 年年底。PBC 库的全称是 Pairing-Based Cryptography Library，也就是基于配对的加密系统库，它实现了双线性配对，是由 Ben Lynn 在 Dan Boneh 的指导下开发完成的。JPBC 库可以调用 PBC 提高性能，并且支持多线程和安卓平台。

该库实现了群上的双线性映射，群中的每一个元素都是椭圆曲线上的点(x,y)，共有 6 种椭圆曲线可以用来构造双线性映射，每种曲线都可以根据安全参数，如循环群阶的比特位数，生成双线性映射，最常用的是曲线类型 A 和 $A1$，前者为对称质数阶双线性群，后者为合数阶对称双线性群。

目前其安装过程是很简单的。例如在 Windows10 上使用该库进行编程，配置好 JAVA 环境后，从 github 上获取源码，将其中的 jars 文件夹下的 jar 包都加入项目中即可导入使用。

为了帮助理解，这里先简单介绍双线性映射基础。设 G_1,G_2,G_T 是 r（r 是素数）阶循环群，g_1,g_2 是群 G_1,G_2 的生成元（利用生成元可以生成群中所有元素）。把 $e:G_1 \times G_2 \to G_T$ 称为双线性映射，满足如下性质。

双线性：对于所有的 $a,b \in Z_r$（模 r 的整数环），$e(g_1^a,g_2^b)=e(g_1,g_2)^{ab}$。

非退化性：$e(g_1,g_2) \neq 1_{G_T}$，1_{G_T} 是群 G_T 中的单位元。

六元组 (r,g_1,g_2,G_1,G_2,G_T) 表示非对称双线性群，如果 $G_1=G_2=G$，则四元组 (r,g,G,G_T) 表示对称双线性群。在对称参数情况下，G 和 G_T 的阶可以不是素数。一般情况下，认为非对称双线性群相对于对称双线性群更安全。

这里以一个简单的例子介绍曲线类型 A 对称双线性群的使用。设 q 是一个素数，满足 $q=3(\bmod 4)$。A 曲线的双线性群是利用域 F_q 上的曲线 $E: y^2=x^3+x$ 构造的，即 $x,y\in F_q$。设 $E(F_q)$ 表示曲线 E 上的点集，$G_1=G_2=E(F_q)$，阶 r 是 $q+1$ 的某个素因子，参数和曲线选定后，整个双线性映射包括用到的几个群和映射都会定下来。

可以设置 r 和 q 的比特位数来产生曲线参数：

```
TypeACurveGenerator Agen= new TypeACurveGenerator(rBits,qBits);
PairingParameters pparam= Agen.generate();
Pairing par = PairingFactory.getPairing(pparam);
```

源码也在 params\curves 文件夹下提供了几种类型曲线的参数文件，可以把参数文件拷贝到项目文件夹下并直接读取生成曲线。

```
Pairing par = PairingFactory.getPairing("a.properties");
```

当然也可以将动态生成的参数通过写入一个 properties 文件以供后续的直接读取。

接着获取生成好的元素集合，群 G 和环 Z_r，并从中抽取随机元素进行双线性的验证。

```
Field G1=par.getG1();
Field Zr=par.getZr();
Element g=G1.newRandomElement().getImmutable();
Element a=Zr.newRandomElement().getImmutable();
Element b=Zr.newRandomElement().getImmutable();

Element g_a=g.powZn(a);
Element g_b=g.powZn(b);
Element g_ab=par.pairing(g_a,g_b);

Element gg=par.pairing(g,g).getImmutable();
Element ab=a.mul(b);
Element gg_ab=gg.powZn(ab);
if(g_ab.isEqual(gg_ab))
    System.out.println("Yes");
```

如无意外，程序最终将输出 Yes。其中 getImmutable()方法获取的元素是不可修改的，这是因为元素调用数学运算后会改变自身的值，如执行 a.mul(b)后，a 的值就是 a 与 b 的成绩。另一种可行的方法是在计算时使用 duplicate()方法复制一份进行数学计算。

10.9.2 BLS 签名算法使用示例

该库也在 jpbc-crypto-2.0.0.jar 中提供了一些密码方案的实现，如 ABE，HIBE，BLS 签名等，下面给出官方提供的 BLS 示例程序，它使用了 JUnit 测试 JPBC 库中的 BLS 签名算法，这里对其进行了注解。在这之前，需要先导入 Junit 的 jar 包，这个 jar 包请自行寻找。

```
import it.unisa.dia.gas.crypto.jpbc.signature.bls01.engines.BLS01Signer;
import it.unisa.dia.gas.crypto.jpbc.signature.bls01.generators.BLS01KeyPairGenerator;
import it.unisa.dia.gas.crypto.jpbc.signature.bls01.generators.BLS01ParametersGenerator;
import it.unisa.dia.gas.crypto.jpbc.signature.bls01.params.BLS01KeyGenerationParameters;
```

```
import it.unisa.dia.gas.crypto.jpbc.signature.bls01.params.BLS01Parameters;
import it.unisa.dia.gas.jpbc.Pairing;
import it.unisa.dia.gas.jpbc.PairingParameters;
import it.unisa.dia.gas.plaf.jpbc.pairing.PairingFactory;
import it.unisa.dia.gas.plaf.jpbc.pairing.a.TypeACurveGenerator;
import org.bouncycastle.crypto.AsymmetricCipherKeyPair;
import org.bouncycastle.crypto.CipherParameters;
import org.bouncycastle.crypto.CryptoException;
import org.bouncycastle.crypto.digests.SHA256Digest;
import static org.junit.Assert.assertFalse;//测试工具
import static org.junit.Assert.assertTrue;

    public class BLS01 {
    public BLS01(){}

    //生成 BLS 方案的参数
    public BLS01Parameters setup() {
        BLS01ParametersGenerator setup = new BLS01ParametersGenerator();
        int rBits=160;
        int qBits=512;
        TypeACurveGenerator Agen= new TypeACurveGenerator(rBits,qBits);
        PairingParameters param= Agen.generate();
        setup.init(param);
        //setup.init(PairingFactory.getPairingParameters("a.properties"));//读取文件参数也可以
        return setup.generateParameters();
        }

    //生成公/私钥，使用私钥签名，公钥进行验证
    public AsymmetricCipherKeyPair keyGen(BLS01Parameters parameters) {
        BLS01KeyPairGenerator keyGen = new BLS01KeyPairGenerator();
        keyGen.init(new BLS01KeyGenerationParameters(null, parameters));
        return keyGen.generateKeyPair();
    }

    //签名
    public byte[] sign(String message, CipherParameters privateKey) {
        byte[] bytes = message.getBytes();
        BLS01Signer signer = new BLS01Signer(new SHA256Digest());//选择哈希函数
        signer.init(true, privateKey);//签名需要私钥
        signer.update(bytes, 0, bytes.length);//哈希，生成消息摘要

        byte[] signature = null;
        try {
            signature = signer.generateSignature();
        } catch (CryptoException e) {
            throw new RuntimeException(e);
        }
        return signature;
    }
```

```
    //验证
    public boolean verify(byte[] signature, String message, CipherParameters publicKey) {
        byte[] bytes = message.getBytes();
        BLS01Signer signer = new BLS01Signer(new SHA256Digest());
        signer.init(false, publicKey);
        signer.update(bytes, 0, bytes.length);
        return signer.verifySignature(signature);
    }

     public static void main(String[] args) {
        BLS01 bls01 = new BLS01();
        AsymmetricCipherKeyPair keyPair = bls01.keyGen(bls01.setup());
        String message = "wuhuqifei";
        String message2 = "bukui";
        CipherParameters publickey=keyPair.getPublic();
        CipherParameters privatekey=keyPair.getPrivate();
        byte[] signature=bls01.sign(message,privatekey);
        //使用公钥验证签名 signature 是否合法，即该签名是否为拥有私钥者对 message 的签名，结
果应该是正确的
        assertTrue( bls01.verify(signature, message, publickey));

        //验证签名是否为对 message2 的签名，结果应该是错误的
        assertFalse( bls01.verify(signature, message2, publickey) );
  }
```

以上便是 BLS 签名方案的使用方法，简单修改就可以用于开发项目之中。

本 章 小 结

本章对 OpenSSL、全同态运算密码库及双线性对运算密码库等做了初步介绍，向读者展示了它们的结构和应用。

首先介绍了 OpenSSL 的起源，并列举了 OpenSSL 各个目录的作用等信息。然后介绍了 OpenSSL 在 Linux 平台上的简单安装方法，分析了 OpenSSL 源码 Crypto 目录下的各个算法，令读者对 OpenSSL 的功能有一个全面的认识。接着介绍了 OpenSSL 的核心部分——SSL 实现，并列举了 200 多个给定的 API。通过详细介绍 OpenSSL 的指令内容和使用方法，使读者能简单进行 OpenSSL 的一般操作。另外，还介绍了 NTL、GmSSL 的性能及可实现算法的接口。最后列举了全同态运算密码库、双线性对运算密码库的一些可实现算法的代码。

问 题 讨 论

1．试安装 OpenSSL，并熟悉其功能。

2．比较 Openssl 和 NTL 的模大整数乘法的计算速度。